陕西出版资金资助项目

中国历法研究资料汇编

章潜五 等编著

西安电子科技大学出版社

内 容 简 介

历法改革委员会各委员追迹诸多先贤的遗志，探索"我国历法改革的现实任务"，提出了"农历"科学更名、春节科学定日、共力研制新历、明确世纪始年四项改历建议。

历改研究需要世代传承，本文集不仅包括历法改革委员会编印的《历改信息》中的精华文章，还包括已经在网络上发表的有关历法改革的文章，共计 300 多篇。网络文章是早期按大致分类编排的，之后又陆续添加了类别。这些文章绝大多数已发表于新华网的"发展论坛"、人民网强国社区的"深入讨论区"和"科教"论坛、广西红豆社区的"社会纵横"、四川麻辣社区的"麻辣论坛"等。

图书在版编目(CIP)数据

中国历法研究资料汇编/章潜五等编著. －西安：西安电子科技大学出版社，2017.7
陕西出版资金资助项目
ISBN 978 - 7 - 5606 - 4462 - 9

Ⅰ. ① 中… Ⅱ. ① 章… Ⅲ. ① 历法－研究资料－汇编－中国
Ⅳ. ① P194

中国版本图书馆 CIP 数据核字(2017)第 160268 号

策 划 高维岳 张 霁
责任编辑 李迎新
出版发行 西安电子科技大学出版社(西安市太白南路 2 号)
电 话 (029)88242885 88201467 邮 编 710071
网 址 www.xduph.com 电子邮箱 xdupfxb001@163.com
经 销 新华书店
印刷单位 陕西天意印务有限责任公司
版 次 2017 年 7 月第 1 版 2017 年 7 月第 1 次印刷
开 本 787 毫米×1092 毫米 1/16 印张 21.875
字 数 516 千字
印 数 1～1000 册
定 价 65.00 元
ISBN 978 - 7 - 5606 - 4462 - 2/P

XDUP 4754001 - 1

* * * 如有印装问题可调换 * * *

出版说明

　　历改委各委员追迹诸多先贤的遗志，探索"我国历法改革的现实任务"，提出了"农历"科学更名、春节科学定日、共力研制新历、明确世纪始年四项改历建议。为了交流学术观点，历改委汇编了8种历改研究文集，编印会刊《历改信息》39期，赠阅读者万份。

　　1997年初，许多报刊报道本会的建议，公众给予了客观的评议，然而2005年初却出现谴责之声，历法改革建议与民俗观点出现很多分歧。分析其中主要原因，是绝大多数人不了解中外历法改革史，更未研读先贤们的论述。因此我们汇编了本文集，旨在宣传历法知识，开展学术争鸣辩论。

　　历改研究需要世代传承，希望本书能够为世代接续探索历法知识提供参考。

编者　章潜五

2017 年 1 月

目　　录

A 类　先贤论述历法改革的重要文章

B 类　呼吁《春节宜定在立春》及回响

C 类　世界历改运动的珍贵史料

G类　与美、俄、乌、韩国协联研历

H类　《历改信息》附载的网络文章

I类　历法改革与维护传统之争

J类　历法改革与民俗观点大碰撞

K类　南京、西安报纸报道历法改革建议

P类　创制中华新历与做好节日调整

Q类　西安报纸再次报道历改委

R类　四立分季与分至分季的争鸣

A 类　先贤论述历法改革的重要文章

A-1　孙中山先生的改历思想

呈为创造新历呈请钧核从速改定历法以适国计民情事窃查历法一项为国家先务故黄帝即位首命容成作历唐尧即位首命羲和授时历朝异代首改正朔民国成立首用阳历其所以重视历法者殆以历法为万事之根本必先历法得正而后庶绩乃咸熙也惟我国自改阳历后民间不便多未奉行伯东昔年在沪曾与先总理谈及其事先总理谓我国阴历自轩辕时代创行至今沿用数千年之久中经五十余次更改其法原较阳历为善惟闰月一层不便国家预算光复之初议改阳历乃应付环境一时权宜之办法并非永久固定不能改变之事以后我国仍应精研历法另行改良以求适宜于国计民情使世界各国一律改用我国之历达于大同之域庶为我国之光荣云云煌煌明训未尝一日忘也但历年以来因致力于革命工作无暇研究历法是以有志未逮今国内大定追思先总理之遗训取中外古今历法而研究之偶得一种良历较诸已废之阴历便于国家之预算较诸现行之阳历合于四时之气候于我国之国计民情两均适宜觉世界历法无复有善于此者伏思钧府为革命领导凡百制度力主革新想于历法一项必求改良用是不揣冒昧将新历法说明书录呈钧府恳祈俯赐察核即于本年改行此种新历以做各国先导为世界历法开一新纪元则国家实有光荣矣如或须由国民议决俟国民代表会议开会时恳由钧府提案交会公决改行新历俾协民情而增国光可否仰邀俯允伏祈钧核示遵无任感祷特此谨呈国民政府

附呈新历法说明书一份。

滇省党员李伯东(盖章)

中华民国二十年一月二十日

本会摘载于《历法改革研究资料汇编》(1996-3)、《历改信息》第 14 期

(2001-10-1)和《西安历法改革研究座谈会文集》(2002-10)

敬呈

钧览

A-2 华东师范大学金祖孟教授：
农历宜改称旧历，春节应定在立春

（一）

"农历"是我国的传统历法。1912 年，我国以世界多数国家通用的公历（即俗称"阳历"，又叫"格里历"）取代了原先的旧历。此后，旧历曾长期被称为"夏历"，因为它以"雨水"节气所在之月为正月，这一点，同夏代《六历》（六种古代历法的总称）中的《夏历》相同，但实际上它并不是传说中的夏代的历法。在所谓的"批林批孔运动"中，"夏历"这个名称被改成"农历"，因为据说有崇古复旧的色彩。其实把它称作"农历"是很不科学的，会使人们产生一种错误印象，似乎传统历法是农业生产所必须遵守的。然而真正指导农时的，反而是阳历。因为它的每个日子都有明确的季节含义。我国农民在生产中习惯用的二十四节气，尽管附加在传统历法之中，却固定于阳历，在所谓的"农历"中是浮动不定的。

为了摆脱许多人习以为常的误解，"农历"有必要改名为"中国旧历"，简称"旧历"，即中国的传统历法。

（二）

我国习惯以旧历正月初一为春节。民间称旧历为"阴历"，但它又不是以月亮的圆缺作为唯一标准，是兼顾月亮和太阳的运行周期，从而成为相当繁琐的"阴阳历"。所以现在的春节日期就不可能避免阴阳历的弊病。

我们的学校有一条不成文的规定，寒假必须包括春节假期在内。为了符合这一规定，每个学期的教学周数、寒假日期和起讫日期都逐年不同，一个突出实例是 1984 - 1985 年度。

旧历甲子年（大体上相当于公历 1984 年），有个闰十月，由于这个原因，笔者所在学校的 1984 - 1985 年度第一学期特别长，有 22 周；而第二学期于 3 月 4 日开始上课，而 1982 年是 2 月 8 日——几乎相差一个月。可以说，我们的大学表面上是按照阳历上课，实际上却受阴阳历支配，这岂不是一件怪事？

上述混乱是因为凑合旧历新年而引起的。这个"春节"其实也不一定是春季的开始。按照我国的传统天文学，春季之首是立春日，它一般在公历 2 月 4 日或 5 日；而旧历新年在公历中偏早、偏迟可达半月之久，使得最早和最迟的春节相差一个月，这对农村中备耕工作也不利。要消除这些弊端，最好的办法是以立春取代旧历新年，使之成为名副其实的春节。这项改革是件影响深远的好事，但与旧习惯相左，恐怕改也难。我们可以回顾一下历史，洪秀全曾经以立春日为正月初一，孙中山以阳历取代了阴阳历，这两项创举距今分别已有

134 年和 74 年了。

今天，我们连袭用了上千年的市制尺寸和斤两制度都有决心给予革除，难道还有必要眷恋这明显不合理的"旧历新年"吗？

编者说明：本文是陕西省人大代表团首次建议改历的 5 篇参阅资料之一。建议内容为："农历应科学更名　春节宜定在立春"（原始提案人为金有巽、应振华、卫韬、章潜五，1995 年 2 月 20 日）。此文转载于西安电子科技大学历法改革研究小组金有巽、章潜五草编《历法改革研究资料汇编》，1996。在转载时加有如下的作者说明。

作者说明：金祖孟(1914－1991)，先后在中央大学、南京师范学院、华东师范大学任教，著有《数理地理》《地球概论》等书，是地名学的奠基者、著名的地理学教授，后来潜心研究古天文学，著有《中国古宇宙论》，以翔实的论据表明了独创见解"盖天说优于浑天说"，纠正了两千余年来"抑盖扬浑"的传统偏见，他与陈自悟合编的《地球概论教学科研成果汇编》是一本研究历法改革的参考资料，本文编入该书时作者作了错字修改。

原载于《上海科技报》第 615 期，1986－02－01

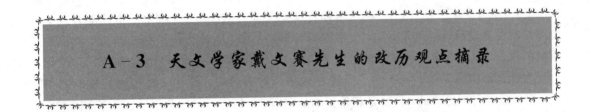

A-3　天文学家戴文赛先生的改历观点摘录

一、现行历法应当改革

《文汇报》1962－02－13

历法是为了生产和生活的实际需要而建立和逐步发展起来的量度较长时间间隔的体系。寒来暑往的循环和昼夜的交替给出了最自然的时间单位——"年"和"日"；此外，月亮圆缺的循环也给出了一个比较不重要的时间单位——"月"。这三个时间单位分别决定于彼此间无密切关系的三种天文现象，即地球绕太阳的公转、地球的自转和月球绕地球的转动；年、月、日之间不存在整数的关系。历法的主要问题，就是寻找最妥善的办法来解决这三种天然时间单位的非整数关系和实际应用的历法中所要求的整数关系（一年的日数、月数，一月中的日数必须为整数）之间的矛盾。

……

阴阳历和阳历各有其优点和缺点，应当采用哪一种，主要看四季循环和月亮盈亏这两种自然现象哪一种同人类的生产和生活关系较为密切。这个问题很容易回答，稍微思考一下，就可以看出四季循环同生产和生活的关系比月亮盈亏要密切得多。随时知道月亮的"位相"（盈亏周期中的哪一天），唯一的实际意义是了解潮水的涨落。因为潮汐主要是由月球的吸引产生的，这对于从事水上航运和从事渔业的人是有用的；但同四季循环对于农、林、牧业、航空航海，和日常生活的普遍意义比较起来，月亮盈亏循环的实际意义是微小得多，因此在历法的选择中，舍阴阳历而取阳历是理所当然的。

　　阴阳历既然是两面照顾的，为什么还不足取呢？首先，年的长度悬殊太大，这对生产安排是十分不利的。二十四节气的建立虽然解决了预知时令的问题，但节气在阴阳历里的日期每年不同，由于闰年的影响，同一个节气的日期可以相差一个月，既难记忆又不方便，许多人以为二十四节气是阴阳历的优点，是保留阴阳历的主要理由，这种看法是错误的。二十四节气是根据太阳在黄道上的位置而定的。在阳历里每个节气总在同一个日期，至多差一天，例如春分时间每年总在三月二十一日，秋分总在九月二十三日，清明总在四月四日或五日。只要采用阳历，农林牧业活动完全可以按月按日来安排。因为月份日期完全可以反映各地区的时令。我国冬天常按三九、四九这种周期来表征寒冷的程度。采用了阳历，事实上不再用三九、四九这些名词也完全可以。"三九"就是冬至（十二月二十二日）以后的第三个九天，即每年一月十日至十八日，"四九"即每年一月十九日至二十七日，这两段时期的确是我国绝大部分地区一年里最冷的时期，按照阳历，只要说一月中旬下旬就行了，没有必要多来个"三九""四九"的名词。

　　我认为，我国并用夏历是没有必要的，应当只用一种历法，每年只过一次新年。我认为应当采用阳历，但对目前使用的阳历应当加以改革，使它更加合理更加科学。朔望月不必再用了，"朔""上弦""望""下弦"的时刻都可以登在日历上，事实上潮水的涨落随着各个港湾河流的位置地形而有很大不同，仅仅知道月相还不够，各地方应根据经验和历年记录而编制潮汐表，以供航运业渔业活动之用。

　　为什么新中国成立十二年多了而还在并用两种历法呢？这主要是照顾民族的风俗习惯。但习惯是可以更改的，只要是朝着正确的方向改，便应当鼓励和引导。我完全同意为了我国各民族多年来流传下来的"过阴历年"的风俗习惯，在一段时期内实际上并用两种历法是应当容许的。但同时也应当把问题提出讨论，说清道理说服大家，用一种历到底比用两种历好，并共同讨论如何把历法改革得更合理更完善。

　　……

　　我认为一年最好从立春（二月四日或五日）这一天开始。对于全世界北温带和北寒带这个包含大部分国家的地区，一年最冷的时期都是在一月中旬或下旬，二月初旬虽然还相当冷，但已开始转暖和一点了。正由于这个原因，在我国二十四节气中才把二月初旬这个节气定名为"立春"。北半球大部分地区一年中最热的时期是七月中下旬和八月上中旬。学校多在这时候放暑假，工厂工人和机关职员轮流休假也多在这一段时间内，立春日和暑期假日正好相隔半年，把它定为新年就正好使新年和暑期假日在一年里平均分布，这对生产安排和学校教学安排是有利的。立春日和我国夏历的新年（即目前的春节）的平均日期十分接近。例如今年春节在二月五日，而立春在二月四日。在南半球，二月初旬是最热的时候，住在那边的人已经习惯于穿单衣过新年，因此把岁首移动一个月左右，对他们不会有什么影响。

　　历法改革主要牵涉到下列四个问题：（一）各月份的日数如何使它们尽可能相等？（二）星期如何安排？（三）岁首问题，即一年最好从哪一个节气开始？（四）如何使一种历法能够长期使用？下面笔者提出不成熟的设想，以供对这个问题有兴趣的读者参考。

　　我认为一年最好从立春（二月四日或五日）这一天开始。

至于月份日期和星期安排，我认为早已有人提出的一种方案仍值得考虑采用。这个方案如下：一年十二个月，每季度第一个月（即一月、四月、七月、十月）都有31天。其余八个月各有30天，一、四、七、十月的第一天都是星期天，二、五、八、十一月的第一天都是星期三，三、六、九、十二月的第一天都是星期五。这样每个季度都由星期日开始，星期六终了，每季度都有13个星期，91天，除星期日休息外每季都有78个工作日，而且每个月份不多不少地都有26个工作日。这样每年有52个星期，364天，余下的一天排在十二月三十日之后，它不属于任何一个星期，规定它为"年终假日"。闰年多一天，把这一天排在六月三十日之后，它不属于任何一个星期，规定它为"闰年假日"。

置闰方法可以大致同格里历一样，即一般说来四年一闰，但四百年减少三个闰年。为了使新历能长期使用，可以进一步做些规定，例如每三千年再减少一个闰年，等等。这样一来，上述四个问题便都解决了。至于公历纪元问题，将来应考虑加以改变，或以改历的那一年作为公元一年，或以对人类有重大意义的某一历史事件——例如十月革命，"共产党宣言"发表——发生的那一年作为公元一年。

二、两种历法　两种文化

《观察》1948年第3卷24期

阳历比阴历更科学的，每年的长度很相同，相差最多一天。四季变化，二十四节气都遵照阳历。四季变化比月亮盈亏对人类生活的影响重大得多。朔望的周期总会写在阳历的历书上的。我国目前把阴历新年称为春节，那是再滑稽没有的。"天增岁月人增寿，春满乾坤福满堂"。岁月是增了，春却还没有回到大地上来，春光还没有充满乾坤。今年的正月初一，长江以北大部分的地方都盖满茫茫白雪。春光得到三月初才开始照射到地上。最理想还是回到罗马帝国初期的办法，把三月常做第一个月。这样一来，头三个月是真正的春天，第二季是夏天，第三季秋天，第四季冬天。同时把"月大""月小"重新分配一下，把二月份的麻烦（比方说许多人会把生日失掉了）解决了。我们最好还是把"正月初一"完全忘记。在真的新年多放几天假，多给些人拜年，多吃点年糕。要庆祝春回大地还是留在四月五日的清明节。那时天气不冷了，树叶绿了，百花开了，鸟儿的歌声更甜蜜了，那时候才好出门去郊游野宴，植树赏春。端午节可以定在最靠近夏至的望月之前十天，中秋节可以定在最近秋分（九月二十三日）的望月，反正有一个时候吃粽子或月饼就得了。牛郎织女的故事是一个神话而已，所以七夕最好不必纪念，要欣赏这个神话随时都可以欣赏。

刚过了年，现在又过一次年。一个多月前才度了一个除夕，现在又度一个除夕；一个多月前刚在给人家拜年，现在又给人家拜一次年。在我国，活到七十岁的人简直就等于活一百四十岁。……

今日我国同时在使用两种历法，正表示今日在我国有两种文化同时存在，一种是旧的，一种是新的。旧的不一定完全不好、完全错；新的不一定完全好、完全对。刚过了两次年，趁这机会把这个问题提出来谈一谈。

先从历法说起吧。历法是计量长一点的时间的方法。科学越发达，人类无论计量什么也都越求其准确精密。长度、重量与时间是三种最基本的数量……时间的单位和天文学发生很密切的关系。

……

我国自民国成立以来，名义上是采用阳历，就是格里历；不过阴历一直没有废弃。十几年前，政府一度努力推行阳历，并且用各种方法想把阴历完全取消（比方说阴历新年不许放假）。抗战期间当局无暇顾及这种事，也许为了这个原因，这几年来全国各地庆祝阴历新年总比庆祝阳历新年热烈得多。商店于阳历新年大多数只停业一天，阴历新年则停了五天之多。

……

已经有了两种文化同时存在的现象，我们是否可以不管它们，而听它们顺其自然发展。这种放任的政策在几方面可以使用，在另外几方面则不能使用。历法和度量衡制度就是很好的例子。如不求划一，必将引起许多的麻烦和纠纷……我们可把文化各方面分做六大类……（五）有几方面我们只能选择一种，假使两种都用便将发生不必要的纷乱。……

……

属于第五类的最显著的例子就是度量衡和历法。

……新世界里只能有一种历法。格里历虽然不是尽善尽美的，现在世界上极大部分的国家都已经采用它了，我国政府也是已经使采用它了，我们如爱护国家，如愿意大同的世界，理想的世界，永久和平的世界早日实现，便应该捐弃成见，从此只使用阳历。

三、《天文学教程》(上册)

上海科学技术出版社，1961 年，第 96 页

现在我们仍保留使用的夏历就是阴阳历。它被认为对于农业生产有重要的意义，所以也被称为《农历》。其实这是不恰当的。夏历所以和农业生产有密切关系，是因为在夏历中，把一回旧年分成 24 个节气。太阳在黄道上每运行 15°称为一节气，每一节气都有名称……由此可见，节气是依据太阳的周年视运动决定的，所以节气是属于阳历的，这从节气在阳历中的日期差不多是固定的也可以看出来。

编者说明：下列内容全部照录于本研究会汇编的《历法改革文献摘编》，1997 - 01 - 15。该文集是由上海思源科技实业公司总经理赵焜南先生热情资助印寄，赠给全国人大代表和专家学者们参阅的。这里转载的内容是戴文赛先生的夫人刘圣梅教授和戴先生当年指导的研究生张明昌先生（南京炮兵学院教授，今已退休）提供的。我们将这些珍贵资料上网交流，特此表示再次感谢！

作者简介：戴文赛(1911 - 1979)，我国现代天文学家。早期留学于英国，1941 年回国后，曾任前中央研究院天文研究所研究员、南京大学教授。新中国成立后，先后任北京大学、南京大学教授，南京大学天文系主任。担任过中国天文学会首三届理事会副理事长。主持和编写过多种教材，为培养我国天文人才做出了重大贡献。他十分重视科学普及工作，撰写过 80 多篇科普文章，著有《戴文赛科普创作选集》

A-4　中国历法改革史上的光辉
——太平天国废弃旧历，创颁阳历"天历"

一、干王洪仁玕天历序言（摘录）

郭廷以著：《太平天国历法考订》，商务印书馆，1937年

……凡一切制度考文，无不革故鼎新，所有邪说异端，自宜革除净尽，聿彰美备之休。故夫历纪一书，本天道之自然，以运行于不息。无如后世之人，各骋私智，互斗异谈，创支干生克之论，著日时吉凶之言，甚至借以推测，用之占候，以致异议愈多，失真愈远。我天朝开国之初，百度维新，乌可不亟为订正，以醒愚俗而授民时哉？

……

兹我天朝新天新地，新日新月，用颁新历，以彰新化。故特将前时一切诱惑之私，迷惑之端，反复详明，以破其惑，庶几人人共知天国新历光明正大，海隅苍生，咸奉正朔。将见农时以正，四序调匀，天行不息，悠久无疆，中外臣民，共嬉于光天化日之下。举凡旧日一应索隐行怪之习，荒谬妄诞之谈，自不戢而悉泯焉。岂不懿欤！

兹当新历告成，谨特识于历首，俾有以定民志而正农时焉。

原载于《历法改革文献摘编》，1997-01

二、罗尔纲先生评论"天历"

(1)《太平天国史》第二册，中华书局，1991年。

天历采用节气为制历的基本法则……而以立春为岁首。……

太平天国推行天历情况，自从颁布天历后，凡克复的地方，都立即行使天历，民间契券必须遵用天历。每遇天历新年，无论朝内、军中、民间，都金鼓喧天，爆竹如雷，举国欢欣，庆祝新年。就是远离通都大邑的重镇，也都"燃通宵巨烛，放爆竹"，来"庆令节"。而在同是僻远乡镇，当夏历新年的时候，却"无闻一爆竹声"。由于当时在太平天国克服的地方都行使天历，民间把天历都记熟了，因此，到太平天国失败后，清朝统治者再度恢复夏历，但太平天国所改干支的字，民间还是照样使用。时人有两句诗道："不觉草茅忘忌讳，亥开丑好未全芟"，就是咏这件事。太平天国推行天历的效果居然到了这个地步，所以当时英国人麦都恩有观天历的推行可证太平天国确有进步及改革能力与趋向的评论。

原载于《历法改革者文献摘编》，1997-01

（2）罗老谢世后，女儿罗文起提供的资料

载于《历法改革研究文集》，1998 - 10

太平天国革命，颁行了新历法天历。天历的颁行，在自古行使阴阳历的中国，革了孔丘"行夏之时"法古守旧的命，表达了农民阶级敢于"上掩乎孔、孟"、敢于"自圣公然蔑古圣"、敢于创造"新天、新地、新人、新世界"的豪情壮志。天历是一个以我国古代劳动人民的伟大创造和发明的节气为造历原理的四季历法，在天文上和气象上都有它的价值，并且整齐划一，使用方便，在当时世界历法上具有进步的意义，对今后世界改历也还有参考的价值。因此，对天历试作初步的评价，是有意义的。

摘自罗尔纲著《太平天国史丛考丙集》中的《论天历》引言

天历采用太阳历，以节气为造历的基本原理，制造出一种四季分明，整齐易记的新历法。它在中国历法史上是一个富于革命精神又颇符合理想标准的新历法。论其特点，可以提出五点来评论：

第一以四季成岁　春、夏、秋、冬，四时代序而成岁。……

第二岁首符合我国人民的理想　在气象上具有它的重大意义，就是在天文上也有它的一定的意义。……

第三划分整齐　历以记时，必须整齐，然后使用时得到最大的便利。……

第四扫除旧历书上的迷信思想　中国地主阶级为着维持其封建统治，极力愚弄人民，所以从汉代以来封建社会所颁行的历书，乃是向人民传播迷信思想最主要的工具……

第五为农业生产服务并向人民传播科学常识　天历以节气定岁时，本身就是为农业生产服务。……

摘自罗尔纲著《论天历》

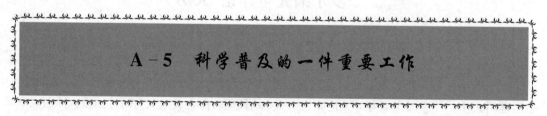

A - 5　科学普及的一件重要工作

《人民日报》1950 - 01 - 09

薛琴坊

近来文化部科学普及局邀请北京各大中学教师开座谈会，讨论科学普及的各种工作。我认为有一件跟农民有密切关系，而且可以立即推行的科学普及工作，就是推行真正的农民日历——阳历。许多人以为农民种田是根据阴历，所以阴历不能废除，否则对农民种田是非常不便的。其实农民种田何尝是根据阴历，他们耕种所依据的是立春、雨水……小寒、大寒二十四个节气。这些节气的日期，在阴历中每年并不一定，变化很大，有时可以差一二十天。比如秋分，去年在阴历八月二十一日，今年在八月初二，明年在八月十二日。又如立冬，去年在阴历十月初七，今年在九月十八日，明年在九月二十九日。因此农民要想知道详细确实的节气日子，还得请识字的先生替他看看历书，所以阴历对农民耕种是非常不方便的。但是这些节气在阳历中每年却十分一定。比如秋分，每年都在阳历九月二十三日，立冬每年都在阳历十一月八日，即便有差，也不过一二日而已。因此如果农民懂得用阳历，二十四个节气的日期是非常容易记得的，所以阳历对农民耕种是非常方便的，这就是说真正的农民日历是阳历而不是阴历。

我们知道地球每二十四小时绕着通过南北极的地轴自转一周，就是一日。地球向太阳的一面就是昼，背太阳一面就是夜。地球除自转外，它还绕着太阳，在一定的椭圆形轨道上移动，这叫公转。地球公转一周就是一年。计时有三百六十五日又六小时。我们又知道，在公转时地球走到轨道上的某些位置时，太阳光直射到我们所在的地面，天气就很热，就是夏季。地球走到某些位置，太阳光斜射到我们所在的地面，天气就很冷，就是冬季。因此季节寒暖的变化，完全要看地球公转时所在的位置而定。

现在所用的阳历，每年共有三百六十五日，比地球公转一周每年要差六小时，每四年才差一日，就是闰日，逢闰就在二月内加一日，所以相差不大，但是阴历因为要就月亮的盈亏，就是说要把新月叫初一（朔），满月叫十五（望），而从朔到望的时间是二十九日又半日，所以每年只有三百五十四日（一十二个二十九天半）。每一年要比地球公转一周差十一日，每三年就要差一个月，就是闰月。逢闰就得增加一月，比如今年闰七月，共有三百八十四日，比地球公转一周多一十九日，这差数相当大。

因此真正能代表地球公转，也就是说真正能代表节气变化的，是阳历而不是阴历。现在如果我们把地球公转的轨道按时间分为二十四分，代表二十四个节气，就是说地球每走一十五天又五小时，就有一个节气，地球走到一定的位置，就有一定的节气。我们刚才说过，阳历的天日与地球公转的日数差不多，所以每一个节气在阳历的日期中每年是一定的。而阴历的天日与公转日数相差很大，所以每一个节气在阴历中是无法确定的，所以农人虽用阴历计日，而种田仍只有依据二十四个节气。

在阳历中每月有两个节气，上半月一个节气，下半月一个节气，日期大概一定，有时可能差一二日。在上半年，上半月的节气大约在每月六日，下半月的节气大约在每月二十一日。在下半年，上半月的节气约在每月八日，下半月的节气约在每月二十三日。现在我们把二十四个节气的次序和日期编成一个歌：

二十四节气歌

春雨惊春清谷天	夏满芒夏暑相连
秋处露秋寒霜降	冬雪雪冬小大寒
每月两节日期定	年年如此不更变
上半年来六、二一	下半年来八、二三
人人熟读节气歌	按时播种过丰年

我们都知道阳历推算的方法简单，只需略加解释，人人都可以学会。现在我把阳历推算的方法编成一个歌：

阳历推算歌

阳历真方便	人人会推算	一年十二月	三百六五天
月大三十一	月小三十天	七前单月大	八年单月减
二月二十八	闰年加一天	何时始逢闰	四除公历年

现在我曾绘制过一九五○年的节气图和日历表，并拟定下列推行的办法：

（一）请各级农村干部利用冬学或他种机会，给农民解释阳历才是真正的农民日历。解释的方式，要先问农民知不知道某一个节气在阴历的哪一天，比如冬至节，今年在哪一天？明年又在哪一天？他必然回答说："日期很不一定，要看历书才知道。"于是我们就告诉他，在阳历中，冬至日期有一定天日，每年约在十二月二十三日，或前后一二日。这时就可以按照节气图，讲出二十四节气在阳历中有一定日期的道理。

（二）在农村当前的地方，立一高大的木牌，用颜色绘制节气图（太阳用红色，轨道用黄色，地球用绿色）和日历表。并把节气歌和阳历推算歌都写在上面。逢赶集的时候，如有很多人来看图时，可以乘机给农民讲解。并且在每到一节气时，就在该节气位置上，订上一杆小红旗使人注意当时的节气。又在日历表上，每天的日期内，钉上一个小红旗，并且每天早晨各户轮流派人移动小红旗至该天的日期格内。这样可以使大家对节气图和日历表了解和熟悉。

在推行时，务必要使农民感到阳历推算简单、节气一定、容易记忆、对他确实方便。

同时使农民感到阴历推算麻烦，节气不定，难于记忆，对他确实不便，这样农民自然而然就不会使用阴历而乐于使用阳历了。

编者说明：

1. 此文全文载于西安电子科技大学历法改革研究小组（金有巽、章潜五草编）：《历法改革研究资料汇编》，1996－03。

此文在节气图上，标有24节气的名称和阳历日期，分成春夏秋冬四季。

此文的1950年人民日历表，在阳历日期旁加注了24节气和阴历的朔日或望日。

2. 此文还摘要载入本研究会编印寄赠的《历法改革文献摘编》，1997－01－15。并且载有摘文著者简介：

薛琴访（1910－1980），物理学家、教授。1935年毕业于北京大学物理系，先后执教于北京大学、西南联大和北京地质学院，曾任北京地质学院物探系系主任。抗日战争时期随校迁移西南，途中患病造成瘫痪，但他不畏病痛，一直坚持教学和科研工作，著有教材《场论》，在元素周期性理论和喇曼光谱的实验研究方面，发表多篇论文。《推行真正的农民日历——阳历》是建国后最早在报刊上发表的历法科普文章，不仅简介了历法科学知识，而且编出"二十四节气歌"和"阳历推算歌"，还列出了"一九五○年人民日历"。

3. 本研究会编印寄赠的《历法改革研究文集》（1998－10），载有陕西省政协副主席苏明高级工程师的文章《薛琴访教授的研历精神永存》。苏明同志于五十年代就读于北京地质学院，当时担任课代表，由于薛教授是坐在轮椅上讲课的，黑板写字只能写在下半部分，课代表常要在聆听课时代劳擦黑板。

4. 本研究会经过8年协联中外研历同仁，已经探得五日周科学简明实用的"中华科学历"方案，该历突出传统的24节气历，以立春为岁首。11个月均为30日，6个五日周。第6月为大月多一周有35日，闰年有第36日，特定为星期日。每月的1日和16日为24节气的近似日期，而且还可用口诀做精细的节气估计。如此历表可以千百年不变，连幼儿也能迅速测算星期和节气日期。考虑到传统节日问题，可以在每年的历表（短期日历）上加注朔日和望日，正如薛教授的办法一样。

奇怪的是，有些保卫传统节日的民俗专家们，一听到我们的历改研究宣传，就极力撰文反对。郭松民先生的《春节是我们的图腾　驳章潜五教授》就是代表之作。春节究竟应该是阳历的立春，还是阴历的正月初一，我国是应该采用阳历？还是采用阴历(即不满足于春节几天"回复到做中国人"，而是要想 365 天都用阴历)？这可是原则问题之争论！我们希望中国民俗学会的少数专家们先研读一下薛琴访教授的这篇文章，而且不要只看到过年节，更要替农民耕种想想。

A-6　最先指出"农历"名称不科学的人——金有巽

一、春节定日的预测

——读十二月三十日新民晚报家禾君"科学四季划分"有感

春节本是阴历上的一个重要日子，农民认为是个大节，商人在此时也不放松这个

进财的机会，所以这三五十年内绝对废除不掉。但是过了三五十年以后，使用阴历的"顽固分子"要比现在少掉好几倍，政府可能将春节定在一个阳历日子上，这个日期，数字既易记，而且恰在农闲期中。依笔者推测，春节很可能被定在立春日(二月四日或五日)。因为它的阳历日子，最早是一月二十二日，最晚是二月十九日，前后变动二十九天，二月四日恰在中间，而且在字义上是"春的开始"，所以很讲得通，不知当政的主管礼俗诸公，曾考虑及此否？

(多心人)作者真名　金有巽　现任职教育部

1945 年　写于重庆

二、农民是依阳历耕作——春节中谈阳历和阴历

原载于《中央日报》1948 年 2 月 12 日第二版

金有巽

近两周来，报纸上有关春节的事情特别多。对于旧历正月初一这个日子，一共有五种不同的称法："春节""旧历年""阴历年关""废历元旦"和"农历新年"。这五个名词，究竟用哪一个才算对，本无讨论的必要，但是站在科学教育的立场来说，确有指明的必要，因为这五个名词当中有一个极端错误的，从来没有被人发现过。作者敢大胆地推断，倘若我们国民教育总是这个样子不提高，恐怕再过三五十年，还是没有人发现它是个不合理的名词。

目前一般人，以为阴历是农人的历，离了阴历农夫便不能耕种。或进一步说：阴历能够表示气候，阳历则不然，所以农夫一定要依阴历耕作，由于这种理论，才有人发明"农历"这个怪名词，来代替旧历这一个正确的名词。从表面看起来，似乎很通顺，其实是大错特错，犯了因果颠倒的毛病。

读者试想，阴历无非是一种利用月形盈亏来量计历日的制度。月形的盈亏丝毫不能影响地球上的气候。农夫的耕作，无疑要参考天气的寒暖和干湿。稍有常识的人都会知道这两种因素是太阳照射角度的变化所发生的影响，所以农夫耕作，靠的是太阳而不是月亮。

十二个阴历月，只有三百五十四天。气候的循环周，也就是地球绕日运行一周，要用三百六十五天。显然，阴历一"岁"要比气候周期（一个阳历年）短少十几天。事实上阴历年底已过，而气候还没有重演，这样就形成了"岁序"业已"更始"，但"万象"尚未"一新"。阴历岁与阳历"年"的这一点差别，使着岁尾渐渐地从冬季向秋季里移，假如不设法调整一下，人们就要在暑天过年了。为着要使老百姓的生活时序接近气候循环周期，古代的历家，就费了一番苦心，把阴历历制加以修正，用插闰月的方法，零碎地把岁长调整，让岁尾总是落在由寒转暖的时期里，这样才能让农夫利用农闲，痛痛快快地过一下新年。由此可知，我们古代所用的历制，除了参考月形之外，还要注意到太阳照射角度的变化，这已经是阴阳混合历了。

置闰的方法，是在十九个阴历年里，插加七个闰月，这种跳动式的调整法，究竟不够均匀，还是不能与气候周期十分密合。为了更使准确起见，所以又在阴历里面套进另一种周期。这个周期的开始，是在寒尽转暖时期里选定的一天，名之为立春日。此后每过十五六天（地球在轨道运行十五度），就更换一个节令名词，简称节气，在字面上一看便知道这一时期的气候或天时特征，例如清明、霜降、秋分、冬至等等。节气一共有二十四个，全部换光之后，气候又开始第二个周期了。

农夫们根据祖先的传授，只知道用数节气之方法来计算农时，每数够了二十四个节气，才能开始第二个耕种年度，他们严格地遵守节气，知道过早过晚对于耕种都不合适。比如今年霜降这一天种豆，到明年也必须在这一天把豆子下了种才行。农夫们并不知道这二十四节气能合成一个阳历年，他们也没有意识到下一个立春，恰巧隔开了三百六十五天，更不知道气候是三百六十五天一个循环。既然不知道这一点奥妙。因此也不会推算节气。只以为这些节气是由阴历里推算出来的一套玄妙玩意儿，只有从阴历历书里才能查得到节气来执行耕作。

从天文学的常识来判断，节气乃是阳历一年里头的另一种分段法，不把年分成十二个月而分成二十四个小段。除了表示气候外，节气也是一样的能做计时记事用。所以我们应该大胆地说一句话，农夫耕种是依的阳历，离了阳历，绝无法耕种；而且实际上，农夫们已经糊里糊涂地用了好几千年的阳历了。

在古时虽然以阴历为法定的历制，交易和记事，都得要用阴历日子，但特许农民们使用一套不露面的阳历，由历官预先把阳历年的二十四个分段（就是节气）暗排在历书里，只让农夫参考着耕作，并不让他们知道这是另一种历制。农夫们又因为教育程度的关系，从不知道阳历一年内，恰能嵌进二十四个节气，更不知道每个节气的阳历日子既固定而且容易记。可以说，几乎百分之九十九点九的农民，都不知道立春常在二月五日，小暑常在七月七日，小寒常在一月六日。他们还认为根本不应该拿阳历日子来表示节气。

更不幸得很，乡里人的愚顽，把城里人也给影响了。一多半的城里人，都依直觉来下结论，以为农夫耕种以前，常翻查阴历历书，便认为阴历能准确地指示气候。或者以为节气是古人发明的一套东西，当然节气是属于阴历的。到了二月五日立春（农民节）这一天，本来可以说："今天是民国三十七年里第三个节令——立春"，而城里人偏偏要兜一个圈子来说：

"今天是农历戊子年的春。"这真是舍近求远。

城里人的知识水准虽然比乡下人们的高得多，但是也有多数人搅不清这里面的道理。也毫不用心地随着乡下人保守。比如每年清明扫墓，本来记住四月五日举行即可，而许多人偏要借一本《皇宪通书》来查找相当于四月五日的阴历日子，好像离了阴历便不能孝敬祖先，委实可笑。

作者的意见，趁此行宪肇始，对于历制的使用，也应该彻底地整饬一下。要想实现民国元年所颁废除阴历的法令，除了科学家们努力向民众灌输历学常识以外，还要从纸面上的字句里下手。首先要正名的，就是废历正月初一这个日子的称谓"阴历年"，"阴历年"最好不用，因为里头有个年字，会使人存着过两个年关的观念。"农历新年"更是要不得，因为"农历"两字，根本就有问题。

只要记者和编辑先生们稍稍注点意，报纸杂志上便减少很多不合理名词。请读者再细想一下，像"空中堡垒""活动房屋""交通车"这一类似是而非的名词，不都有是一些自作聪明的人们无意中制造出来的吗？其影响之大，令人难以置信。因此作者认为此后一切正名的工作，还将在报章杂志上开始。尤其这点阐释历制的民众教育工作，更要有劳记者和编辑们的大笔了。

上述两文载于《历法改革研究资料汇编（汇报交流稿）》，西安电子科技大学历法改革研究小组草编，1996—03

摘文著者简介：

金有巽（1914—　　　），先后任教于山东大学、中央大学。新中国成立后。在中央军委工程学校（西安电子科技大学前身）任教。担任物理教授会主任，后任图书馆馆长，兼任陕西省科普作家协会副理事长，主编《科学普及文集》。50多年来，始终热心于科普活动，今任西安电子科技大学关心下一代工作委员会副主任。1984年退休后，致力于开展以历法宣传为主题的"大科普"活动。写有《加强历政建设的建议》《历法杂谈》等多篇文稿，虽然年逾八旬，仍然奔波呼吁，广泛搜集历改资料，潜心研究历法改革。《农民是依阳历耕作——春节中谈阳历和阴历》一文，是作者在1946年工作于教育部时所写，原名为《必也正名乎——春节向编辑先生们敬进一言》，投稿报社，却未被采用，1948年更改现名才被录用，编者查证当时报纸，极少称呼"农历"，只在婚姻启事中偶尔见有以"国历"和"农历"并注历日。本文最先指出称呼"农历"是因果颠倒错误。

A-7　"农历""阴历"正名之辨（摘录）

杨元忠

台北《传记文学》第45卷第1期，1984年

日历这个工具，是用来记录时间的。中国在未与西方接触之前，一直用的是我国用惯了多少世代的一种日历。在这里我暂称之为"中历"。……因为同时有两种日历在我们的社会上流行，其名称就有区别的必要，较早的时期，我们称西历为"新历"，而称中历为"旧历"，以资区分。后来大概是觉得"新"与"旧"都有时间性，不宜长期使用。同时又觉得西历

是以地球绕太阳一周为一年，作为建历的基础；中历则以月球亦即是太阴的圆缺现象为主，而以地球绕太阳一周为辅作为建历准则，因此改称西历为"阳历"，中历为"阴历"。

二十多年前，我在报刊上开始发现称中历为"农历"的文字。这个名词，似乎很有吸引力，所以随时间之进展而日益普遍地被采用起来。目前其普遍的程度，业已超过"阴历"了。揆之人类文化发展的趋势，"后来居上"是必然的现象。那么，中历之由"旧历"而"阴历"而"农历"，是不是亦可适用这一原则呢？我想许多人喜欢称中历为"农历"，恐怕亦是为"后来居上"的原则所炫，认为新的一定更好。赶个时髦，以示进步，有何不可！

我虽然亦是常常认为"新的一定是更进步的"，但在中历名称时下的演进问题上，并不持此看法。

记得十多年前，我还在纽约市居住的时候。因为在台湾来的报纸上，常常发现"农历"这个名词，就问台湾来的朋友，把"阴历"改称为"农历"，到底是怎么一回事。他说，因为农人耕种，非靠阴历的节气来决定农作的时机不可，所以有此称呼，求其名实相符也。我听他这一解释，"茅塞顿开"顿开，心中不禁好笑。我当时认为这亦许是若干喜欢新名词的文人搞出来的玩意。因为他们对天文及气象的常识，可能知道得不多，所以有此误解。"见怪不怪，其怪自败"，由它去罢。

一转眼，不觉十多年了。这几年，不但台湾出版的刊物，连香港及美国的中文刊物，亦是"农历""农历"的愈来愈多，"阴历则几乎见不到了。那些在文章上用"农历"的，有不少还是很有名气的人物。这个"因果颠倒"的名词，如果任其通行下去，恐怕会使我们这个文明古国，蒙上一层"愚昧"的阴影。读者试想，农人耕耘，必须配合气候（"气候"与"天气"不同，请不要忽略）。气候的变化，出自太阳，与月球无关。阴历而与农作扯上关系，其中必有蹊跷。

我是海军军官出身。海军为了航海上的需要，其军官必须略懂天文。因此我于五十多年前在海军官校做学生的时候，亦修过天文学与气象学。大家都晓得，军官的学识，除了兵器及战略战术这些"看家本事"略为突出之外，其他真是"样样通，样样松"。我学的是天文，只限于航海上需要的"应用天文学"。与专门研究天文的专家比较起来，差的多得很。但是用来了解太阳与地球运转的关系位置对气候的影响，则还游刃有余。本来纠正"农历"这个名词的责任，应该是我国政府、天文台或天文学权威人士的事。但是等到了这多年，还没有见到动静。不得已，只好由我这个"老兵"出来呼吁了。

农作物耕耘的时机，是依当地的气候来决定的。地球上各地气候的变化，则随地球与太阳关系而定。这是因为地球自转的轴线，与地球绕太阳而转的圆周所在的平面并不垂直，而成六十六度三十分交角的缘故。所以某一地区的农作物，何时播种，何时收成，要依地球绕到太阳的某一特定位置来决定。

说到这里，我需要先把阳历的两点基本形态，做个简要的说明。

……（今略）

各地的农人，依照当地的纬度及地理形势，在阳历的月日上标定各项农作的概定日期，耕种的效果，就正常而可靠。

靠阴历来耕耘，情形就不同。阴历一年虽然亦是十二个月，但每个月的日数，则以月绕地球一周为准，所以平均只约二十九天半。十二个月合计，只有三百五十四天左右。较地球绕行太阳一周，平均少十一天至十二天。只好每两年或三年就加一个闰月来补救。因此阴历的某月某日，与前一年或后一年的同一月日地球与太阳的关系位置，就各不相同，最大的差异，可以到二十多天。气候的差异亦就可观了。

我们自古以来，便是以农立国的民族，我们祖先中的天文家，亦知道用阴历来耕耘的毛病。为补救阴历在气候上不正确的缺点，就把地球绕行太阳的圆周，以春分等四个基准点中任何一点为准，分割成等长的二十四节，每节为圆弧十五度，如果换算为时间，则每节为十五天又五分之一强。他们又把每节圆弧的起点，赋以与农作或气候有关的名称，使农人的耕耘时机，有个准则可循。这就是阴历中二十四个节气的由来，这二十四个节气在阴历中的日期，每年都不相同。我们早先的社会，没有阳历。农人们每年一定要从当年的阴历中，查看他们需要知道的节气是何月日，以作耕耘的准则，这是无可奈何的事。

现在我们的社会，阳历已经非常通行。我政府负责农业或内政的机构，就该把阴历的二十四个节气的日期明文标定在阳历上。因为这二十四个节气的日期，在阳历上是可以不变的。农人可依照阳历来耕耘，不必再费心去找阴历。

……

西方各国的社会，只用阳历，没有阴历，更不晓得什么是二十四个节气。他们的农人，并没有在农作时机上迷失。因为他们依据阳历来耕耘，各项重要农作措施，年年都是那个时期，绝对错不了。比我们的农人年年都要靠阴历来找节气，既方便又省事。我们为什么不把我们那落伍的老办法抛弃，改用阳历来做耕耘的准则呢？

说到这里，读者便可了解，阳历才真正是农历。称阴历为农历，是"因果颠倒"。不是出于无知，就是由于大意。

我们如果要把中国农人，从"二十四个节气"的纠缠中解放出来，一定要把"农历"这个"怪名称"去掉；并由政府将这二十四个节气列表（编者注：今附于文末），注上"最接近正确"的阳历日期，以作过渡时期使用。农人只要有这张表，就可施行耕耘，不必再年年花钱去买"皇历"。久而久之，成了习惯，连这张表亦可以不用了。

读者请不要误会，以为我要把阴历一脚踢开。阴历是我国文化中重要的一环。像我这样年逾古稀的人，青年及中年时期，都在阴历的时光度过。端午、中秋、除夕等节日，以及家中人的生日，在我的生活中，都已印下美好而且不能磨灭的痕迹，必须依照阴历来庆祝，方觉得有味道。因此虽然在海外寄居多年，家中年年还都要挂一份有阴历加注的月份牌，以免"错过"时机。这是我缅怀祖国文化情怀所寄托。我之所以反对继续沿用"农历"这个名词，只是要把"农"字从阴历中剔除而已。

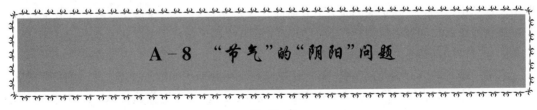

A－8　"节气"的"阴阳"问题

梁 思 成

这个题目，似乎有点"故弄玄虚"。但正是因为我们的日历的确有点"阴颠阳倒，故弄玄虚"之嫌，所以才故意借这样一个题目，对一个丝毫不玄，丝毫不虚的问题，发挥一点管见，提出一个"合理化建议"。

在我写这篇小东西的时候，我书案上的日历上有这样一些字：

1963 八月大　5　星期一

农历癸卯年　六月小　十六

十九立秋

我认为这样的日历有点抹杀了自己的科学性和合理性。问题就在"十九立秋"这四个字上。此外"农历"的"农"字也值得商榷。

我对天文历法是一个百分之百的外行，只凭一点常识，发表一得之见。

天文学家告诉我们，由于地球绕太阳的公转运动。从地球上看起来，好像太阳从西往东绕地球转动。这种运动叫作"太阳视运动"。太阳视运动绕地球一周约需 3651/4 天，叫作一年（"回归年"）。中国古代的历法，为了农作的方便，把太阳视运动一周（即 360 度）匀分为二十四段，亦即每运行 15 度为一段；太阳跨过每一个相隔 15 度的线的一刹那就叫作一个节气。而以太阳两次经过春分点的时间（3651/4 天）为一年。虽然我们知道，地球绕日的轨道是椭圆形的，地球在这轨道上运行，离日近时较快，离日远时较慢，但按平均速度计算，我们可以算出：

太阳视运动每运行 1 度，平均需时约 24 小时 21 分 1.4 秒；

太阳视运动每天平均运行约 59 分 8.16 秒的空间；

每两个节气相隔的时间约为 15 天 5 小时 14 分 55.68 秒。

在我国没有用阳历以前，在北半球的人们就都知道：夏至是一年中最长的一天，冬至是最短的一天。春分、秋分则是昼夜同样长短。这一事实证明，节气是以太阳和地球的关系推算出来的，而与太阴（月球）的运行毫无关系。因此，在阴历上，这些节气以及所有的节气就都不是固定的，有时甚至连月份都不同。但在阳历日历上，所有的节气和月份日子，却都是相对固定的。假使每年不多出那 5 小时 58 分 46 秒的时间，使得每四年"闰"出一天来，则所有的节气，从理论上推论，应该是可以绝对固定在某一天上。正因为每四年多出一天来，所以节气（即地球跨过每一个相隔 15 度的线的一刹那）可能有落在日历上前一天或后一天的微差。尽管如此，它们还是相对固定的。

在我国采用阴历的历史时期中，即使钦天监从地球和太阳的关系上把二十四节气推算出来，却不得不把它们标志在根据地球和太阴（月球）的关系而推算出的日历——阴历上。今天，广大农村都已普遍按阳历进行工作了。他们的账目是按阳历的月份计算的；以阳历一月一日为岁首；以"五一""十一"等日子庆祝我们的节日。但是，他们还是在继续从日历的阴历上去查对属于阳历的节气。这太不合理了。当然，绝大多数农民是不知道节气是根据阳历推算出来的，令我吃惊的是，不久前同几位科学家—— 一位医生，两位机械工程师，一位建筑师谈起这问题，他们竟然也以为节气是阴历的事情。因此，我就觉得更有必要做这么一项"科普"工作了。

上半年每月的五、六日，二十一、二十二日，下半年每月的七、八日，二十三、二十四日，一般都是一个节气；偶有出入，也不出前或后一天。只要记住这几天，对于节气和月份、日子的关系，就可以有一个比较固定的概念，对于农民来说，就比较便于掌握农时了。其实这并不是什么新鲜事。远在一九三八年（民国二十七年）中华书局出版的《辞海》里，在"二十四节气"条下，就有一个以阳历对照的"二十四节气表"，奇怪的是，解放十四年了，我们的日历还是把节气挂到阴历的账上去，请问：有什么必要这样做呢？我们为什么不把这道理给广大人民群众，特别是农民讲清楚？我们的日历为什么不把这个永恒的自然规律标志出来，使它更方便地为农业生产服务呢？

此外，把阴历(亦即太阴之历)叫作"农历"也是不够科学的。叫作"夏历"也未免秀才气太浓。若是从农民的传统习惯来说，因它从夏朝以来已被沿用几千年，也可以这些名称叫它。但真正的农历是阳历而不是阴历。农民根据节气进行农作，而节气是以阳历为根据的。

现在已经立秋，一九六三年已进入下半年，很可能就要开始印刷一九六四年的日历了，因此建议：从一九六四年起，在我们的日历上，把节气一律"搬"到阳历一边去。

这虽然是一件小事，但对每一个农民，对每一个生产队的小方便，合起来就是对全国农业耕种的大方便。让我们从一九六四年起就在日历上把这一点改过来吧！

载于《历法改革研究资料汇编》，1996－03

摘文著者简介：

梁思成(1901—1972)，我国著名建筑学家。早期留学于美国，1928 年回国，在东北大学创办建设筑系，后又创办清华大学建筑系，并任系主任，直至去世。新中国成立后，当选为中国建筑学会副理事长，1955 年当选为中国科学院学部委员。著作甚多。

载于《历法改革文献摘编》

A-9　竺可桢先生对历法改革的重要论述

一、阳历与阴历(部分摘录)

1947 年于杭州市浙江省教育会上的演讲稿

摘自《竺可桢科普创作选集》，科学普及出版社，1981－03

最后，我们要讲到现行阳历即格里高里历的缺点和改良的方案。现行阳历的缺点：第一，是年月与星期不能配合，一年有五十二个星期多一天，闰年就多二天。这样很不方便，比如去年的元旦是星期三，今年的元旦改成星期四，明年的元旦又变为星期六。第二，是十二个月长短不整齐。比如一月有三十一天，二月只有二十八天。七月以前大小月相间。七、八两月又连大两月。这样无规则很应该加以整理。第三，月份和四季不能配合。阳历元旦之所以成为岁首，是由于西历纪元前四十五年儒略恺撒改历时，冬至后第一个朔日正落在那一天，便成了正月初一。这完全是偶然的事，毫无科学的根据。到如今气象学家把北半球温带上各地的三、四、五月作为春天，六、七、八月作为夏天，九、十、十一月作为秋天，十二月和翌年一、二月作为冬天。如此四季分成两截，要搭到两个年头，很不方便。

改良的方案不外三种：

第一种主张改为一年十三个月，每个月四星期。这样星期就能和年月配合了，每月的一日、八日、十五日、二十二日一定是星期日，十三个月共计 364 天。平年尚多一日，闰年多两日。如此星期和月份配合得当了。但是"十三"的整数不能用二或四来除尽，在温带里四季就不易分。而且有一、二天的余数，是很不方便的。此法西洋教会反对最烈，因为多余

· 17 ·

一天算不到星期里去，把西洋有史以来星期日的连续性中断了。

第二种办法是西历1887年亚美林（Anmelin）提议的一种改良历，把一年分为春夏秋冬四季，每季三个月，前两个月为小月，三十天。后一月为大月，三十一天。每季九十一天十三个星期，一年中三、六、九、十二月大，其余月小。年终平年仍多一天，闰年多两天。平年所多一天，称和平日，闰年所多一天称闰日。闰日放在除夕之后，和平日放在六、七月之交。这办法已经有很多天文学家同意，而且在几次的国际会议上提出过。但是，行起来还是有困难。他的困难仍在多余的和平日和闰日编不进星期里去。

第三种改良历，个人认为最科学，是我国北宋沈括所提倡，而最近英国人肖纳伯（Na-pier Shaw）所主张，肖氏主张把元旦放在十一月六日，即是中国立冬之节，因为那个时候为北温带叶落秋高收获已毕农民闲暇时期。从十一月六日起，一年分为四季：（1）冬（十一月六日至二月四日）。（2）春（二月五日至五月六日）。（3）夏（五月七日至八月五日）。（4）秋（八月六日至十一月四日）。每季皆九十一天，十三个礼拜。如此则春以春分为中心。平年多余一日，闰年多余二日，放在元旦之前，为休息日。此主张可说和九百多年前沈括《梦溪笔谈》里的主张不约而同。沈括在《梦溪补笔谈》卷二里说道："用十二气为一年，更不用十二月。直以立春之日为孟春之一日。惊蛰之日为仲春之一日……永无闰余。十二月常一大一小相间了。纵有两小相并，一岁不过一次"云云。两人主张所差别的，肖纳伯是以立冬为元旦。沈括则以立春为元旦。这样的改良历可称为彻底的阳历，事事以太阳运行的周期为主。较之现行的阳历，以一月一日为岁首，尚是传统的朔日，与月亮有关者，更为合理。唯有一点，须说明者，即是地球绕太阳并非正圆形，而是椭圆形。换言之，地球离太阳的距离有时远，有时近。地球一年中离太阳最近的时候轨道上这一点叫近日点。离太阳最远的一点叫远日点。现时地球到近日点正值一月一日，当北半球的冬天。到远日点值七月三日，当北半球的夏天。离太阳近的时候，地球走得快；离太阳远的时候，地球走得慢。因此冬夏两季的时间并不相等。冬季短而夏季长。从春分到秋分有一百八十五天，而从秋分到春分却只有一百七十九天有余。所以如照沈括的办法，冬季六个月每月只二十九天或三十天，而夏季六个月每月统有三十一天了。

原载于《历改信息》第19期，2003-02-12

二、谈阳历和阴历的合理化（摘录）

《人民日报》1963-10-30

格里高里历最不合理的地方就是这七天为一周的星期。因为七既不能把一个月的数字三十或三十一除尽，也不能把一年的天数365或366除出一个整数。阳历年平年有五十二个星期多一天，闰年多两天。这样月份牌得每年改印，甚至影响工厂、学校和机关作息时间的安排。若是改成10天为一周或6天5天为一周那就便当多了。更可怪的是旧历虽是阴历，但我们节气如清明、谷雨却是阳历；而西洋的若干节气如所谓外国清明（耶稣复活节）因为宗教传统的关系，反而用阴历的。

新历月份大小的安排和月份称呼也是不合理的。在6月以前单月是月大，双月月小，7月以后又是单月月小，双月月大，容易引起混乱。同时1月份有31天，而平年2月份只28天，相差 3 天之多，工厂发工资、计房租，各月平均计算就显得不公平。在统计上，如气象学上计算各月的雨量，1 月份和 2 月份就不能同样看待。目前西洋月名的称呼，从 9 月至 12 月，无论英、德、法、俄各国文字均属名不副实。所以如此种种不合理原因统是由西洋历史上传统的习惯所遗留下来的。在罗马凯撒皇朝以前，罗马历法原来用的是阴历，一年十二个月，月大和月小间隔着。月的名称也是 5 月、6 月、7 月、8 月和中国一样依次排列，但历法极为混乱。十八世纪法国文学家伏尔泰曾说："罗马的将军们常在疆场上打胜仗，但是他们自己也搞不清楚许多胜仗是哪一天的。"待公元前 46 年凯撒当权时根据埃及天文学家索西琴尼斯的建议改用阳历，把单月作为月大 31 天，双月作为月小 30 天，在平年 2 月份减少 1 天为 29 天，并把原来的 11 月改为岁首，把原来 1 月推迟成 3 月，依次类推，而且把原来的 5 月的名称（Quintilis）改为（July），即今日之阳历 7 月，以纪念凯撒（Julius Caesar）。据传说凯撒死后，其外甥奥古斯都（Augustus，即渥大维）执政，当上罗马帝国的第一任皇帝。他把原来的 6 月（Sextilis）改称奥古斯脱（August），即今之阳历 8 月。又以 8 月原是月小，从 2 月那边移来一天把 8 月也变为月大，使 2 月在平年只了 28 天。又将 8 月以后的单月改为月小，双月改为月大，但是 8 月以后的月名依旧保存凯撒改历以前的名称，所以阳历 9 月至今西文仍称 7 月，10 月仍称 8 月，如英文 9 月是 September，这 Sept 在拉丁文中是 7 的意思。

这样名称错乱。月份大小不齐，又加上不合理的 7 天为一星期的办法，实在很有改进的必要。过去在西洋曾有成百上千的人主张改历，但始终因为限于习惯，积重难返，加以天主教、耶稣教会种种规章，总无法受到重视。在法国大革命时代，曾一度改用法兰西共和历。这共和历一年 365 又四分之一天，以秋分为岁首，每年十二个月，每月 30 天，以一旬为一礼拜。每年年终平年有 5 天，闰年有 6 天为休息日。这是依照法国当时数学家孟箕和天文学家拉葛兰奇的提议而订定的。这比较现行阳历确是很大改进。但法国革命失败后，共和历也只应用了十四年的时间，于 1806 年年初废除了。

在二十世纪科学昌明的今日，全世界人们还用着这样不合时代潮流，浪费时间，浪费纸张，为西洋中世纪神权时代所遗留下来的格里高里历，是不可思议的。近代科学家已提了不少合理的建议，英国前钦天监（皇家天文台长）琼斯甚至写进天文学教科书中来宣传改进现行历法的主张。但是两千年颓风陋俗加以教会的积威是顽固不化的，不容易改进的。只有社会主义国家本其革命精神，采取古代文化的精华而弃其糟粕，才会有魄力来担当合理改进历法这一任务。唯物必能战胜唯心，一个合理历法的建立于世界只是时间问题而已。

原载《人民日报》，1963－10－30；后辑入《竺可桢文集》，科学出版社，1979－03。《历法改革研究资料汇编》转载，1996－03

摘文著者简介：

竺可桢（1890—1974），我国卓越的科学家和教育家、我国近代地理和气象学的奠基者。早期留学于美国，1918 年回国后，致力于教育和科研工作，曾任前中央研究院气象研究所所长、浙江大学校长。新中国成立后，历任中国科学院副院长、中国科技协会副主席、中国科学院生物地学部主任、中国地理学会理事长、中国气象学会名誉理事长等职。1955 年当选为中国科学院学部委员。一生撰写了大量著作，有不少是科普方面的佳作。

载《历法改革文献摘编》

A-10 史学专家罗尔纲提出：不应称旧历为"农历"

《文汇报》1992-02-11 第 6 版 理论学术

来稿摘编

春节前夕，著名的太平天国史专家罗尔纲教授致信本刊，说现在所有的挂历、台历，以至报纸、电台、电视广播、书刊、文件等等，凡有纪日对照的，无不以农历来称呼旧历，其实这是错误的。他指出，旧历只能称夏历，不能称农历。

他说：我国在辛亥革命前使用阴历，一九一二年开始改用阳历，于是便有旧历（阴阳历）与阳历的对照。把旧历称为农历最早见于一九六一年出版的《辞海试行本》，是最近四十年的事。根据竺可桢教授的论述，必须为农民生产使用的日历才能叫作农历；而我国农民用于生产的日历并非阴阳历，而是二十四节气。

罗先生列举二十四节气的农谚说，农谚是农民在生产斗争和生活实践中所得经验的概括，农民生产是以二十四节气为农时的，而不是以旧历（阴阳历）为农时的。

罗先生说，中国是文明古国，是世界上农业最发达的国家之一。远在距今四千多年前，我国古代劳动人民就知道利用黄昏时星宿出现来定一年四季的方法，至西汉初年，二十四节气就确立了。节气是符合地球环绕太阳的黄道的，黄道匀分为二十四份，排成二十四个节气，也就是符合周天三百六十度，均分为二十四份，在黄经上每隔十五度，列为一个节气。地球绕太阳一周是阳历一年，依照一年的轨道，平均排列起来的二十四个节气，是完全符合于太阳历的。两千多年来，我国农民耕田、播种、收割等等，都是按照节气办事。依据节气来断定时令，农事的进行就有了依据，不用再仰观天象了。

旧历（阴阳历）则不同，它以月亮绕行地球一周作为一月，历年长度不和回归年相符，其平年是三百五十三日，或三百五十四日，或三百五十五日，比回归年相差十一日左右，因此，阴阳历每年同一节气，要比前一年移后十一日左右。而阴阳历闰年却是三百八十三日，或三百八十四日，比回归年长十八日左右，遇到闰年之后，那年节气又要比前一年提早十九天左右。这样，同一节气在阴阳历不同年份前后相差可达一个月，阴阳历本身正如宋代杰出的大科学家沈括所指出的："岁年错乱，四时失位。"这种历法，当然不能作为农民从事生产的依据，

罗先生说，沈括提出废除阴阳历，改用节气定岁时的新方法，未能实现，直到太平天国颁行的《天历》，才采用沈括建议的以节气定岁时的四季历法。20 世纪 60 年代初，竺可桢教授到南京参观太平天国博物馆，当知道太平天国颁行的《天历》时，啧啧称赞，并一再叮嘱要大力宣传。

罗先生说，辛亥革命以后，一般是把旧历（阴阳历）叫作"夏历"。《论语·卫灵公》说：《子曰：行夏之时》，朱熹注：《夏时，谓以斗柄初昏建寅之月为岁首也。》司马迁《史记·历书》说："夏正以正月，殷正以十二月，周正以十一月。"三代以后，秦代及汉初曾以夏十月为正月。自汉武帝改用夏正为岁首以后，历代沿用，所以把旧历（阴阳历）叫作"夏历"，是有根据的。既然把旧历（阴阳历）叫做农历是错误的，就应该改正。因为这不是一件小事，而是

全国十一亿人天天应用的大事。我们今天的日历在旧历(阴阳历)之上写上"农历"二字，必须纠正。

原载于《历法改革研究资料汇编》，1996－03

摘文著者简介：

罗尔纲(1901—1997)，太平天国史著名专家。前中央研究院研究员。1952 年 12 月接受筹建南京太平天国纪念馆的任务，是太平天国史学的奠基者。著有四卷巨作《太平天国史》(中华书局出版，1991 年 9 月)，其中的志有第十一"天历"，详细介绍了天历的基本法则等内容。他年逾九旬时，写信给报社指出"旧历不能称为农历"。

载于《历法改革文献摘编》

A－11　著名天文学家陈遵妫论述历法改革

一、中外历法之演变(摘录)

(1948 年 1 月 1 日　《中央日报》第六版)

世 界 历

近年来吾人常闻有所谓世界历者，亦即四季历之一种；其历法与上述之四季历，大同小异。其法为"年分四季，每季三个月，凡 91 日。每季之首月为 31 日，余两月为 30 日。每季之首日定为星期日。余日置之于十二月三十日之后，称为岁终世界休假日，不计入月内及周日内。闰日置之于六月三十日之后，称为闰年世界休假日，亦不计入月内或周内。"

世界历确比现行历为便，近因 1950 年即民国三十九年一月一日恰系星期日，故美国世界历社加紧宣传希望能获全世界之赞同，冀自是年起实行世界历。民国二十年教育部特设历法研究会征求各方意见，于二十六年五月三十一日举行会议，整理结果，亦决定赞成采用世界历法。

要之，在古代天文学未甚发达之时，历法常常改革，然其重心，则在推步之改进，以求精密适合于天象，故历法改革者，皆天文家之职责。近代改历之运动，其重心已不在推步之疏密，而在年月周日分配之调和；此自各种改历方案中未有言及闰法之改革可以知之，闰现行之闰法，于二三千年间仅有一日之差而已，可谓无法再求其密确也，历家之事，不过什一，而社会之事乃占什九；是以现今各国皆由政府组织历法研究会以研究之。(民国三十六年冬至作于南京紫金山天文台)

全文转载于本会编印寄赠的《历法改革研究资料汇编》，1996－3

二、陈遵妫著《中国古代天文学简史》摘录

上海人民出版社 1955 年 3 月

八、时宪历

中国采用西洋历法的，唐有九执历、元有万年历、明有回回历，但都只是昙花一现；盖国人嫌其疏阔，所以都只实行了很短的时间，就舍而不用，到了清初的时宪历，才用西洋的法数，以就旧历的体例；所以这在中国历法史上，可以说是第五次的大改革。辛亥革命以后，虽然采用格里历，但是不采用公元；到了中华人民共和国成立以后，才采用公元记年，彻底采用国际间所通用的历法。

明大统历施行不久，就有人建议修历，但都没有实现。到了万历（公元一五七三——一六一九年）年间，利玛窦来到中国。徐光启从他学习，甚有心得。崇祯（公元一六二八——一六四四年）初年，徐光启、李天经相继督修历法，又聘西人汤若望、罗雅谷在历局任职。明末全部引用西法，实测了四十余年，编成新法历书一百四十余卷，但这时候明朝国势已经危急，还没有来得及施行新历法便覆灭了。

满清入关以后，知道新法历的优点，就命汤若望等人袭用新法历的成数，改名为时宪历；从顺治元年（公元一六四四年）施行到乾隆六年（公元一七四一年），凡九十八年。康熙二十三年（公元一六八四年）编订《历象考成》，就以这年甲子为元，所以又叫作甲子元术。时宪历（即甲子元历）所用的岁实，就是根据《历象考成》上下编所译的第谷的数值。

雍正八年（公元一七三〇年）六月朔日食，历差一分；于是由西人戴进贤等人修正《历象考成》的日躔月离表，来推算日月交食。乾隆七年（公元一七四二年），他们重修时宪历，撰《历象考成》后编；以雍正癸卯（公元一七二三年）为元，叫作癸卯元术。重修的时宪历（即癸卯元历）则采用牛顿所改定的岁实；它从乾隆七年施行到清朝亡（公元一九一一年），凡一百七十年。

现今所用的旧历，就是时宪历，一般叫作夏历①或农历②。

---

① 汉武帝元封七年（公元前一〇四年）夏五月改为太初元年，以立春正月即夏正为岁首；除极短时期外，一直到清朝，约二千年间，都用夏正，因而一般叫作夏历。

② 一般认为旧历有节气，而节气对农业有重要意义。因而把旧历叫做农历。但节气是表示

太阳在黄道上的位置，应该属于阳历；所以把旧历叫作农历是错误的。

附载：辞典中的"农历"词条释意

1.《辞海》试行本（第 12 分册），中华书局辞海编辑所，1961 年 10 月

农历　一般人认为旧历（阴阳历）有节气，而节气对于农业有重要意义。因而把旧历叫做"农历"。但节气是表示四季寒暑变化的时期，是以太阳在黄道上的位置而决定的，应该属于阴阳历中的阳历部分；所以把旧历叫作农历是不恰当的。参见"二十四节气"。（P214）

2.《辞海》修订本（理科分册下册），上海辞书出版社，1978 年 9 月

　　[农历]　即我国旧历（阴阳历）。二十四节气起源于我国旧历，而节气对于农业生产有重要意义。因而常把旧历叫作"农历"。节气的确表示四季寒暑变化的时期，但它们是根据太阳在黄道上的位置而决定的，应该属于阴阳历中的阳历部分；所以把旧历叫作"农历"是不恰当的。(P67)

3.《辞海》，辞海编辑委员会，上海辞书出版社，1979 年 9 月

　　农历　即我国旧历（阴阳历）。二十四节气起源于我国旧历，而节气对于农业生产有重要意义。因而常把旧历叫作"农历"。节气的确表示四季寒暑变化的时期，但它们是根据太阳在黄道上的位置而决定的，应该属于阴阳历中的阳历部分；所以把旧历叫作"农历"是不恰当的。(上册 P854)

4.《辞海》，辞海编辑委员会，上海辞书出版社，1989 年 9 月

　　农历　即我国现行的夏历。夏历安排有二十四节气，并使用朔望月。节气对农业生产活动具有重要意义。而朔望月反映的月球圆缺变化对农村生活活动也有作用，因而夏历在农村中广为使用，人们也就将夏历称为"农历"。但节气是根据太阳在黄道上的位置而决定的，属于阴阳历中的阳历部分，所以把夏历叫作"农历"是不恰当的。(上册 P987)

原载于《历法改革研究资料汇编》，1997 - 01

摘文著者简介：

　　陈遵妫(1901—1991)，我国现代天文学家。早期留学于日本，1926 年回国，先后参加筹建紫金山天文台和昆明凤凰山天文台，曾任前中央研究院天文研究所研究员。新中国成立后，任紫金山天文台研究员兼上海徐家汇观象台负责人。1955 年筹建北京天文馆，并任馆长。担任过中国天文学会总秘书长、理事长，《宇宙》杂志总编辑等职，主持过《天文年历》的编纂工作。一生从事天文工作，著译甚多，对于我国现代天文事业的创立做出了贡献。

B 类 呼吁《春节宜定在立春》及回响

B-1 全国人大会议的提案举例

一、"农历"应科学更名

"置闰太阴历"(即农历)是我国的传统历法,清朝时称为"皇历"。西方国家的格里历传入我国以后,才分称"中历""西历"。辛亥革命后,孙中山先生立即通令改历改元,宣布"改用阳历","新旧历并存",编历办法中明确了"吉凶神宿一律删除"。至新中国成立以前,格里历称为阳历、国历,传统历法的名称不一,称为"夏历""阴历""旧历""废历"。新中国成立后,统称格里历为公历,传统历法称为夏历(历法岁首与夏朝历法相同,均为"正月建寅")。1968年初,夏历突然改称为"农历",这一改名很不科学,名为反对复古,实则违反科学,多年来,不少专家、学者撰文反对。我们建议"农历"应及早科学更名。

我国的置闰太阴历(即农历)曾是先进历法,但是随着时间的推移,许多缺点日益暴露,北宋著名科学家沈括一针见血地指出其缺点为"气、朔交争,岁、年错乱,四时失位,算数繁猥",他首先提出以节气历为基础的《十二气历》理论,太平天国时,循此创制并颁行了我国第一部太阳历《天历》。前中共陕西省委书记陈元方在《历法与历法改革丛谈》一书中说:"我国传统的历法——《置闰太阴历》,名曰《农历》,其实它对农业生产的指导毫无意义,谈不上是什么《农历》。""我国传统历法中真正有实用价值,有利于农业生产的指导,并受广大农民欢迎的,是《二十四节气》,而不是阴历。"他主张"走太阳历之路,创制具有中国特色的《新农历》"。

鉴于上述,我们认为对于我国传统历法的定名,需考虑其科学性和传统性,建议将"农历"改称"华历",而将今后创制的"新农历"称为"新华历",现提请全国人大会议注意并移交有关部门研究解决。

二、春节宜定在立春

春节是我国人民的传统节日,自古以来,传统历法以立春为春节,是时,民众或春祭,或挂春幡、吃春饼、赶春牛,以庆岁首。1913年,袁世凯政权"定阴历元旦为春节",将过年与春节合二为一,迄今八十多年。

现行春节(正月初一),在历法上往往于大寒与雨水之间前后摆动(参见本文集 6 - 6 之五节),早则约元月 21 日,晚则约 2 月 20 日,按概率分析,约有 66 ％ 不是候春就是误春。质言之,与春首(立春日)相去甚远,不科学、不贴切。

现行春节(正月初一),多误农时。我国以农为本,立春一过,即需抓紧春耕与春灌。而现行春节约 49 ％ 在立春日之后,加上过年习俗"不过十五不下地",更是火上泼油,不利农时。

现行春节(正月初一),在阳历上游移不定,偏离达 28 天,对社会生活困扰颇多。一是不利于月度统计;二是各类学校的两个学期的教学计划无法稳定;三是交通部门的春运计划难以稳定,或早或迟;四是元旦与春节间的双节供应计划年年变动,或长或短,无法统一。

现行春节,与旧俗过年合二而一,使旧俗气氛更浓,不利于移风易俗,促进社会生活的现代化。据此,我们建议:春节宜定在立春。此举既不涉及民间"过年",也对历法改革多有裨益。

编者说明:

此提案由全国人大代表、陕西省新闻出版局马大谋副局长建议后,中国科学院专文作了答复[办字(1995)061 号]。其中说:

"春节"是我国人民的传统节日,过去称为"过旧历年",是农历正月初一日,若将"过年"与"春节"分开,"过年"不放假,"春节"另订一个公历日期以便于安排工作和各项计划。这种做法是完全可以的,但要能被广大群众所接受才行;同时也要考虑海外侨胞的传统习惯,他们也把中国传统节日作为自己的节日。

中国科学院办公厅　一九九五年六月十三日

原载于历法改革专业委员会编:《西安历法改革研究座谈会文集》,2002 - 10

B - 2　呼吁全国人大会议立案审议:春节宜定在立春

春节是我国人民的传统节日,传统历法皆依春夏秋冬排序成岁,多以立春日定为春节。是时,君臣举行迎春盛典,君民则春祭或挂春幡、吃春饼、赶春牛,以庆岁首。1913 年,袁世凯政权"定阴历元旦为春节",将过年与春节合二而一。由于采用旧历规定春节,致使我国历制久未统一。随着我国经济、文化的大发展,两历并存的社会困扰日益加深。今朝进入科教兴国年代,时代呼唤:提高全民的文化素质,学会科学思维和科学方法,战胜迷信和愚昧。因此,科学地确定春节历日,使之赋有时代气息,加速两个文明建设,是值得国人共同注目的重要问题。

一、我国历法改革史的回顾

我国的"置闰太阴历"（即农历）曾是先进历法，但是随着时间的推移，不少缺点日益显露，北宋大科学家沈括尖锐指出其缺点是："气朔交争，岁年错乱，四时失位，算数繁猥。"他对我国先贤创造的二十四节气做了科学总结，提出太阳历性质的"十二气历"理论，但因封建王朝的守旧思想统治，直至太平天国时，才循此先进理论创制并颁行了《天历》。孙中山先生领导辛亥革命成功后，立即于1912年宣布"改用阳历"。前陕西省委书记陈元方，在遗著《历法与历法改革丛谈》中说："我国传统的历法——《置闰太阴历》，名曰《农历》，其实它对农业生产的指导毫无意义，谈不上是什么《农历》。""我国传统历法中真正有实用价值，有利于农业生产的指导，并受广大农民欢迎的，是《二十四节气》，而不是阴历。"他主张"走太阳历之路，创制具有中国特色的《新农历》。"上述历法改革史清楚表明，规定春节历日应该依据传统历法——节气历，它才是经受几千年检验过的科学历法。

二、两历并存的社会困扰

历法是依据天体运行规律而编制的计时法规，是长时间的度量衡标准，人们常用的一种基本物理量。国家的历制不统一，必然产生社会困扰，无形中阻滞社会的发展。今朝我国并存公历和"农历"，表面上是依公历行事，但在关键场合却由旧历起着支配地位。仅因"农历"的节候日期不稳定，游移约达一个月，就造成一系列的社会困扰。

1. 贻误春耕春灌良机

我国以农为本，立春一过就需春耕春灌，而现行春节在闰周19年中，约10次处于立春日之后，更有4-5次接近雨水节气（例如今1996年），加上过年习俗"不过十五不下地"结果会贻误春耕春灌，无形中造成损失。

2. 难作月度统计对比

正月初一对应的公历日期是游移不定的，最早约为1月22日，最迟约为2月19日，职工和农民春节休假分别为3天和15天，时处公历1、2、3月份，致使月份内的实际工作天数忽多忽少地变化，月度统计无法精确对比，生产效益难以精确评估。

3. 学校教学计划无法稳定统一

春节游移造成寒假游移，致使每年冬季开学和放假的时间移变，大多数年份的两个学期长度不等，常会相差3～4周，计划安排十分困难，教学计划无法稳定统一。

4. 增大春节客运困难

春节客运是个常年"老大难"，重要原因为春节历日游移，客运计划无法稳定，尤其是春节较早的年份，学校放寒假迟，大批学生也挤入人流高峰，长途客运更趋紧张，甚至迫使学校更改寒假。

5. 双节供应计划无法稳定

春节游移造成双节（元旦与春节）的相距日数变化，最多约49天，最少约21天。保证双节副食供应，需要调运大量的肉禽蔬果。由于计划不能稳定，供应工作容易失误。

上述不利影响，在其他行业中也类似存在。难道我们只能长期容忍这些困扰而无法解决吗？其实办法十分简单。究其根源是"农历"的固弊，因此只要改用传统的节气历，以立春节气的公历日期定为春节，上述困扰就会全部迎刃而解。春节农休时间不会处于雨水节气之后；全年各月均可精确统计对比；教学计划能够稳定统一；春节客运难题获得缓解；双节供应计划各年稳定。如此的春节，是多么安定祥和、科学文明的节日！

三、春节名称的名实相符问题

春节是年岁节日，标志着新春的来临，因此涉及岁首和春首的科学定时。所谓"夏正建寅，殷正建丑，周正建子"，反映了三代时期不断地探索"岁首"。夏代根据物候现象，定阴历第一月为正月；殷代发现星座斗柄方向的变化规律，改以第12月为正月；周代发明土圭测影技术，举世率先测知了"冬至点"，又改以第11月为正月。古代先民如此崇尚科学，不断改革创新，追求精益求精，这种民族精神今仍光辉照世。

对"农历"而言，春节是指含有立春之月，各年立春日离散地分布于朔望月内；而对节气历来说，春节是指立春之日，各年立春日都相对固定于一天（例如在下世纪内，61％为公历2月4日，39％为2月3日）。比较两种规定春首或春节的办法，显然是节气历为好，既精密又符实，名正言顺，科学合理。而现行春节约66％不是候春就是误春，误差可达半月，名不符实，不科学，不贴切。"一年之计在于春"，气候条件符实的春节，才更能激励人们辛勤劳动，喜夺全年丰收。

四、全民关注我国的历法改革

我们研究我国历法改革的现实任务，提出了三项建议："农历"应科学更名，春节应科学定日，共力研制新历法。三项任务紧密关联，由易至难，配套改革，齐力求成。改革的主旨思想是：坚持科学精神，贯彻改革方针，为国谋利，为民造福。他们在多方支持下，编出了《历法改革研究资料汇编》（汇报交流稿），期求推动历法改革的广泛开展，相信通过政府的倡导鼓励，在科教兴国战略的指引下，由专家学者积极带头，社会各界关注支持，全国共同努力奋斗，迟早定能改革有成。

天文历学是最古老的科学，人类文明之源泉。历法反映天体运行规律，表明人们认识世界的能力水平。它不仅用来授时农耕，还关系全民的生活秩序，对于政治经济、科学文化和思想精神，有着广泛的潜在影响。因此历法改革问题，我国历朝异代都予以高度重视，作为建国兴邦的要务，设有专职管理机构，世代相传地不断改革。但是，自从推翻封建王朝以后，究竟应该由哪个机构来主管历法改革事务，似乎是个久悬未解的问题，20世纪30年代在《历法研究会组织缘起及改历说明》中，或著名天文学家陈遵妫的文章中明确指出："年月周日分配办法与政治、教育、风俗、民生、日用、国际、交通、社会、经济、统计等，均有关系。质言之，今之改历，历家之事，不过什一，而社会之事乃占什九，是以现今各国皆由政府组织历法研究会以研究之。"历法改革涉及天文、地理、数学、哲学、历史、语言等众多学科，究竟应该由哪个部门来主管，是亟待认真研究的问题。

根据初步调查获知，"农历"名称萌芽于20世纪40年代末后，至今在海内外广泛流传。今经遍查书刊报章，已见十多位专家学者撰写文反对此不科学的称呼。我们建议全国人大关注此事，敦请新闻媒介率先进行科学导向，使传统历法的多种称呼（皇历、中历、阴历、阴阳历、古历、旧历、废历、夏历、农历），有个规范化的科学名称。

我国传统历法怎样革新，这是祖先遗留下来的难题。现行公历（格里历）的缺点也不少，世人早已予以注目，本世纪20世纪30年代曾经掀起过世界性的改历运动，后因发生世界大战而延搁至今。90年代，我国报刊一再地误传"联合国历法修订委员会"提出"下世纪启用新公历"，把半个世纪之前的改历方案当作新闻，但这也反映出我国人民期盼新公历的愿望，对于我国的改历问题，在本世纪初，学者高梦旦和天文学家高鲁等人，先后提出了十多种改历方案。1928年，高梦旦的修改方案经全国教育会议议决，代表中国向国际联盟提出。1931年，教育部特设历法研究会征求各方意见，分发十万份《征求改历意见单》，并且收到改历方案47个；1937年5月31日举行会议，整理结果，亦决定赞成采用由国际联盟提出的世界历法方案。上述史实表明，历法改革是势在必行，世人早就期盼实行新公历。我们认为，对于历法改革的必要性和可能性，首需对必要性尽快取得共识。下面摘抄的两位名人的改历思想片断，供作参考：

孙中山先生说："光复之初，议改阳历，乃应付环境一时权宜之办法，并非永久固定不能改变之事。以后我国仍应精研历法，另行改良。以求适宜于国计民情，使世界各国一律改用我国之历，达于大同之域，庶为我国之光荣。"

竺可桢先生说："在二十世纪科学昌明的今日，全世界人们还用着这样不合时代潮流，浪费时间，浪费纸张，为西洋中世纪神权时代所遗留下来的格里高里历，是不可思议的。""只有社会主义国家本其革命精神，采取古代文化的精华而弃其糟粕，才会有魄力来担当合理改进历法这一任务。"

振兴中华是当代炎黄子孙的一致心志。我们坚信在中国共产党的领导下，一定会出现我国历法改革的新纪元，历法文明古国将会重展光辉！

B-3　百余专家学者建议春节定在立春

新华社陕西分社记者张伯达　1997年8月

［新华社西安讯］全国百余名专家学者建议，将春节改在24节气的立春这天（2月3日或4日），以消除这个在公历中游移不定的节日给工农业和社会生活带来的诸多困扰。

据陕西省历法改革研究会秘书长、西安电子科技大学章潜五教授介绍，1996年7月该研究会关于呼吁全国人大会议立案审议"春节宜定在立春"的意见书发出之后，现已收到江苏、上海、北京、天津等10个省市的150多位专家学者、大学校长及有关领导等各界人士的签名支持。

春节是我国人民的传统节日，传统历法皆依春夏秋冬排序成岁，多以立春日定为春节。古人常在此时举行朝贺，从事各种娱乐，迎神祭祖，占卜气候，祈祷丰收，逐渐形成内容丰富的新春佳节。1913年，袁世凯政权"定阴历元旦为春节"，将过年与春节合而为一，至今已80余年。

专家指出，历法是人们常用的依据天体运行规律而编制的计时标准，应该科学和简便实用。但由于我国现在是公历和旧历（民间称夏历或农历）并存，采用旧历规定春节等，致使历制久未统一；表面上是依公历行事，但在一些关键场合却是旧历起着支配作用，以春节为例，它在公历中偏早偏迟可达半月之久，使得最早（1月21日）最迟（2月20日）的春节相差一个月，这种"不稳定"的重要节日造成了一系列的社会困扰。

一是误农时。我国以农为本，立春一过，即需抓紧春耕春灌，为农业的高产丰收打下基础；而现行春节约半数在立春日之后，加之不少农民有"不过十五不下地"的过年习俗，遂使不少年份超过雨水（2月20日）甚至接近惊蛰（3月7日）才安排农事活动，从而延误农时造成损失。

二是误工作。记者在调查中了解到，一些专家学者和党政机关干部说，每年全国的"两会"都习惯在春节过后召开，多在3月份，省部级的工作会则在4月，而基层的5月大多成了"会议月"，待年度计划层层下达后，差不多半年就过去了。

三是教学计划无法稳定统一。学校制定教学计划，必须考虑寒暑季节和节假日规定。暑假一般来说是相对固定的，但寒假因包括春节而逐年不同，经常出现火车站给高校定放寒假时间的现象，还有的学校为了让学生赶回家过春节，甚至将期末考试推迟到来年开学再考。

四是交通部门的春运计划难稳定。春节时日或早或迟影响到每年春运起讫日期年年不同，计划必须逐年修改，增加了交通部门的工作负担。

专家们还认为，从名实相悖的原因说，春节也宜定在立春。春节，顾名思义就是春天的节日，它标志着新年新春的来临；但现代春节实为旧历年的代名词，有半数年份处于冬季，约1/3的年份却是在严冬欢度春节。恢复传统的24节气历中的立春日为春节，不仅能消除许多社会困扰，而且也使其名正言顺、科学合理。

对春节重新定日的问题也有一些不同的看法。西安市商贸委的一位负责人说："从商业的实际工作讲，我们认为春节的日期不确定对安排节日商品供应影响不大，大家对此都习以为常，及早地做了准备。"中科院在对有关建议的专文答复中也很谨慎："若将过年与春节分开，过年不放假，春节另定一个公历日期以便于安排工作和各项计划，这种做法是完全可以的，但要能被广大群众接受才行。"也有持反对态度的人认为，春节是中华民族传统文化的重要组成部分，包括港澳台同胞海外侨胞在内的华人对此有极大的认同，是不必要更改也是很难更改的。还有人认为更改春节是"添乱"。

鉴于上述情况，提出和响应春节应改期的专家学者认为，要充分认识到这一问题的艰巨性和复杂性，因为它已远远超出了天文学的范畴，需要得到国家和社会各方的理解与支持，"春节宜定在立春"的历法改革，应先进行广泛的宣传，让老百姓也参与讨论，让大家都能接受。在取得共识后才可以通过立法形式将其确定。

原载于陕西炎黄文化研究会历法改革研究会编《历法改革研究文集》，1998－12

B-4 纠正《民俗词典》误传春节的始定

关于"首届政协会议决定春节"的调查

载《历改信息》第 3 期，1997-01-27

现行春节是假期最长的法定节日，究竟是由哪个会议决定的历日，这是历改研究中的重要问题。我们查阅了几本民俗词典，都说是由首届政协会议决定的，例如："1949 年 9 月 27 日，中国人民政治协商会议第一届全体会议决定：我国采用世界上通用的公元纪年，把阳历 1 月 1 日称为'元旦'，同时把阴历（农历）的正月初一定为春节，放假三日。"

在新中国开国大典的前夕，召开了这次具有重大历史意义的会议，难道真会如上所述详细讨论决定元旦和春节的历日吗？我们对此十分怀疑。因此，必须查证清楚。在获得中央档案馆的积极支持后，远赴该馆查阅档案文件，遍寻全卷的有关决议，未见涉及这两个节日的决定，连决议草案的分组起草文件中也未见有所涉及。因此，为求纠正这种失实的传说，特意在《历法改革文献摘编》中收录了此次会议通过的四个决议案（见第 24 页），以正视听。

经查阅报纸，明确了历史事实是：政务院于 1949 年 12 月 23 日举行的第十二次政务会议，通过了统一全国年节和纪念日放假办法，并已通令全国遵行。在通令中规定："新年放假一日；春节　放假三日，夏历正月初一日、初二日、初三日。"

顺便谈点看法：

（1）开国之初，百业待兴，当时沿袭使用旧历来规定春节，是无可非议的。今日百业俱兴，贯彻"科教兴国"战略之际，如何科学地确定春节历日，就显得急需了。

（2）在上述规定中，旧历名称是夏历，并非某些书上所写的是"阴历"

或"农历"。称呼夏历是有根据的，而"阴历"是一种不恰当的俗称，称呼"农历"更是不科学的。"农历"的正式称呼是始于"文革"期间的 1968 年，历史已经证明当时将夏历改称"农历"是不合适的。

调查人：章潜五　1997. 1.

B-5 从新中国成立前的旧报查寻"农历"和"春节"的始现

传统历法被称为"农历"和旧历年节被称为"春节"，这是两个有争议的名词。究竟是从何时开始如此称呼它们的，需要查证清楚。查证的主要线索是旧报，为此我们做了调查，今将所获的信息公布如下：

一、"农历"名称的始现

1996 年春，赴京到北京图书馆查阅旧报《中央日报》，金有巽教授所写的文章"农民是依阳历耕作"，就刊载于此报的 1948 年 2 月 12 日。今以该月的一册合订本为典型，对"农历"的出现次数粗作统计。结果是：在报文中全无"农历"字样，只在婚姻启事中方能见有称呼"农历"。当时的结婚日期一般是以"民国某年"或"国历某年"标示的。粗估每天约有十条婚姻启事，在一个月内仅见二次"农历"，例如：

(1) 黄寿仁　结婚启事　我俩承朱达夫两先生介绍并经双方家长同意　谨詹

丁文娟　　　　　　　　胡洁明

国历二月二十一日在京安乐酒店举行结婚典礼　恭请贺惠寒两先生证婚　特

此敬告诸友

农历正十二　　　　　　　　　　　黄达云

(2) 在 2 月 29 日的婚姻启事中又见并注结婚日期：

国历三十七年二月二十九日

农　　　　元　　二十

(3) 另在 2 月 21 日的商业广告中，见有以国历与古历并注日期：

马祥兴菜馆　择于国历二月二十一日　照常营业

古　　正　　十二

调查人：章潜五　1996. 7. 10

二、"春节"名称的始现

今年初，又赴京到北京图书馆查阅建国前的旧报，最早期的《中央日报》是 1928 年，从中未见"春节"字样。顺便想从结婚启事中查阅"农历"，但见早期报纸上不登结婚启事。当时传统历法被称为"旧历"，例如报头的标示是：

中华民国十七年二月一日　中央日报　戊辰年正月初十日

而 1929 年的报头就去掉了并标旧日期，例如标示是：

中华民国十八年十二月二十日　中央日报　星期五

从该报的缩微胶片(1929.12.15 - 1930.1.31)中发现：传统历法被称为"废历"，而且公告"禁过旧年"，强化阳历元旦节庆。今摘录当时所载的几条新闻如下：

(1) 1930 年元旦前后，有几条短讯的标题为

庆祝元旦　各机关均参加

杭州庆祝元旦　举行市民大会

行政院通令　新年假三日

国府庆祝元旦　放炮一百零一发

(2) 商人团体禁过旧年　商会已通知商店

中央明令，实用国历，业经通饬饬遵行，最近旧历年节，为期甚遂，京市府深恐一般民众，仍沿积习，特饬社会局禁止取缔，日昨特令南京总商会及商民协会，通饬全市商民，一

体禁过旧年，该会等奉命后，已通饬所属一体遵照，旧历年节，不得张灯结彩，闭户停业云。

（3）废历年关　禁放爆竹

首都警察厅，以废除阴历，实行国历，已经中央明令公布，现值废历年关，一般商民，狃于积习，仍多燃放爆竹，不独易肇火祸，抑且妨碍治安，自应严行禁止，无论白昼夜晚，不准燃放爆竹，该厅特布告禁止，并通令所属，一体查禁云。

（4）废历春节之国府　破除旧习照常办公

废历春节，人民积习难除，仍有庆贺之举，国府为作全国之楷模，提倡国历，厉行不懈，闻于明日废历春节，府中各职员，均须照常工作，不得借故请假，亦不得敷衍玩忽，颇有革故鼎新之象，印铸局印行之国府公报，因工友不许给假，未曾停刊，故亦照常出版云。

笔者认为，为了统一我国的历制，不使每年重复过两个年节，设法力求把年节从旧历移至公历上，这是符合时代潮流的，邻国日本和韩国就已如此改革了。我国旧政权采取的上述改革措施是好的，可惜未能始终身体力行，有效地落实改革措施，结果是"废历"未能废除，依然盛行　过"废历春节"。

（可以参阅淑士的微言："废历何以废不了"和载文赛的文章"两种历法，两种文化"，分别载于《历法改革文献摘编》第71和82页。）

调查人：章潜五　1997.1.10

B-6　1996年呼吁《春节宜定在立春》的回响（一）

1. 中国社科院世界宗教事务研究所儒教研究室主任李申研究员：完全同意将春节定在立春，同意呼吁书所列举的几条理由，建议以沈括的十二气历为基础，制订一部新的农历。并建议历改研究小组先做出一个方案，在适当时机召集有关人士进行讨论。

2. 兰州大学中文系主任柯杨教授（中国民俗学会副理事长）：我国历法，长期阴、阳混用，弊病颇多，诸先生倡议改历，以促使历法之科学化、规范化、统一化，深得我心！我完全同意"春节宜定在立春"的主张，呼吁书中所列的改历理由，亦极具说服力，故寄上签名表示坚决支持之意。我对天文学所知甚少，但对传统民俗（包括岁时民俗）等则有所探究。民间习俗固然有其稳定、保守的一面，但同样随着历史的推移和社会的进步而有所改变，目前在农村中"红白事委员会"的创建和活跃，部分地区婚礼上新人栽双树（保活）以作纪念，除夕之夜全家看中央台电视，大、中城市禁放鞭炮等，皆可说是"新俗"代替"旧俗"的事例。我认为，科学改历，利国利民，移风易俗，正其时也！

3. 中国历史博物馆宋兆麟研究员：历改研究小组做了大量工作，研究的方向是对的，但是历改是个大难题，光靠行政命令不行，又涉及国内外，所以历改是个长期的任务，可否分几步走？慢慢约定俗成就好了。除了行政、科学界外，可否在民俗上下工夫，这方面可同民俗学会联系。

4. 山东大学社会科学系徐经泽教授：诸位倡导的历改，是适应当前科学技术的发展，适应我国物质和精神文明建设需要的壮举。《民俗研究》同仁表示衷心的支持。历法是一个综合文化体系，它凝结了人们多种认识成果和实践经验的成就：人对宇宙系统中的日月星辰、地球之间关系的认识，自然宇宙系统运行与人们生产、生活、生理、宗教、政治乃至民族意识关系的认识。因此无论对旧历法（前人积淀的文化）批判继承，对新历法的创建都必须进行多学科的综合研究，建立在以现代科学技术为基础的研究，方能取得最高水平的结果。《民俗研究》拟拿出一定的页码，辟专栏不断发表这方面的研究成果，促使学者们对历改的重视和深入探索，在历改的活动中，尽我们的一点微薄力量。

5. 原陕西省新闻出版局马大谋副局长（第八、九届全国人大代表、陕西省人大常委会副主任、民革陕西省主委）：要加强宣传力度，使更多的人（包括海外华人）理解这一改革的意义。我对历法知之甚少，但我愿为此项工作做出努力。

（编者注：陕西省人大代表团已三次提案，后两次均有 20 多位代表联名，马大谋先生是主要倡议人。）

6. 西安建筑科技大学副校长桂中岳教授（第八、九届全国人大代表，现任陕西省人大常委会副主任、九三学社陕西省主委）：在签名填表中说"请将文中所引的文献在附录中列出，以便查证。"

7. 陕西省科委主任孙海鹰高级工程师：支持此意见在全国人大会议立案审议。

8. 陕西省政协副主席苏明高级工程师（第八届全国人大代表）：请叶叔华先生再次向全国人大建议或提案时把我名字列上（代表证号第 02528 号）。此事除天文学界人士外，应取得更多社会学界人士的支持。

（编者注：他为《历法改革研究文集》撰写前言，热情推荐其老师薛琴访教授的撰文"推行真正的农民日历阳历"，并且提供境外的有关书报，积极推荐专家指导研历。）

9. 陕西省科协副主席徐任高级工程师：陪同省科协主席陶钟教授等领导同志，最先约见本会的三位骨干，听取汇报后，陶主席答应担任本会顾问。徐副主席一直积极指导我们的研历，资助印寄《历法改革研究文集》，并为文集撰写前言。1998 年底，陪同全国政协张勃兴常委接见本会五位骨干。1999 年春，他给陈宗兴副省长写信汇报，标题为"一、历改研究陕西最先。二、研历精神感人至深：（1）我省几位学者年事已高，仍笔耕不辍；（2）我省几位老教授自己掏腰包，从事研究。三、希望得到支持，成功举办一次全国性的研历会议"。陈宗兴副省长作了积极支持的批示后，历改研究取得了明显的进展。

10. 陕西师范大学中文系主任傅正乾教授（时任陕西省人大常委）：积极向陕西省委和省政府汇报本会的研历进展，帮助寻求支持和资助。1997 年 9 月，陕西省人大教科文卫委员会召开"历改研究汇报会"，主任委员周延海、副主任委员杨家贤、委员杨更容、傅正乾等同志听取了汇报，对本会的活动和成绩给予了充分的肯定。

11. 上海市人大教科文卫委员会庆志纯主任委员：作为一种天文现象，把"24 节气"与"农历"分离开来，移植到"阳历"上，既合理，又方便，是可行的。同时逐年减少没有"24 节气"的"农历"出版发行，以使农民逐步习惯把农事与阳历联系起来。与此相关，要解决把"干支纪年"和"十二生肖年"与阳历相协调的问题。因为这涉及历史纪元、编年史、国际事件的连续纪载和考证参考源诸问题，另外，传统习俗不可不顾。赞成把春节定在阳历"立春"这一天，但是还要考虑因而引发的非法定节日的一些民俗节日怎样安排，例如"正月十五过小年""八月十五团圆节""五月端午"等。关键的关键是"先立后破"，先要举荐出科学合理的新方案。为此，应有天文学家、数学家、历史学家等学问家参加到这一活动中来。

12. 西安医科大学王世臣教授(陕西省政协副主席、第八届全国人大代表)：我是一个医生和教师，对"历法"却是门外汉。拜读三次来信，略有了解，认为旧历法确实有"一系列社会困扰"，改革为势所必然。历法改革虽属科学实践，但牵扯到移风易俗，需做深入细致的宣传工作，愿参与此项工作，持之以恒，争取获得人大与政府的批准。

13. 陕西省商洛地区教研室特级教师党磊(第九届全国人大代表)：认真拜读了所寄的全部材料，深为您们的精神所鼓舞。愿意参与此项工作，帮助呼吁，争取获得人大和政府的批准，早日实现预期的目标。

14. 原西安军事电讯工程学院副院长刘克东(正军级老红军)：时代总是沿着继承和发展而不断前进，也总是在一批一批有识之士艰苦探索中取得新的进展，更是在广大人民群众的实践生活体验中，不断推动事物的前进与发展。我是曾参与过教学工作，而继续关注大、中、小学的教学改革活动者之一，如果继续沿袭以往历制，学时安排上的上下学期时数差距难以克服，使教学计划和教科书的时限都受影响，因此"春节宜定在立春"的意见是很科学的。衷心感谢历法改革研究会筹备组同志们的辛勤劳动！祝愿在各级有关领导和组织的关怀下，早日实现预期目标。

15. 原西安军事电讯工程学院雷达工程系政委赵居谦(离休老红军)：看了历法改革研究小组的资料，我认为很好。这一改革如能很快实现。它对我国大、中、小学的教育计划制定、教学改革、科学研究、全国客运、农业发展等都大有好处，我坚决支持。

16. 北京信息工程学院院长甘圣予教授：从教学工作的角度看，"春节定在立春"是十分有利的事，对教学工作的安排将带来极大的好处，有利于提高教学质量。最难解决的是人们的传统观念，希望从这一点上多提出一些解决办法。

17. 桂林电子工业学院院长方惠均教授：关于历法改革的必要性，我有两点体会：(1)由于两历并存，造成每年春节时间不定，给学校组织教学带来诸多不便，使制定教学计划、安排课程、排课表等等都不利于规范化。(2)两历并存使人们造成一些错误概念，甚至有相当文化素养的人，都不清楚节气是只与阳历有关，甚至会说出"因为有闰月使得今年暖得早(晚)"等等错误概念。

18. 北京工业大学沈以清教授：历法改革很有必要，也是可以实行的。现在主要靠有识之士多做宣传，普及有关的科学知识。建议争取人大常委会出面领导，设立历改研究办公室，通过报刊和电视广播等媒体广做宣传。然后由人大审议给"农历"更名为"旧历"，并将春节定在立春日。数年后再由人大决议废止旧历，并向联合国教科文组织提出"世界历"方案。旧历之所以尚能生存，全赖春节假期。一旦春节日期与旧历脱钩，即使不明令废止，旧历亦将自然消亡。

19. 上海海运学院航海系主任钱淡如教授：改立春为春节，虽然好处很多，但首先涉及全世界华人的习惯。例如文字改革也是好事，但为了国际华人习惯，繁体字经常被使用。所以只有大力宣传和协调好方方面面后，改历才能顺利进行，否则会有阻力的，绝不是用行政命令可以行得通的。

20. 西安电子科技大学原副校长王一平教授：本人对历法提不出什么意见，只感到旧农历不好，应与国际接轨。为尊重我国习惯，保留一个春节即可。至于港、澳、台华侨，我以为不必过虑。虑多了，什么事也办不成。

21. 水利水电工程总公司副总工程师王冰：同意春节定在立春的意见。为了照顾群众的传统习惯，过旧历年，可以考虑旧历年放二天假，春节放一天假，加上一周休息二日，过旧历年仍可休息 3－4 天。我想群众比较容易接受，也考虑了港、澳、台和海外侨胞的传统习惯。

22. 上海市化学工业局退休副总工程师龚祖德先生（上海市政协委员）、上海科技大学吴鼎祥副教授：拜读《春节宜定在立春》呼吁书，觉得很有说服力。值此改革开放、大步前进之际，人的思想也会随着时间的推移而改变的，人民也会逐步认识而接受。

23. 航天工业总公司 210 研究所情报室主任蔡堇研究员：我认为我国的阴历无需改革，原则上应逐步废除。因为一个国家最好不要同时实行两种历法。鉴于我国长期形成的一些习俗还有必要继续保留，因此希望有些传统节日（例如元宵节、端午节、中秋节、重阳节，还有少数民族的一些传统节日）如何在公历中确定，需要研究。至于带迷信色彩的节日，则不应考虑。24 节气是我国古代的伟大创造，特别同农业有密切关系。朔望月对人体科学、医学、海洋学等也有影响。这都需要在公历中标明。现行公历的改革势在必行。国际上不少学者对此也颇为关心。我国应积极参与这一改革，在原有的基础上，提出切实可行的方案，供联合国教科文组织讨论。

原载于《西安历法改革研究座谈会文集》，2002－10）

B－7　1996 年呼吁《春节宜定在立春》的回响（二）

24. 南京炮兵学院数学教研室张明昌教授（天文学家戴文赛指导的研究生）：此项改革虽然利大于弊，但因事关重大，应十分郑重行事，尤其要让群众有适应过程，故应在广泛宣传之后缓慢地逐步施行。

（编者注：当面指导历改研究，并提供戴文赛先生的著书《科普文章选集》。）

25. 南京大学信息管理系刘圣梅副教授（著名天文学家戴文赛的夫人）：从道理上看（见戴文赛撰文《现行历法应当改革》），一年始自立春，是最合适的，我国沈括就是这样主张的。这一问题应如何处理，还望考虑。

26. 华东师范大学地理系陈自悟副教授：生前与金祖孟教授合编《地球概论教学科研成果汇编》，多次当面指导历改研究，介绍金教授撰文"历法改革两议"的背景，并提供《俞平伯曾主张禁阴历》一文复印件。

27. 上海化工研究院金林高级工程师（地理学家金祖孟教授的女儿）：春节定在立春，有利于各行各业的工作安排，特别有利于学校教学安排。

28. 前陕西省委书记陈元方的夫人赵南同志和秘书卫韬同志：赠给《陈元方文选》及陈元方的《风雨楼诗稿》，应求介绍陈元方的生平。卫韬同志主笔拟写向全国人大建议（"农历"应科学更名 春节宜定在立春），积极参加历改研究和呼吁改历。

29. 中国社科院近代史研究所罗文起同志（太平天国史著名专家罗尔纲教授的女儿）：

我父亲去年逝世，承蒙您写了悼念的文章，后又蒙允准收入《罗尔纲纪念文集》内，十分感谢。我近日读他所著《太平天国史丛考丙集》(三联出版社)内的《论天历》一文，知道他在研究《天历》的基础上，又提出了改进《天历》，以造成一种比今阳历计算更加精密、更加便利、又与四时气候相适应的一种历法的设想。他生前研究历法颇费精力，我也不懂历法，现将此文复印寄上。

（编者注：罗尔纲教授所写的新文章已摘要编入《历法改革研究文集》。广西社科院历史研究所所长黄振南研究员给我们赠送了《罗尔纲纪念文集》。）

30. 四川仁寿县华夏历法研究会周书先会长(外科副主任医师)和秘书长肖守中(重庆大学信息学院生物医学工程系副教授)：建议把标题改为"呼请全国人大、政协立案审议：恢复夏历的正式名称"。1968年"文革"时期以"四旧"为由，错把夏历更名为"农历"，宜早日拨乱反正，"农历"仅作俗称使用，报头日历也应统一。年节假日的调整属国务院的权限范围，建议国务院将元旦和春节各安排两天假日；若某年正月初一在"立春"后，可以临时调一天假在"立春"或并一天于元旦中，以利于各行各业的工作安排。公历(格里历)和夏历均已年久失修，各具优缺点，千年交会是修历的良辰，吁请有关的学术部门和传媒，积极组稿进行历改的学术交流活动，筹建全国和地方的历算学会和历改专刊、副刊，并加强国际交流，推动滞后的历算学赶上现代科技的发展。吁请社会各界以精神和财力支持历改事业。历改前景光明！

（编者注：多年来一直与本会密切合作研究，共同呼吁历法改革。）

31. 河南淮阳县万氏世界日历新方案研究会万霆理事长：建立历改研究的组织机构，组织召开国内和国际的历改研讨会，向各级财政和科研单位申请立项，恳请全国人大做出明确规定。如果党中央、国务院、全国人大、全国政协能像申办奥运会和其他国际会议那么大的劲头，来重视和支持历改工作，那么历改任务就会大大加快。

32. 《上海科技报》副刊部钱汝虎主任：历法改革涉及全国人民和"华文化圈"数千万人的生活习惯，所以在具体实施之前必须进行长期的宣传解释工作，使绝大多数人至少不强烈反对。否则，有可能在旧历年照过的情况下，又徒增一个春节假期，引起混乱和经济损失。

33. 《文汇报》驻京记者孙健敏先生：收到本会的呼吁书后，写出报道《抓春耕良机使名实相符，一批专家建议"可否把春节改在立春"》。各地十多家报纸作了转载，不少读者来信表示积极支持。

34. 紫金山天文台业余记者马伟宏先生：看到本会的历改呼吁书后，认为应该积极支持新生事物。他采访方成院士，撰写报道《方成院士细说'春节改期'》和《方成院士建议给'飘浮不定'的春节定位，春节元旦能否'合二为一'》。江苏卫视台举办《春节话改期》专题播映，他任编导并采访方成院士等专家。

35. 新华通讯社陕西分社采编组记者张伯达先生：受总社领导的指示，采访本会并作社会调查，写出高级内参文稿《百余专家学者建议春节定在立春》。他通过调查后又发现一个重要的社会困扰，即"全国'两会'都习惯在春节过后召开，多在3月份，省部级的工作安排会则在4月，而基层的5月大多成了'会议月'，待年度工作层层下达后，差不多半年就过去了。"

36. 上海思源科技实业公司总经理赵焜南高级工程师：同意把春节固定在立春日为宜。

今资助 5000 元，用于编印《历法改革文献摘编》。

原载于《西安历法改革研究座谈会文集》，2002 - 10

B-8　呼吁书《新世纪呼唤历法改革》的回响

1. 东北大学孔蕴浩副教授：我对于你们的观点基本上都同意和拥护，因有习惯势力的阻碍，一时难于付诸公决和实施。但我认为终有一天会实现改历，也许我们看不到了，然而你们的努力将是基础，不会白流汗白辛苦。因为农历也罢，公历也罢，都有许多不科学之处，一旦大多数人都认识了，改历也就水到渠成。我们虽不能亲历，也会含笑于九泉。祝你们成功。两个方案都很好，各有千秋，但我倾向于新四季历，…… 我完全同意岁首改在立春。

2. 西北大学经济管理学院韦苇院长（全国政协委员）：我先后数次收到贵会关于推进历法改革的建议与设想，深为诸位先生关注科技进步和执著追求历法改革的精神所感动。我不懂历法，但也知盛世修历的道理，中国封建社会的各代王朝，差不多都有过对历法的修订和更正的举动，一些著名的政治家、史官、科学家也都参与过对历法、历书的修订。随着人类对于天文学及其他相关科学领域更深入的了解和认识，能在 21 世纪推出一部更精确地反映天时和节气、更便捷地指导经济活动（尤其是农业活动），且为全世界乐于接受的新历法，当然是一件功在当代、泽被千秋的大事、好事。我祝愿这一事在诸位先生的执著追求和推动下，能在诸位先生健在之时完成，这将是诸位前辈可以告慰生平的事。如果你们需要我在自己力所能及的范围内予以呼吁的话，我愿意尽绵薄之力。请先生们把改历方案以最简明的文字整理成一个文件，我可以在出席明年三月全国政协会议时，作为一个提案提出。

3. 陕西省政协副主席、陕西省老科协纪鸿尚会长：此事甚好。公历国际统一，农历中国儒学一致，但涉及少数民族、春节、农历科学更名等等，真乃应该研究。祝愿早获硕果。

4. 全国人大常委会丁石孙副委员长办公室：历法改革是一项涉及面很广的工作，特别是农历，使用的范围已非常有限，它在很大程度上已经成为中国文化传统的一部分。因此，我们认为，如对农历进行改革，基础应首先建立在广大人民取得共识，而不是立法或者行政命令之上。

5. 陕西省老科协常务副会长张乐善教授：你们推荐的两个世界历新方案，我认为推荐的理论、理由及其优点是比较正确的。另外，我们对于你们无私奉献的精神和刻苦研究的科学态度是十分敬佩的。祝你们的研究取得更大的成果。

6. 太原重型机械学院离退休处党总支宣传委员吴林副教授：征得的意见如下：（1）我们赞同呼吁书中提出的"旧历造成诸多社会困扰"，旧历与当代中国先进生产力的发展要求、先进文化的前进方向不相适应，改革历法迫在眉睫，势在必行，实为当务之急。（2）我们赞同研究会提出科学简明的新历法"应该具有的主要性能"和"需要遵循的研历指导思想"。（3）研究会"推荐的两个世界历方案"，我们认为"自然世界历方案"比较科学简明、切实可行。该方案顺应并反映了节气变化、四季循环以及地球、月球相对位置不断变化的客观规律，具有年正、季清、月齐、节明、周定等优点，有较高的科学性、精确性、匀称性、稳定性、规律性与可行性。

7. 西安电子科技大学社科系前主任肖子健教授（本会理事）：与其更名为夏历，不如更名为早已有的名称阴历，能与太阳历对称。"21世纪中国历法研究会"应改为"中国历法改革研究会"。仍应呼吁推动中科院有关专家牵头，那里有持续的后劲，也有国内外的影响力，且更接近于决策层。目前目标可能是研究与宣传，能保持一种声音和后继有人就好。

8. 电子工业部第14研究所张直中院士：多数报纸和日历上称"农历"，就不必改名，大家知道它什么意思就行，不需为一个名称去争论。我把它叫"阴历"，意思是按月亮的历，但我知道"农历"就是"阴历"。"农历新年"不能改，政府和国务院（或人大常委会）也绝不会同意改，因这牵涉到全国13亿人，许多人在僻远山区。还涉及在世界各国近一亿华侨。美国总统在"农历初一"发表祝贺在美华侨的新年贺词，一改就世界大乱，没有必要去大乱世界。公历没有0年，只有+1（AD）和-1（BC）。现将2001年订为公历21世纪，是世界公认的，要改需开国联大会，显然没必要也不可能。

9. 西安建筑科技大学整修黄帝陵规划设计组张光先生（该校外事处原领导）：多次寄给他（编者注：指该校建筑学院周若祁院长、全国人大代表）的历改资料，我有机会拜读过，非常敬佩你们的敬业精神。我深知要办成一件事情的难度，尤其是涉及世代沿袭的历法改革，事关13亿华人的大事，改也难。但应相信"有志者，事竟成"的古训。

10. 西安电子科技大学社科系前主任李学诗教授：我为你们锲而不舍的精神深深感动。提两点意见：一、专门研究一下北洋军阀推行定旧历正月初一为春节的情况，我估计也不一定很顺利。二、研究南京国民党政府废旧历失败的情况。我认为研究这两个问题，一正一反，可为历改找到有益的借鉴。

11. 中国天文学会副理事长、陕西省天文学会理事长李志刚先生：目前历法反映地球运动的规律，又赋以皇权的任意性，在使用上有不便之处，需更新。目前国际交往日益频繁，因此历法要得到多国的理解认可，夏历也涉及各国的华人，特别是港、澳、台，改革很大程度上要取决于行政上协调，需要大家一起呼吁。

12. 原陕西省科委顾问、第四军医大学校长张一民教授：研究报告的资料极为丰富（含国内外的研究情况和发展动向），由金有巽、章潜五教授发起成立的陕西历法改革研究会，在极端困难的条件下能达到这样高的水平很不容易，实难提出不同意见。我在赞成"农历科学更名""春节科学定日""明确世纪始年"的基础上，赞成新四季历，因为自然世界历虽有较高的科学简明性能，但是非要触动世界普遍的七日周习俗，而四季历确实是可行性较好的方案。为促进历改研究的更大成绩，一是争取国家支持（含党、政、人大、政协），二是争取企事业单位的资助，三是加强历改科普宣传，四是争取加强国际联系（在做好国内工作的基础上，争取召开国际改历会议，成立历改机构）。在与金有巽教授的历改接触中深受启发，对陕西历改研究会的活动甚表钦佩。

13. 曲阜师范大学历史系李季平教授（山东大学兼职教授）：读过研究报告后，认为分析透彻，论据充分，条理清楚，结论有力，建议合理，使我获益匪浅！我在古史的教学与研究中，深感历史上的"古历"，特别是王朝的"改元"频繁，多次"改历"，且"岁首"多有不同，要将历代"古历"换算为"公元"某某年，难度不小，往往只换算成"公元某年"，而月份仍用"古历"之旧，这既不够科学，也往往出现差误，故深感有必要研制"新历"，以减少学术研究中和人民生活、工作上的不便。

14. 重庆大学生物医学工程系肖守中教授：我只协助周书先医师（编者注：四川仁寿县华夏历法研究会会长）作过一些思考，对历法改革的了解不多，今寄上我的一些思考作为反响和支持。我对世界历新方案的概括性表述意见和赞同点如下：

新历法应具有科学性：1. 能揭示天体运行的规律（历年长度力求符合回归年，肯定太阳历方向）；2. 春节定在立春；3. 月日数据确切反映季节；4. 废弃陈旧的置闰月编历法则；5. 广泛吸取古今历法的优点，拟定通用的世界历；6. 坚决消除迷信遗迹；7. 抛弃无益的人为规定。

新历法应具有实用性：1. 年历表长期稳定；2. 历表简明，便于记忆和推算；3. 力求日期与星期的关系固定；4. 认同特殊历法的需求和共存，照顾合理的习俗；5. 讨论和选择七日周或五日周或自选；6. 保留已被长期而广泛应用的人为规定，例如公元纪年；7. 在通用世界历中，用附加功能来满足一些特殊的社会需求，例如民俗节日的标注等。

15. 天津市人大代表陈勤远高级工程师：历改是必须要做而又难以在短期内做到的事。自古以来盛世修史，历与史是密不可分的。所以改历亦需盛世。中国的盛世已指日可待，历改亦将有大进展。目前应是处在蓄势待发的阶段，在这个阶段要将准备工作做足、做好。报告所提各点都是改历所必需的准备工作，我均表同意。如能在科普方面多开展一些工作，可能会对推动历改有所帮助。因为历改必须有群众基础，而目前中国在科学普及方面有很大的不足，因而你们提出的改历建议，连所谓名作家也弄不明白，还要坚决反对。而在中学生、大学生甚至非天文专业的专家中，也不见得搞得清楚。历改任务任重而道远，你们是先驱者，播下的种子终有长成参天大树的一天。那时人们会对你们的贡献作出应有的评价的。

16. 太原重型机械学院杨维阳教授：研究报告的第 10 部分"呼吁与建议"，我认为是抓到了关键要害。历法改革想取得实效与突破，需要社会各界，尤其是党政各部委的支持和重视方可。我赞同从 0 起算的基数计量法，可以避免年岁的差误问题。

17. 太原重型机械学院离退休党支部宣委吴林副教授：研究报告命题明确，内容全面，观点正确，论据充分，很有说服力。提出的六条"呼吁与建议"，比较全面恳切，是历法改革的现实任务和当务之急。建议以此为基础，写成"呼吁建议书"，再次向各级领导、政界人士，尤其是省市级全国人大提出呼吁。我院不少老同志看了研究报告，对您们为历改研究所作出的艰辛劳动和取得的成果深表赞赏与敬佩，祝愿您们再接再厉，争取多方支持历改，目标与任务定能圆满实现。建议在《研究报告》的基础上，再编写一些简明扼要的、通俗易懂的、带有普及性的宣传材料，以唤起广大民众的关注。

18. 中国天文学会理事、河南大学孙锦龙先生：现行公历应当改革。"农历"改称"旧历"。春节放在"立春"较理想，但不易被全球华人所接受。我国的"农历"不应被废止，它的存在不影响公历，其影响社会的只有"春节"的安排，没有其它危害，它已成为一种历法文化现象，"干支纪时"亦是如此，不必排斥。另外还需顾及伊斯兰等宗教的需要。明确世纪始年，只具有宣传称呼的作用，至于科学纪年，是科学界的事，老百姓对此无所谓。现在有电脑，编算"旧历"很简单，没什么紧张。公历应用"七日周"，顾及宗教信仰，历法不是"无神论"者的专利。公历的改革应是全世界的事，应与国际接轨同步，特别是"入世"以后。《报告》中的"新四季历"比较优越。

19. 中国天文学会天文史专业委员会主任刘次沅研究员：对于你们的不懈努力，我深感钦佩。许多主张很有道理。从学术上讲，也厘清了许多历史问题。希望常常听到您们的消息。

原载于《西安历法改革研究座谈会文集》，2002-10

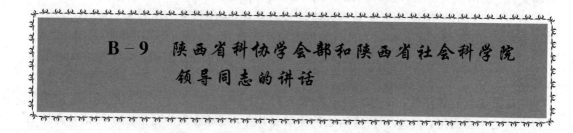

B-9　陕西省科协学会部和陕西省社会科学院领导同志的讲话

一、陕西省科协学会部井东泉同志讲话

各位领导、各位专家、同志们：

很荣幸参加今天的西安研历会议，我代表省科协机关向研究"我国历法改革的现实任务"课题的老教授们致以崇高的敬意！向关心和支持老教授们工作的尊敬的张勃兴书记致以崇高的敬意！

刚才，张勃兴等领导同志高度评价和赞扬了参加历法改革研究的老教授们的锲而不舍的精神，这种精神是责任感和历史感的具体体现，这些老教授是我们学习的榜样。

推进历法的研究和改革，对于人类社会的发展有着重大的意义。

七年来，老教授们付出了很多心血，在十分有限的条件下，老教授们潜心研究，广泛联络，使研究不断深化，社会的支持面不断扩大，整个历法改革的研究有了明显的进展。他们的研究是历史性的研究，他们的功绩是历史性的功绩。特别是金有巽、应振华和章潜五三位教授，虽然年事已高，但研究的热情很高，坚忍不拔的毅力惊人。他们为研究"我国历法改革的现实任务"课题，做出了自己的贡献。

对于老教授们研究的历法改革课题，省科协领导和省科协机关领导以及有关部门的负责同志也做出了一定的努力。相关的科技社团也给予了关注，特别是陕西省老科学技术教育工作者协会，做了大量的具体工作，创造了很多的有利条件。他们为推进"我国历法改革的现实任务"课题的研究进程，宣传历法改革的重大意义，做出了贡献。

未来的路还很长，工作将会更为艰巨。愿老教授们珍重健康，使研究工作不断取得新的进展。也希望省老科协领导的有关科技社团，一如既往地支持老教授们的历改研究工作。按照与会各位领导提出的要求，省科协也将会给予相关的支持。

祝历法改革研究取得新的成绩！

祝老教授们身体健康，研究愉快！

祝各位领导身体健康！工作顺利！

二、陕西省社会科学院原院长赵炳章讲话

关于历制问题，我是门外汉。对于历法改革，我不了解。我是研究经济学的，对于这方面问题，我未关心。20 世纪 90 年代中期，结识了西电科大章潜五教授，经介绍历改研究的情况后，我才略知一二。他嘱托我在全国人大会上提出历改议案，我答应了，邀集多位代表提了建议案。虽然建议案没有着落，但也取得了一定的收获，即宣传了历改研究的情况，使全国人大办公厅有关同志知道陕西有些学者在研究历法改革，这就是进步。此后，章老师多次给我寄来历改研究资料，我大体翻阅了一下，因为没有专门研究这个问题，也就未做钻研而放下了。

今天，应邀出席本次研讨会，我十分高兴。在会上，听了省委老书记张勃兴同志和其他有关领导同志的讲话，下午又听了许多学者的发言，深受启发，感到历改问题是一个严肃的研究课题，也是我国改革的一个重要方面，它关系到传统文化领域内消除不利于经济、社会、科学、文化发展的若干因素。从会议的准备和研讨情况来看，感到我国、我省的历改研究已经取得了良好的进展。

首先是积累了国内的、国际的、历史的、现实的丰富资料，为进一步研究打下了良好的基础；其次是历改研究已经取得很好的进展，许多报纸采纳了研究成果，将"农历"称谓取消了；再次是确定了研究的主攻方向，将"春节"时间定位在"立春"；最后是明确了历改研究的发展趋势，即将"双历制"改为"单历制"，逐步取消农历制，这个目标的确定是很有意义的。

我认为实现这个目标是可能的，因为历改的成就已经为此提供了经验。在中国历史上，凡是改朝换代都要既改国号又改年号，即使同一朝代内，凡换一个皇帝也要改年号。孙中山领导辛亥革命推翻满清王朝后，也改国号和改年号，从中华民国元年起计。中华人民共和国成立后，实行公元制，这是一次前所未有的重大改革。由于考虑到历史因素和广大人民的接受能力，因而才采取了"双历制"，实行以公历为主的前提下同时继续采用农历制。经过半个多世纪的实践，公历越来越被广大群众认可，对农历制越来越淡化，所以完全实行公历"单历制"是可能的。

C 类　世界历改运动的珍贵史料

C-1　我国历法研究会组织缘起及改历说明

中央研究院天文研究所编制

历 法 研 究 会 印 行

敬启者：本会系研究历法机关，自遵行政院令组织成立，即赶编"组织缘起及改历说明书"，以备广征全国各界意见，藉利进行。现在此项缘起及说明书，业经印竣，相应寄奉，希即查收研究。所有贵处研究意见，并希按照附送之"征求改历意见单"，于本年九月底以前，填寄南京教育部社会教育司转送本会为荷。

历法研究会启　二十年八月十日

第一编　历法研究会组织缘起

本年二月，铁道部咨外交部，以上年十月，国际铁路联合会第三研究清算及兑换委员会，在义国维尼芝开特别会议时，讨论改历问题，极关重要，特抄同会议译文，请外交部酌拟办法，提出国务会议，筹划召集各关系机关，早日研究，俾下次该会及国际联合会大会讨论时，我国意见，得归一致。外交部以事关历法，奈教育部职掌范围，经即转函教育部查核办理。教育部以全国历书，向由中央研究院天文研究所编制，当即函请中央研究院发交天文研究所研究，据天文研究所研究结果，以近代改历运动，其重心不在推步之疏密，而在年、月、日、周分配之调和；分配办法，与政、教、风俗、民生、日用、国际、交通、社会、经济、科学、统计、均有关系，质言之，今之改历，历家之事不过什一，而社会之事乃占什九，主张由外交部或教育部，仿各国成例，召集有关系各机关，组织历法研究会，广征各界意见，而外交部则主张由教育部召集会商。

教育部遂于本年四月二十二日午后二时，召集有关系之外交、铁道、财政、交通、实业、内政各部，及中央研究院天文研究所等机关代表，在部开会，经议决："由教育部召集有关系各机关，（必要时可聘请专家）组织历法研究会，并将此次开会经过，及以后进行办法，呈报行政院"等语。教育部根据决议案，呈请行政院核示，旋奉第一七五七号指令照准。因此教育部遂请天文研究所预编改历说明，以备印成小册，分送全国，征求意见，并草拟历法研究会组织大纲，召集开会，是为本会组织之缘起。

（中国第二历史档案馆提供，转载于西安电子科技大学历法改革研究小组编《历法改革研究资料汇编》，1996 年 3 月。2005 年底曾贴文于强国社区等）

第二编　改历说明

一　绪　言

人类之进化，约可分为三时期：即渔猎时代，牧畜时代及耕稼时代是也。而历之需要，乃依此程序而增进。渔猎叶代，饥而食，渴而饮，日出而作，日入而息。是时人类对于时间之观念，仅知有昼夜——日——而已。牧畜时代，家禽家畜长成之时期较长，以日计算，数量较大，记忆较难，于是计时之观念，因而进步。太阴之盈亏，乃极显著之现象，仰观即得。沿海地方潮水之涨落，又与月相吻合，于是时间之观念，遂由日而渐进于月。耕稼时代，农产物与气候有密切之关系。于是经长久时间之经验，始能依寒暑之往来，星象之循环，而知有年。此日月年，即所谓历也。

要之，历法要义，乃借天象以授时，以供社会人类之使用。天象之著，莫如日月。昼夜，季节及朔望乃天象之最著，而与人生有莫大之关系者。然此三者，各行其是，而不相谋。一年既非整数之日；一月之日复有奇零，一年之月，更多余日。从此三者之不齐，而欲求其调和，以便社会使用者，乃历家之所事也。又于不齐之中欲立一齐同之尺度，故我国有纪法（甲子一周），西国有周法（七曜一周）。于是自然者三事，而人为者一事焉。以此四事，欲强令齐同，则必不可能之事也。

我国旧历乃齐其大端而不齐日数，故年有十二及十三月之不常，复别立中节以调之，使民知气之迟早，阳历则破碎月法，以齐年日：而气之早晚，则可定而不移。至于纪法周法，则皆周而复始，孤行而不相涉。

古代天文学未甚发达之时，历法常常改革，然其重心，则在推步之改进，以求精密适合于天象，故历代改革者，皆天文学家之职责。近代改历之运动，其重心已不在推步之疏密，而在年月日周分配之调和。分配办法与政治、教育、风俗、民生、日用、国际、交通、社会、经济、科学、统计、均有关系。质言之，今之改历，历家之事不过什一，而社会之事乃占什九，是以现今各国皆由政府组织历法研究会以研究之。我国亦然，由教育部组织历法研究会，征求各方面之意见而讨论之。研究之范围甚广且重，兹因国际联合会有召集各国代表开会讨论之举，时间迫促，故先仅就国际联合会所选择改革案，编成斯篇以供参考。

以下各节（今略）：

C-2 国际联合会所择定之历法

编者按 1931 年 8 月 10 日，我国历法研究会印发《历法研究会组织缘起及改历说明》，广征全国各界的意见。当时的中央研究院物理研究所于 9 月 30 日讨论后，提出了改历意见书上呈，分析了国际联合会所提出的三个改历方案，补充提出两个新方案。为求共力研制科学简明的新历法，今根据中国第二历史档案馆提供的史料摘要刊出，以供大家参考。

国际联合会曾汇集各国改历议案合成甲、乙、丙三种历法，征求各国对于此三种历法之意见，亦即吾人须首先解决之问题。此三种历法中，甲种即现行历法，本无所谓改良；但因通行已久，且在天文学上言之无何甚大缺点，故亦定为方案之一。即吾人先定甲历要更改否？若因其繁琐不便而改，则是否取乙历？或丙历？兹略述甲、乙、丙三历如下：

甲、即现今最通行之格里历：

1. 年分 12 个月。

2. 3、5、7、8、10、12 等月各 31 日。

3. 4、6、9、11 等月各 30 日。

4. 平年 2 月 28 日，闰年 29 日。

乙、或名之曰四季历法：

1. 年分四季，每季三个月，凡 91 日。

2. 空日置于 1 月 1 日之前，名之曰零日，是为元旦，不计在月内及星期内。

3. 每季之前两月各含 30 日，第三月含 31 日。

4. 每季之首日，均定为星期日。

5. 闰日置于 6 月末日之后，亦不计在月内或星期内。

丙、或名之曰十三月历法：

1. 年分 13 个月。

2. 每月四星期，凡 28 日。

3. 每年共 52 星期，凡 364 日。

4. 空日为第 13 月 29 日，谓之岁日，不计在星期内。

5. 闰日为 6 月 29 日，亦不计在星期内。

6. 第 7 月名之曰 Sol，即太阳之意。第 8 月名 July，即现行历之 7 月，余类推。

一、甲历——现行格里历

甲历虽为现行历法中最进步且行用最广，然其缺点实仍不少，大概如下：

1. 每月、每季、每半年之日数不一律——每月日数有 28、29、30、31 日四种。每季日数有 90、91、92 日三种。每半年日数有 181、182、184 日三种。

2. 每月日数无定，难于记忆——各月之日数参差不齐：1、3、5、7、8、10、12 等月 31 日；4、6、9、11 等月各 30 日；2 月平年 28 日，闰年 29 日。虽有特编歌诀及图说以助记忆，然其难仍不可言喻。

3．每年星期无固定之地位——平年 365 日凡 52 星期又一日，闰年平均 366 日凡 52 星期又二日，故每月每年之日数与星期，竟不生相互之关系。例如国庆日虽然日期固定，但其在星期中则常常变换。

4．每月工作日数或休息日数均无一定——现今各国通例星期日休息一日，星期六或休息半日，每月工作及休息之多少，恒视星期日及星期六之多寡而定。

5．计时之单位参差不便统计——科学愈进步，事业愈复杂，统计之效用愈重要；计时方法不能简单划一，则统计甚难着手。故甲历对于统计方面，甚为不便。

6．复活节日不固定（西洋习惯，我国无关）——现今改历之目的乃谋世界有一公共之历法，故宜视各国风俗习惯而详审之。复活节乃西俗之重要佳日，休息游玩与我国新年相似。即春分（3 月 21 日）以后第一次满月后之第一星期日为复活节日；最早为 3 月 22 日，最迟为 4 月 15 日，相距至 35 日之久。故甚为不便，拟改革而固定之。

二、乙历——四季历法

此历之优点约如下：

1．各季及每半年皆相等。即每季皆为 91 日，13 星期或 3 个月。每半年皆为 182 日，26 星期或 6 个月。

2．每季及每半年皆便于统计的比较，不需施以何等不同单位之更正。

3．每月日数虽稍不同，而每季工作日数却能一致，故各季得彼此直接互相比较。

4．人民习惯之变迁较少，能避免改革之扰乱。

5．每年含 12 个月，以 2、3、4、6 等数皆可平分，乃所认为便利及习熟之单位。

6．复活节日固定于 4 月 7 日，其他各节日亦随之而固定。（西洋习惯，我国无关。）

此历之劣点约如下：

1．各月之日数不等，不能直接比较之。且星期之日数不等，例如有含 5 次星期日者，又有含 5 次星期六者。

2．每季或每半年之日数相等者，无甚重要。盖计算上以每季或每半年为期者甚少，而多注重于每月计算。

3．各月不能包含整齐之星期。

4．每月某日不能同为星期某日。

三、丙历——十三月历法

此历之优点约如下：

1．各月皆同，皆包含同一日数与周数。

2．月间某日为星期间某日，各月皆为一定。

3．四个星期为一月，一切工资房租，无论按星期给或按月给皆相一致。

4．付给日每月相同，商业及家庭生活成为便利。

5．一切收入与支出之时期适相等。

6. 每月末日适为星期末日，无参齐奇零之弊。

7. 每月恰为四星期，日数与星期数之不等均消失，可免目下种种调整之麻烦。

8. 多数休息日可置于最近之星期一日，工业及工人皆甚便利。

9. 复活节日为 4 月 15 日，一定不变，对于教会等甚为便利。（西洋习惯，我国无关。）

10. 一年分 13 个月结账，金钱流通较速，同一数量之事业得以较少之款项为之，结果可使每国撙节甚巨。

11. 印刷日历之费及检查日历之时间均可节省。

12. 在妇女方面，28 日乃其自然之调整单位，与其生理上经期之 28 日及在妊娠中之 280 日皆天然调和，故用此历，计算一个月及十个月甚为便利。

13. 时计加一指针可以指日期及星期之顺序。

此历之劣点约如下：

1. 13 之数不能以 2、3、4 或 6 除尽之。

2. 各季不能包含整月。

3. 商业账目每月一结，13 个月较之 12 个月，结账手续须增加一次，不免劳费。

4. 每年 12 月沿用已久，一旦改为 13 月与习惯不合，不易实行。

5. 以星期日为月之首日，则每月 13 日均值星期五，13 与星期五，西俗视为不祥，故反对者众。（西洋习惯，我国无关。）

6. 12 个月改为 13 个月，每月减少二日或三日，每年增加一个月。所有房租利息以及种种契约与时间有关系者，易起争执。

7. 改历后之统计与改历前之统计不能比较

原载于《历改信息》第 12 期，2000 - 12 - 22

C-3　物理研究所的改历意见书

历法之要义及甲、乙、丙三历之利弊，"改历说明"已阐发綦详。兹所考者，厥为各要点中，何者为绝不可变，何者有更动之可能，变更之道有几等问题。然后合而观之，则改历之途径可循矣。

1. 年与日

地球自转一周为一日，其绕日公转一周为 365.24219879 日，两者天象昭垂，非人力所得而变也。然其比例有奇零，而历年以整日数为便，势不得不取与地球公转周期最相近之整日数（即 365 日）为年，而置闰以补正其较差，此为太阳历之基础也。至于太阴历，采用之国过少，为求世界历法之齐一，固以废弃为宜，以后即不复论列之。

2. 闰法

年之日数既定为 365 日，置闰之法，则有闰日、闰周、闰月三种。今取闰日；盖既废太阴历，则置月自然无意义；周之设置亦系人为，故置闰日为最合理。就地球公转论，最简之法，似宜每四年加一闰日，至第 100 年不置闰，由是类推，至第 500 年应复加一闰日，1000 年、1500 年等仿此，第 5000 年应再加一闰日，10000 年、15000 年等仿此，直至第一百万年减一闰。

3. 四季

四季之分，象法自然，民间流行，藉知节候。历法之要务为授时，故宜列置四季，以便民用，即以立春、立夏、立秋、立冬四立日为各季之始。

4. 年始及季节

现行历之年始，与季始不生整齐之关系，因而每年中四季之区分无准则。兹拟置立春于每年年始日（即元旦）之后一日，过 90 日为立夏，再阅 90 日为立秋，再阅 90 日为立冬，如是则每 91 日为一季，而年与季之关系全然斠然有定矣。改历后第一年之立春日，应由天文上观测所得之春分日推前 45 日计得之。此后四立日即为固定（惟闰年之立夏日置于闰日后），至于以后某年度之二至二分及其他节气之准确日期，另于每年时宪历书中推算注明。

5. 月法及日法

太阳历中，月法无若何天象之关系，故月之存废及分法，当以习惯为准绳。人事繁繁颐，举凡簿书期会，公私记载，靡不系于时期；借日令有年、季、日三种，然年与日及季与日之比率，在使用上及记忆上，均感不便，必另有合中之单位以济之，犹之斤与公之间必有两也。故月法宜保存；更依习惯，以每年分 12 月，每月得 30 日为最便，盖 12 有算学之便利，又为人所习用。而每月之日数固定，自较优于不一之日数。四立日则属于季而不属于月。

6. 周法

七日星期一周之周法，乃西洋历代所习用，而传效于我国者，初始于宗教。近代则多视为作息之标准，变为社会之制作，而宗教之意味渐微。窃谓休沐不必以七日为节，盖七数甚不便，丙历置十三月之年，即迁就于七之为害也！今以休沐之意为主，以十日为周，而务求无大戾于现习：凡现在工作六日，休息一日者，改历后以月之 5 日、15 日、25 日休息半日，月之 10 日、20 日、30 日休息全日；凡现在工作五日半，休息一日半者，改历后逢月中各 5 及 10 皆休息全日。且周之日数既为十，则月之前十日为第一周，中十日为第二周，后十日为第三周，周日之一二三四与日之一二三四相符，不必另以数记，十又为人所习用，有数学之便利，实较胜于七日之周也。若七日之周，因诸种关系，各国必欲保持之者，为求万国之从同，则以周丽于季，季得 13 周，四立计于周内，而元旦及闰日不与矣。休沐之规定，则从惯例。

7. 空日

乙丙二历取七日周制，以一年之日数为 365 日或 366 日，若平年除去一日，闰年除去二日，则每年同日为同周日，甚为便利；此除去之日称为空日，不计入周内。空日之制甚善，今窃师其意而推广之：若用十日周，则元旦、闰日及四立日皆为休息日；若用七日之周，则空日同上，惟四立既在周内，即永为星期日。

8. 纪法

六十甲子一周为纪法，为我国历代纪日方法，至今不断。就我国言，保存之无害，不过时宪历书中增多一项而已。

总上所论，则得丁、戊两历，丁历有十日之周，而戊历有七日之周，兹分述如后。

丁 历

元旦日

立春日

一月、二月、三月

1	2	3	4	5	6	7	8	9	10
11	12	13	14	15	16	17	18	19	20
21	22	23	24	25	26	27	28	29	30

其他三季仿同，但四立日依次变为立夏日、立秋日、立冬日。闰年则在六月末加一闰日。

本历之要点如下：

1. 年法　平年为 365 日，闰年为 366 日。

2. 季法　一年分四季，每季为 91 日，元旦及闰日不属于季。

3. 月法及日法　每年 12 月，每月 30 日，元旦、闰日及四立日不属于月。

4. 纪法　保存。

5. 周法　十日为周，元旦、闰日及四立日不属于周。规定月之各 5 日休息半日，月之各 10 日休息全日；或月之各 5 日及 10 日皆休息全日。

6. 年始　立春前一日为元旦，为年始。

7. 闰法　用闰日法，闰日置于 6 月 30 日后一日、立秋前一日。每值闰年，只加一日，但逢第 5000 年或其倍数，应有双闰，则将第二闰日推前或移后一年置之。

8. 空日　元旦、立春、立夏、立秋、立冬及闰日皆为空日，为休息日。

9. 耶稣诞日　以第一年内与克历该年 12 月 25 日相当之日，固定为耶稣诞日。

10. 复活节日　以第一年内与旧复活节日相当之日，固定为复活节日。

11. 历法一致　中国历法最好与世界一致。

12. 旧历原则　仅保存节气、朔望及纪法，余皆不用。

戊 历

元旦日

立春日（日曜日）

一月						
日	月	火	水	木	金	土
	1	2	3	4	5	6
7	8	9	10	11	12	13
14	15	16	17	18	19	20
21	22	23	24	25	26	27
28	29	30				

二月						
日	月	火	水	木	金	土
		1	2	3	4	
5	6	7	8	9	10	11
12	13	14	15	16	17	18
19	20	21	22	23	24	25
26	27	28	29	30		

三月						
日	月	火	水	木	金	土
					1	2
3	4	5	6	7	8	9
10	11	12	13	14	15	16
17	18	19	20	21	22	23
24	25	26	27	28	29	30

其他三季仿同，但四立日依次变为立夏日、立秋日、立冬日。

本历之要点大多与丁历相同，仅周法不同，置七日为周，以各日曜日为休息日，四立日皆规定属于周内，为日曜日。元旦及闰日不计入周内。

——《历改信息》12 期．2000．12．（5－7 页）

C-4　我国改历意见之统计

陈遵妫《中国天文学会年报》1932年（中国第二历史档案……馆提供）

　　自近年以来中外改历运动日趋发展。国人关心此事者时见发表，或散见于报章杂志，或送交教育部，中央研究院及中国天文学会等机关团体请求审查采用者，共十数种。自历法研究会成立，征求改历意见表发出后除随单填送者外，特制方案陆续送到者亦复不少。高平之先生曾就二十年九月三十日以前上述各机关团体所收到者，做一改历意见提要，都三十案，余复就其后所收到者作文以续之，凡十七案。

　　统计之方法，可分为二部；一就上述之改历意见提要内各案统计之，一就各省市机关所填历法研究会所发之征求改历意见单统计之。此种统计，历法研究会将来定有详查发表；兹先简述如下，以供诸君之参考。

A. 改历意见提要之统计

　　……

　　由上之统计观之，可得下之结论：

　　1. 年月分法大多数赞成分四季十二个月，每季日数相等，各九十一日。另加岁首或岁尾一日。每季三个月或一大二小，或各三十而每季插一节日；其何月应大，或季节日插于何日等，均有讨论余地。

　　2. 岁首大多数主张在立春或其相近。

　　3. 闰法大多数主张用闰日，闰日之位置待讨论。何年应闰，则主张另定新法者较多于保守派；惟革新派所定新法，各家不同，有讨论余地。

　　4. 周法多数主张七日周与年季固定，十日周亦有一部分势力。

B. 征求改历意见单之统计

　　历法研究会于二十年九月遍发征求改历意见单十万份于全国二十八省，五市，二特别区，一千九百十五县治，二属地，海外领使及国内外党务所在地。截至二十一年四月十五日止，共收到八百三十一份，计注明人数者六百五十一件，凡十万四千五百五十八人。其统计如下面两表所示。

条　项	团体赞成数	代表赞成之人数	结　果	附　注
甲历（现行历）	64	9689人		年分十二个月。一、三、五、七、八、十、十二等月各三十一日。四、六、九、十一等月各三十日。平年二月二十八日，闰年二月二十九日

条　项	团体赞成数	代表赞成之人数	结　果	附　注
乙历（四季历法）	136	84619人	最多数	年分四季，每季三个月，凡九十一日。每季之首两月各三十日，第三月含三十一日。每季之首日均定为星期日
丙历（十三月历法）	105	9420人		年分十三个月。每月四星期凡二十八日。每年共五十二星期，凡三百六十四日。平年余一日，曰空日，置于第十三月之末，是为岁日
其他	——	830人		主张阴历或另提新历

	条项	赞成者	百分比	结果		条项	赞成者	百分比	结果
年法	照现行历	49	5％		纪法	保存	406	48％	最多数
	冬至	85	13％			废除	213	26％	
	立春	539	64％	最多数		无意见	213	26％	
	春分	24	3％		周法	五日	34	4％	
	其他	21	2％			六日	22	3％	
	无意见	112	13％			七日	594	71％	最多数
月法	十个月	5	0.6％			十日	66	8％	
	十二个月	398	48％	最多数		其他	8	1％	
	十三个月	315	38％			无意见	107	13％	
	十二个月一闰月	6	0.7％		闰法	年末闰日	399	48％	最多数
	不分月	20	2.4％			半年末闰日	190	23％	
	其他	4	0.4％			闰周	18	2％	
	无意见	83	9.9％			闰月	48	6％	
日法	二十八日	259	30％			其他	2	——	
	每季三个月各30、30、31日	275	34％	最多数		无意见	174	21％	
					空日	年始	223	27％	最多数
						年末	367	44％	
	其他	36	5％			半年末	48	6％	
	无意见	261	31％			其他	3	——	
						无意见	190	23％	

对于该征求单中所附五问题之统计如下：

问题	选项	赞成数	百分比
中国现行历法是否应改？	更改	339	40％
	不更改	39	5％
	其他	7	1％
	无意见	446	54％
中国历法是否必与世界一致？	一致	264	32％
	不必一致	97	12％
	其他	37	4％
	无意见	433	52％
中国旧历原则可用否？	可用	196	24％
	不可用	103	12％
	酌用	48	6％
	无意见	484	58％
周法应与一年之日固定否？	应固定	287	35％
	不必固定	61	7％
	其他	3	—
	无意见	480	58％
每年从星期之何日起？	月曜	217	26％
	日曜	103	12％
	其他	22	3％
	无意见	489	59％

——《历法改革研究资料汇编》1996.（55－56 页）

C-5　中国赞成修改历法

中国南京紫金山天文台、国立天文研究所所长　余青松

　　中国历法改革研究会在向南京政府呈送报告前，曾向十万余人进行咨询，以便确定在国际联盟日内瓦会议之前，中国在讨论中应抱的态度。关于对详尽无遗的征询意见单统计的结果，已收录进历法研究会正在向中国政府呈送的正式建议中，以保证 1939 年底以前中国为加入采用世界历的世界诸国的行列而做好准备。

　　我们研究会是由外交部、铁道部、财政部、交通部、工业部、内政部的代表与中央研究院国立天文研究所的代表共同组成。

　　研究会是根据国际联盟的建议而成立的。在对整个历法改革问题反复研究之后，出版了一本小册子，包含这一问题的基本点，概述了新历法的两种主要建议——四季等长的十二月历方案和十三月历方案。这本小册子散发给中国各地的官员、教师和关注国际事务的人们，并附有征询意见单，就三种历法进行优先选择。这三种历法是：1. 全中国于 1912 年正式采用的现行格里历；2. 四季等长的十二月历方案；3. 十三月历方案。

被征询的十万余人中，81％赞成世界历，9％偏爱十三月历，10％反对任何改革。赞成意见不仅仅表示数量，而且表现广泛性，因为它几乎代表中国社会生活各个方面的意见。

征询意见单的统计结果提交给中国科学社第 21 届年会，该年会一致赞成多数人的意见，并通过决议，力促政府尽快在适当时间正式通过采用世界历。

为什么中国人民以压倒多数赞成十二月历方案而不赞成十三月历方案呢？这有一些原因而最重要的原因之一，就是中国人的"数学思想"基础。对他们来说，12 是最自然、最普通的数。它的匀称性和简约性易于将一年分为若干合适的部分，例如四季。各个月精确地对应于中国黄道 12 宫。中国历表中的 24 个重要节气需要将 12 个月作等同的、匀称的分配，而数 13 会严重破坏许多受人喜欢的传统和习惯。

中国人长期关心历法改革。事实上，已有一则新闻报道广泛宣传，大意是一位中国科学家是现在国际闻名的世界历创始人之一。我未能找到这一则新闻报道的任何证据。如果它是真的，也不会令人感到意外，因为中国学者和思想家常常是一些想法和创造的先驱者，而这些想法和创造发明后来在全世界得到广泛的应用和采纳。前几年，我们研究会曾收到中国各地来函者关于历法改革的为数众多的有创见的建议。其中有许多建议虽然都是各自分别寄来，但却同国际联盟所赞许的命名为"世界历"的方案多么近似！这似乎会很清楚地证明，四季等长的十二月历方案适合中国人的心理和思维习惯。

中国之所以对西方历法改革的建议如此关心，是完全可以理解的。当今的中国不像旧中国那样。早先，旧中国成功地将外部世界拒之国门之外，而今不论它是否愿意，都要同人类紧密地联系在一起。影响西方的事物会影响中国，影响中国的事物也会影响西方。

历法改革也不能违反常规。如果新的历法不能被占世界人口 1/4 的中国 4 亿居民乐意接受。它就不能成为全球通用的历法。

几千年来，中国采用通常所说的而不完全正确的阴历。该历每年由 12 个太阴月组成，每 19 年里有 7 个闰月。为了调节季度，这些闰月是必要的。

中国学者们不乏设计和提倡新的、更好的计时方案；自古以来，曾发生过许多次"改革"。但他们主要关心的是闰月的修正。在新中国建立之前，旧历的基本特点却一直保留着；1912 年，政府下令取缔旧历，采用新历即格里历。但不管官方的命令，旧历仍在民间流传——人们的习惯和传统是如此强而有力，仅仅颁布法令是难以破除的。25 年后的今天，大多数人仍然墨守着祖传的历法。

虽然如此，但并不意味着西历将不会获得最后胜利。政府和颇有见识的平民都真心实意地采用它。他们努力地真诚地促进新历法的实施，而不赞成采用旧的差劲历法。新历法的推行在不断地前进，完全放弃旧历只是时间问题。

我认为，在格里历的一些缺陷还未在中国人心目中完全扎根和定型之前，全世界范围内对格里历修正的鼓励恰好来临，这对中国来说是值得庆幸的。

我所说的被误称为"阴历"的中国旧历，月亮起着突出的作用，但它并不是事物的全部。因为在旧历法中除太阴月以外，还包含着均匀分布在整个太阳年的"节气"。确切地说，它们代表着太阳在黄经上每隔 15°即 0°、15°、30°等等的时刻。这样，360°即太阳运行周期——太阳年，按每 15°划分，共有 24 份，0°和 180°的时刻就是西方的春分和秋分，而 90°和 270°则是夏至和冬至。

这就很清楚，中国旧历不只是阴历，而是阴阳历。占中国人口大多数的农民计时仍以节气为主。由旧历向任何新的太阳历的转变相当自然，并不像想象中的那样急剧。西方读者们可能熟悉太阳周期的一些形象化名字，例如雨水、谷雨、立夏、小暑、大暑、白露、霜降、小雪、大雪、小寒、大寒。这些名字中的大部分只是作为一年 24 份的合适标志，它们的含义不必过于从字面上考虑。

从远古以来，中国历法数据的编制掌握在官方"天文学家"的手中，他们有很高的荣誉和地位。他们的职责是测定一年的长度、新月的时刻和太阳运转 24 个位置的时刻。

甚至现在的政府官方历书每年都由紫金山天文台的国立天文研究所精心编制。该研究所的职责中还承担着领导和指导历法改革的一切讨论，虽然问题不再与年、月的长度有关，而是一年中日、周、月的合理分配。这就使历法改革涉及商业、政治、社会、宗教方面的内容，而不是纯属天文方面的问题。但这并不意味着不必向天文学家领教了，因为只要时间和季节取决于天象观察，天文学家的意见将会继续举足轻重。事实上，已经有些人指出（美国爱荷华州的 C·C·怀利教授和美国海军天文台海军上校 J·F·赫尔韦格的意见非常明确并最具有说服力），由于技术上的许多充足理由，十三月历方案是天文学家不能接受的。

革命的中国决定废除旧历而改用西历，是走向现代化的必然步骤。虽然中国旧历比西历具有一定的优点，例如新月的稳定性，便于海滨居民预报潮汐，也便于按照月相庆祝宗教节日，而年份长短不等和 24 节气游移不定诸多缺点，都超过这些优点。旧历更为严重的缺点是每年都要编制历书。换句话说，旧历并不是永久不变的。中国虽然于 1912 年采用格里历，并不是由于它具有现代性（它实际上并非如此）而是由于它具有通用性。既然世界诸国正在饶有兴趣地打算修正格里历，中国参与这一运动肯定不会落后。

在中国，历法改革问题第一次正式讨论，是 1927 年在南京召开的国家教育会议上，当时曾提出讨论十三月历。方案的新颖性似乎迎合了代表们的爱好，于是产生了一个决议案，强烈要求中国立即实行这一新历法。而著名的学者、教育家胡适博士却建议谨慎从事，并指出如此重大的问题应当在教育界以外广泛地研究，还需要国际上研究，因为新历法的顺利颁布需要各国普遍赞成。这一提议在进一步审议中终于被搁置，这是明智之举，后来这一改革方案交由民众——实际上大体包括各界人士——考虑时，果然他们坚决反对十三月历方案的新颖性，而是赞成十二月历方案。

就中国来说，星期是舶来品。虽然近来它已得到广泛的应用，但它在东方并不像在西方那样重要。中国的习惯是将一个月分为 3 个旬，即上旬、中旬、下旬，每旬 10 天。12 个月每月 30 天或 31 天，分成旬为最佳。

另一个广泛使用的时间段是 60 周期，即甲子制，用 60 周期计日，此发明归功于 4000 多年前中国古代第一个伟大皇帝——黄帝。它有点儿像天文学中儒略计日制那样，连续计日，从未间断，不考虑其它历法，也不受它们的影响。甲子制还用以计算年、月、时。显而易见，凡用 60 周期的人都会反对十三月历方案，而赞同十二月历方案。

最后，我也许可以说，我在研究中发现世界历是已经设计出来的最合乎逻辑、最实用、最方便的计时系统。

编者按：文中插编了余青松提出的世界历年历表，类同于第 75 页所示的历表，今略去。此文原为英文，发表于 1937 年的（美）《历改杂志》第七卷 9～13 页，文前加有当时中国驻美大使施肇基所撰的前言，今附载如下：

C-6 台湾召开历法改革讨论会

1949 年 8 月，联合国中国协会召开"世界历专题讨论会"，学者、科学家和领导人参加了会议，主要发言人是中央研究院这一研究团体组织的成员。

召开此会是基于如下的事实：历法改革问题即将成为联合国经社理事会（ECOSOC）下届会议的议题。这是众人瞩目的重要问题，我们的建议定会受到世界各国的重视。会议由朱家骅博士主持。两位主要发言人，董作宾教授（历史学家）讲"古代中国历法"，高平子教授（天文学家）讲"世界历"。会议的结果是赞成世界历的人士热情签名，这一建议将加速世界历在国际上的采用。专题讨论会的完整报告用英文写成，以小册子（44 页）的形式出版。这是学识渊博、能力超群的中国学者，特别是知名人士，对不同评价有广泛理解的引人注目且有特色的范例，从东西方的观点探讨了历法改革问题。

在正式报告的序言中，知名的编者指出：这里提出的世界历，几乎全世界学术界都作了认真的考虑。当然，倘若有人对作为本专题重要部分的古代历法一无所知，他就不能使历法改革得更好。对于中国在历法研究方面最先作出的贡献，尤应加以重视。我们这两位主要发言人清楚地解释了现在提出的变化的背景意义。他们向我们指出，今日的世界是紧密联系而不可分割的。无论有什么障碍，这种世界性趋势将会继续发展。世界历无疑地会使世界人民产生国际团结的新概念，并进一步增进人类的兄弟友谊。

通过公开讨论所得的结论，表明学者们对下列四个要点具有一致的看法：

1. 中国远比其他国家为早就制定出一部优越的历法；

2. 3000 多年来，中国学者们一直致力于改进历法；

3. 中国于 1912 年采用格里历，是考虑到世界的通用性，但它远非完善的历法；

4. 世界历在当代提出的一切改历方案中是最好的，特别是考虑到它必然是通向世界和平的手段，因而更应在全世界颁行。

朱家骅博士的开幕词

历法是最早的文明成就之一；标志着人类开始了解自然和宇宙。它是把天体知识运用于人类事务。在文明萌芽阶段。我们祖先最先注意的自然现象是太阳和月亮的运动变化。当他们发觉时间可以根据某种固定法则测量时，也就知道了一天、一"月"和一年的意义。我们可以认为，由于需要记录太阳和月亮的变化而产生数字；运用这些数字就构成了数学，进而有了天文学。中国人民很早就研究历法。中国经典著作都认为制定历法获知时间是政府的一项最重要的任务。远古时代的尧帝，命令他的天文学家羲和研究太阳、月亮和星星,以便向百姓授时。我国早先的帝王都企图使历法的神秘性同皇位联系起来,以加强对人民的统治。传说黄帝最先创制了历法(大约公元前 3000 年)。或许此前很久就已奠定了基础……1928 年至 1937 年间安阳出土的文物,使我们知道商代(大约公元前 2200 至公元前 1100 年)就使用一种非常先进的历法。对于历史的这一重大贡献应归功于董作宾教授,今天他首先发言。听了他的发言后,我们将讨论推荐的世界历。近年来,人们发现格里历有许多不方便。世界各国大多数人希望有一部真正优良的、能被国际上采纳的历法,成为促进世界发展的重要步骤。现代天文学知识的发展,有很大可能找到一种能使人人满意的历法。中国乐于承认世界历协会(WCA),成为 36 个国家分会之一。相信今天的讨论会将使我们更加关注这个专题,并将引起公众对它的关注。

董作宾教授的观点

1. 中国人民聪明而善于技艺,曾经长期精巧而熟练地修改用以划分时间的历法。对于中国人来说。修订历法并非新奇之事。在商代的三百年间,历法至少修改过三次。在汉代(公元前 200 年至公元 200 年),六种不同的历法相互竞比优秀。汉代之后,历法曾作几十次修改。

2. 作为中国历史学家,都应该知道我国各种历法的性质和每种新历法的特点,没有这些知识,就不能明确中国历史上的日期。我研究了"骨骼奇迹"之后,可以确信将中国有记载的历史追溯至公元前 1384 年,在那个遥远的时期,中国的历法已经在科学的基础上采用了置闰方法。

3. 中国学者也热心研究过其他国家人民的历法计算。他们很关注埃及历和玛雅历,并且发现巴比伦历、希腊历和印度历中的混乱现象。依我看,这些"杂乱"的历法反映出缺乏统一的理念和对其所产生的社会的深刻了解。

4. 如同民族的其它文化产物一样,历法反映出民族的特征。中国人对待历法有两个突出的特点。首先,古代中国人重视使历法符合客观事物(如用精密仪器测量"两至")。其次,中国制历人员比他国人民具有长远的眼力。他们创制出的历法不仅几百年而是几千年都顺利地运作。他们发明的六十循环制,既不受太阴又不受太阳年的影响,持续 3260 年不间断,没有发生一天误差。

高平之教授的评论

1. 当代中国人热情关注继续改进历法,这事并不奇怪。是因为他们早就发现格里历并不令人非常满意。因而在 1912 年后的 20 多年间,中国学者提出了 13 种不同的改历方案。

2. 为使世界历法统一,中国提交了一个均衡的世界历方案。虽然中国人相信自己的历法系统中许多要素是很好的,但是并不坚持世界历采用中国模式。然而中国人确实具有明确的概念,知道世界历应该具有哪些特点。

3. 我国的提案与西方国家的相比,有着重要的区别。中国人似乎更感兴趣于一年的起始时间,同时注意调和季节和半年的分布,而西方人世界主要关心的似乎是保持星期在月内或年内的调和。中国的提案更强调天体运动的理论,而西方人似乎注重改革历法以使社会或经济上方便，强调有利于分发工资和运用机器。这就是为什么联合国将历法改革问题列入经社理事会的议事日程。我们必须注意西方国家的这种意向。

4. 如要我选择的话，依我的观点看，十三月历有些奇特，在统计学或计算方面不方便。世界历应该获得每个人的支持。世界历的本质在于它的稳定性，能使我们每个季度、每年的模式都完全相同。

历法改革的基本原则

出席这次讨论会的联合国中国协会成员，提出下列两个原则：

1. 新历法应该简单、经济和易于理解。

2. 它应该摆脱宗教倾向。（即它不应该仅仅适合基督教徒的信念。而且它应该谋求东西方观点的结合。）

（金有巽、章潜五摘译自美《历改杂志》21 卷 4 期（1951 年），蔡董校。此译文载于《历法改革研究文集》，1998－12）

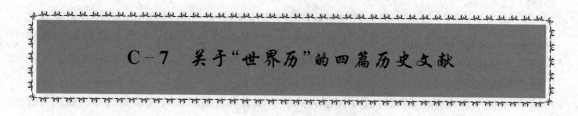

C－7 关于"世界历"的四篇历史文献

（一）各国对世界历的态度

在联合国大会未正式讨论世界历之前，当时世界历协会从有关方面了解到直接来自各国大使馆和代表团的信息，这些信息表明了各国对世界历的态度。

赞成的国家：

阿根廷，澳大利亚，比利时，玻利维亚，巴西，加拿大，智利，哥伦比亚，哥斯达黎加，古巴，丹麦，多米尼加，厄瓜多尔，埃及，萨尔瓦多，埃塞俄比亚，法国，希腊，危地马拉，海地，洪都拉斯，伊朗，伊拉克，以色列，利比里亚，卢森堡，墨西哥，荷兰，新西兰，尼加拉瓜，挪威，巴拿马，巴拉圭，秘鲁，菲律宾，沙特阿拉伯，瑞典，土耳其，英国（如果多数国家赞成即赞成），美国（如果多数国家赞成即赞成），乌拉圭，委内瑞拉（如果多数国家赞成即赞成），南斯拉夫（共 43 个）。

未接到本国指令的国家：

阿富汗，白俄罗斯，缅甸，中国，捷克斯洛克，冰岛，印度，黎巴嫩，巴基斯坦，波兰，泰国，叙利亚，乌克兰，南非联邦，苏联，也门（共 16 个）。其中阿富汗，中国，捷克斯洛克，叙利亚四国以前曾表过态支持世界历。

反对的国家：无

（二）中国赞成世界历

中国（1936 年）

南京中央研究院院长蔡元培博士通知世界历协会，中国已正式通过关于按照 12 月等长季度方案来修改历法的国际建议。这是中国历法改革研究会长时间研究的结果，该研究会包括外交部、铁道部、财政部、交通部、工业部和内政部的代表以及国立天文研究所补充代表余青松博士。

"征询意见单早已分发，"蔡元培博士写道："它就提出改革的必要性和最适合中国的历改方案，有效地征集了各界人士的意见。意见一致赞同历法改革，绝对赞同 12 月历方案，而不赞同 13 月历方案。"

中国（1937 年 9 月 13 日）

中国政府赞同历法改革，并同意智利代表所通知的协定草案中的条款。

（三）美国国务卿帮办迪安·腊斯克（Dean Rusk）的信

（1949 年 8 月 10 日）

"当我写信给参议员凯弗维尔的时候，国务院同其他有关机构和组织协商，正在研究关于世界历的建议，它是参加今年秋天联合国大会准备工作的组成部分。

我可以向你保证，你所提交的资料将会直接使国务院正在考虑这项建议的官员们注意。你的建议肯定会给他们提供大量有关信息，我很乐意能听到这些事实对于联合国其他成员国也有用处。"

（四）美国参议员埃斯蒂斯·凯弗维尔（Estes Kefauver）的信

（1949 年）

世界各国需要一个合乎逻辑的、永久的计时系统，并且必须为今后几代人制定这种系统。这就是我之所以将世界历议案 S. 1415 提交参议院的原因。

永久历对各界人士都有好处，政府和企业不但能避免因历表飘移不定所产生的混乱，而且还能节省巨额资金。世界上每个人会由于采取这种历制获得无法估量的好处，这正如世界各国具有远见卓识接受和确定标准时区那样。

基于上面所说的和更多的理由，我极力主张美国派驻联合国的代表团也热情支持世界历的议案，我认为大多数成员国政府会赞同这一议案。世界历议案如被通过，联合国将会给今后各代人留下这一永久的历法遗产。它不仅有利于每个国家，每个政府，还有利于每一个人。如果联合国大会能采取有利的行动，我相信美国参议院对外关系委员会会顺利将我的提案交付讨论，这样一来，参议院便会就此采取行动，或许众议院也会如此。

蔡董译自 WCA《历改杂志》1949 年第 3 期

C-8 《美国国务院公报》及其困惑问题

[史料说明] 19世纪末法国大革命后，曾经废止格里历而颁行法兰西共和历。1910年在伦敦召开万国改历会议，1914年在比利时又召开国际改历会议，1921年万国商会倡议世界改历运动，决议国际间采用永久不变的新历法，且请国际联盟主持此事。国联经过三年调查后，于1927年邀请各国成立委员会征求意见。俄国十月革命后，于1923年和1927年分别试行七日周和五日周制历法。

美国当时没有参加国联，但对历改运动十分积极。信奉基督教的艾切利斯女士创建"世界历协会"（后改名为国际世界历协会），出版《历改杂志》广泛宣传，成为当时世界改历运动的旗手。1931年我国成立历法研究会，对国际联盟提出的三个历法方案（格里历，四季历，十三月历），分发《征求改历意见单》征求意见，10万人的统计结果是81％赞成四季历（后称世界历）。

1937年智利天文学家向国际联盟建议：从1939年开始实施世界历。但因发生二次世界大战，1939年国际联盟瓦解，历改运动遂即中断。1945年成立联合国组织后，有些发展中的国家积极提案改革历法（1947年秘鲁提案；1954年印度提案，埃及和苏联支持，而美国反对），1954年经社理事会通过了印度和南斯拉夫的联合提案，要求各国在1955年提出意见后再议。但因当时阵营对垒而冷战甚盛，致使讨论历改议案困难重重。

1955年美国政府发表下列《公报》，致使1956年经社理事会表决的结果为：无条件赞成者4票（加拿大、泰国、尼泊尔、苏联）；有条件赞成者11票（智利、意大利等）；反对者20票（法国、英国、美国、中国台湾等）；保留意见者6票（德国、日本等）。反对的理由主要是：世界历方案破坏了星期纪日的连续性；或认为讨论历改还不够充分。因而当时经社理事会致函各国说：目前改历条件尚不成熟，决定将对世界历的审议无限期地搁置。

由上述世界改历运动的历史来看，联合国的五个常任理事国都做出过贡献，国际联盟和国际世界历协会对于历改运动都建立了不朽的功绩。但是这一关系全世界人民利益的改历运动遭到挫折，这是令人感到十分遗憾的事。我们进行世界历法改革研究，必须了解世界改历运动的历史，在此基础上制定改历方案，为此，我们特地刊出《美国国务院反对联合国改历行动》的译文和《美国国务院公报中的困惑问题》一文，请对照研究。

美国国务院反对联合国改历行动

（原载《美国国务院公报》1955年4月11日第629页）

国务院3月21日公告，美国政府已于该日通知联合国不同意联合国用任何行动改变现行历法。美国政府在由美国驻联合国代表小亨利·卡伯特·洛奇（Henry Cabot Lodge, Jr）给联合国秘书长达格·哈马舍尔德（Dag Hammarskjold）的复函中已表明态度，在此之前，秘书长曾就修改现行历法的建议向各国政府征询意见。……美国给秘书长的复函全文如下：

美国驻联合国代表向联合国秘书长致敬,并荣幸地呈交对秘书长 1954 年 10 月 7 日发出的 SOA 146 / 2 / 01 号关于世界历法改革的函件的答复。

美国政府不同意联合国就修改现行历法采取任何行动。该政府不会以任何方式支持这种直接影响本国各种习惯的变革,除非这种改革得到美国实在多数的公民同意,并由他们在美国国会的代表通过。至今,美国还没有这种支持历法改革的迹象。大多数美国公民反对新近向经社理事会提出的历法改革方案。他们之所以反对是基于宗教的理由,因为每年年终添加"空日"会破坏连续 7 天的安息日周期。

再者,本政府还认为,与重大宗教信仰的原则相抵触的对现行历法的任何改革,对于联合国都是不适宜的,因为联合国代表全世界众多不同的宗教信仰和社会信仰。

此外,本政府建议对此问题不应再进一步研究。因为这项研究需用人力和财力,而这些人力财力可以更有效地用于更加重要而迫切的工作上。鉴于 1947 年各国政府在准备向秘书长呈交其意见的过程中,已就此问题分别做过研究,看来当前就此问题进行任何补充研究都是无用的。

(译者:金有巽　蔡　董)

《美国国务院公报》中的困惑问题

1955 年《美国国务院公报》表明了美国政府反对历法改革的强硬立场,这是什么原因呢?《公报》中说:"至今,美国还没有这种支持历法改革的迹象。大多数美国公民反对新近向经社理事会提出的历法改革方案。他们之所以反对是基于宗教的理由,因为每年年终添加"空日"会破坏连续 7 天的安息日周期。"这一公开表态严重阻挠了世界改历运动的前进,对于国际世界历协会主席艾切利斯女士更是一个莫大的打击。1956 年她宣布退休后,改由加拿大的希尔斯、美国的克莱和林进等人接任国际世界历协会主席,继续努力从事于世界改历运动,但是再未能够恢复原先的蓬勃生机。

美国国务院的这一表态,令人感到有不少的困惑,表明在事关世界人民利益的历法改革问题上,美国政府与美国人民之间存在着严重的观点分歧。这就需要我们兼听双方言论的根据,认真地加以客观的分析研究,才能得出正确的认识结论。

根据我们掌握的世界改历运动的史料,美国民众是积极支持改历运动的,有不少文史资料可作佐证。

1.《重编日用百科全书》在"西洋改历问题"中说:"现行阳历,既感不便,各国科学家、政治家以及工商各业,提议改历者,不一而足。一九一□年,万国改历会议开于伦敦,提出议案数十种。此外如法之商会,意之地理会,比之天文会,俄之科学会,亦甚注意。一九一四年,瑞士政府拟召集世界代表,开会议决,欧战暴发,因以中止。战事甫息,法国科学院即提出改历草案,以备和会及国际联盟会之注意。美国索持门罗主义,不与闻他洲之事,故未加入国际联盟会,而对于改历问题,国内既设专门委员会,并建议于国际联盟会,促其进行,其热心反在其他各国之上。现在各国已设立委员会者,为美、法、意、比、荷、匈、巴西、古巴、巴拿马、玻利维亚、马斯达来加、智利、厄加多尔、萨尔互多尔、尼加瓜十五国。"

1931 年我国政府积极响应国际联盟会的号召,成立了以中央研究院天文研究所为主力的历法研究会，在《历法研究会组织缘起及改历说明》中也有同样的述说："美国虽未加入国际联合会，但对于改历问题，国内设有专门委员会，并建议于国际联合会，促其进行。其热心反在其他各国之上。"并且介绍情况说："现已组有委员会者迄今计二十四国。即美，法，德，荷，匈，波兰，比，阿根廷，巴西，智利，秘鲁，玻尼维亚，厄瓜多，巴拉圭，哥伦比亚，科恩大利加，加拉圭，巴拿马，萨尔伐道，葵的马拉，洪都拉思，墨西哥，古巴。最近日本亦已组织。我国历法研究会之组织亦本此意。"

2. 1927 年国际联盟会汇集世人提出的 147 个世界历方案，经研究后提出了三种历法方案，征求各国人民的意见，即(1)现行格里历；(2)四季历；(3)十三月历。我国历法研究会于 1932 年 4 月 15 日，收到 831 份改历意见单，10 万人的统计结果是 81％赞成四季历。四季历和十三月历已充分考虑了宗教和民俗问题，都是仍然采用七日周历制。只是由于一年 365 日或 366 日都不能被 7 整除，因此把这余下的一天或两天作为全世界人民的公休日，不计其月日和星期，这两个附加日被称为"空日"。

究竟哪个方案更好，曾经过长期的激烈辩论，十三月历曾经一度占据绝对优势(有史料说："1929 年美国改历委员会，关于选择十三月法及四季法问题，征集全国重要机关之意见。答复者 488，赞成十三月法者 480，占 98.7％。我国上海新闻报，于民国十八年九月征集读者对于十三月历法之意见，计答案四百余件，赞成者得 89.4％。")。但是经过各国深入研讨以后，大多数人认为四季历优于十三月历，因而它被称为世界历。国际世界历协会主席艾切利斯女士竭力主张四季历，在这场大辩论中发挥了重要的作用。

1949 年 8 月，联合国中国协会在台湾召开"世界历法专题讨论会"，会议由朱家骅博士主持，历史学家董作宾和天文学家高平子作主要发言。会上"学者们对下列四个要点具有一致的看法：1. 中国远比其他国家为早就制定出一部优越的历法；2. 3000 多年来，中国学者们一直致力于改进历法；3. 中国于 1912 年采用格里历，是考虑到世界的通用性，但它远非完善的历法；4. 世界历在当代提出的一切改历方案中是最好的，特别是考虑到它必然是通向世界和平的手段，因而更应在全世界颁行。"会议"提出下列两个原则：1. 新历法应该简单、经济和易于理解。2. 它应该摆脱宗教倾向。(即它不应该仅仅适合基督教徒的信念。而且它应该谋求东西方观点的结合。)"朱家骅说："中国乐于承认世界历协会，成为 36 个国家分会之一"。我国天文研究所所长、南京紫金山天文台首任台长余青松，于 1937 年在美国《历改杂志》上撰文《中国赞成修改历法》，他说："我在研究中发现世界历是已经设计出来的最合乎逻辑、最实用、最方便的计时系统。"

国际世界历协会前任主席林进先生撰文说："世界历可以简化你的生活，不只是一年，而是若干世纪。""世界历是世俗的改革，与宗教教义无关。它的目的在于民用、通用，它属于全世界。""历法中插入附加日是 1834 年罗马天主教神父马斯特罗菲尼首先提出来的。"他还摘录艾切利斯 1964 年 4 月的信(写给继任她担任主席的加拿大人希尔斯)，信奉基督教的她说："时钟不是宗教计时制，也不是历法。不论是什么宗教信仰，这古老的谬见不仅妨碍制定科学的优越历法，而且还顽固地干扰着为全世界制定最佳的民用历法。""我相信，把复活节固定在 4 月 8 日是有把握的。对永久民用历的表态结果是 2057∶4，对固定复活节的表态结果是 2058∶9，对于这绝大多数的赞成者不能轻易地置之不理和漠视。无论什么时候，只要有可能，我们就要紧紧地把握住并提及这一点。"

林进先生赠给本会一些该会编印的《历改杂志》。1947 年联合国经社理事会又组织历改运动，据 1949 年第 3 季度的该杂志说，当时美国的态度是如果大多数成员国赞同，则也赞同。参议员埃斯蒂斯·凯弗维尔积极向国会呈交支持世界历的提案，副国务卿帮办迪安·腊斯克也给予关注。1954 年联合国经社理事会再次征求各国意见，这时美国却坚决反对。其理由是"空日"破坏七日周的连续性。本会编辑的《历法改革研究文集》中《7 日周和安息日》一文，已就此做了明确的阐述。上述杂志刊载的 13 个国家 54 位宗教界领袖的表态言论摘录更能说明问题，他们都不同程度地支持世界历方案。其中有 29 位是美国宗教界的领袖和著名人士，分属 16 个州。更值得注意的是罗马教皇 Pius 十世也表示不反对历法改革。由此看来，"空日"虽然是个还需改进的问题，但当时处于阵营对垒的冷战时期，美国之所以反对历法改革，或许还有其他的原因，尚需我们作全面深入的分析研究。

原载于《西安历法改革研究座谈会文集》，2002－10

D 类　历法改革研究的统计分析

D-1　三种历法(公历、中华科学历、夏历)的性能比较

陕西省老科协历法改革专业委员会　章潜五　金有巽

性能指标		公历(格里历)	中华科学历(五日周)	夏　历
科学性	历法性质特点	置闰(日)太阳历	置闰(日)太阳历	置闰(月)太阴历
	岁首符合天文	固定于冬至后约 10 日	固定于近似立春日(公历 2 月 4 日)	在立春日前后移变,最大移幅约 30 日
	四季符合节气	超前约 34 日	最大偏差仅 2 日	最大偏差约 15 日
	唯心主义烙印	有古代宗教皇权烙印	已去除各种不良烙印	曾招致许多封建迷信
精确度	历年平均日数	365.2425 日	365.2421875 日	365.2421053 日
	历年平均误差 *	＋26.78 秒	－0.216 秒	－7.32 秒
	每年历年误差	小于 1 日	小于 1 日	大于 10－12,17－19 日
	历年标准差 σn	0.43 日	0.43 日	14.3 日(实用精度太差)
	置闰方法分类	闰日制	闰日制	闰月制(缺点根源所在)
	置闰方法规则	4 年 1 闰日,400 年 97 闰	4 年 1 闰日,128 年 31 闰	19 年 7 闰月
匀称性	一年内的月数	1 种(12)	1 种(12)	2 种(12,13)
	一年内的日数	2 种(365,366)	2 种(365,366)	6 种(353－355,383－385)
	半年内的日数	3 种(181,182,184)	3 种(180,185,186)	7 种(176－179,206－208)
	一季内的日数	3 种(90,91,92)	3 种(90,95,96)	6 种(88－90,117－119)
	一月内的日数	4 种(28,29,30,31)	3 种(30,35,36)	2 种(29,30)
稳定性	节气日期稳定	有相对稳定特性,但需另制简表估计	有相对稳定特性,不必另制简表估计	无相对稳定特性,无法另制简表估计
	日期星期稳定	无固定对应关系	有固定对应关系	无固定对应关系
	月历表种类数	28 种(4×7)	3 种	14 种(2×7)
	年历表种类数	14 种(隔 6、11、28 年可以复用)	2 种(可以万年久用)	约几千种(无法复用)

性能指标		公历(格里历)	中华科学历(五日周)	夏　历
规律性	大小月的规律	规律性差,尚能判记	规律简单,容易判记	没有规律,无法判记
	月相估计日期	无法估计	无法估计,但可附记参考	能够估计
	掌握置闰规则	常人皆能掌握	常人皆能掌握	必须专家测算
	月历密码数量,推算星期方法	336 个(28×12),用日数与密码之和,除 7 取余	0 个(无需密码),直接用日数除 5 取余	因为大小月没有规律,无法采用密码心算星期
可行性	历法通用范围	世界各国已通用	可供世界各国通用	中国等地使用已久
	历法使用年数	他国已用 400 多年	改历思想已有千年	中国已用 2000 多年
	有无改历方案	已有成熟的改历方案	有待全球讨论付用	尚无成熟的改历方案

说明: 回归年长度的精确值取为 365.24219 日,是由下式算得:

$$365.24219878 - 0.0000000614(t - 1900) \quad \text{其中 } t = 2000$$

D-2　改历渊源——公历万年历表的编制及启示

陕西省老科协历法改革专业委员会　章潜五

公历每年 1、3、5、7、8、10、12 月固定为 31 日,4、6、9、11 月固定为 30 日,仅 2 月的日数稍有变化,平年 28 日,闰年 29 日。公历的置闰法则简单易记,"非世纪年的公元年数能被 4 整除的年份为闰年,而世纪年必须能被 400 整除的年份才是闰年。其余都是平年"。公历采取连续七日周制,因此利用七日周和"四年一闰"的重复规律,即可从已知某年月日的星期,迅速推算出其它年月日是星期几。

人们常用的历书和历表,都只给出一堆冗繁的数据,没有指明其重复规律,致使众人只能依赖它。天文历学源远流长,授时指导生产和生活,开发历法数据的规律性,可获广泛的社会效益。当代科学技术十分昌盛,但却仍在使用繁琐的旧历,今已跨入新千年新世纪,急需共力创新历法文明。十年前,笔者试制出千年旋转历卡,编制出公历万年历表,组成陕西历法改革研究会。今撰本文介绍用历方法的改革,盼求促进此项造福人类工程。

公历万年历表的编制

人们常用的是各月的月历表,例如表 1 为 2001 年的 1 月份月历表。由日期数与星期数的关系可知,各个日期数被 7 除后的余数恰为该天的星期数(0 表示星期日)。倘若某月的历表不从星期一开始,例如该年 2 月份历表是从星期四开始的,则只需各个日期数都加上 3,即可仿上用"除七取余法"推算星期,因此这个数值 3 就是 2 月份的密码数,而 1 月份的密码数则为 0。由于公历各月的日数固定和星期的连续性，因而不难获知 2001 年 12 个月的密码数，它们依照月序排列为：0 3 3 6 1 4 6 2 5 0 3 5。这 12 个有序的密码数就能简明地代表 2001 年的年历表，运用"除七取余法"，即可迅速心算出该年内的任何月日是星期几。例如问该年 7 月 1 日是星期几？因为 7 月份密码数为 6，加上日期数 1，得和数为 7，被 7 除后的余数为 0，故知该天是星期日。

表 1　公历 2001 年 1 月份月历表

日	一	二	三	四	五	六
1	2	3	4	5	6	
7	8	9	10	11	12	13
14	15	16	17	18	19	20
21	22	23	24	25	26	27
28	29	30	31			

继续采用上述方法，不难推算出 2002、2003 年及其以后各年的 12 个月历密码数，并可向前推算出 2000、1999 年及其以前各年的 12 个月历密码数。表 2 为 1900－2099 年的月历密码表，表中已用置闰规则判明了该年是平年或闰年，这张简表已能足够在当代使用。如果有必要的话，可以继续向前推算至公历（格里历）的始用年份 1582 年，并可向后推算。使用年份扩展之后的月历密码表，其月历密码部分不会改变，只是两边增加一些使用年份（今略）。笔者在此称它为万年历表，并非赞成永久使用它，相反希望尽早废弃这张密码表，以求改用无需密码的中华科学历。

只需依序记住当年的 12 个月历密码数，把日期数与该月的密码数之和，用"除 7 取余法"即可迅速心算出星期（余数为 0，表示星期日）。

若每年 12 个月历密码数相同，则表示这些年份的年历表相同。由此可知，公历年历表具有重复使用特性。由表可知，公历年历表共有 14 种，每隔 28 年的年历表相同，平年则每隔 6 年或者 11 年就会相同。

此表表明，为求历法科学简明，彻底的改革办法是废除不科学的连续七日星期制，改用五日周制的中华科学历，月历密码数可从 336 个降为 0。如果仍然采用七日周但不连续，则应选用月历密码数最少的改历方案，本研究会提出的新四季历方案就只有三个密码（每季三个月依序为 6、2、4）。

表 2　公历的月历密码表

平年闰年	19··年 23··年 27··年	20··年 24··年 28··年	月历密码（月） 1 2 3 4 5 6 7 8 9 10 11 12
平年	01 29 57 85	— 13 41 69 97	1 4 4 0 2 5 0 3 6 1 4 6
平年	02 30 58 86	— 14 42 70 98	2 5 5 1 3 6 1 4 0 2 5 0
平年	03 31 59 87	— 15 43 71 99	3 6 6 2 4 0 2 5 1 3 6 1
闰年	04 32 60 88	16 44 72 —	4 0 1 4 6 2 4 0 3 5 1 3

续表

平年闰年	19··年 23··年 27··年				20··年 24··年 28··年					月历密码（月） 1	2	3	4	5	6	7	8	9	10	11	12
平年	05	33	61	89	—	17	45	73	—	6	2	2	5	0	3	5	1	4	6	2	4
平年	06	34	62	90	—	18	46	74	—	0	3	3	6	1	4	6	2	5	0	3	5
平年	07	35	63	91	—	19	47	75	—	1	4	4	0	2	5	0	3	6	1	4	6
闰年	08	36	64	92	—	20	48	76	—	2	5	6	2	4	0	2	5	1	3	6	1
平年	09	37	65	93	—	21	49	77	—	4	0	0	3	5	1	3	6	2	4	0	2
平年	10	38	66	94	—	22	50	78	—	5	1	1	4	6	2	4	0	3	5	1	3
平年	11	39	67	95	—	23	51	79	—	6	2	2	5	0	3	5	1	4	6	2	4
闰年	12	40	68	96	—	24	52	80	—	0	3	4	0	2	5	0	3	6	1	4	6
平年	13	41	69	97	—	25	53	81	—	2	5	5	1	3	6	1	4	0	2	5	0
平年	14	42	70	98	—	26	54	82	—	3	6	6	2	4	0	2	5	1	3	6	1
平年	15	43	71	99	—	27	55	83	—	4	0	0	3	5	1	3	6	2	4	0	2
闰年	16	44	72	—	00	28	56	84	—	5	1	2	5	0	3	5	1	4	6	2	4
平年	17	45	73	—	01	29	57	85	—	0	3	3	6	1	4	6	2	5	0	3	5
平年	18	46	74	—	02	30	58	86	—	1	4	4	0	2	5	0	3	6	1	4	6
平年	19	47	75	—	03	31	59	87	—	2	5	5	1	3	6	1	4	0	2	5	0
闰年	20	48	76	—	04	32	60	88	—	3	6	0	3	5	1	3	6	2	4	0	2
平年	21	49	77	—	05	33	61	89	—	5	1	1	4	6	2	4	0	3	5	1	3
平年	22	50	78	—	06	34	62	90	—	6	2	2	5	0	3	5	1	4	6	2	4
平年	23	51	79	00	07	35	63	91	—	0	3	3	6	1	4	6	2	5	0	3	5
闰年	24	52	80	—	08	36	64	92	—	1	4	5	1	3	6	1	4	0	2	5	0
平年	25	53	81	—	09	37	65	93	—	3	6	6	2	4	0	2	5	1	3	6	1
平年	26	54	82	—	10	38	66	94	—	4	0	0	3	5	1	3	6	2	4	0	2
平年	27	55	83	—	11	39	67	95	—	5	1	1	4	6	2	4	0	3	5	1	3
闰年	28	56	84	—	12	40	68	96	—	6	2	3	6	1	4	6	2	5	0	3	5

公历万年历表的启示

1. 表2主要用来速算星期几，并可速知某年是否闰年。如此小小的一张月历密码表，竟能等价于两本百年历书。若经扩展使用年份之后，更能等价于几十本百年历书，可见经济效益非常明显。此表富含科学规律和历法智趣，利于增长智慧才干，可以促进成才立业，其社会效益尤其显然。利用此表可做神奇的测算星期，只要记住某年的12个月历密码数，再利用年数的差值和每年的余日（每年52周余1日，闰年再增加1日），即可迅速心算出其他年月日是星期几。这种心算连幼童也能掌握，从而可以启迪聪明才智，扩展视野情趣，探寻数据规律，培养科学方法。历书历表起着"教师"作用，它应该教人掌握规律性，而不宜传播繁琐哲学。由上可知，历书历表的编制亟待改革创新，历法科学急需大力普及，历法改革亟待共力研讨，为此笔者编著了小册子《智寿历卡（1900-3099）》（陕新出批 1995 年第 020号，赠给人大代表和专家参阅，开始呼吁共力改革历法）。

2. 由表 2 可以看出公历具有下列特性：

（1）年距为 28 年的两年，其全年的月历密码数相同，也即这两年的公历年历表相同；（2）如果是平年，则年距为 6 年或者 11 年就也会全年的月历密码数相同。这些特性表明：公历不同于我国的夏历，其年历表是可以重复使用的，例如 2001 年的年历表，可以在2007、2018、2029 等等年份重复使用。然而遗憾的社会现象是：一幅幅精美印刷的公历挂历，当年被主人视为珍宝，但年后即被当作废物。其实，公历年历表虽然每年变化，但由表2 可知它只有 $2×7=14$ 种，明白公历能够重复使用之后，精美的旧挂历即可变"废"为宝。

3. 表 2 是由月历代码表转化而成，笔者首先制成的是千年旋转历卡，它是两张纸卡作相对旋转，以使某一月历表呈现于扇形窗孔内。公历有 4 种不同日数的月份（31 日，30 日，29 日，28 日），每种月份有 7 种不同的星期起点，因此月历表共有 $4×7=28$ 种。可用两位数的月历代码加以区分，其十位数的 1、2、3、4 分别代表不同日数的 4 种月份，个位数的1、2、3、4、5、6、7 分别代表 7 种不同的星期起点。因此只需编制一张月历代码表，用两位数月历代码来定位选取月历表。这种千年旋转历卡形象直观，查历简便又迅速，具有智趣和长寿的特性，因而取名为"智寿历卡"。这种历卡可以做成各种形式，例如挂历、台历、书签、贺年片，用它可以免作历日心算，并能用来检验心算结果。若与历书、电子台历比赛查历，结果将是心算和历卡获胜，它不仅测算星期最快，而且测算范围非常宽广，历书与电子台历无法胜及。

4. 表 2 的最大启发是公历应该改革！月历密码数多达 $12×28=336$ 个，这就暴露出公历的严重缺点，针治此病即可获得新历方案。究其病因是连续七日周制不合理和大小月编排不科学，致使日期与星期没有固定关系，从而每年的节假日发生移变，频繁调休造成社会困扰。一年 365 日，一月 30 日，24 节气的间距约为 15 日，它们都无法被 7 整除，然而却能被 5 除尽，可见理想方案是采用五日周制，各月宜取均匀的 30 日，只有 6 月份由于夏季长而冬季短，增加一周而为 35 日（闰年则有 36 日，但可特定它为星期日休息）。

采用这种科学历（既为中华历，更可挑战公历而成为世界历）方案后，月历表可从 28 种降为只有 2 种（形式仅为 1 种，闰年在独大月续加一日），年历表可从 14 种降为 2 种（形式仅为 1 种，闰年在独大月续加第 36 日）。这时改用"除五取余法"测算星期，各月的密码数皆为 0，也即全然无需月历密码表了。改革创新后的这种历法，日期与星期具有固定关系，历表十分简单易记，测算星期易如反掌。至于公历还有岁首不正的缺点，建议改用立春日作为岁首，以使月日数据切合天文季节，每月 1 日和 16 日恰为两个节气的近似日期，因而也就无需另外编制节气历表了。上述两种中华科学历的结构和性能，已在《中华科学历方案》中阐明（本研究会刊物《历改信息》第 18 期，2004 年 6 月 29 日）。

（说明：表 2 先后载于《智寿历卡（1900-3099）》（1995-01）和《历法改革研究文集》（1998-10）、《西安历法改革研究座谈会文集》（2002-10）。此文曾于 2004 年贴于强国社区等论坛）

D-3　报头所用旧历名称的调查统计

一、大陆报纸报头日历名称的统计（调查人：章潜五、金有巽）

标示名称分类	北京图书馆报纸约 100 种 1995 年 8 月	西电科大图书馆报纸 50 种 2002 年 3 月	陕西省图书馆报纸 344 种 2002 年 3 月	国家图书馆报纸约 400 种 2002 年 7 月	国家图书馆报纸约 285 种 2005 年 10 月
标称"农历"，且用它标示节气日期	约 13 %	8 %			1.0 %
标称"农历"，不用它标示节气日期	约 31 %	24 %	22.1 %	28.3 %	23.5 %
避称"农历"，但仍用旧历标示节气日期	约 2 %	2 %			19.3 %
避称"农历"，且不用旧历标示节气日期	约 14 %	26 %	13.9 %	12.9 %	19.3 %
只标示公历，全不标示旧历	约 41 %	40 %	64.0 %	58.8 %	57.2 %

说明： 表中数据分别载于本会会刊《历改信息》第 3、16、18、27 期，按分类列出报纸名称，并且作了简要分析。前四次的统计数据已编入《西安历法改革研究座谈会文集》。

原载于《西安历法改革研究座谈会文集，2002 和《历法创新研究文集》，2010

二、报头并列标示"农历"和节气日期的问题

项目和想法		实际效果	专家评议
并列标示旧历日期	旨求可以方便群众	在方便少数群众的同时，却传播了不科学的历法概念。	1992 年罗尔纲撰文说："既然把旧历（阴阳历）叫做农历是错误的，就应该纠正。因为这不是一件小事，而是全国十一亿人民天天应用的大事。"
	旨求弘扬传统文化	24 节气是我国先民创造的历法精粹，而置闰月法是早被北宋沈括斥为"赘疣"。	1984 年杨元忠撰文说："那些在文章上用'农历'的，有不少还是很有名气的人物。这个'因果颠倒'的名词，如果任其通行下去，恐怕会使我们这个文明古国，蒙上一层'愚昧'的阴影。"（台湾《传记文学》）

项目和想法		实 际 效 果	专 家 评 议
采用旧历标示节气日期	旨求可以方便群众	旧历不具有节气日期的相对稳定特性，日期移幅可达一个月。如此标示不利于消除保守的用历习惯。	1986年金祖孟撰文说："在所谓的'批林批孔运动'中，'夏历'被改成'农历'，因为'夏历'据说有崇古复旧的色彩。其实把它称作'农历'是很不科学的，会使人们产生一种错误印象，似乎传统的历法是农业生产所必须遵守的，然而真正指导农时的，倒反而是阳历，因为它的每个日子都有明确的季节含义……"。
	旨求弘扬传统文化	24节气是阳历特性，把它标示在"阴历"一边，容易使人们误以为它是阴历特性。	1963年梁思成问过四位科学家，吃惊的是"他们竟然也以为节气是阴历的事情。"因此他建议"把节气一律搬到阳历一边去"。近期我们调查，至少有8种大报仍用旧历标示节气日期，仅见《果农商报》是用公历标示。

报头日历的影响作用远比教材和书刊要大，我们希望新闻媒介发挥科学导向作用，建议报刊宣传部门进行调研，设立专题展开争鸣辩论，使有科学的共同认识，消除久积的历法误识。

三、调查港、澳、台和海外报纸的报头旧历名称

香港和澳门的报纸（共计16报）

只标示公历者5报（经济日报，大公报，信报，都市日报；澳门观察报），占31.3%

并列标称夏历者3报（苹果日报，成报，星岛日报），占18.7%

避称"农历"仅标干支纪年者7报（东方日报，太阳报，新报，明报，香港商报，文汇报；澳门日报），占43.7%

并列标称"农历"者1报（专业马讯），占6.3%。

调查人：徐士章

调查时间：2003年4月

台湾的报纸（共计20报）

只标示民国纪年和公元纪年者1报（宏观周报），占5%

只标示民国纪元者2报（财讯快报，自由时报），占10%

只标示公元纪年者1报（中华摄影报），占5%

标示民国纪年，并列标称夏历者1报（海光报周刊），占5%

标示民国纪年，并列标称农历者12报（大成报，工商时报，中央日报，中国时报，中华日报，世界论坛报，人间福报，民生报，少年中国晨报，联合报，青年日报，经济日报），占60%

标示民国纪年和公元纪年，并列标称农历者2报（台湾时报，自立晚报），占10%

标示公元纪年，并列标称农历者1报（电子时报），占5%

调查人：徐士章

调查时间：2003 年 5 月

海外的报纸（共计 18 报）

只标示公历纪年者 3 报：印度尼西亚商报，印度尼西亚日报，千岛日报（印尼），占 16.6%

标示公元纪年，并列标称夏历者 2 报：星岛日报（亚省版），星岛日报（美西版），占 11.1%

标示公历纪年，避称农历者 4 报：明报（加拿大），明报（加西版），明报（美东版），星洲日报（新加坡），占 22.2%

标示民国纪年和公元纪年，并列标称农历者 1 报：世界日报（北美版），占 5.6%

标示公元纪年，并列标称农历者 7 报：星岛日报（欧洲版），世界日报（马尼拉），联合日报（菲律宾），商报（马尼拉），星暹日报（泰国），联合早报（新加坡），南洋商报（吉隆坡），占 38.9%

只标示农历者 1 报：澳洲日报，占 5.6%

调查人：徐士章

调查时间：2003 年 5 月

四、大陆报纸和港澳地区报纸报头日历名称的统计

标称名称的分类	大陆报纸		港澳报纸
——1995 年 8 月	2002 年 7 月	2003 年 4 月	
——北京图书馆	北京国家图书馆	香港中央图书馆	
只标示公历，全不标示旧历	41.0%	58.8%	31.3%
标称夏历，用旧历并标日期	0	0	18.7%
避称"农历"，用旧历并标日期	16.0%	12.9%	43.7%
标称"农历"，用旧历并标日期	44.0%	28.3%	6.3%

五、台湾地区报纸和海外报纸报头日历名称的统计

标称名称的分类	台湾报纸	海外报纸
——调查香港中央图书馆	调查香港中央图书馆	
——2003 年 5 月	2003 年 5 月	
只标示公历纪年	5%	16.6%
只标示民国纪元	10%	0
只标示民国纪年和公元纪年	5%	0
并列标称夏历	5%	11.1%

六、简　要　分　析

1. 10 位专家学者（天文学家陈遵妫和戴文赛、地理学家金祖孟、历史学家罗尔纲、建

筑学家梁思成、物理学家薛琴访等)早就指出"农历"称呼不科学,但今大陆仍有近三成报纸报头称呼"农历",其中有多份大报,而香港仅有少量小报称呼"农历"。1984年侨居美国的杨元忠老先生撰文《"农历""阴历"正名之辨》,发表于台湾《传记文学》和《国文天地》杂志,今见大多数台湾报纸和近半数海外报纸仍在称呼"农历"。尤其令人遗憾的是,曾经载文反对此称的报纸,有的仍在使用此不科学的名称。

2.《人民日报》从1948年6月15日创刊后长期称用"夏历",从"文革"时期的1968年元旦开始改称"农历",从1980年元旦就去掉"农历"两字,只标示干支纪年及旧历月日。这种避称"农历"的标示方法,体现了拨乱反正的科学求真精神,然而这种方法难以用于电视台和广播电台,致使许多台站仍在称用"农历"。报头的这种标示在大陆已逐渐减少,而在港澳则有四成多,成为主流方式。

3.与大陆采用的称呼有别,香港有二成多的报纸称用"夏历",在台湾和海外也有少量报纸如此,表明未曾受到"文革"极左思潮的影响,坚持了称用多年的科学称呼,无需消除认为夏历称呼"有崇古复旧的色彩"的偏见,从而为规范我国旧历的称呼提供了一种示例。

4.值得注目的是只标示公历日期的报纸比例,近8年来的大陆报纸已增多了近二成,其比例已经达到近六成,在港、澳也有不小的比例,这似乎表明它是报头日历的主流方式,有待新闻媒介人士参考研究。

5.旧历的称呼急需科学规范化,报纸、电视和广播起着导向作用。报头上是否需要并列标示旧历日期?用旧历并列标示日期和节气的利弊如何?如何标示才能减少两历并存的社会困扰?我们希望新闻媒介展开研究讨论。我们建议:我国的大城市(尤其是有天文台的文明古都)带头宣传历法科学,大报和电视台、广播电台不再称用不科学的名称"农历"。

(统计和分析的作者:章潜五)

载《历改信息》第18期,2003-06-29

D-4 世纪始年的解困方案初议

提案人	方案办法	解困内容	尚存问题
李竞研究员	世纪和年代都从0起计,1世纪作为特例,只有1—99年。2090—2099年为21世纪90年代。	可以解困三点*	年份虽已改为0起,但世纪序号仍为1起。
曾一平教授	年份和世纪改用科学的0起计量,强调时间体系的原点唯一性。2000—2099年称为新20世纪(前两位数均为20)。	除同上述三点外,世纪序号也已改为0起。	需要改变世纪序号,世纪前增加"新"或"旧"字。
赵树芝教授	新纪年原点改在公元前10101年。公元后的年份加上"10100",2002年变为12102年,表示是新世纪121(即旧21)的02年。	同上三点外,还可消除区分公元前后之繁。	已改变世纪序号(但后两位数与现称世纪相同,首位的"1"常可略去。)

＊三个优点是：时跨公元前后的年距不会再多算一年；使"能被 4 整除的年份为闰年"法则也可用于公元前；世纪与年代划分的矛盾即可消除。

世纪始年问题已经争议了多个世纪，我国通过专家带头研讨后，似乎今已找到了解困的办法。公元纪年法是以耶稣诞生之年为始年（但据外国专家考证，耶稣实为生于公元前 4 年），我们经过中外协联已知多人提出改革建议，有人主张以首届奥林匹克运动会期作为新历纪元，有人主张以人类首次宇宙航行作为新历纪元，我国有人主张"国历似可以黄帝起始为开国纪元"。而我们认为，世纪始年的改革应当保持连续性，不宜突出某一国家或某一信仰。因此纪年推前 10100 年的建议比较合理。我们建议有关部门组织继续研讨，连同世界历新方案一起，向国际社会提出改进建议，以求促进世界历法文明事业，扬我中华儿女的聪明才智。

原载于《西安历法改革研究座谈会文集》，2002－10

D－5　历改委：中华科学历方案

陕西省老科协历法改革专业委员会

我国长期使用传统的夏历，辛亥革命推翻封建王朝后，1912 年孙中山通令"改用阳历"，从此并行公历（格里历）与夏历。历法为长时间的计量标准，关系国计民生和各行各业，不同历制必生诸多困扰，因此新时代呼唤单一的新历法。20 世纪初期曾经兴起世界改历运动，天文学家高鲁等专家学者提出十多个世界历方案。90 年代又有十多位业余研历者提出新方案，经过多年的协联研究，汇成两个中华科学历方案：新四季历和五日周历。在设计新历的过程中，注意吸取古今中外历法的优点，突出 24 节气历的科学思想，使它兼为世界新历方案，并已与美、俄、乌国研历组织交流。

一、两历并行所生的社会困扰

我国两历并行所生的社会困扰，突出表现于过旧历新年春节上，这也正是创制新历所需解决的问题。现行春节是沿用阴历正月初一规定的，其公历日期在立春日前后游移，最大移幅多达一个月，因而产生诸多社会困扰：

1. 不少年份的春节农休时间处于雨水节气之后，容易贻误春耕春灌良机；
2. 职工和农民的春节休假日期游移于公历 1、2、3 月份，难做精确的月度统计对比；
3. 寒假游移造成每年两个学期常会相差 3～4 周，致使教学计划无法稳定统一；
4. 春节来早的年份学校放寒假较迟，大批学生也挤入客运人流高峰；
5. 元旦与春节的相距日数在 20～50 日内变化，双节供应计划无法每年稳定；
6. 全国人大、政协会议会期移变，由于太迟容易延误全盘工作。

上述困扰的症结在于陈旧的置闰月法阴历，因此只要依据我国传统的 24 节气阳历，改以近似立春日（公历 2 月 4 日）定为春节，则上述诸多困扰立即迎刃而解。

现时我国每年过两个年节（元旦和春节），存在"每人年增两岁"之惑（著名天文学家戴文赛指出）和春节名不符实的矛盾。若改用以立春节气为岁首的中华新历，则使一年的时序科学合理，两个年节合一，春节名正言顺，不会再在严冬过节。从而新历和新春节标志了我国的新春时代！

二、新四季历的年历表

1月、4月、7月、10月

日	一	二	三	四	五	六
1	2	3	4	5	6	7
8	9	10	11	12	13	14
15	16	17	18	19	20	21
22	23	24	25	26	27	28
29	30	31				

2月、5月、8月、11月

日	一	二	三	四	五	六
			1	2	3	4
5	6	7	8	9	10	11
12	13	14	15	16	17	18
19	20	21	22	23	24	25
26	27	28	29	30		

3月、平年6月、9月
（12月、闰年6月）

日	一	二	三	四	五	六
					1	2
3	4	5	6	7	8	9
10	11	12	13	14	15	16
17	18	19	20	21	22	23
24	25	26	27	28	29	30
（31）						

说明： 以近似立春日（公历 2 月 4 日）为岁首。每年等分四季后的余日记为 12 月 31 日、星期日，闰年增日记为 6 月 31 日、星期日。每月的两个节气日期能有口诀近似估计。

此方案吸取世界改历运动的成果，主要作了两点改进：

1. 每年的余日和闰年的增日，不再是不计月日和星期的"空日"，已有其明确的月日和星期，可以方便于计日记事。

2. 公历岁首定于冬至后约 10 天，缺乏天文意义且使季节模糊，今改以近似立春日（公历 2 月 4 日）为岁首，以使历法季节符合实际天时。

上世纪 30 年代，未经如此改革的四季历方案，广获世人赞同而称为世界历，当时我国成立历法研究会，征得 10 万人的改历意见，81% 赞成国际联盟提出的这一方案。上世纪末，我国报刊广泛报道的"下世纪启用新公历"，就是这一方案。

新四季历与现行公历比较，具有下列主要优点：

1. 日期与星期的关系固定，各年同一月日的星期不变，每年法定节日遇到星期日不必频繁调休；

2. 年历表具有千年永久性，已从 14 种降为 2 种（形式仅 1 种），月历表从 28 种降为 3 种（形式仅 2 种）；

3. 每年四季的历表基本相同，每月的工作日数同为 26 天，便于季度和月度的统计对比；

4. 用日期数与月历密码数之和，做"除七取余法"测算星期，月历密码已从 336 个降为 3 个（春夏秋冬每季三个月依序为 6、2、4）；

5. 纠正了公历岁首不正的缺点，月日数据已具有明确的季节含义，每月两个节气可用口诀作近似估计；

6. 消除了古代宗教皇权的烙印，每季三月依序为大月、小月、小月，唯独 12 月则由小月改为大月。闰年的 6 月也由小月改为大月；

7. 照顾了七日周和周序由星期日开始的西方习俗，吸取了世界改历运动的成果，因此具有较好的可行性。

三、五日周历的年历表

1-5月，7-12月

一	二	三	四	日
1	2	3	4	5
6	7	8	9	10
11	12	13	14	15
16	17	18	19	20
21	22	23	24	25
26	27	28	29	30

平年6月（闰年6月）

一	二	三	四	日
1	2	3	4	5
6	7	8	9	10
11	12	13	14	15
16	17	18	19	20
21	22	23	24	25
26	27	28	29	30
31	32	33	34	35
				（36）

说明：以近似立春日（公历 2 月 4 日）为岁首，每月的两个节气处于月初和月中左右，有简明的口诀可做估计。置闰规则可以仍与格里历相同，闰年增日记为 6 月 36 日、特定为星期日。

五日周历与现行公历比较，具有下列的突出优点：

1. 消除了公历最不合理的缺点——连续七日周制（竺可桢指出），改为采用科学合理的五日周制，因为它能整分一年 365 日、一月 30 日、节气间距大约 15 日，而七日周制则不能整分。五日周制早有先例：我国千年久用"五日一候"、"十日一旬"；古埃及历每月均为 30 日；法国大革命后废弃格里历，颁行的法兰西共和历仿同古埃及历；俄国十月革命后曾经试行机器不停而工人分为五组轮休。

2. 月日分配方法科学合理，符合夏季长（约 94 日）、冬季短（约 89 日）的实际，大小月规律简单易记，消除了公历中的古代皇权烙印。月历表从 28 种降为 3 种（形式仅 2 种），年历表从 14 种降为 2 种（形式仅 1 种），月历密码从 336 个降为 0 个，测算星期易如反掌（只需对日期数作"除五取余法"）。

3. 日期与星期的关系固定，年历表具有千年永久性，每年法定节日的星期不变，避免了频繁调休之苦。年历表如此简单和规律，几乎无需编印历书历表，既能节约大量纸张，又能节省查历时间。此历具有科学性、稳定性和透明度，封建迷信难于侵入为害，有利于弘扬科学思想，促进社会文明进步。

4. 避免了公历的岁首不正，已使历法季节符合实际天时，给出任一月日数据之后，即可迅速获知其季节。顺便指出，夏历也有岁首不正的问题，它在立春日前后大幅度游移，岁首与春夏秋冬排序成岁存在矛盾。

四、一些问题的论述和研讨

1. 历法改革的必要性显然

历法是源远流长的实用科学，它反映天地运行的规律，明示寒暑变迁的法则，体现时代的文明水平。科学技术的飞速发展，政治经济的不断进步，要求历法与时俱进的改革创新，以适应社会发展的要求。人类社会已进入宇航时代，遨游太空已由梦想变成现实，而今却仍沿用古旧历法，未能摆脱繁琐历表的千年困扰。

孙中山说："光复之初，议改阳历，乃应付环境一时权宜之办法，并非永久固定不能改变之事。以后我国仍应精研历法，另行改良。以求适宜于国计民情，使世界各国一律改用我国之历，达于大同之域，庶为我国之光荣。"

竺可桢说："在二十世纪科学昌明的今日，全世界人们还用着这样不合时代潮流，浪费时间，浪费纸张，为西洋中世纪神权时代所遗留下来的格里高里历，是不可思议的。"

我国的历法改革次数之多冠世，从民国改历至今，公历和夏历并行已 92 年，诸多社会困扰未能获解，历史与现实表明了历法改革的必要性。

2. 世界历法改革的大方向是走太阳历之路

寒暑的变迁取决于地球围绕太阳的运行，因而阳历才是授时耕种的真正农历，太平天国改用《天历》和民国"改用阳历"，都是符合这一方向的改历创举。夏历为阴月阳年式的阴阳历，其朔望月规律十分精确，而历年长度却每年非长即短，偏离回归年值均逾十天。北宋沈括痛斥旧历置闰月法是"赘疣"，弊端为"气朔交争，岁年错乱，四时失位，算数繁猥。"他提出《十二气历》理论，未能被当代统治者采纳，而 760 多年后的太平天国，循之创颁了阳历《天历》。我国古代先民创造的 24 节气历，属于阳历性质而非阴历，实为中国式的"日心说"观点，因此分清传统历法的精华与糟粕至关重要。

3. 阴阳两历是无法精确调和的

回归年值约为 365.2422 日，朔望月值约为 29.5306 日，两者无法整除而需置闰，并且阴阳两历无法精确调和。夏历采用"19 年 7 闰"的闰月法则，只是粗疏调和了阴阳两历，由于它采用闰月法则，24 节气日期的游移多达 29 天，而用闰日法则却一般至多偏离一天。中共陕西省委书记处前书记陈元方提出改历主张："走太阳历之路，创制具有中国特色的新农历"，他对于旧历把 24 节气处于附属地位提出非议，认为在新农历中应该让它"登堂入室，当家做主"，这是富有创新思想的改历主张。

4. 合理地处理旧历中的民俗节日

戴文赛说："同四季循环对农、林、牧业，航空航海，和日常生活的普遍意义比较起来，月亮盈亏循环的实际意义是微小得多。因此在历法的选择中，舍阴阳历而取阳历是理所当然的。"由于月亮盈亏规律能够预报潮汐，有些民俗节日与月相有关，因而朔望规律仍需保留，可在短期日历中加注朔日和望日的符号(北京大学薛琴访教授在《人民日报》上发表的"一九五○年人民日历"，就是在公历日期旁加注"朔""望"。)甚至可以加注阴历月日，但不能再"喧宾夺主"。对于我国的民俗节日，建议对于与月相无关的节日(例如端午节和重阳节等)，可以科学地改用阳历规定，以使每年节日具有相同的时令；而与月相有关的元宵节和中秋节，可以移植于相应月份的望日。消除带有封建迷信色彩的节日，"吉凶神宿一律删除"(见临时大总统"命内务部编印历书令")。

5. 在此民用历法中只部分保留干支纪法

余平伯曾主张禁阴历，他在北京过了四个新年观察社会情状，说："现在(指民国八、九年)种种妖妄的事，哪件不靠着阴阳五行，阴阳五行又靠着干支，干支靠着阴历。"当今我们观察我国城乡新貌，封建迷信的妖妄仍然未绝，这与充斥于市的"皇历"有关，可见改革历法才是治本举措。

干支纪法对于历史记载建有功劳，应该分别场合决定其取舍。在此民用历法中只保留干支纪年，而不取干支纪月和纪日，旨求根除占卜算命等封建迷信。我国疆土幅员广阔，各地气候差异甚大，农耕需要依据气温变化规律，因此还可另编农耕参考手册。

6．用"三个代表"思想指导历法改革

历法改革关系国计民生，涉及人类文明进步事业，需要先进思想作为指导，方能创新历法文明。用"三个代表"思想观察我国现行历法，显见急需与时俱进的改革创新，以适应先进生产力发展的需要，符合先进文化的发展方向，体现最广大人民群众的根本利益。

竺可桢说："两千年颓风陋俗加以教会的积威是顽固不化的，不容易改进的。只有社会主义国家本其革命精神，采取古代文化的精华而弃其糟粕，才会有魄力来担当合理地改进历法这一任务，唯物必能战胜唯心，一个合理历法的建立于世界只是时间问题而已。"

我国历法研究会余青松主席说："中国虽然于 1912 年采用格里历，并不是由于它具有现代性（它实际上并非如此），而是由于它具有通用性。既然世界诸国正在饶有兴趣地打算修正格里历，中国参与这一运动肯定不会落后。"历经 60 多年印证了这一预言，中国又出现了研究改历的新浪，而且在研历深度和宣传广度方面已经领先。

科学历吸取中外历法的精华，汇集人类的共同智慧，是东西方文化的交融，世界改历运动的结晶。然而历法改革存在宗教习俗等阻力，很难较快就能取得共识，这是文化领域的万里长征，需要迎难而上的坚韧精神。格里历之推行于世，经历了四个世纪，而科学历推行于世，估计不必如此长久。我国是历法文明古国，具有最丰富的改历经验，今有先进思想的指导，正在力促世界的和平与进步。因此探索冲破阻力的可行办法，争取我国率先试行是个关键，期望通过社会实践做出检验，最终促成世界历的优胜劣汰。时间有世界时与地方时之分，历法存在世界历与地方历。在科学历与格里历的挑战过程中，国际交往仍可使用公历，而国内的年度时序则可改用新历，以求迎来新时代的科学时序。

（**编者说明**：本文被世界华人交流协会、世界文化艺术研究中心评为 2003 年国际优秀论文，载于《历改信息》第 18 期，2003－06－29。文中提出的两个方案，是经研历同仁们的多年协联研讨，汇总后提出的初步方案，有待继续共力加以完善。）

D－6　历法改革与素质教育的关联

西安电子科技大学　章潜五

笔者曾经业余调研高等教育改革八年，草编个人文集《高等教育改革的实践与研究》，退休后共力探索"我国历法改革的现实任务"八年。今受重视素质教育的两事鼓舞：一为载于《1993 年国际电子高等教育学术讨论会文集》的论文《本科教育的调查统计及教育改革的实践探索》，竟会获得今年国际优秀论文奖；二为欣闻"2002 年高等教育国际论坛"在我省杨凌召开，论坛再次强调了加强素质教育。今趁分赠《座谈会文集》之机，匆忙赶写此简要汇报共同研讨，旨求说明不仅高等教育需要加强素质教育，还需注意加强全民的素质教育问题。我们发现在素质教育方面，存在忽视天文历法知识教育的严重现象。事实如下：

1. 我国传统历法从 1948 年 6 月 15 日称用夏历，但在极"左"思潮泛滥的"文革"时期，突然于 1968 年元旦被改称"农历"。而从 1980 年元旦开始拨乱反正，《人民日报》报头去掉"农历"两字，然而许多报纸至今仍在称用不科学的称呼"农历"。调查获知 1948－1992 年间，有 10 位专家学者（金有巽，薛琴访，陈遵妫，戴文赛，梁思成；应振华，杨元忠，金祖孟，罗尔纲，陈元方）一再指出"农历"称呼不科学，我们至今未能查见一位专家赞赏此称，然而这一误称仍在广泛流传。这一奇怪现象似乎值得教育界反思，典型事例是 1963 年梁思成先生撰文说，他问了四位科学家，令他吃惊的是"他们也以为节气是阴历的事情"。笔者近年也屡屡发现情况依旧，受此启发而做了一次调查统计分析。拟就一张《天文历法知识现况调查表》，获得本校傅丰林副校长的资助鼓励，在西安电子科技大学等高校及附中作了填表评分，写出《天文历法知识现况调查的统计分析》，载于《历改信息》第 2 期。今仅摘取两项填充题的统计为例，第一问是：回归年的周期大约是（　　）天；朔望月的周期大约是（　　）天。总评得分仅为 2.9（五级分制）。第十问是：在下列著名的中外科学家（张衡、祖冲之、沈括、郭守敬、徐光启、牛顿、高斯、哥白尼、伽利略、爱因斯坦）中，哪些是天文学家（　　）。他们全是天文学家，然而没有一人答全，一般只知其中 4～5 人。

2. 纵观上述 10 位古代科技名人，许多物理学家、数学家同时都是天文学家。上述 10 位当代专家中有天文、地理学家各两人，其余则为物理学家、历史学家、哲学专家、建筑学家、航海专家。为什么他们会有如此深邃的观察能力，富有渊博的科学文化知识，坚持科学求真的思想精神，需要联系他们的就学条件和坎坷生平，探索高素质人才的成才规律。值得我们深思的问题是，当今专业分工如此之细，教育计划中的人文知识严重缺乏，能否培养出上例富有广博知识的高素质人才？调查还发现了奇怪现象：学生的文化程度越高，历法知识水平却反而下降。10 个填充题的平均分数是：初中生 29.7（满分 50 分），高中生 24.3，大专生 29.4，研究生 25.4。初步了解的事实为仅在初中有几小时的天文知识介绍，而后续计划中则全无天文知识，学生钻进某个狭窄的专业领域里，无心关注天地运行的规律性了。

3. 一段时间以来，封建迷信活动沉渣泛起，滋生出"气功万能"的伪科学，进而又出现"法轮功"邪教。综观许多人中毒受害的原因，是缺乏天文知识和科学思想。据说天文界无一人中毒于邪教，而教育界则十分惭愧，尤其是在伪科学的冲击方面。天文历学是源远流长的实用科学，它是天地人关联的根本认识，我国教育界历来关注历法改革，1928 年全国教育会议提出"周历议案"。1931 年成立历法研究会，教育部勇任主持单位。当今提出世界历新方案的 10 位业余研历者半数为教师，高等院校对于旧历的困扰感受最深，因而成为历法改革的主力军。如何才能更好地发挥主力军的作用，值得共同认真讨论和组织。我们总结社会的现实情况，近日呼吁成立交叉性的新学科"天文社会学"，希望在职的学校领导和师生都来关心历法改革。美国的中学生能够提出世界历方案，以中学校名取名为"博纳文历"，我国当代的农民也能提出新方案，我们拭目期待我国大学生也能提出新方案。（撰文初稿）

说明：此文写于 2002 年 10 月，印刷百份随同《西安历法改革研究座谈会文集》赠给在职的教育专家们参考。

E类 "春节科学定日"的分析论证

E-1 人大提案之源——关于加强历政建设的建议

西安电子科技大学 金有巽 章潜五

读 1994 年 12 月 3 日《光明日报》的热点评论，深感事态严重，故今献上一计——部署"历政侧击力量"。说明如下：

为加强精神文明建设，必须扫除鬼神迷信等玄虚观念。目前赞扬旧哲理成风，不少人相信人世存在着"自然信息"，认为它能支配人的命运，而占卜就是靠易经获取信息，似乎不仅能够预知人事，且可预知天象和地震。更有人认为占卜有其科学道理（都已含于古书）。因此，从速堵塞住"天人相通"这个"潜科学"的理论泉眼，不让它形成大流害人，应该是出版、图书馆界的任务。但今力量微弱，似乎回天乏力。

历书的成分，主要是依据天象的授时资料，然而古代即已把历书当作"天人相通"的桥梁，把年月日编以干支代号，除了用作历史记事用途之外，还可用它占卜，向神明问事，使历书兼为破译"自然信息"的工具。历书的这种功能，古代即已形成，似乎有其理论背景，易学家认为易、医、历三者同源嫡亲。目前市面上流行的历书，名为《农历》或《皇历》，实为农卜兼用之书，标榜"日用历书""万事不求人"，实为问卜的指导书，具有"易理手册"性质，甚至美名为周易预测实用历书。

点评的标题"封建迷信侵袭《农历》"，似乎值得认真推敲，这一标题好像缺少下半句，未能一针见血。对于点评的这一疾呼，可能读者会有两种理解：

（1）《农历》本应是农业需用的历书，不应编入占卜性资料（例如易卦、生肖、风水等等），它也不应变成百家争鸣的据点。通过深究可知，这种"百家争鸣"是出版界和出版管理部门的失误，是有些出版社利用这种思潮搞创收，年底捞一把，而出版管理部门给这种"争鸣"开绿灯，为星相占卜术进入万家提供了载体，结果给精神文明建设制造了障碍，其后果是严重的！

（2）"农历"名称是对于授时历书的"尊称"，与农业无关的内容不应该编入。我们要用历史眼光看这问题，易经渗入历书是古已有之，是长期逐渐地融入的，是朝廷御用历官们干的，有其政治目的。辛亥革命推翻封建王朝后，在临时大总统孙中山的第2号命令中明确"改用阳历"，在编历办法四条中，虽有"新旧两历并存"，但是更有"吉凶神宿一律删除"。这个改历是在做"剥离手术"，依靠法制手段来恢复历书的原旨，因此是净化历书的一项革命性措施。

民国时代以阳历为主，旧历为辅，终究是一种姑息迁就的做法，这种双轨历制是对陋俗旧观念的让步。因而导致许多误解：（1）认为只有旧历才能指导农事活动。因此认为千万不能废除它；（2）认为按照旧历过年才是真正的欢庆年节；（3）认为阳历是官历，而旧历是民历；（4）认为24节气是阴历，农民遵照节气授时农耕，似乎换算成阳历日期就不对了。正是由于这些误解，造成了广泛的历法误识，致使产生许多社会困惑现象。

在这一套错误逻辑的指引下，20世纪40年代出现了历法的改称，旧历不再称为"废历""古历"，而是改称"夏历"，还有人不太恰当地称为"阴历"。新中国成立前夕，也有少数人把旧历叫成"农历"，其用意还是善良的，是想维护我们祖先的创历荣誉，体现以农立国的国策，但是否几千年后的中国一直都必须采用这种旧历来授时农耕呢？由于认为旧历不能被废除，又不能再把它称为"宣统历"，叫"夏历"似乎又不太符合历史。因为明清时代已请洋人修改过历法了，因此只好权且改称"农历"。上述历法改称的史实，多少是个"历盲症"表现，时期约在1912年至1948年为主。"盲"的意思是指不知道节气的本质是阳历，甚而反咬一口说阳历中没有节气，不承认节气是由于太阳照射地面的变化造成的，似乎还有月亮的影响作用哩。不少人认为阳历是外国东西，哪里会有24节气？新中国成立前的上海人，就曾经把圣诞节叫做"洋冬至"，按此逻辑推论，凡是用阳历日期编排的节气历表都认为不是"真牌节气"。

新中国成立后，已有多位专家撰文说明24节气的本质是阳历，明确地反对把旧历改称"农历"，认为名不正、言不顺。许多专家一致认为阳历才是名副其实的农历，笔者完全赞同这个科学论点，认为农历应该"脱帽让座"才对，倒不必还原称为"宣统历"，仍然改称"旧历"就已够准确符实了。笔者更反对60年代的改称根据：旧历既能授时农耕，又是农民所喜爱的历法，因此给予一个尊称"农历"。笔者认为这是混淆是非，颠倒了阴阳，破坏了天理。

作上述赘述，是想指明点评标题不够妥当，似乎需要作些更改为好，例如改成："封建迷信再度侵袭农历"、"农历历书已被封建迷信浸透"，或者加上半句为"历书变成封建迷信的保护伞"。点评的真意是想引起读者的理性，据此似可提出值得认真思考的一些问题：（1）农业种植非要依靠旧历吗？（2）用旧历来指点民俗活动，但它是否也在维护陋俗和迷信活动？（3）用旧历来规定民俗节日，是否会造成一系列的社会困扰？（4）保存旧历，对于精神文明建设和科学思想的培养会有哪些危害？

笔者主张釜底抽薪，注重历法研究，严格历书管理，抓紧历法改革，总称是要加强历政工作。历政工作的任务是指导人民理解历法，尊重历法，正确地使用历书。对此任务，文化部门和民政部门等都有责任，倘若再有推让，社会文明的滑坡现象将会愈演愈烈，造成难以收拾的局面！

我们初步设想，历政工作的大致内容如下，请政府参考采纳。

历政工作的概略和重点

在全国人大会议上，确定行历模式（历制）、授时依据（历法）、计时方法（计量标准）之后，由国家主席发布行历命令，历政工作也就同时启动。力求国定历法在实施时不走样，不受干扰。根本措施是加强宣传教育，使人民理解历法。国家提供科学先进的历书，并且教会人们正确使用。此外，还需配合开展其它有关工作。今详述如下：

一、历政工作的范围和原则

1. 历法也是国法之一，必须国家统管，高度集中统一。它也是计量标准，故需力求一致，名称术语亦应规范化，力促世界用历一致。

2. 历制应该单一，除个别地区外，尽可能避免双轨制。

3. 旧历存在许多固弊，早已不符现代使用，建议尽早停止使用。民俗节日可以移植于现行公历上。国家法定节日一律采用公历日期规定。

4. 历法的解释应由天文界指定机构负责，例如天文学会普及委员会。

5. 历书应由政府指定的学术机构编制监印，例如天文研究所等。

6. 历书必须纯真简明，可附历法常识性介绍，节气可附总表，月相可以附注。经过批准，可以编印某种产业的专用历表、少数民族专用历，宗教界可以另编教历，但不能出售。

7. 固定的标准历书不附与历法无关之常识，生活手册允许附加历表，但应认真复制。

8. 历书中应该注明纪念日和重要节日，但不能有宗教性节日或外国节日，

9. 历政工作的总方针是促进精神文明建设，移风易俗，摆脱旧哲理对于历法的干扰。学术界应该多加支持历政工作。

10. 为求整顿和净化社会风气，需由中央控管形势，使新世纪开个好头，注意港澳等外部影响，防止古旧哲理泛滥。

二、具体工作

1. 敦促社会学家、民俗学家多写文章，阐述民俗节的演化，析出一批违反时代精神的陋俗。

2. 敦促哲学史专家析解历法中的天人相应哲理，古代把历法与吉凶祸福联系的原因。

3. 敦促天文、气象、历史学家多多撰文，说明历法的来源、发展史、节气真义，如何理确运用节气规律。

4. 引导图书情报界、新闻出版界关心历政宣传工作，核实历改方面的消息，鼓励人们研究历法改革。

5. 市政管理部门经常发布由于旧历所致的社会困扰情况，呼吁大节日春节等稳定不变。

6. 历书形式应作改革，尽力转变为简表形式。尽早设计出电子式袖珍历书，别让电脑算命走在前头。

7. 报刊经常正确引导读者，节气日期不再用旧历标示，启发人们正确认识天地人物关系，抵制旧哲理和封建迷信。

8. 希望气象学家多作启导工作，使能圆满完成"以授农时"任务。

三、咨询、顾问、会议、通报

1. 中国科学院和中国社会科学院是历政工作的顾问指导机构；

2. 天文研究所和紫金山天文台是历书历表的编审机构；

3. 南京大学天文系、武汉大学哲学系承办历法民俗方面的学术讨论会；

4. 《天文爱好者》杂志编辑部承担历法知识方面的咨询服务；

5. 《光明日报》编辑部收转全国历改建议，汇编通报情况；

6. 新闻出版部门组织调查市场上的历书销售情况；

7. 暂定《科学》、《天文爱好者》杂志辟设历改研究专栏，引导人们研究与研制新历法。

(1994 年 12 月 22 日)

原载于《历法改革研究文集》，1998 - 12

E-2　人大提案附件——春节历日的科学确定

章潜五

我国的四个节假日，元旦节、劳动节、国庆节都用公历确定，唯独春节沿习使用农历（夏历）。1912 年元旦，我国宣布改用公历，八十多年来，由于春节仍用旧历规定，致使历制至今未能统一，造成了许多困扰。今朝进入科教兴国年代，时代呼唤：提高全民的文化素质，学会科学思维和科学方法，战胜迷信和愚昧。因此，寻求春节历日的科学确定，使春节富有时代的新春气息，加速两个文明建设，是值得注目研究的课题。今供粗浅看法，希望激起共探。

一、从历法的原理和历史来看

公历是"置闰（日）太阳历"，规则为"四年置一闰日，四百年少闰三日"；农历是"置闰（月）太阴历"，规则为"十九年置七闰月"。研究农历的特性，可取其一个闰周 19 年作为典型，今以 2001—2019 年为例，画图示出日期对应关系。图中"。"表示农历正月初一（春节），"△"表示 24 节气的交节日期。横实线表示春节农休时间（设定为 15 天），虚直线表示节气的统计平均日期。

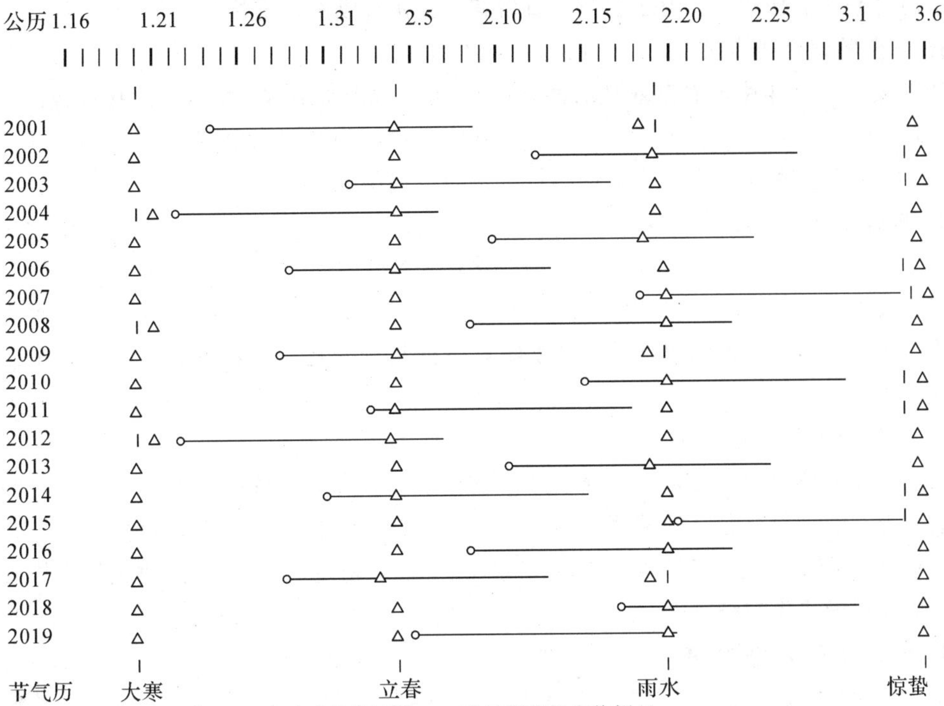

公历 1.16　　1.21　　1.26　　1.31　　2.5　　2.10　　2.15　　2.20　　2.25　　3.1　　3.6

2001
2002
2003
2004
2005
2006
2007
2008
2009
2010
2011
2012
2013
2014
2015
2016
2017
2018
2019

节气历　　　大寒　　　　　　　　立春　　　　　　　雨水　　　　　　　惊蛰

说明：△表示节气日期，○表示示春节日期，－表示春节的农休假日。

　　图中表明，公历具有节候日期稳定特性，每年节气的公历日期相对固定，少数年份有一天偏离。节气的公历日期稳定，表明了公历日期隐有季节含义，24 节气也与公历同属太阳历。农历不具有节候日期稳定特性，每年节气的农历日期游移变化，最大偏离多达±14 天。

　　农作物生长依靠太阳光照，寒来暑往的变迁，是由地球围绕太阳作公转运动决定，并非月球围绕地球的运动规律所致。农业是立国之本，因此中外历史表明，历法改革的方向是走太阳历之路。24 节气反映了季节气候的周年循环规律，它是我国古代先贤的众智结晶，对于历法科学的卓越发现。24 节气是简明而实用的节气历，历代农民用它授时耕种，这种太阳历是名副其实的农历。

　　两千多年来，24 节气附置于历表中，一直屈居附庸地位，但它才是我国传统历法的精华，深受世代国人的欢迎。北宋大科学家沈括认为置闰月法是"赘疣"，其病弊是"气朔交争，岁年错乱，四时失位，算数繁猥。"他把 24 节气提炼成为《十二气历》理论，太平天国时循之创制并颁行了太阳历《天历》。辛亥革命后，立即宣布改用阳历。前陕西省委书记陈元方遗有专著，主张"走太阳历之路，创制具有中国特色的《新农历》。"综观历法的原理和历史，春节历日的科学确定，应该改用太阳历性质的节气历。

二、从用历的效果来看

　　农历存在固有病弊：置闰年月飘忽不定，大小月排列没有规律，节气日期游移变幻，必须专业人员测算，人们深感神秘玄虚，从而招致封建迷信。公历今已广泛用于各种场合，但因春节历日采用农历规定，由于春节时日游移，也就造成许多困扰。

1. 它会贻误春耕良机

图中表明，19年中的春节农休时间，有10次超过雨水节气，尤有4次接近或已达惊蛰节气，而从雨水至惊蛰，正是春耕农务的关键时段。如果单纯按照农历安排农耕作息，墨守"不过十五不下地"的旧习，将会贻误春耕良机而造成损失。

2. 难做精确的月度统计对比

图中表明，正月初一对应的公历日期游移较大，最早为1月22日，最迟为2月19日。企业职工春节休假三天，农民休假15天，时处公历1、2、3月份，致使各年这些月份的实际工作日数，忽多忽少地随机变化，月度统计不能精确对比，工农业的生产效益难作精确评估。

3. 教学计划无法稳定统一

学校制定教学计划，必须考虑寒暑季节和节假日规定，六周暑假相对固定，而四周寒假含有春节，由于春节时日的游移，最大偏移相距28天，因此寒假时间随之游移，开学与放假日期每年变化，多数年份两个学期长度不等，常会相差3-4周，致使教学安排困难重重，教学计划无法稳定统一。

4. 增大春节客运的困难

保障12亿人民欢度春节，春节客运工作是个常年难题。由于春节时日游移，致使春节客运计划不能稳定，尤其春节较早的年份（例如1月22日或23日），学校放寒假较迟，大批学生也挤入客运人流高峰，使长途客运尤趋紧张，甚至迫使学校临时更改寒假时间。

5. 双节供应计划无法稳定

春节时日游移，造成双节（元旦与春节）相距日数变化，以2001—2019年为例，最大相距49天，最小相距21天。保障双节的副食供应，需要组织调运肉禽蔬果等大量商品，供应计划不能稳定，增添了不少困难。

春节时日游移的不利影响，广泛存在于各行各业，难道只能长期容忍这些困扰，无法解决这个难题吗：其实办法十分简单，究其根源是农历的固有弊端，因此只要改用传统的节气历，以立春节气的公历日期定为春节，上述诸多困扰就都迎刃而解，春节农休时间不再处于雨水节气之后，全年各月均可精确统计对比，教学计划能够稳定统一，春节客运难题获得缓解，双节供应计划每年稳定不变。如此的春节是多么安定祥和、科学文明的节日！

三、从节日的正名来看

春节是年岁节日，名称标志新年新春的到来，这就涉及"岁首"和"春首"的科学定名与定时。岁首的规定应该符合天文，春首的规定应该符合节候，两者既有联系，又有区别。我国的古今历法，多以春夏秋冬四季排序成岁，常以岁首兼作春首。

古代采用"纯粹太阴历"，历法季节与实际季节常有错乱，为了校正季节混乱，特将每年首月定名为"正月"。所谓"夏正建寅、殷正建丑、周正建子"，反映了三代时期不断探索岁首问题。夏代根据物候现象，定阴历第1月为正月；殷代根据星座斗柄方向的变化规律，改以阴历第12月为正月；周代利用土圭观测日影的长度变化，测知了"冬至点"，又改以阴历第 11 月为正月。古代先民崇尚科学,不断改革创新,这种民族精神光辉照人。

由图可知,对于农历来说,春首是指含有立春之月,各年立春节气都处于第一个朔望月内;而对节气历来说,春节是指立春之日,各年立春节气都相对固定于一日(公历 2 月 4 日)。我们仿用正月定名的精神,对春首(春节)作科学定名,显然采用节气历做定义规定,既精密又符实,名正言顺,科学合理。

公历具有较高的精确度,却非完善的历法,它存在不少缺点,例如:不具有日期与星期的固定关系,四季划分不符合节候。20 世纪 30 年代,掀起过改革公历的国际性运动,我国曾经征求各界意见,开会决定赞同采用新的公历。近年来,我们研究历法改革,吸取古今中外各种历法的优点,提出了新的世界历方案,其岁首对应于公历 2 月 1 日(参见图示)。若以立春节气作为标准,则世界历只有三天误差,而公历有 34 天误差,农历有 ±14 天的移变误差。世界历的日期与星期关系固定,每年元旦是星期日,因此可以双节合并,不再每年过两个年节。

春节作科学定日的改革,涉及传统的风俗习惯,难免会有不同认识,必须取得共识后才能实施。可能有人认为"自古至今是以正月初一定为春节的,不能改变这个老规矩",这种认识不符合事实,更不符合当代精神,春节的历日规定及其风俗习惯,是随着时代进步而逐渐更新的。春节起源于原始社会的"腊祭",每逢腊尽春来,人们祭祀祖先和老天,祈求来年丰收,避祸免灾。汉代以立春日定为春节,南北朝将整个春季称为春节。自古以来,人们就将立春作为重要的岁节,是时君臣举行隆重的迎春大典,而民间的迎春习俗是或春祭,或挂春幡、吃春饼、赶春牛,以庆岁首。1913 年袁世凯政权定阴历元旦为春节,将过旧历年与春节合二而一。新中国成立后,反对封建迷信,倡导移风易俗,春节习俗日益弃旧扬新,近年来革除了燃放爆竹的千年旧俗,春节正朝着赋有科学内涵和现代气息的方向前进。改以立春定为春节,可以消除寒冬过春节的矛盾,每年春节全都名副其实。"一年之计在于春",气候条件符实的春节,更能焕发青春活力,激励人们奋勇前进,付出辛勤的劳动,争取全面的丰收。这也符合民俗节的净化,是精神文明建设中的重要举措。

改以立春节气的公历日期为春节,标志着社会文明水平的进步,可以体现奋勇进取的民族精神。节气历早为我国人民所熟悉,是经受千年考验的传统文化精华,此项改革的效果前景诱人,既能促进经济建设,更能加强精神文明,相信定会获得广泛欢迎。本文初稿获得南京大学天文系的鼓励,我们向全国人大提出建议后,中国科学院专文答复表示赞许,就是重要的事例证明。中华民族具有悠久的文明历史,天文历学曾经领先世界。现今在改革开放的政策指引下,各个领域取得了日新月异的辉煌成就,历法改革也需加快步伐。沿用了千年的市制斤两尺寸已经弃旧更新。历法制度作为时间度量衡标准,亦应尽早地统一。"农历"应作科学更名,春节宜作科学定日,共力创制完善的节气历,有关历法改革的这些问题,是摆在当代炎黄子孙面前的共同任务。不久即将跨入 21 世纪,形势向我们呼吁,弘扬改革创新精神,续展民族的智慧力量,喜迎华夏新世纪,争为人类再造福。

作者简介参见第 23 页("农历"误称何时了?):章潜五(1931—   ),西安电子科技大学电子工程系教授,曾任该系副主任,主编《雷达接收设备》和《随机信号分析》等教材,业余潜心调查研究教育改革,草编个人文集《高等教育改革的实践与研究》提供参考。退休后研究长寿日历,探索历书的教育功能等问题,编著《智寿历卡(1900 - 3099)》,致力于历法科普工作，组织呼吁历法改革，联名提出改革建议。

本文初稿载于《智寿历卡(1900－3099)》(请审试用稿，1995年1月)。今又作了增添内容修改，希望普及宣传。

原载于西安电子科技大学历法改革研究小组 金有巽 章潜五 草编《历法改革研究资料汇编》，1996－03

E-3　老教授提出新见解：春节应该换一天过

一、哪一天是春节？

这似乎是个不该提出的问题，谁都会毫不迟疑地回答说："当然是阴历正月初一，"确实，我们年年旧历正月初一过春节，早已习以为常，可偏偏有人觉得这个习俗很不合理，应该把春节换一种过法——改在阳历过。这可是让十好几亿中国人和海外华人改变一个习以为常的风俗习惯！令人难以置信的是，提出这个惊世骇俗建议的不是什么血气方刚的小后生，却是几位已经退休的老教授！

金有巽，84岁，西安电子科技大学图书馆原馆长。

章潜五，67岁，西安电子科技大学退休教授，雷达专家。

应振华，73岁，陕西师范大学教授，陕西省天文学会副理事长兼普及委员会主任。

这三位老学者是目前鼓吹改革历法、"换个日子过春节论"最力者。可是章潜五教授却说："不敢掠人之美。"他指出，早在北宋时代，沈括就认为阴阳历(即今天人们误称"阴历"、"农历"的旧历)很不合理，提出一种很科学的"十二气历"。当代有识之士对阴阳历的抨击从来没有中断过，据不完全统计，有建筑学家梁思成、北京天文馆首任馆长陈遵妫、南京大学天文系主任戴文赛、太平天国史权威罗尔纲、曾任中共陕西省委书记处书记、西安市委第一书记的方志专家陈元方，等等。著名文学家俞平伯在五四前夕甚至主张"严禁阴历"！

金有巽、章潜五他们特别推荐上海科技报1986年春节前发表的一篇文章，作者是华东师范大学教授金祖孟，标题为："农历宜改称旧历　春节应定在立春"。这篇文章见报至今已整整11年了，金祖孟教授亦于1991年去世。但他的建议留下了深远的影响。金、章、应等老教授近年来不断向有关部门上书呼吁，主题也正是"农历"科学更名，春节宜定在立春。

二、"阴历"不是"农历"

是不是老先生们退休后没有事可干，才想到改革历法、修正春节呢？其实不然。

地理学家应振华从 70 年代起就开始撰文，指出夏历（即阴阳历）尽管越来越精确地符合月相变化，却离现代社会生活和工农业生产越来越远。可是"由于风俗习惯的原因，我国在法律上早已废止夏历。但广大农村中仍使用它，阳历仅处于陪衬的地位……这给一些封建迷信钻了空子。"不明真相的人们担心"废除夏历后将给农民带来很大的不便，还认为夏历是祖国的科学创造，不应废弃，这是保守思想在作怪"，应教授多年来撰写了许多科普文章，力主改革不合理的历法和风俗。

金有巽大概是对现代春节习俗以及历法弊病坚持批判最久的一位。1945 年，在当时教育部任职的金先生就撰文预言，未来的春节可能被定在一个阳历日子，很可能就是立春日。1948 年，他又写了题为"农民是依阳历耕作"的文章，指出把旧历称为"农历"的荒谬性，主张"阴历"最好不用。他在文中辛辣地说："城里人的知识水准虽然比乡下人们的高得多，但也是有多数人搅不清这里面的道理，也毫不用心的随着乡下人保守。比如每年清明扫墓，本来记住四月五日举行即可，而许多人偏要借一本《皇宪通书》来查找相当于四月五日的阴历日子，好像离了阴历便不能孝敬祖先，委实可笑。"

然而，40 年代后期的国民党政府正忙于打内战，根本没有心思理这些无助于挽回败局的"琐事"，至今时隔半个世纪，这个行星上已发生翻天覆地的变化，但所谓的"阴历"仍然缠着人世间不放，一度销声匿迹的《皇宪通书》居然重新登堂入室，"指导"某些即将跨入 21 世纪人们的日常行为，所以年逾八旬的金有巽老人仍然孜孜不倦地呼喊"革除陋习"。

三、积重难返

在我们这个厚积五千年文明的泱泱大国，要革除某种陈旧的习俗陋规比什么都难——关于这一点，孙中山、鲁迅等大思想家曾经痛心疾首过。金有巽他们目前主要在高级知识分子、领导干部范围内呼吁，他们的观点是科学的，理由是充分的，所以几乎没听到针锋相对的否定意见，却无数次从"谈何容易"的叹息声中感到寒意。

老教授们不怕批评或辩论，就怕不置可否的冷漠，他们的建议书寄到一些部门后，多半石沉大海，也有客气一点原件退还的。某地民政局的退件批语是：此事不属于民政局管理范畴。章潜五曾经专门走访北京某委，找不到一个愿听他汇报的人，他直接去找政策研究处，正在办公室的一位干部听他一说来意，掉头就跑，事后听说此人就是处长。

某些有关部门"大脚把球开出"，指引教授们去找负责天文历算的机构，而后者则表示爱莫能助："我们只负责编算工作，没有权力改历。"有位年轻人心直口快："现在谁有时间管这种事！"

南京的一位工程院士写来一封坦率的信，他表示自己并不反对教授们的建议，也赞成研究这个问题，但不同意现在就正式提出建议。这是唯一旗帜鲜明持异议的反馈信，金有巽他们很感激这位愿意说真话的院士。

四、四海有知音

虽然阻力重重，但是老教授们的精力并没有白费。1995 年，金有巽等四人联名向全国人大八届三次会议建议"春节宜定在立春"。中国科学院办公室收到批转的建议书后，复信说："若将过年与春节分开，过年不放假，春节另定一个公历日期以便安排工作和各项计划，这种做法是完全可以的，但要能被广大群众所接受才行。同时也要考虑到港、澳、台和海外侨胞的传统习惯，他们也把中国传统节日作为自己的节日。"

1996 年夏，老教授们向国内科研、高校、党政领导发出 227 份意见征询书，收回了 77 份，其中 72 份表示赞同。右眼失明、左眼视力仅 0.01 的老将军刘克东曾任解放军军事电讯工程学院副院长，他凭着极微弱的视力签名支持，并热情回信表示鼓励："时代总是沿着继承和发展不断前进，也总是在一批一批有识之士艰苦探索中取得新的进展。"

无独有偶，从大洋彼岸也传来一位爱国老军人的共鸣声。侨居美国的杨元忠先生年近九旬，是抗日战争时期中国驻美国海军武官（上校），1949 年前曾任国民党海军战区司令（少将）。他在十多年前见台湾官员公开言论中屡犯历法错误，不少还是很有名气的人物，便投书纠正，免得贻笑大方，却毫无结果。如今获悉祖国大陆学者正在推动他所关心的改革，不胜感慨，从自己并不宽裕的退休金中挤出美元寄来，补助邮资开销。

老教授们的目标是，通过深入广泛的科普宣传，争取 1998 年在传媒上将"农历"的错误提法纠正过来，2000 年左右通过全国人大立法形式改过公历春节。看到这张倒计时表，您会感到老先生们远比许多年轻人激进，他们面对现实，也承认这是最乐观的预想。他们记得 80 年代多位专家联名向中央建议实行夏时制，旨在节约能源，此项举措在别的国家确实获得显著成效，可是在我国试行几年，却未能产生想象中的经济效益，反而造成许多不便，惹得怨声四起，结果又改了回来。新中国成立后实行文字改革，推行了几十年简化字，已有三四代人受到教育，然而近年来国内又出现繁体字回潮。又如，国家已经立法废止市制度量衡单位，然而法定的公制单位在许多场合还是受到冷遇，凡此种种，都反映出旧习惯势力影响之沉重。

政府能否下得了决心作出这项说大不大，说小不小的改革？

将春节固定在立春日以后，老百姓会不会旧历年照过，出现"连过三次年"的结果？

老教授们收到的初步反馈是：研究方向正确，但对此改革的艰巨性须有充分思想准备，光靠行政命令不行，要宣传先行，使大多数民众理解和赞成，至少不反对。早在 20 世纪 30 年代初，国民党政府曾经明令废止旧历年，只过公历新年，但未得到社会民众的支持，虎头蛇尾，几年后不了了之。

民俗学家、兰州大学教授柯扬提出的意见在知识界有一定代表性："民间习俗固然有其稳定、保守的一面，但同样随着历史的推移和社会的进步而有所改变。目前除夕之夜全家看中央台电视、大中城市禁放鞭炮等，皆可说是'新俗'代替'旧俗'的事例。"柯扬教授本人认为：科学改历，利国利民，移风易俗，正其时也！

原载于《历改信息》第 4 期，1997 - 05 - 28。辑入《历法改革研究文集》，1998 - 12

E-4 《文汇报》载文：可否把春节改在立春

文汇报　1997年2月10日　第2版

在人们喜气洋洋欢度中华民族传统中最重要的节日——春节时，一批专家学者却提出，要将春节改在二十四节气的立春这一天，从而使这个每年游移不定的节日相对固定在二月三日或四日，并且名实相符。这些专家学者目前正在筹组一个历法改革委员会，并正征集签名，争取在全国人大会议中立案审议。

该倡议的发起人之一西安电子科技大学教授章潜五日前在接见采访时认为，春节所对应的公历日期长期游移不定，必然会造成一系列的社会困扰。

首先，我国以农为本，立春一过就需要春耕春灌，而现行春节在闰周十九年中，约十次处于立春日之后，更有四至五次接近雨水节气，加之过年习俗"不过十五不下地"，结果会贻误春耕春灌良机，无形中造成损失。

其次，正月初一对应的公历日期最早约一月二十二日，最迟约二月十九日。职工和农民春节休假三天和十五天，时处公历一、二、三月份，致使月份内的实际工作天数忽多忽少地变化，月度统计无法精确对比，生产效益难以精确评估。

再次，对学校而言，春节游移造成寒假游移，使大多数年份的两个学期长度会相差三至四周，教学计划无法稳定统一。

同时，在春节较早的年份，学校放寒假正是春节客运高峰，致使长途客运更趋紧张，甚至迫使学校临时更改寒假。

此外，春节游移造成元旦和春节相距日数不断变化，最大约四十九日，最小约二十一日。保证双节副食供应，需要调运大量的肉禽蔬果，由于计划不能稳定，供应工作容易失误。

目前提出和响应这一提议的主要为自然科学工作者，不过也有人对此提出了异议。一位作家便认为，现代生活中，人的生活日益精确化，模糊性的东西却日益减少，而对于人类的心灵需求来说，这是必不可少的，否则人就真的会变成跟机器一样了，因此，春节不能被固定下来。一位民俗学家则认为，对春节的认同是民族心理中固有的东西，如果连春节都被改革了，那么中华民族还能用什么东西来与其他民族区别呢？看来，春节是否适宜改在立春还有待于有关方面进行广泛深入的讨论。

本报驻京记者　孙健敏

原载于《历改信息》第4期，1997-05-28，曾有十多家报纸转载。辑入《历法改革研究文集》，1998-12

E-5 天文专家方成院士细说"春节改期"

《金陵晚报》1997 年 4 月 14 日 2 版
特约记者 马伟宏

不久前，有媒体报道了一些专家建议春节改期的消息，这引起众多市民的兴趣。恰巧，持有此观点的一位专家就在我们南京，几天前，记者约请这位专家——中科院院士、南京大学天文系的方成教授，细说"春节改期"。

方教授说，"春节宜定在立春"这一历法改革建议是由西安电子科技大学和陕西师范大学章潜五、金有巽、应振华等数位教授率先发起的。我国传统上把春节定在阴历（有时称农历）的正月初一，阴历是根据月亮盈亏来确定的，而公历则是根据地球绕太阳的公转来确定的。由于这两种历法之间没有确定的对应关系，因此，把春节定在阴历的正月初一，形成一系列的社会困扰。

首先，影响春耕春灌，现行春节在闰周 19 年中，约 10 次处于立春之后，更有 4 至 5 次接近雨水节气，加上农村过年习俗"不过十五不下地"，这往往延误农时；

其次，由于正月初一对应的公历日期不固定，最早约 1 月 22 日，最迟约 2 月 19 日。职工春节休息半个月之久，这使 1、2、3 月份的工作天数忽多忽少变化，影响到精确统计和评估生产效益；

第三，春节游移不定造成全国大、中、小学每年冬季放假和开学的时间移变，两个学期长度不等，有时相差 3 至 4 周，影响教学计划的稳定和统一。

此外，春节游移还造成了元旦和春节的相距日数的变化，最长约 49 天，最短仅 21 天。为保证两大节日的副食品供应，需要调运大量的肉食蔬菜，由于计划不能稳定，供应工作容易失误。

而专家认为，如果根据阳历，把春节固定在 24 节气中的立春，由于它固定在每年的 2 月 3 日或 4 日，就可以避免上述弊端。同时也是切实可行的。当然要改变传统的习俗，一般人不容易很快接受，但只要广泛宣传和讨论，大多数人达成了共识，则改变旧俗是很有可能的。

方院士介绍说，其实，日本以前也是沿用中国的春节定在正月初一的做法，后来改为公历的元旦作为全国最大的节日，大家也习惯了。欧美等西方国家把圣诞节作为自己最隆重的节日，也是按照公历定在 12 月 25 日这一天。方成院士强调说，传统习俗固然要尊重，但也不是一定不能改变的。

方成院士建议，"春节宜定在立春"的历法改革，应先进行广泛的宣传，让老百姓也参与讨论，让大家都能接受。在取得共识后可以通过立法的形式确定。

编者注：随后，马伟宏记者又协助江苏卫视台主持人王岂先生播映"春节话改期"专题采访节目，方成院士和多位有关部门的专家学者发表了意见。

E-6 历史与现实在呼唤：对春节做科学改期

章潜五

今春，许多报刊登出春节需做科学改期的信息，激起了公众的热情关注，多位读者来信表示支持，已逾百位专家学者签名赞同的此项建议，正开始向公众传播开来。历法改革事关国计民生，是世代相传的研究课题，在今天人民当政的时代更需公众的参与。跨世纪之际是历法改革的难逢良机，今朝科教兴国年代是否需要改革历法，有待全球华人做出历史抉择。

春节是中国人民传统节日，对它推陈出新，科学地确定历日，使之名正言顺，安定祥和，科学文明，反映时代气息，是值得共同深思细探的有益之事。对春节做科学改期，这是历史与现实的呼唤，已故地理学家金祖孟早于 1986 年提出历法改革两议：农历宜改称旧历，春节应定在立春。

首先，现代春节与古代春节存在差别。古代以立春为春节，这是名实相符的。现代把夏历元旦定为春节，却有名实相悖问题，且有历法政令方面的矛盾。孙中山先生领导辛亥革命，推翻封建王朝后立即通令"改用阳历"，这实际上已宣布废弃旧历夏历。之所以允许旧历存在，只是考虑到改革民俗需要时间。方志专家陈元方说得好："中历、西历并用，旧年、新年齐过的状况，只能是一种过渡，绝不是目的。"现代春节实为旧历年的代名词，虽然这样可以回避矛盾："每年过两次年，每年人增两岁"，但却出现名实相悖，有半数年份的春节处于冬季，约 1/3 的年份更是在严冬欢度春节。天文专家戴文赛说："我国目前把阴历新年称为春节，那是再滑稽没有的。'天增岁月人增寿，春满乾坤福满堂'。岁月是增了，春却还没有回到大地上来，春光还没有充满乾坤。"恢复用传统的节气历规定春节，就又能够名正言顺、科学符实。

其次，历法是人们常用的计时标准，应该科学精确和简明实用。阳历反映地球绕太阳的公转规律，表征四季气候的周期变化，因而它能科学地授时指导农耕。阴历反映月球绕地球运行的规律，月亮盈亏与气候变化没有关系，旧历之所以能够授时指导农耕，依靠的是 24 节气这种阳历性质的时标。朔望月编历计日办法在古代有其重要价值，但它并非永远先进的。北宋大科学家沈括早就指出置闰月法是"赘疣"，其病弊是"气朔交争，岁年错乱，四时失位，算数繁猥。"他把我国古人独创的 24 节气总结成"十二气历"。夏历（"文革"中改称"农历"）的历法数据没有规律性是人所共知的，而且它不像公历那样具有节候日期的相对稳定特征，正月初一对应的公历日期飘忽不定，相差可达一个月之久，因而导致了许多社会困扰。而改用立春的公历日期定为春节，可以消除这些困扰，能使春节安定祥和，科学文明。

再次，需要注意世界历法改革的大方向，走太阳历之路。1543 年哥白尼提出"日心学说"，世界科学技术出现突飞猛进。这种哲学思想传入中国后，引发了近代史中的几次历法改革。太平天国遵循"十二气历"理论，创颁了阳历《天历》，彻底废除阴历，天京城内有妇女和老人因"私过旧年""被杖"。孙中山先生领导辛亥革命胜利后，立即于 1912 年宣布"改用阳历"。民国十八年，政府废弃旧历，公告"禁过废历春节"，只过阳历新年。无疑这些改革主张是符合历史潮流的，改革未能贯彻始终取得成功，并非因为老百姓反对科学改历，根本原因是历法误识根深面广，历法科学知识不普及的结果，这正是我们应该吸取的历史经验。

原载于《国防教育》，97④98①合刊。辑入《历法改革研究文集》，1998－12

F-7　传统观念和习俗可以改变——谈春节科学定日

航天部 210 所　蔡　董

一谈起春节改变历日问题，很容易有这种看法：旧历正月初一过春节，人们已习以为常，要改变很困难。

这种看法不无道理。俗话说，习惯成自然，心理科学叫思维定势。一旦人们的思维长期形成一种固定模式，要冲破它，改变它，的确不容易。但是，困难的事并非一定办不到。关键在于新思维是否比旧思维科学、合理，是否有得以改变并付诸实践的条件。

春节科学定日问题也是这样。显然，春节改在立春比现在旧历正月初一要优越得多。许多专家学者已经谈过，这里就不重复。至于春节科学定日的条件，我想主要有三个：一是时机，二是国家决策，三是广泛宣传。有了这三条，再困扰的事也可以办成。

下面列举一些实例：

1. 计划生育

自古以来，历代政府都未曾管过生儿育女的事。谁家爱生几个孩子，就可以生几个孩子。而且社会上常以"子孙满堂""人丁兴旺""五子登科"为荣。现在，我国政府从国家整体利益出发，将实行计划生育定为国策，一改数千年的传统观念。

2. 禁放鞭炮

燃放鞭炮是我国人民在节日和喜庆活动时常采用的一种庆祝方式，流传已有数千年。鉴于燃放鞭炮的危害已成为社会问题，近几年许多城市先后明令禁止。

3. 禁止吸烟

吸烟是国人比较普遍的一种嗜好，历史久远。现在国内很多机构和单位禁止在工作（生产）区吸烟，国家有关部门也明令禁止在公共场所和交通设施吸烟。而且禁止的范围正在不断扩大。

4. 计量标准化

度量衡自古以来改革次数最多。这包括计量单位名称的改变和计量单位所代表的量的改变。我国原有的计量单位已逐渐废除。现在，为了向国际标准靠拢，国家规定一律使用公制，并正式颁布国标。

5. 文字改革和推广普通话

汉字是中华民族应用最广的文字，经过 4000 年的演变而形成现代的字形。新中国成立后，成立文字改革委员会，先后颁布两批简化字，取代原来的繁体字。

我国地域辽阔，方言种类颇多。新中国成立后，确定以北京语音为标准音，以北方话为基础方言，以典范的现代白话文著作作为语言规范的汉民族的共同语，即普通话。在全国逐步推广，成绩显著。

从以上实例可以看出，这些决策完全符合全国人民的利益，有利于国家经济、社会的发展，正由于当时客观环境的需要，国家（或地方政府）做出正确的决策并采取有力措施，各种宣传媒介广泛深入地宣传，这些重大决策都为全国绝大多数人民所拥护。因此，实施顺利，效果明显。全国上下有目共睹。虽然有些规定开始实行时，有些人有不同看法，甚至持反对态度，但是随着时间的推移，他们的认识也在不同程度地提高。

春节科学定日问题在这方面同上述实例具有共同性，就当前来说，现行春节的历日游移不定，给国民经济、社会生活、精神文明建设等方面所带来的困扰日益明显。当前正值国家改革开放、大抓物质文明和精神文明建设之际，对春节科学定日开展广泛的讨论，正其时矣。通过讨论，统一认识。如果全国人大能就此作出决议，全国各种宣传媒介积极配合宣传，想来全国绝大多数的人民是会拥护的，澳台同胞和海外华人也会积极支持的。

原载于《历改信息》第 5 期，1997 - 09 - 25。辑入《历法改革研究文集》，1998 - 10

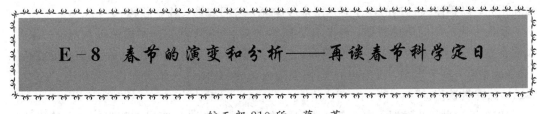

E-8 春节的演变和分析——再谈春节科学定日

航天部 210 所 蔡 菫

一、元旦

古时元旦也称元日、元辰、元朔、元正、正旦、端日等。《晋书》说："颛顼帝以孟春正月为元，其时正朔旦立春。"《说文解字》说："旦，明也，从日见一上，地也。"大坟口文化遗址曾出土"旦"字的原始形态图，殷商青铜器铭文中简化为"？"。宋代吴自牧《梦粱录·正月》说："正月朔日，谓之元旦，俗呼为新年。"南朝梁人萧子云《介雅歌》说："四气新元旦，万寿初今朝。"元为年之始，旦为日之晨，引申为新的一年的第一天。

历代元旦的时间不同。夏代、商代、周代分别以正月、腊月、十一月为岁首。春秋战国时期，各诸侯都想"王者始起"，各用各的历法。秦始皇颁布颛顼历，以十月为岁首。直到公元前 104 年，即西汉元封 7 年，汉武帝接受司马迁"历纪坏废，宜改正朔"的建议，制太初历，恢复正月为岁首。西汉以后直至清末，大都按照夏代以正月为岁首。其间，虽曾有王莽、魏明帝、唐武后和唐肃宗先后改朔，但时间都很短，多则十多年，少则一两年。

1911 年辛亥革命成功。次年初，孙中山在南京就任临时大总统，宣布改用阳历。"以黄帝纪元四千六百九年十一月十三日，为中华民国元年元旦"。

1949 年 9 月 27 日，中国人民政治协商会议第一届全体会议决议：中华人民共和国的纪年采用公元。

二、立春

立春是二十四节气中最早形成的八个节气之一，而且是八节之首。立春作为节气形成于周代。它象征着春天的到来，预示着一年农事活动的开始。《礼记·月令》说："立春之日，天子亲率三公九卿、诸侯大夫，以迎春于东郊。"汉文帝、景帝颁发诏书时称"朕亲耕为天下先"。

古代，官府都要举行隆重的迎春祭典，在衙前摆放泥土做成的"土牛"（即"春牛"），由当地官员主礼，在场人手执彩鞭，依次抽打"土牛"三鞭，叫作"鞭春"。祭典结束，农民们便纷纷从土牛身上挖下泥土带回家中，作为五谷丰登、六畜兴旺的兆头。这种习俗始于周代，以后各代各地祭春的形式虽然有所不同，但都基本上保持了这种风俗。直到明清仍有关于祭春的记载，如明代刘侗《帝京景物略》、清代富察敦崇《燕京岁时记》等。

宋代沈括曾主张立春为岁首。太平天国颁布《天历》，确定立春为岁首，即天历新年。

三、春节

春节起源于原始社会的腊祭。传说那时每逢腊尽春来，人们便用农猎收获物来祭祀众神和祖先，以感谢大自然的赐予，并用朱砂涂面，鸟羽装饰，载歌载舞。

我国古代的不同历史时期，春节有不同的含义。《中国年节》（罗启荣等编）说："汉代，人们将立春这一天定为春节；南北朝时，人们把整个春季称为春节。《后汉书·杨震传》："又冬无宿雪，春节未雨，百僚焦心"。南朝梁人江淹《杂体诗·张黄门协〈苦雨〉》："有弇兴春节，愁霖贯秋序。"

1913年袁世凯当政时，内务部长朱启钤向袁世凯提出《定四时节假呈》，"拟请定阴历元旦为春节，端午为夏节，中秋为秋节，冬至为冬节"。当时定正月初一为春节并放假休息，一直沿用至今。而其他三节的名称则未保留下来。

分 析

1. 说"大年初一过春节已有几千年历史"不确切

据统计，自夏代至清代，以建寅（正月）为岁首共计2425年，而以建亥（10月）、建子（11月）、建丑（12月）为岁首共计1691年。不论是夏历或非夏历每年的第一天通常都称为元旦或类似元旦的词，而将夏历正月初一正式定为春节是1913年，距今只有84年的历史。因此，说"大年初一过春节在我国已有几千年的历史"，是不确切的。如果说"大年初一过新年在我国已有几千年的历史"，倒是可以的。

2. 春节定在立春并非新创

上面已经谈到，春节在历史上是个多义词。第一种意思是指春季，并非指某一天。第二种意思是指立春日，例如汉代就曾定立春日为春节。

由此可见，建议将春节改在立春并非新的创造，历史上早已有之。

3. 立春原来就是我国的重大节日

从上面可以看出，立春和元旦（正月初一）历来就是我国的重大节日。立春的迎春活动始于周代,一直持续到明清。辛亥革命后才不再举行这种活动。

由此可见,立春为二十四节气之首,本来就是我国影响广泛的传统节日。将现行的春节改在立春,名副其实,是比较好的选择。

4. 历法改革的总趋势是谋求科学、合理

我国历法改革次数居世界之冠。据统计,秦以前6改,汉4改,魏迄隋14改,唐迄五代15改,宋17改,金迄元15改,明清3改(含太平天国历改),辛亥革命后1改,共计大小改革75次。

现今国际通用的公历也是经过几次改革而形成的,即古埃及历—儒略历—君士坦丁历—格里高利历。

无论古今中外,历法大改小改,其总趋势都是谋求科学、合理,日臻完善。春节改日并非大改,充其量只能算作小改,但它是符合历法改革的总趋势的,应给予肯定。

然而也有一些改革不符合甚至违背总趋势的。例如,罗马帝国奥古斯都出于个人权威的考虑,将儒略历中的8月(即其出生月)改为31天,从而打破原来的大小月相间的规律。这种改革就起到相反的作用。袁世凯政权于1913年将正月初一定为春节,从现在的观点看,也是不恰当的。

5. 春节改日是会被人们接受的

首先说明的是,讨论这一问题的前提是保留春节,而不是废除春节;是弘扬民族传统文化,而不是采取虚无主义的态度。春节定日完全是人为的。定在大年初一或定在立春,都未尝不可,只是有优劣之分。显然,将春节定在立春比定在大年初一要优越得多,能消除现行春节带来的诸多困扰,于社会有利,于民有利。

有人做过调查,当代青年与老年人相比,老年人对夏历、对春节的观念要浓厚些,而青年人则淡薄些。城市居民与乡村居民相比,城市居民对夏历、对春节的观念淡薄些,乡村居民则浓厚些。

据一位久居农村的人士谈,他曾就此问题向周围的农民征求过意见。农民最担心的是取消春节和二十四节气。在讲明春节改在立春的优越性后,他们便认为改是可以的。当然这只是一个例子,不能以偏概全,但至少可以说明一点问题。

总之,只要广泛而深入地宣传,讲明道理,人们是会接受的。

原载于《历法改革研究文集》,1998-12

航天部210研究所 蔡 堇

几个名称的说明:

夏历——我国传统历有多个名称,当前比较流行的是"农历"。

公历——即格里哥利历,又叫阳历。

公历新年——即公历元旦，公历1月1日。

夏历新年或现行春节——夏历正月初一，夏历大年初一；辛亥革命前称元旦。

立春春节——古时立春称春节，1913年改称夏历新年为春节，即现行春节。

本文建议恢复立春为春节，称立春春节，以区别于现行春节。

一、有关历史

夏历新年是我国自古以来的传统节日，史书上多有记载。现举两诗为例："爆竹声中一岁除，春风送暖入屠苏，千门万户瞳瞳日，总把新桃换旧符。"（宋·王安石《元日》）"爆竹邻家响未终，开门贺客已匆匆。……诸公莫羡衰颜好，昨饮屠苏脸尚红。"（清·袁枚《元旦》）由此可见，夏历新年放鞭炮，迎客、饮酒，是很热闹的。从民俗来看，过夏历新年实际上不只过正月初一那一天，而是从上年腊月二十三起到本年正月十五。这期间民俗活动特别多：腊月二十三，祭灶日；年三十除夕，吃团年饭，拜神祭祖，贴春联、门神、年画，守岁；正月初一，元旦；正月初二，迎婿日；正月初三，赤狗日；正月初五，破五，接财神；正月初七，人日；正月初八，谷生日；正月初九，豆生日；正月十五，元宵节，又称灯节。

立春日古时称春节。是日举行迎春活动，自周代一直延续到清末。"立春之日，天子率三公九卿、诸侯大夫，以迎春于东郊。"（《礼·月令》）官府都要举行隆重的迎春祭典，鞭打"春牛"。老百姓纷纷前往观看。民间习吃春饼等，妇女儿童佩带春饰，家中张贴春牛图和与春有关的年画等。

辛亥革命后，临时大总统孙中山通令"改用阳历"，于是便有了公历新年。本来打算废除夏历，因考虑传统习俗，只好采取折中办法"两历并用"。袁世凯按内务部长朱启钤的建议，将夏历新年改称春节。自此立春只是作为一个节气，其一部分民俗则逐渐移至现行春节。中华人民共和国成立后，夏历新年期间的主要习俗，也只有除夕、新年和元宵节了。顺便说一下，袁世凯当政时为了避讳，还通令全国改"元宵节"（谐音"袁消"）为"元夜节"（谐音"袁爷"），并将"元宵"改为"汤圆"。

二、改期的必要性

我国的法定节日，除现行春节外，都按照公历确定，每年历日相同。而现行春节是按照夏历，在公历历表上游移不定，最早为公历1月21日，最迟为2月20日，前后相差一个月。这就造成一系列的社会困扰。

1. 农业　我国大部分地区一过立春即抓紧春耕春灌，现行春节大约有一半却在立春之后，不少农民仍有"不过（正月）十五不下地"的习俗，致使农业生产受到损失。

2. 工业　现行春节或在1月份，或在2月份，工农业生产不能准确地逐年按月份对比。

3. 交通业、商业、旅游业　现行春节每年或早或迟，致使商业"两节"供应、交通业春运不能安排稳定的计划。近年来春节放长假，旅游业也同样受到影响。

4. 教育　学校寒假照例应包括春节，由于春节游移不定，寒假便随之忽早忽迟，直接影响教学计划的稳定性。

5. 行政 每年全国"两会"都在春节后召开,大多在 3 月份。而省部级和基层逐级相继召开。这样一来,年度工作计划差不多过半年才能下达到基层。

三、改期方案及其比较

1. 将现行春节和公历新年合而为一。只过公历新年,将现行春节的有关活动移此。

2. 将现行春节移至立春,仍称春节。按现行春节放假 3 天(可固定在 2 月 3、4、5 日)。夏历新年不作为法定节日,如同元宵节、端午节、中秋节那样不放假。

3. 同第 2 方案,但将夏历新年作为法定节日放假一天。

第 1 方案可以消除上述社会困扰,解决每年过两次年的问题,日本明治维新就采用这一方案。但公历新年我国大部分地区仍比较寒冷,尚无春意,不便于长假旅游。再者,随着生产力的发展,人民生活不断提高,节假日有逐渐增多的趋势,因此以不合并为好。

第 2 方案较好。立春,我国大部分地区已有春意,春节名实相符,适宜长假旅游。现行春节的有益传统习俗可以移此,并可推陈出新。

第 3 方案是折中方案,是考虑第 2 方案行不通时的备用方案。好处是群众可能容易接受,但对今后其他传统节日在公历上固定会有不利的影响。

四、改期的可能性

1. 历法本应与时俱进

历法与科学、社会密切相关。随着科学、社会的进步,历法应与时俱进,加以改革。我国传统历法和公历的演变就足以证明。虽然有些改革对社会产生消极影响,例如罗马帝国奥古斯多大帝将格里历 8 月由 30 天改为 31 天,破坏了大小月的规律性。袁世凯将夏历新年改为春节也不恰当。但总的来说,历法改革是越改越好,越改越有利于社会。现行春节改期并非取消春节,也不是什么大的改革,只是恢复立春原来的名称而已!

2. 改期名副其实,有利无弊

说现行春节是我国几千年的传统节日,这种提法不妥。立春春节已有几千年,而现行春节才只有 89 年的历史。一些专家早就指出春节应改在立春,使春节名副其实,成为真正春天的节日。由于立春是 24 节气之一,属于太阳历,公历日期比较固定,因此可以消除现行春节游移不定所产生的诸多弊端,大有利于经济和社会的发展。何乐而不为呢?

3. 传统习俗可变

对待传统习俗要作具体分析,不能一概而论。关键是看对当今社会是否有利,是否符合"三个代表"的要求。传统习俗大致可分四类:

第 1 类是有利无弊 例如端午节吃粽子、赛龙舟,元宵节吃元宵、看花灯,中秋节吃月饼、赏月等。应予以保留,还可进一步丰富其活动内容。

第 2 类是利多弊少 例如清明扫墓,纪念先烈和祖先,应弘扬这种优良的传统精神。但旧俗烧香烧纸,山林易引起火灾,城市易污染环境,应加以限制,去其弊而兴其利。

第 3 类是弊多利少 例如农村庙会,敬神敬鬼,散布迷信,铺张浪费,间或也有一些有益的文化、商贸活动。可将其改造为物质、技术交流和文化宣传集会。

第4类是有弊无利 例如占卜看相，驱鬼跳神，应予取缔。

而现行春节似应属于第3类，对当今社会之弊已大于利，而且越来越明显。

4. 已有的改革经验可资借鉴

中华人民共和国成立后，破旧立新，兴利除弊，已改造了许多传统观念和习俗。诸如计划生育、禁放鞭炮、禁止吸烟、简化汉字和推广普通话、实行邮政编码、计量标准化等。在实施过程中，人们的态度不一，有人拥护，有人怀疑，也有人反对，甚至还出现反复。但总的是前进的，拥护的人越来越多，怀疑和反对的人越来越少，成绩显著，有目共睹。当然也有不成功的事例，例如夏时制。但不能一叶障目，谈虎色变。现行春节的弊端似乎没有上述问题那么明显，不易引人注意，更不像江河洪涝灾害、煤矿特大事故、"法轮功"危害社会那样令人触目惊心，但却直接间接地、甚至是潜在地影响着经济和社会的发展。借鉴上述传统观念和习俗改变的经验，春节改期有可能不走弯路。

5. 不会影响社会稳定

春节改期与伊斯兰历、藏历等历法没有关系，也不影响少数民族和宗教界的传统节日活动。海外华人可以照常过现行春节，也可过立春春节，他们的节日活动对国内不会有大的影响。最好是把现行春节称为夏历新年，因为居住在北半球热带和南半球的华人也很多，夏历新年时那里天热甚至炎热，根本没有春意，自然也就谈不上过春节了。

6. 符合国际标准化趋势

随着世界经济一体化，国际交往越来越频繁，国际标准化的范围也越来越广泛。我国两历并行总是不如单一历制好。公历是当前国际上通用的历法，夏历中的传统节日应尽量向公历靠拢。将现行春节移至立春符合这种趋势。

7. 知难而进，广泛宣传

国民党曾经一度明令一律过公历新年，限制和禁止过夏历新年，结果是以失败而告终，关键原因是没有群众基础。当前我国广大群众对春节改期还有不少误识，更谈不上共识。在这种情况下，有关部门很难作出决定。因此希望历法工作者和具有共识的各界人士坚定信心，知难而进，广泛宣传，争取各界更多的人士理解春节改期的好处。新闻媒体在宣传工作中起到举足轻重的作用，争取他们参与这一工作是扩大宣传的关键。春节能否改期，最终需由全国人大或国务院决定。因此希望主管部门在广泛听取各方面意见的基础上，像开铁路票价听证会那样，召开有关机构行政领导、专家学者、各界群众代表参加的讨论会，在讨论的基础上进行决策。如春节改期得以确定，通过广泛深入的宣传，相信全国人民是会乐于接受的。

原载于《西安历法改革研究座谈会文集》，2002－10

E-10 我国法定节日的不稳定问题

西安电子科技大学 章潜五

我国的四个法定节日：元旦、春节、劳动节、国庆节，都存在不稳定现象，不仅星期不稳定，甚至有的连月日也不稳定。人们容易忽视这些不稳定现象的弊端，没有重视它们所造成的社会困扰。下面来分析这四个法定节日的不稳定现象，探索使其稳定的改革办法。

一、四个法定节日的移变现象

年份	元旦节的星期	春节的月、	日、	星期	劳动节的星期	国庆节的星期
2001	一	1	24	三	二	一
2002	二	2	12*	二	三	二
2003	三	2	1	六	四	三
2004	四	1	22	四	六	五
2005	六	2	9*	三	日	六
2006	日	1	29	日	一	日
2007	一	2	18	日	二	一
2008	二	2	7*	四	四	三
2009	四	1	26	五	五	四
2010	五	2	14	日	六	五
年份	元旦节的星期	春节的月、	日、	星期	劳动节的星期	国庆节的星期
2011	六	2	3*	四	日	六
2012	日	1	23	一	二	一
2013	二	2	10	日	三	二
2014	三	1	31	五	四	三
2015	四	2	19	四	五	四
2016	五	2	8*	一	日	六
2017	日	1	28	六	一	日
2018	一	2	16	五	二	一
2019	二	2	5*	二	三	二

说明：今取夏历 19 年一个闰周列表。新春节改为立春日（公历 2 月 4 日），仍然放假三天，且与其前后的双休日连成七日长假。建议旧春节（夏历正月初一）放假一天。 *号表示新春节与旧春节的日期一致。

由表可知：

采用公历规定元旦节、劳动节和国庆节，虽然节假日的日期固定不变，但因公历采用连续七日周制和闰日制（4 年 1 闰，400 年 97 闰），因此每年节假日的星期是移变的。其移变规律是：大多数只移后一天，但逢前一年为闰年时，则次年三个节假日的星期移后两天。

这种移变现象表明公历不具有日期与星期的固定关系。

　　春节是用夏历正月初一规定的，因此各年对应的公历月份和日期都有变化（在此，最早为1.21，最迟为2.18），而且星期的序号变化毫无规则。这些移变现象是因为夏历采用闰月制（19年7闰），可见夏历不仅不具有日期与星期的固定关系，而且也不具有节候日期的稳定特性。

二、节假日的调休问题

　　我国古代使用单一历制，没有节假日调休问题。只是在推翻了封建王朝，孙中山通令"改用阳历"后，由于无法立即废除陈旧的夏历，暂行"两历并存"才产生了这个新问题。

　　新中国成立后，政务院于1949年12月颁布《年节纪念日放假办法》，通令"新年放假一日；春节放假三日，夏历正月初一日、初二日、初三日；劳动节放假一日，五月一日；国庆纪念日放假二日，十月一日、十月二日。"并且明确"凡属于全体之假日，如适逢星期日应在次日补假。"国务院于近年来对节假日做了改革，一是宣布每周从休息一天增加为休息两天（星期六、星期日），二是增加节假日的天数，春节仍然如前放假三日，而劳动节改为放假三日，五月一日、二日、三日；国庆纪念日改为放假三日，十月一日、二日、三日。为使节假日期相对集中，以便人们外出旅游和更好地安排休息，每年的这些法定节日与相邻的双休日调休在一起，形成了春节、劳动节、国庆节三个七天长假，成为促进旅游消费的"黄金周"。这一改革具有明显的经济效益，但是如何调休值得研讨，以求在保持经济效益的同时，能够有更好的社会效益。

　　需要研究的问题有：

　　1. 调休办法需要事先明确公布，应该探寻最佳的调休规则；

　　2. 对于这些节日的不稳定现象，能否通过改革历法予以根除？

　　下面是劳动节或国庆节的两种调休规则：

调休规则一　　固定从公历该月1日开始连续放假七天

一	二	三	四	五	六	日	一	二	三	四	五	六	日	一	二	节前工作	节后工作
24	25	26	27	28	29	30	1	2	3	4	5	6	7	8	9	7天	5天
25	26	27	28	29	30	1	2	3	4	5	6	7	8	9	10	6天	6天
26	27	28	29	30	1	2	3	4	5	6	7	8	9	10	11	5天	7天
27	28	29	30	1	2	3	4	5	6	7	8	9	10	11	12	4天	8天
28	29	30	1	2	3	4	5	6	7	8	9	10	11	12	13	3天	9天
29	30	1	2	3	4	5	6	7	8	9	10	11	12	13	14	2天	10天
30	1	2	3	4	5	6	7	8	9	10	11	12	13	14	15	1天	11天

　　注：日期下有横线者表示节假日。

这个调休方案的优点是休假日期固定易记。缺点是有连续工作 7－11 天，易疲劳而影响工作效益。

调休规则二　　不固定放假日期，双休日距离节日不多于 3 天才做调休

一	二	三	四	五	六	日	一	二	三	四	五	六	日	一	二	节前工作	节后工作
22	23	24	25	26	27	28	29	30	1	2	3	4	5	6	7	5 天	7 天
23	24	25	26	27	28	29	30	1	2	3	4	5	6	7	8	5 天	7 天
24	25	26	27	28	29	30	1	2	3	4	5	6	7	8	9	5 天	7 天
25	26	27	28	29	30	1	2	3	4	5	6	7	8	9	10	4 天	8 天
26	27	28	29	30	1	2	3	4	5	6	7	8	9	10	11	8 天	4 天
27	28	29	30	1	2	3	4	5	6	7	8	9	10	11	12	7 天	5 天
28	29	30	1	2	3	4	5	6	7	8	9	10	11	12	13	6 天	6 天

注：日期下有横线者表示节假日。

这个调休方案的优点是没有连续工作 8 天以上的情况，工作效益可以不受损失。缺点是休假日期有些变化。

至于春节的调休法则仿上有两个：

1．固定从夏历正月初一开始连续放假 7 天；

2．不固定放假日期，双休日距离节日不多于 3 天才做调休。其优缺点与上述结果相同。

三、法定节假日不稳定的消除办法

上述法定节假日不稳定的原因，是公历和夏历都不具有日期与星期的固定关系。为求不再有频繁调休节假日之苦，就需要创制科学简明的永久历。今已研制出两种新历法：七日周制的新四季历，五日周制的自然历。他们都具有日期与星期的固定关系，改用这种新历法就无需每年临时调休节假日。春节假日不仅有星期的不规则变化，更有公历月份和日期的不规则变化，移幅多达一个月的这种移变，造成了诸多的社会困扰：会贻误春耕春灌；不便于月度统计对比；学校教学计划不能稳定；增大春节的客运困难；双节供应计划不能稳定；全国人大、政协会议日期移变。但只要在新历法中根据我国传统的 24 节气历，改以立春日（公历 2 月 4 日）定为春节，则上述诸多社会困扰就立即迎刃而解，且能消除现行春节名不符实的矛盾，使其名正言顺，科学合理，富有科学时代的新春气息。考虑到海外华人习惯于过"旧历年"，建议可以在旧历新年时放假一天，由他们任意选用新春节或旧"春节"过年。由于海外没有上述的诸多社会困扰，因此不会妨碍祖国的改历大局。

原载于《西安历法改革研究座谈会文集》，2002－10，前曾贴文于强国社区等论坛

E-11　座谈会的参考资料：春节科学定日

　　春节起源于原始社会的腊祭，先民在岁末年初祭祀众神和祖先。我国古代的春节多指立春日，届时官府举行迎春盛典，祈求风调雨顺和谷畜丰收。在使用夏历的三千多年间，民间都以正月初一作为新年，阖家团聚，敬神祭祖。辛亥革命推翻皇朝后，立即通令"改用阳历"，三令五申要求改过阳历新年。1912年有许多地方在阳历1月15日过元宵节，阳历5月5日过端午节。由于民俗习惯一时难于改变，民国政府不得不宣布"新旧两历并存"，但在编印历书的命令中明确提出"吉凶神宿一律删除"。袁世凯篡权妄图称帝，1913年内务部长朱启钤提出《四时节假呈》，"拟请定阴历元旦为春节，端午为夏节，中秋为秋节，冬至为冬节"，从此正月初一有了一顶桂冠"春节"，变成了旧历新年的代名词。1930年南京政府令称旧历为"废历"，公告"禁过旧年"。虽然这一改革符合时代潮流，但因缺乏科普宣传和群众基础，仅以行政命令方式推行，结果是以失败而告终。

　　在哥白尼的"太阳中心说"的影响下，逐渐兴起了世界改历运动。1852年我国建立太平天国，以反封建的革命形式推进历法改革，创颁了阳历《天历》，彻底废弃旧历，严禁"私过旧年"。由此可见，我国近代史中的两次改历创举，都是以改革旧俗为宗旨，而且都以改革岁首为重点，这些改革经验值得认真总结。旧历新年是我国最大的民间传统节日，我们应当分析现行春节的利弊，注意保留其合理的内容，革除其不科学的陈旧习俗。

　　首先，我们来分析新旧两种历制并存的矛盾。众所周知，春节日期在立春日前后游移不定(参见6-6之五节)，最大的移幅多达一个月，因而必然产生诸多社会困扰：(1)19年中的春节农休时间有10次超过雨水节气，尤有4次接近或已达惊蛰节气，如果依从旧俗"不过十五不下地"，将会贻误春耕春灌的良机。(2)春节对应于公历1月22日至2月19日，休假时间处于公历的1-3月份，各年这些月份的工作日数变化，不便于评估工农业的生产效益。(3)春节游移迫使学校寒假游移不定，致使每年各类学校的开学和放假日期变化，多数年份两个学期不等长，常会相差3-4周而难于安排教学。(4)春节游移造成春运计划不能稳定，春节来早的年份，大批学生也挤入人流高峰，致使春运尤其紧张，甚至发生过迫使学校提前放假。(5)春节游移造成双节(元旦与春节)间距每年变化，在大约20-50天内移变，致使双节供应计划每年变化，难以组织稳定的节日商品供应。(6)全国的人大和政协会议，通常安排在旧历年初而游移，待年度计划传达落实到基层，往往要迟至5月份才行，因而容易延误全盘工作。

　　其次，我们再来看"春节"名称是否符实。把旧历正月初一称为旧历年是名副其实的，但把它称为"春节"则有名实相悖的矛盾。我国传统的天文季节概念是以春夏秋冬排序成岁，立春表示春季的开始，而现今的"春节"却有大约半数处于冬季，更有许多年份是在严冬过"春节"，这就会造成季节概念的混淆。正如天文学家戴文赛所说：这样的春节"那是再滑稽没有的"。他还撰文说："刚过了年，现在又过一次年。一个月前才度了一个除夕，现在又度一个除夕；一个多月前才给人家拜年，现在又给人家拜一次年。在我国，活七十岁的人简直等于活一百四十岁。"此外，以旧历正月初一作为年岁划分，还会造成计算和比较年龄的差误，由于旧历有游移不定的闰月，比较年龄的误差将会多达累月，而若以 24 节气历或公历为准，则误差一般至多只有一天。

我们建议"春节宜定在立春"，可以迎解旧历春节所致的诸多困扰。现行春节是以立春日为中心作左右移变的，因此只要以传统节气历为准，改用立春日的公历 2 月 4 日定为春节，则上述诸多社会困扰即可迎刃而解。每年的春节农休时间固定，每年春节休假时间都在公历 2 月份内，各类学校每年的两个学期等长，大批学生不会挤入人流高峰，每年双节供应计划固定不变，每年全国两会固定靠前。如此春节名正言顺、科学合理、符合科学时代的精神，洋溢中华民族的新春气息。若能再进一步，改用科学简明的中华新历，以立春日定为新历岁首，则历法季节更能符合自然季节，从而即可摆脱"两历并存"而转为单轨历制，"每年两次过年，每人年增两岁"之惑即解。每年的法定节假日不会移变，无需每年临时频繁调休。全国两会处于每年年初，全盘工作不会发生延误。

春节科学定日的必要性显然，问题是如何估计其可能性。我们建议：我国的法定节日都用阳历规定，把公历 2 月 4 日（因为存在微量的岁差，它只是千年内的近似立春日）定为春节新年，仍然放假三天。由于这是旧历新年的移变中心，而且现今春节与其前后的双休日联成七天长假，因此大约已经包含了 1/4 的旧历新年。考虑到有些国人习惯于要过旧历新年，不妨也可安排一天旧历新年假。至于海外各地的华人同胞，可以任其选择新春节或旧"春节"过年，由于那里不存在诸多社会困扰问题，因此无碍于历法改革的大局。至于有些少数民族和某些宗教，并不妨碍他们拥有自己的新年节日。江泽民总书记指出："我们要继承和发扬中华民族优良的思想文化传统，吸收人类文明发展的一切优秀成果，在生动丰富的社会实践中，创造出人类先进的精神文明。"新中国成立后，在改革民俗方面已经大有成效，突出的事例有：计划生育、汉字简化、禁放鞭炮等等。历法是时间物理量的计量标准，我国沿用了上千年的市制尺寸和市制斤两都已革除，又何必眷恋这明显不合理的"旧历新年"呢？可能有人担心改历会造成"不安定"，也许会拿出来民国时期的"禁过旧年"，或者用当代"夏时制"为例，来反对春节的科学改期。我们赞成方成院士的观点"传统习俗固然要尊重，但不是一定不能改变的"。如果我们顾虑重重或知难而退，那么"两历并存"的困扰何时解决？日本以前沿用我国的旧历，也以旧历正月初一定为新年，但在"明治维新"后就已改用公历，一律采用公历规定法定节日，大家也早就习惯了。我们认为，为了振兴伟大的中华民族，对于春节科学改期的可能性问题，也需要解放思想和迎难而上的精神！

原载于《西安历法改革研究座谈会文集》，2002－10，曾载于强国社区等论坛

E-12 座谈会展示——提出两项改历建议后的报刊回响

展示之一 提出建议"农历"科学更名后的报刊回响

1996 年 3 月，我们编印《历法改革研究资料汇编》，详细转载了 10 位专家学者的论述

(1948－1992 年)，他们一致反对不科学的称呼"农历"。随后我们又一再摘录宣传，然而回响甚微。今年年初，我们发出《给新闻媒体、出版单位的呼吁信》后，《解放军报》"学习科学，宣传科学，尊重科学"，带头去掉了报头日历中的"农历"两字，不少报纸纷纷仿效。

剪 报 内 容

1. 1998 年 8 月 17 日，《科技日报》载出余仁杰先生的文章《"农历"要不要更名？》，章潜五撰文《"约定俗成"之说不符事实！》。两文均已载入《历法改革研究文集》。

2. 1998 年 12 月 12 日，《澳门日报》载出余仁杰的文章，陕西省政协副主席苏明见到后转告我们，章潜五也将文章投载于 1999 年 1 月 23 日的该报。

3. 2001 年 1 月 8 日，本会写出文章《"农历"名称不科学——摘录一些专家学者的论述》，发出《给新闻媒体、出版单位的呼吁信》。

4. 不久收到《解放军报》社总编室的来信，说已从 2002 年 2 月 12 日（春节）开始，去掉了报头中的"农历"两字。

5. 2002 年 3 月 8 日，《西安日报》、《西安晚报》编委会来信说，已从 2002 年 3 月 8 日开始，将报头中的"农历"一词去掉。至此，陕西省的几份大报都已不再称用"农历"。

6. 2002 年 3 月中旬，《福建日报》社记者打来电话说，他们已决定从 2002 年 4 月 1 日开始，去掉报头中的"农历"两字。

7. 2002 年 4 月 25 日，《西电科大报》就此历名问题载文《历改科学宣传初见成效》。陕西人民广播电台采访金有巽教授后，5 月 14 日做了广播报道。

8. 2002 年 5 月 1 日，《北京青年报》用大字标题声明：今起本报报头删掉"农历"，并且阐明了原因——阳历才是真正农历。

9. 2002 年 5 月 1 日，《网易新闻》频道载文"阳历才是真正农历"。

10. 2002 年 5 月 12 日，《香港文汇报》载文"阳历才是真正农历"。

展示之二 提出建议"春节科学定日"后的报刊回响

（剪　报）

1. 1997 年 2 月 5 日，《上海科技报》副刊整版载文"老教授提出新见解，'春节应该换一天过'，改在立春更合理"。

2. 1997 年 2 月 10 日，《文汇报》载文"抓春耕良机使名实相符，一批专家建议——可否把春节改在立春"。

3. 1997 年 2 月 12 日，《羊城晚报》报道"一批专家学者建议——春节改在立春日，行吗？"

4. 1997 年 2 月 13 日，《北京青年报》报道"一批专家建议'把春节固定在立春'"。

5. 1997 年 2 月 13 日，南京《服务导报》报道"日期游移造成众多社会困扰，专家建议春节'定位'于立春"。

6. 1997 年 2 月 17 日《新民晚报》报道"一批专家学者建议——春节改在立春日，行吗？"

7. 1997 年 2 月 18 日，贵州日报《文摘报》报道"一批专家提议把春节固定在立春这一天引起争议"。

8. 1997 年 2 月 24 日,《文摘周报》报道"一批专家建议把春节改在立春"。

9. 1997 年 3 月 4 日,《今晚报》报道"一批专家学者建议'春节改在立春日',行吗?"

10. 1997 年 3 月 13 日,《北京晚报》报道"专家学者建议'春节改在立春日'行吗?"

11. 1997 年 3 月 13 日,《牛城晚报》报道"可否把春节改在立春"。

12. 1997 年 3 月 19 日,《山东广播电视报》报道"春节改在立春日,行吗?"

13. 1997 年 3 月 26 日,《山东广播电视报》"一家之言"栏载文"别添乱吧!"

14. 1997 年 4 月 5 日,南京《服务导报》载文"方成院士建议春节元旦'二合一'"。

15. 1997 年 4 月 14 日,《金陵晚报》报道"方成院士细说'春节改期'"。

16. 1997 年 4 月 23 日,《南京日报》载文"紫金山天文台权威专家指出'春节改期不可取'"。

17. 1997 年 4 月 25 日,《中华周末报》报道"有专家建议将春节改在每年的立春这一天,'春节改期'行吗?"

18. 1997 年 4 月 30 日,《新民晚报》报道"紫金山天文台权威专家指出'春节改期不可取'"。

19. 1997 年 5 月 1 日,《文摘报》报道"方成院士建议给'飘浮不定'的春节定位,春节元旦能否'合二为一'"。

20. 1997 年 5 月 4 日,中央人民广播电台简要报道了方成院士的建议消息。

21. 1997 年《中国科技史料》第 2 期载文《不少专家赞同'春节宜定在立春'的建议》。

22. 1997 年 5 月 9 日,《中华周末报》报道"紫金山天文台权威专家指出'春节改期不可取'"。

23. 1997 年 5 月 15 日,《西电科大报》报道"春节宜定在'立春'"。

24. 1997 年《国防教育》第 4 期载文"历史与现实在呼唤:对春节做科学改期"。

25. 1997 年 8 月,新华通讯社记者张伯达采访本会并作调研后,撰文"西安讯《百余专家学者建议春节定在立春》"。

26. 1997 年 12 月 31 日,《扬子晚报》载文"过年能定在立春吗?——方成院士细说'春节改期'"。

27. 1998 年 2 月 11 日,《上海科技报》载文"春节改期又何妨"。

28. 1998 年 3 月 11 日,《威海晚报》载文"新春过后话'历改'"。

原载于《西安历法改革研座谈会文集》,2002 - 10

F类 历改委积极参加乌克兰研历会议

F-1 《我国历法改革的现实任务》(课题研究报告)简介

——鸣谢资助单位——

陕西省科学技术厅
西安市科学技术局
西安电子科技大学

序 言

　　孙中山领导辛亥革命，推翻封建王朝，创立中华民国。1912 年 1 月 2 日，立即颁布《临时大总统改历改元通电》，通令"中华民国改用阳历，以黄帝纪元四千六百九年十一月十三日，为中华民国元年元旦"。随即又颁布《命内务部编印历书令》，明确"新旧二历并存"，"旧时习惯可存者，择要附录，吉凶神宿一律删除"。自此我国从单一历制转变为中西两历并存的双重历制。

　　历法是长时间物理量的度量标准，新旧两种历法并存，必然会有诸多社会困扰，而且新旧两历又有诸多缺点，从而促使人们深思历法的改革创新问题。历改研究任务艰巨复杂，许多专家学者虽然早已有过论述，但因缺乏专门的研究机构，未能组成队伍深入研究。在"改革开放"方针和"科教兴国"战略的指引下，我们于 1995 年初成立历法改革研究小组，追迹先贤研究"我国历法改革的现实任务"，1996 年 10 月成立陕西历法改革研究会(后更名为陕西省老科协历法改革专业委员会)，提出四项改历建议："农历"科学更名，春节科学定日，共力研制新历，明确世纪始年。我们坚持科学发展观，促进人与自然的和谐，争取历法与时俱进。我国近代改历活动即将届满百年，今将我们多年来的研究成果提供政府决策参考，争取创新我国和人类的历法文明。

第一章　"农历"科学更名
第二章　春节科学定日

——陕西省老科协历改委《课题研究报告》2009.1

F-2　探索纪实的《历法创新研究文集》

一、内容提要

　　本册文集是《我国历法改革的现实任务》(课题研究报告)的配套读物。其中收入关于历法创新的珍贵历史文献和前辈专家学者的重要言论,介绍历法改革专业委员会的四项任务(呼吁和建议:农历科学更名,春节科学定日,共力研制新历,明确世纪始年),记述了工作实践和研究成果。还介绍了学术探讨和争鸣辩论,以及与美国、俄罗斯、乌克兰等国研历组织的交流情况。可供政府有关部门决策参考,也供广大读者学习历法知识和参加研究作为参考。

二、前　言

　　天文历法源远流长,蕴含多科知识,凝聚人类智慧,淀积华夏文明。历法反映天地的运行规律,明示物候的季节变迁。它是长时间的计量法规,计划生产和生活的根据。历法对于政治经济、科学文化和思想意识具有广泛的影响,一定程度上标志着社会的文明水平。随着科学技术的不断发展,社会时代的不断进步,要求与时俱进地创新历法。我国改革开放30年来,各项建设事业成就辉煌,举办北京奥运会和上海世博会,以及神七飞天成功,彰显了中华民族的智慧和精神。当今"科教兴国"战略激人奋进,学习和坚持科学发展观,共力促进历法文明创新,已经日益引起国人关注。

　　我国是历法文明古国,古代成就闻名于世,历法改革次数之多为世界罕见。史载"三代以上人人皆知天文",《明史》赞曰"后世法胜于古而屡改益密者,唯历为最著",历朝异代视"历法为万事之根本"。太平天国兴起,创颁阳历《天历》。辛亥革命成功,即令"改用阳历"。鉴于格里历之固有弊端,且中西两种历制并存必然带来诸多社会困扰,因此与时俱进地创新历法，已成为必须面对的现实问题。诸多先辈早已做过探索，正是由于他们的启示，我们成立历法改革研究会，追迹提出四项改历建议：农历科学更名，春节科学定日，共力研制新历，明确世纪始年。

16年来，我们立足"我国历法改革的现实任务"，协联美国、俄罗斯、乌克兰等国的研历组织，努力争取专家和领导的指导，广泛团结国内的研历同仁，共力创制科学简明的新历法。我国从1912年改历至今，不久即将届满百年，故今汇编本册文集，抛砖引玉，期求共探，提供政府和各界参考。

本文集具有下列特点：

1. 它汇集诸多先辈的论述。原先是散见于书刊报章，我们通过努力搜集，作为本书的重点内容，优先加以推荐。细心领会这些论述的精神，将会激励我们解放思想，掌握历法改革的真谛，共力探索创新历法文明。

2. 它汇集不少珍贵的史料。中文史料主要由中国第二历史档案馆提供，外文史料主要由美国国际世界历协会林进主席赠送，本会做了翻译。了解我国历法改革史和世界改历运动，这是研究历法创新的必要条件。

3. 它总结本会的研究成果。近年来国内研历者日益增多，不少职工和农民也热心参与，体现了新时代争做历表主人的心志。本文集也选编了一些有代表性的成果，通过交流，将会激励更多的国人参加研究。

4. 它汇集各种不同的观点。历法改革涉及政治、文化、宗教、民俗等等，任务十分艰巨复杂，发生观点分歧在所难免。需要通过热烈讨论争取共识，相信经过世代的接续奋斗，历法创新迟早将会成为现实。

本会曾编印多种书刊万份赠阅，并且摘要200篇文章汇编《网络文集》，今摘录主要文章汇编本册文集。我们对入编的著者及参研的同仁表示衷心的感谢。正是他们的智慧和毅力，促使历法创新研究日益深入。

本书是《我国历法改革的现实任务》（课题研究报告）的配套文集。在本文集即将出版之际，我们更加怀念主笔撰写此份报告的副理事长蔡董同志，他曾为历改研究做出了呕心沥血的奉献，让我们用他的一首词共勉，共同为推进人类的历法伟业而奋斗！

滚绣球带落梅风·历法改革

几个老叟，醉心历改，闲不住、爱奔忙，东联西访，乐呵呵、看似痴狂。常化缘，更解囊。然先贤思想，喜今朝、大大发扬。鸿儒同仁多相助，望宿愿全球散异香，遍惠诸邦。

格历多疵处，改革理所当，盼联合国会议重开场。隆冬去春风荡漾，终新历颁行、世人欢唱。

由于我们的水平有限，编辑工作难免会有不当或错误，敬请专家、领导和读者批评指正。

陕西省老科协历法改革专业委员会　编辑组

2010年10月

——《历法创新研究文集》续集版　2010.10

F-3　创新我国历法的探索纪实

陕西省老科协历法改委专业委员会　章潜五

历法反映天地的运行规律，明示物候的季节变化，它是长时间的计量法规，计划生产和生活的根据。因此，历法是否合天和适用？这是历朝异代的要务，历法是否科学简明，近代先贤尤为关注。

我国是历法文明的古国，千年使用传统的夏历，它虽有兼顾阴阳两历的优点，但又有数据繁琐不便统计等缺点。20世纪初兴起世界改历运动，孙中山领导辛亥革命胜利后，即于1912年通令"改用阳历"，从此我国主用阳历"公历"，辅用传统夏历。中西两种不同历制并行，必然会有诸多社会困扰，如何解决这个现实的难题？诸多先贤留有宝贵的论述。在今改历即将百年之际，亟待国人深思研讨。

一、先贤关于创新历法的论述

孙中山说："光复之初，议改阳历，乃应付环境一时权宜之办法，并非永久固定不能改变之事。以后我国仍应精研历法，另行改良，以求适宜于国计民情，使世界各国一律改用我国之历，达于大同之域，庶为我国之光荣。"

国民党滇省要员李伯东专案呈文说："窃查历法一项，为国家先务，故黄帝即位，首使容成作历。唐尧即位，首命羲和授时。历朝异代，首改正朔。民国成立，首用阳历。其所以重视历法者，殆以历法为万事之根本，必先历法得正，而后庶绩乃咸熙也。"

中国历法研究会余青松主席撰文说："革命的中国决定废弃旧历而改用西历，是走向现代化的必然步骤。……旧历更为严重的缺点是每年都要编制历书。换句话说，旧历并不是永久不变的。中国虽然于1912年采用格里历，并不是由于它具有现代性（它实际上并非如此），而是由于它具有通用性。既然世界各国正在饶有兴趣地打算修正格里历，中国参与这一运动肯定不会落后。"

著名天文学家戴文赛说："同四季循环对农、林、牧业，航空航海，以及日常生活的普遍意义比较起来，月亮盈亏循环的实际意义是微小得多。因此在历法的选择中，舍阴阳历而取阳历是理所当然的。我认为，我国并用夏历是没有必要的，应当只用一种历法，每年只过一次新年。我认为应当采用阳历，但对目前使用的阳历应当加以改革，使它更加合理更加科学。"

竺可桢说："在二十世纪科学昌明的今日，全世界人们还用着这样不合时代潮流，浪费时间，浪费纸张，为西洋中世纪神权时代所遗留下来的格里高里历，是不可思议的。……只有社会主义国家本其革命精神，采取古代文化的精华而弃其糟粕，才会有魄力来担当合理改进历法这一任务，唯物必能战胜唯心，一个合理历法的建立于世界只是时间问题而已。"

中共陕西省委书记陈元方著书主张"走太阳历之路，创制具有中国特色的新农历"，他说："新农历必须彻底废除以朔望月为基础的同节气脱节，而又十分繁琐的《置闰（月）太阴历》。新农历的性质将是以哥白尼的太阳中心说为指导思想的彻底唯物主义的简明实用的中国式的太阳历。一切强加于历法中的封建主义的资本主义的和神学唯心主义的杂拌应当为之一扫。"

二、追迹先贤探索历法创新

受"科教兴国"战略的指引，一批离退休学者成立陕西历法改革研究会，研究"我国历法改革的现实任务"课题。追迹诸多先贤的遗志，呼吁和建议：农历科学更名，春节科学定日，共力研制新历，明确世纪纪年。推选金有巽教授为理事长，他最先指出"农历"名称不科学，且最早提出"春节科学定日"问题，半个多世纪前曾受余青松博士的托付。

16 年来，我们主要做了下述几项工作：

一、历法改革的资料分散难觅，为了共志探索创新历法，首需努力搜集汇编成册。为此先后编印《历法改革研究资料汇编》《历法改革文献摘编》《历法改革研究文集》《西安历法改革研究座谈会文集》《历法创新研究文集》等 8 种文集，为世代接续创新历法提供参考。

二、为了协联众多研历同仁，编印不定期的会刊《历改信息》。初期为简要报道，后期则刊载详文，每期至少 300 份，迄今已达 39 期。书刊赠给人大代表等人参阅，累计已有两万多份。

三、纸质书刊交流费钱费力，急需利用网络技术交流，故从 2004 年组办《"我国历法改革的现实任务"网络文集》，摘选书刊文章贴于人民网、新华网、南方网等许多网站，至今已逾 200 篇。

四、受南京大学方成院士的回信鼓励，1995 年向全国人大建议"春节宜定在立春"，中科院办公厅专文答复说："过年"不放假，"春节"另定一个公历日期以便于安排工作和各项计划，这种做法是完全可以的，但要能被广大群众所接受才行。就此发出《呼吁书》后，百位专家学者签名支持，填表给出指教意见。1997 年、1999 年，陕西省人大代表团 20 多位代表联名建议改历，中共陕西省委书记张勃兴和另两位老领导也联名向全国政协大会提案改历。

五、世界改历运动曾由美国世界历协会牵头，我国积极参加活动。我们与美国世界历协会林进主席、俄罗斯国际"太阳"永久历协会洛加列夫主席和乌克兰人文技术中心取得联系。林进赠给一批珍贵的史料。1999 年底，乌克兰组织召开"21 世纪统一的全球文明历法"研讨会，我们推荐三个世界历新方案。

六、历法归属天文、地理学科，但其改革又关联管理学、民俗学等。我们广泛拜见专家和领导，恳求给予指导帮助。中国天文学会 1997 年度会议计划表中列有：8 月在西安召开"古今历法研究会议"，但因经费不足而会议未成。2002 年获得资助，终于开成"西安历法改革研究座谈会"，并出版《座谈会文集》。

七、20 世纪初期，我国 14 位专家学者提出世界历方案，今朝已有 20 多人提出新历方案，尤为可喜的是有多位农民。经过多年研讨：岁首、分月、闰法、旬周、道路，三次广泛征求各界意见，共识是坚持以 24 节气为基础，创制科学简明的中华科学历。今已汇成 5 个新历方案：6月独大历、1月独大历、夏季连大历、夏秋连大历、新四季历，通过性能对比表明，它们都远比格里历优越。

三、大家都来关心历制创新的探索

历制创新关系中华民族的伟大复兴，全国政协常委张勃兴号召"大家都来关心历制改革"。16年的艰难探索过程表明，各界人士做出了共力奉献。

一、历改研究需要经费支持，本会骨干拿出退休金资助，西安电子科技大学的领导和教授们多次资助。当经费发生困难时，陕西省科技厅和西安市科技局立即拨款支持，致使探索研究未被中断。

二、南大方成院士积极赞同"春节科学定日"建议，北京自然科学研究所王渝生副所长多次指导研究，陕西省天文学会吴守贤理事长为《文集》撰写序言，上海交大江晓原教授指导研究生秦兰，采访本会撰写学位论文《中国当代民间历法改革运动》。

三、《上海科技报》副刊整版报道本会研历，《文汇报》的报道被广泛转载。江苏卫视台播映"春节话改期"专题，南京市多家报纸反复报道"春节科学定日"建议。新华社陕西分社记者采访本会，撰文《百余专家学者建议春节定在立春》，《西安日报》记者多次详文报道，西安电视台播映西安座谈会的召开。《南方周末》客观报道历改研究与民俗研究的观点碰撞。

四、查知10位先辈曾撰文反对称呼"农历"，依次是金有巽、薛琴访、陈遵妫、戴文赛、梁思成、应振华、杨元忠、金祖孟、罗尔纲、陈元方。2002年初，本会摘录上述先辈的论述，发出呼吁书后，《解放军报》《西安日报》《北京青年报》《福建日报》等陆续删除了报头上的不科学名称"农历"，香港《文汇报》做了转载。我们建议恢复"文革"前已通用19年的正确名称"夏历"。

五、1949年8月，联合国中国协会曾在台北召开"世界历专题讨论会"，由朱家骅博士主持，历史学家董作宾讲"古代中国历法"，天文学家高平之讲"世界历"。当我们喜见台北《传记文学》载文《"农历""阴历"正名之辨》，信致该刊社联系作者杨元忠，不久收到侨居美国的杨老回信。当他获知我们是用退休金研历后，7次汇来养老金资助研究，并说"立春之日，我亦十分赞成"。

六、本会副理事长蔡董研究员，离休前为航天210所情报室主任，参加研历之后，汇编《历法改革文献摘编》，翻译外文史料与信函约40篇，撰写6篇系列文章《传统历与迷信》，载于《科学与无神论》杂志。他还呕心沥血撰写4万字的报告文学《夕阳正红——我和历法改革研究会》，主笔撰写省市《课题研究报告》，纪实了群体研究历法创新的奉献精神。

七、践行科学发展观，贯彻"自主创新"方针，是谋求中华崛起的指导思想。我国引进西历已近百年，急需共做前瞻性的研究，弘扬我国的科学历法思想。历法创新任务艰巨复杂，需要世代接续努力奋斗。本会骨干均已八旬高龄，热切希望志士献力求进。《座谈会文集》序言中有首诗，反映了研历群体的心志精神："不悔求索竟数年，忽如春风拂绉颜；莫道古城独一朵，他日笑看花满园！"

编者说明：本篇新文扼要介绍本会追迹先贤遗志，探索历法创新的实践活动。已有《神州杰出人物》《中国当代社会发展报告》《中国领导管理艺术文库》等入编。

——《历法创新研究文集》续集版 2010.10(115-117页)

F-4 共力创新我国历法文明

陕西省老科协历法改革专业委员会 章潜五

历法反映天地运行规律,授时指导农耕和生活,关系国计民生各行各业。我国封建王朝年代,传统历法尊称"皇历",设有专职机构掌管,严厉禁止百姓研习。太平天国兴起,创颁阳历《天历》,严令废弃旧历。辛亥革命推翻皇朝,民国通令"改用阳历"。中华人民共和国成立,宣布"纪年采用公元"。至今改历即将届满百年,为求中华民族伟大复兴,急需探索创新历法文明。

我国现行主用公历(格里历),辅用夏历(俗称"农历"),不同历制并存会有哪些社会困扰?公历和夏历均有千年历史,其精华和糟粕各是什么?我国是历法文明的古国,需否创制科学简明的中华新历法?这一系列问题摆在国人面前,亟待进行探索研究。

陕西省的一群离退休学者,追迹诸多先贤的遗志,成立历法改革研究会,研究"我国历法改革的现实任务",旨求提供国家决策参考。提出四项呼吁和建议:"农历"科学更名,春节科学定日,共力研制新历,明确世纪始年。其中关键是共力研制新历,经过15年协联中外同仁,已以24节气科学思想为基础,汇集众智提出5种"中华科学历方案"。下面仅以6月独大五日周历为例作些介绍,期求共同深入探讨。

一、研制新历的原则

研制新历首先需要明确指导思想,提出性能评价体系,明确新历的主要性能,制定正确的工作路线。

1. 研究历法改革的指导思想

· 历法要符合天体运行规律,反映季节变迁规则;

· 坚持太阳历方向,废弃陈旧的置闰月编历法则;

· 广泛吸取古今历法的优点,汇集人类共同智慧;

· 进行科学的分析论证,摆脱陈规旧俗不良影响。

2. 中华科学历或新世界历应有的主要性能

· 精确度高,历年长度力求符合回归年;

· 稳定性好,年历表具有千年不变特性;

· 科学性好,月日数据确切反映季节和星期;

· 规律性强,历表简明,便于记忆和推算。

二、6 月独大五日周历的千年历表

1-5月，7-12月				
一	二	三	四	日
1	2	3	4	5
6	7	8	9	10
11	12	13	14	15
16	17	18	19	20
21	22	23	24	25
26	27	28	29	30

平年6月（闰年6月）				
一	二	三	四	日
1	2	3	4	5
6	7	8	9	10
11	12	13	14	15
16	17	18	19	20
21	22	23	24	25
26	27	28	29	30
31	32	33	34	35
				（36）

说明：以近似立春日（公历 2 月 4 日）为岁首，每月有两个节气（大多为 1 日、16 日），并有口诀可作精确估计。闰年增日记为 6 月 36 日、特定为星期日。

三、三种历法（公历、科学历、夏历）的性能比较表（略）

科学历与公历比较，具有下列突出优点：

1. 消除了公历最不合理的缺点——连续七日周制（竺可桢指出），改用科学合理的五日周制，它能整分一年 365 日、一月 30 日、节气间距约为 15 日，七日周制则不能整分。五日周制早有先例：我国千年久用"五日一候""十日一旬"；古埃及历每月为 30 日；法国大革命后废弃格里历，颁行的新历仿同古埃及历；俄国十月革命后曾经试行机器不停而工人分为五组轮休。

2. 月日分配方法科学合理，符合夏季长（约 94 日）、冬季短（约 89 日）的实际，大小月规律简单易记，消除了公历中的古代皇权烙印。月历表已从 28 种降为 3 种（形式仅 2 种），年历表已从 14 种降为 2 种（形式仅 1 种），月历密码已从 336 个降为 0 个，测算星期易如反掌，只需对日期数作"除五取余法"。

3. 日期与星期关系今已固定，年历表具有千年永久性，每年法定节日的星期不变，从此避免了频繁调休之苦。年历表如此简单和规律，几乎无需编印历书历表，既能节约大量纸张，又能节省查历时间。此历具有科学性、稳定性和透明度，"寡妇年"等迷信难于侵入为害，有利于弘扬科学思想，促进社会文明进步。

4. 消除了公历岁首不正、季节不明的缺点，已使历法季节符合实际天时，给出任一月日数据之后，即可迅速获知季节。每年春夏秋冬四季排序成岁，春首与岁首不再矛盾。各月 1 日、16 日大多恰为节气，并有口诀可做精确估计。立春日称为春节，精确符实，名正言顺，科学合理，从此年节不再游移困扰，传承了 24 节气科学思想。

四、一些问题的论述和研讨

1. 历法改革的必要性显然

历法是源远流长的实用科学，它反映天地运行规律，明示寒暑变迁法则，体现时代文明水平。科学技术的飞速发展，政治经济的不断进步，要求历法与时俱进地改革创新，以适应社会发展的要求。人类社会已进入宇航时代，遨游太空已由梦想变成现实，而今却仍沿用古旧历法，未能摆脱繁琐历表的千年困扰。

孙中山说："光复之初，议改阳历，乃应付环境一时权宜之办法，并非永久固定不能改变之事。以后我国仍应精研历法，另行改良。以求适宜于国计民情，使世界各国一律改用我国之历，达于大同之域，庶为我国之光荣。"

竺可桢说："在二十世纪科学昌明的今日，全世界人们还用着这样不合时代潮流，浪费时间，浪费纸张，为西洋中世纪神权时代所遗留下来的格里高里历，是不可思议的。""只有社会主义国家本其革命精神，采取古代文化的精华而弃其糟粕，才会有魄力来担当合理地改进历法这一任务，唯物必能战胜唯心，一个合理历法的建立于世界只是时间问题而已。"

我国历法改革次数之多冠世，从民国元年改历至今，公历和夏历并存已经97年，诸多社会困扰未能获解，历史与现实表明了历法改革的必要性。

2. 世界历法改革的大方向是走太阳历之路

寒暑变迁取决于地球围绕太阳的运行，因而阳历才是授时耕种的真正农历，太平天国改用《天历》和民国"改用阳历"，都是符合这一方向的改历创举。夏历为阴月阳年式阴阳历，其朔望月规律十分精确，然而历年长度却非长即短，各年偏离回归年均逾十天。北宋沈括痛斥置闰月法是"赘疣"，其弊为"气朔交争，岁年错乱，四时失位，算数繁猥。"他提出"十二气历"理论，未能被当代统治者采纳，而760多年后的太平天国，循之创颁了阳历《天历》。我国古代先民创造的24节气历，属于阳历性质而非阴历，实为中国式的"日心说"观点，因此分清传统历法的精华与糟粕至关重要。

3. 阴阳两历无法精确调和

回归年约为365.2422日，朔望月约为29.5306日，两者无法整除而需置闰，阴阳两历无法精确调和。夏历采用"19年7闰月"法则，只是粗疏调和了阴阳两历，闰月法则致使24节气游移多达一月，而闰日法则一般至多偏离一天。陈元方提出改历主张："走太阳历之路，创制具有中国特色的新农历"，他对于旧历把24节气当作附属提出非议，认为在新农历中应该让它"登堂入室，当家做主"，这是富有创新思想的改历主张，指引我们以24节气为基础创新历法。

4. 合理地处理旧历中的民俗节日

戴文赛说："同四季循环对农、林、牧业，航空航海，和日常生活的普遍意义比较起来，月亮盈亏循环的实际意义是微小得多。因此在历法的选择中，舍阴阳历而取阳历是理所当然的。"由于月亮盈亏规律能够预报潮汐，而且有些民俗节日与月相有关，因而朔望规律必须保留，可在短期年历表中加注朔日和望日的符号（例如薛琴访教授在《人民日报》上发表的"一九五○年人民日历"），甚或加注阴历月日。民俗节日是节气中的特殊大节气，它原本来自古代24节气，例如清明、冬至等。因此许多与月相无关的节日（例如端午节、重阳节等等），可以科学地改用阳历规定，以使每年节日的时令固定，不再游移而无需频繁调休。少数与月相有关的元宵节和中秋节，则可移植于相应月份的望日，或者仍用夏历规定。消除带有封建迷信色彩的节日，"吉凶神宿一律删除"（见临时大总统《命内务部编印历书令》）。

5. 在此民用历法中只部分保留干支纪法

余平伯曾主张禁阴历，他在北京过了四个新年观察社会情状，说："现在（指民国八、九年)种种妖妄的事，哪件不靠着阴阳五行，阴阳五行又靠着干支，干支靠着阴历。"当今观察我国城乡新貌，封建迷信的妖妄仍然未绝，是与充斥于市的"皇历"有关，因此改革历法是一种治本举措。

干支纪法对于历史记载建有功劳，因此应该分别场合决定取舍。在此民用历法中只保留干支纪年，不取干支纪月和纪日，旨求根除占卜算命等封建迷信。我国疆土幅员广阔，各地气候差异甚大，农耕需要依据气温变化规律，因此还可另编农耕参考手册。

6. 用"三个代表"思想和科学发展观指导历法改革

历法改革关系国计民生，涉及人类文明进步事业，需要先进思想作为指导，方能创新历法文明。用"三个代表"思想和科学发展观审视我国现行历法，显见急需与时俱进地改革创新，以适应先进生产力发展的需要，符合先进文化的发展方向，体现最广大人民群众的根本利益，实现人与自然的和谐，传统文明与现代科学的融合。

上世纪曾兴起世界改历运动，我国积极参与作有贡献。我国历法研究会余青松主席说："中国虽然于 1912 年采用格里历，并不是由于它具有现代性(它实际上并非如此)，而是由于它具有通用性。既然世界诸国正在饶有兴趣地打算修正格里历，中国参与这一运动肯定不会落后。"历经 60 多年印证了这一预言，中国又出现了研究改历的新浪，且在研历深度和宣传广度方面已经领先。

科学历吸取中外历法的精华，汇集人类的共同智慧，它是东西方文化的交融，世界改历运动的接续。然而改历存在宗教习俗等阻力，很难较快就能取得共识，这是文化领域的万里长征，需要迎难而上的坚韧精神。格里历推行于世经历了四个世纪，而科学历似乎无需如此长久。我国是历法文明古国，具有最丰富的改历经验，今有先进思想的指导，正在力促世界和平与社会进步。因此探索冲破阻力的办法，积极争取我国率先试行，通过实践检验逐步推广，最终促成世界历的优胜劣汰。在科学历与格里历的挑战过程中，国际交往仍可使用公历，国内的年度时序则可改用新历，以求迎来中华崛起的崭新时代。

编者说明：本篇新文综述"中华科学历"方案的性能，并与现行的公历和夏历作出性能对比。已有《践行科学发展观》《科技创辉煌》《世界重大学术思想获奖宝库》入编。

——《历法创新研究文集》续集版　2010.10(111-115 页)

F-5　关于"明确世纪始年"的初步探索

陕西省老科协历法改革专业委员会

表 F-5-1　世纪始年的解决方案

提案人	方案办法	解决问题	尚存问题
李竞研究员	世纪和年代都从 0 起计，1 世纪作为特例，只有 1～99 年。2090～2099 年为 21 世纪 90 年代	解决了世纪与年代的划分矛盾，便于编算天文历表	年份已改为 0 起，但世纪仍为 1 起。纪元起点未提前

提案人	方案办法	解决问题	尚存问题
曾一平 教授	年份和世纪改用0起，强调时间体系的原点唯一性。2000～2099年为新20世纪（千百位数全为20）	除上述各点外，世纪序号也改为0起	需要改变世纪序号，注明"新"或"旧"。纪元起点未提前
赵树芗 教授	纪元改为公元前10101年。公元后的年份加上"10100"，2002年变为12102年，是新世纪121（即旧世纪21）的02年。	除上述各点外，纪元起点已提前，可以消除区分公元前与公元后之繁	需要改变世纪序号（但后两位数与现称世纪相同，首位的"1"常可略去。）
王谐 教授	纪元改为公元前8000年，公元2000年为新历（华历）10000年，公元21世纪为新历101世纪。同时沿用天干地支纪年	纪元起点已涵盖中华文明的万年历史，可以避免误称公元前为"史前"	文章强调改用新历，主要是改革纪元，对新历未提出具体方案
路迪民 教授	提出"一切从零开始"的新历方案，设置有零年（选择世界上最早具有连续文字记载的初年为公元0年）、零月（0～12月）、零日（每月0～27日）	年月日的计量已与时分秒的计量一致，都采用从0起计，可以全解上述诸多困扰	历改方案越彻底，实现的难度就越大，然而改革成果的生命力也越强
李景强 老师	提出"文化纪元"和"正向纪年"原则，需由历史学家和天文历算家共同确定，经联合国讨论决定	详细论述改元与改历密切关联，以及各自的改革原则	原主张春分历，经讨论后赞同以立春为新历岁首
林庆章 农艺师	在"循道历"方案中采用两种纪元：对外使用中华纪元（从0起计）；大中华文化圈内使用黄帝纪元（干支计时）。黄帝纪元零世纪甲子年为中华纪元零世纪零年	采用黄帝纪元，已涵盖中华文明五千年历史	未论述世纪与年代的划分矛盾

表中只列出主张改革公历纪元者的观点，未列出不主张改革者的观点。当前国际上著名的颁历机构，例如英国格林尼治天文台、美国海军天文台、法国经纬局编历是从"1"开始的，即21世纪从2001年1月1日开始。我国中央有关部门曾就此咨询紫金山天文台，现在我国已确定从"1"开始。紫金山天文台历算专家何玉图研究员曾三次向联合国教科文组织发出E-mail，提出2001年是21世纪之首的建议。

天文专家李竞先生提出的改元建议，由于存在中外观点的分歧，虽然至今未能实现，但却引起国内不少民间研历者参加研究。公元纪年的困扰是客观存在的，需要改革创新是历史的必然。我们赞同国际上许多学者、专家提出的观点："在世纪起始年问题上完全不必遵守固有法则，不必墨守成规。凡是不合理、不科学的成规，完全可以用人为方法加以修正。

改元与改历存在密切关联，都同样遇有科学与习惯的矛盾，不是短时期就能获得解决的，因此需要权衡它们的缓急程度。我们认为改革历法更为紧迫，而改革纪元可单独作一问题进行研究。由于本会研历人力有限，改革纪元未做研究的重点。需由天文专家与历史学家合作研究，通过研讨争取共识，进而向有关的国际组织提出建议。

——《课题研究报告》 2009.1(24－26 页)

F－6　历法改革研究的效果和体会

陕西省老科协历法改革专业委员会

F－6－1　本会工作效果

1. 搜集大量文献

本会成立时，缺乏历法和历法改革的文献，国内有关文献散落各处。我们在西安多家图书馆查阅大量报刊、图书，还到南京、北京等地的图书馆查阅，获得一批有关文献，其中有些还是难得的珍贵文献。在此基础上，我们编印文集，并办会刊《历改信息》（附件四 历改委编印的书刊资料和翻译的文章），在社会上产生一些影响。有不少人士主动给我们提供文献或文献线索。我们同国外研历组织建立联系后，他们也经常寄文献来。我们除继续查阅纸质报刊、图书外，还经常从互联网下载资料。据了解，目前本会搜集到的有关历法改革方面的文献在国内算是最多的，随着工作的进展，将会搜集更多的文献。我们认为搜集文献的工作非常重要，这对今后历法知识普及、历法和历法改革研究工作都是十分有意义的。

2. 协联工作显著

上世纪三四十年代，在世界改历运动的背景下，我国的改历工作曾一度活跃，但随后即消沉下来。建国后，虽有个别专家学者仍在独自研究，但未在社会上造成影响。本会成立后，通过编印资料，出版刊物，撰写文章，登门拜访，逐渐使更多的人知道本会在致力于历法改革工作，于是一些研历者陆续与我们取得联系，来信来访，提供稿件，交流信息。社会上也有许多关心历改的人士不断给我们以鼓励。这样一来，原来互不相识的研历者便有了沟通的渠道，便于他们直接讨论问题，交换意见。到目前为止，与本会联系过的人士已达两百人之多，保持经常联系的也有数十人。

更值得提及的是本会陆续与国外的一些研历组织和研历者建立了联系。这对于了解国际上历改动态和共同研究世界新历大有益处。通过国内外广泛协联，使我们开阔了眼界，更利于深入研历工作，对于我国今后的历法和历法改革研究工作也打下了良好的基础。

3. 普及历法知识

通过本会一系列的工作，全国许多报刊陆续刊登历法改革的文章和消息，有的报刊还结合着刊登一些历法知识。特别是 2005 年，南京多家报纸再次报道引发了关于"春节改期"的大讨论，中央电视台和中央人民广播电台，还有许多互联网站，也参与其间。本会摘录有关文章约 200 篇，汇成《我国历法改革的现实任务》网络文集》，从 2004 年开始贴于诸多主流网站论坛（附件五《网络文集》目录）。显然，这在全国范围内大大普及了历法知识。例如，阳历才是真正的农历，现行春节的名称是袁世凯当政时期定下的，格里历有哪些缺点，国际上曾兴起过世界改历运动，等等，现在社会上许多人都已经知道了。无疑，有这样的基础，对我国今后普及历法知识，破除夏历上附加的封建迷信，倡导尊重科学之风，都是大大有利的。

F-6-2　几点体会

我们能取得上述效果，体会颇多。这里不一一罗列，只就主要的几点阐述如下，并举出我们接触到的一些实例予以说明。

1. 领导支持

各级党政等领导人员具有一定的权力，其言论和行动在社会上影响较大。因此主动争取他们的支持是十分重要的。例如，

1996 年陕西省科协主席陶钟等领导同志接见本会 3 位骨干，1997 年陕西省人大教科文卫委员会召开会议听取本会汇报，陕西省人大代表团先后 4 次向全国人大会议建议改历（1995、1997、1999、2003 年），中间两次各有 20 多位代表联名。1999 年，前全国政协常委张勃兴接见本会 5 位骨干后，同常委姜信真、李雅芳联名向全国政协会议提案改历。

本会拟召开"西安历法改革研究座谈会"，但经费筹集困难。陕西省科协副主席徐任写信给陈宗兴副省长，陈副省长立即批示积极支持，省科技厅拨款资助。座谈会终于 2002 年 6 月召开，并出版《座谈会文集》。张勃兴与会讲话，号召"大家都来关心历制改革"。陕西省政协副主席苏明及徐任还为本会编印的《历法改革研究文集》撰写序言。当研历经费再次有困难时，我们写信给西安市委书记袁纯清，西安市科技局两次派处长来家，随即批准了课题拨款，解了燃眉之急。

河南省淮阳县八卦研究会理事万霆，成立万氏世界日历新方案研究会任理事长，获得原河南省委书记李长春任河南省长时的批示："请科委组织研究鉴定，我们也要重视民间科研。"省、地、县资助出版文集。甘肃省甘谷县画家侯庚，自筹资金出版《侯氏新历初探》，天水市科技局副局长李万泰作序。陕西省商洛市农民李正恒提出《正元历》，获得商洛市科协副主席刘正朝和商洛市气象局高工陈明彬的推荐。

更应该提出的是，西安电子科技大学的校领导和一些机关、院系的领导，都给予大力支持，多次资助，并给本会工作创造有利条件。

2. 学术团体支持

历法改革涉及许多学科领域，需要有关学术团体共同研究，天文方面尤为重要。

1996 年，本会顾问、陕西省天文学会理事长吴守贤与中国天文学会天文史委员会主任薄树人，联合建议召开西安历改研究会，并列入"中国天文学会 1997 年学术会议计划表"。确定三个议题：① 历法改革的历史；② 现代历法改革的必要性；③ 现代历法改革的方法与步骤。并拟继后争取召开全球华人研历会议和世界改历会议。因薄先生不幸病逝，且经费不足而未开成。后来改为征文形式，汇编《历法改革研究文集》，吴守贤撰写序言。

2002 年，本会主要成员还参加了陕西省反邪教协会召开的反邪教理论研讨会，并宣读论文。西安历法改革研究座谈会上，该协会会长、中科院院士保铮做了重要讲话。

河南淮阳县万氏世界日历新方案研究会万霆曾多次与本会交流信息，并远道来西安参

加西安历法改革研究座谈会。

四川仁寿县华夏历法研究会会长周书先，曾向本会提供他由国外获得的英文资料，并积极提供稿件，参与历改热点问题的讨论。

3. 研历人士的支持

研历人士有专业的，也有业余的，有专家学者，也有普通职工和农民。他们是历改研究的主力军。陆续与本会取得联系的研历人士已经相当多，这里不便一一介绍，只能举一些例子。

太原市原重型机械学院院长曾一平教授，较早进行历改研究，撰写大量论文，提出多种新历方案，并积极参与网上讨论。四川退休教师曹培亨积极从事历改研究，撰写《历法知识问答与历改呼声连载》，香港助理工程师徐士章积极支持本会工作，及时提供港澳台和海外中文报纸报头的历名情况。

上海交通大学科学史与哲学系主任江晓原教授指导硕士生秦兰研究"当代我国民间历法改革运动"。

陕西咸阳市岳儒先老先生双目几近失明，仍研究历法，向本会提供新历方案。其老同学西安建筑科技大学路迪民教授，帮助他同我们联系后也参加研究。上海著名书法大师王谐教授在其著书办刊中讨论历法改革，多次投稿本会会刊。

此外，新疆石河子农场职工戴学保、张家港市委党校教师王省中、云南师范大学教授苏佩颜、中南大学张功耀教授、甘肃甘谷县画家侯庚、乌鲁木齐市教师李景强、山西绛县中学教师李友诗、陕西商洛市农民李正恒、吉林梨树县农民颜廷钧、福建宁德市农艺师林庆章、贵州大方县中学教师肖发敏和李术林、福建惠安县农民陈晚金等，都积极从事历改研究，热心支持本会的工作。

4. 媒体支持

各种媒体是重要的宣传工具，它们传播及时，覆盖面广，受众多。本会正是通过多种媒体才在国内造成一定影响，使越来越多的研历人士与我们建立联系，共同进行历改研究。例如，《上海科技报》副刊部主任钱汝虎，于1997年2月5日在该报副刊上以整版篇幅对我们的研究作了报道，标题是《老教授提出新见解：春节应该换一天过，改在立春日更合理》。之后，《文汇报》《羊城晚报》《北京青年报》《新民晚报》等20多家报纸报道有关消息或刊载有关文章。

新华社陕西分社记者张伯达采访本会，写出报道稿《百余专家学者建议春节定在立春》。紫金山天文台业余记者马伟宏与我们经常联系：1997年采访南京大学天文系主任方成院士写出报道；1998年春节与江苏卫视台合作，在该台播放"春节话改期"专题。

《西安日报》和《西安晚报》记者张平阳、姚村社等多次采访本会，先后发表6篇报道，特别是2008年1月载出两个长篇报道《阳历才是真正的农历？》和《9旬专家要让春节换日子》。陕西电视6台曾连续3次播映"西安历法改革研究座谈会"的录像，陕西人民广播电台曾播出采访本会理事长的专稿。陕西科教广播电台还邀请本会秘书长章潜五作了专题讲座。

在历法改革研究的信息交流方面，网站论坛发挥了重要作用。本会从2004年开始上网贴文以来，获得许多网站论坛的积极支持，《网络文集》的百篇文章得以广泛传播，贴文逾200篇者已有人民网的"深入讨论区"、农历网的"历法知识"、麻辣社区的"麻辣论坛"、红豆社区的"社会纵横"等。深入讨论区成为研历骨干们交流信息的主要场所，农历网特设了"历法改革百家谈"专题，南方社区与网友互动，《历法知识问答》连载成效显著。牧夫天文论坛、海南改革网、中国春节网、西安白鸽网等诸多论坛也经常转载本会文章。

5. 国际交流

本会提出的 4 项任务中，第 1、2 项属国内问题，而第 3 项研制世界历，第 4 项明确世纪始年，则属国际问题。因此，必须与国际上研历的组织和个人取得联系，交流信息，讨论问题，加强协作（附件六 当今四国研历组织情况简介）。为此，本会 1997 年与美国国际世界历协会（IWCA）主席林进取得联系，他赠给我们不少珍贵的世界改历运动史料；1998 年与俄罗斯国际太阳永久历协会（IACC"SUN"）主席洛加列夫取得联系，寄来他提出的多个世界历方案；1999 年又与乌克兰研历组织（"ОБОРОТ"科学-生产公司）取得联系。多年来，我们翻译他们提供的资料，在本会编印的书刊中载出，又把我们提出的世界历方案等资料译成英文对外交流。我们还与俄罗斯的专家学者切尔克索夫和什里楚斯经常交流信息。韩国东夷·高句丽研究所徐天复教授一行专程来西安与我们讨论历改问题。

6. 学术争鸣

历法改革研究涉及诸多学术领域，观点不同是很自然的事。为了逐步取得共识，必须发扬民主，各抒己见，开展辩论，在辩论中互相提高。但也应防止不利于团结的言语。例如，在"春节改期"大辩论中，网上有些不明真相的人出言不逊，甚至人身攻击，我们都能正确对待，妥善处理。我们在《历改信息》上经常刊登观点不同的文章。

——《课题研究报告》 2009.1（27 - 30 页）

F - 6 - 3　加强历法知识的普及

我们在研历过程中，常见有些较高职称的老师以为节气是阴历的事情，因此我们对师生的天文历法知识进行了调查。1996 年设计出《天文历法知识现况调查表》，对西安电子科技大学及其附中、南京军事通信工程学院等学校进行答卷调查，后又在南京化工一中调查。经调查表明，许多学生不知"回归年"和"朔望月"，更多学生不知公历和夏历的置闰法则。表中列出 10 位著名的中外科学家（张衡、祖冲之、沈括、郭守敬、徐光启、牛顿、高斯、哥白尼、伽利略、爱因斯坦），他们全部是天文学家，然而一般仅知四五位。调查对象为初中生、高中生、大专生、研究生、在职教师、退休教师。统计表明，从是非题的得分来看，学历越高则得分也高，但是填充题却出现了"逆转现象"，说明只在中学所学的少量天文地理知识，随着年龄增长而逐渐遗忘。

再者，社会上仍流传着与历法有关的种种封建迷信。例如什么"寡妇年""无立春之年不吉利""闰七不闰八，闰八用刀杀""猪年多生子"等等。这些封建迷信严重影响我国的经济建设和社会发展，与创建先进社会主义文化背道而驰。因此建议各种媒体、科学文化馆、博物馆要宣传历法常识，各级学校的有关教材要适当增加有关历法的一般知识，从而提高全民的科学文化水平。

——陕西省老科协历改委《课题研究报告》31 - 33 页.2009.1

F-7　世界历法改革史简介

金有巽

1849 年和 1884 年，两位法国人先后提出两种改历方案："13 月制"和"四季制"。1910 年在英国召开国际改历会议，提出了几十种改历方案。1920 年左右，我国也掀起提方案的高潮，报刊上发表了几十种方案，多数人倾向于"13 月制"。

1925 年国际联盟设立"历改委员会"，向各国政府征集方案，截止 1927 年共收到 147 个方案，可以分成十几种类型，上述两种类型分居多数。1927 年我国召开"全国教育工作会议"，议程中包含讨论历改方案，会议确定采用学者高梦旦先生设计的 13 月历改方案，作为我国向国际联盟提交的建议方案。

1931 年，我国也成立"历法改革研究会"，由筹建紫金山天文台的余青松台长主持。当时美国没有参加国际联盟，但对历改运动却很热情，两大类型方案都有大量支持者，并且各有其财力背景。1924 年前，"13 月制"派占据绝对优势，抽样统计结果为 98.7%，但几年后有位普通妇女 Achelis 出资支持"四季制"，组织"世界新历促进会"，以妇女社团为主力，到处游说宣传，结果竟然击败了"13 月制"派，影响到国际联盟的决策人，甚至连梵蒂冈教皇也不表示反对。

1937 年，国际联盟作出决议，6 国反对，9 国弃权，9 国说国内讨论尚未成熟，另有 7 国认为此事言之过早。1939 年后，国际联盟瓦解，历改运动也就随之结束。第二次世界大战后，虽然成立了联合国组织，历改问题却始终尚未提到正式日程。

英、法、俄、瑞士等欧洲国家对于历改运动也很积极，法国于 1793 年和 1866 年，先后两次试行了改历，第一次改历为：一年 12 月，每月 30 天，每月 3 周，每周 10 天，年底有 5 天年假，试行了 13 年；第二次试行"13 月制"，时间也不长。俄国十月革命后，于 1923 年试行了五天工作周制度，1929 年又改成：每年 12 月，每月 6 周，每周 5 天，每年内嵌插 5 个节假日。试行三年就废止了。瑞士曾于二次大战前倡议，再次召开国际性会议讨论公历改革。

原载于《历法改革研究资料汇编》1996.(25 页)

F-8　20 世纪初期国人提出的世界历方案

【1】　姓名：高鲁（中国天文学会创始人）

年份：1911

刊名：《东方杂志》8 卷 6 号

文名：通历介绍（四季历）

要点：以春分日为岁首，年分四季。

【2】　姓名：姚大荣

年份：1912

刊名：《中×××》23 期

文名：改历刍议

要点：以建寅之月为岁首，以四立为季首。

【3】　姓名：王清穆

年份：1922

刊名：《申报》

文名：中国宜自定历法

要点：年分四季，每季六节，立春为孟春一月，惊蛰为仲春一月，清明为季春一月，其他依此类推。

【4】　姓名：邝兆雷

年份：1923

刊名：高鲁氏抄本

文名：修历管见

要点：以立春日为岁朔，万载不移。

【5】　姓名：熊永先

年份：1927

刊名：《现代评论》6 卷 144 期

文名：自然历

要点：取消"礼拜"、"月"。可用自然数 1、2、3……365、366 记日。

【6】　姓名：张兆麟

年份：1927

刊名：温州自印单行本

文名：修改现行历意见书

要点：每年 12 月，分为四季，大月 31 日，小月 30 日。

【7】　姓名：钱理

年份：1928

刊名：《新闻报》

文名：同历度量衡币略说

要点：以春分为岁首，全年分为 10 月。

【8】　姓名：虞和寅

年份：1928

刊名：北华印制局单行本

文名：均历法

要点：以阳历 2 月 5 日立春为岁首推算。年分 12 月，各 30 日。

【9】　姓名：TP

年份：1928

刊名：《东方杂志》26 卷 1 号

文名：历法革命论

要点：每年 12 月，分为四季，每月 30 日，分为三旬。以春分为岁首。

【10】　姓名：高梦旦（著名学人）

年份：1928

刊名：全国教育会议提案

文名：周历议案

要点：以春分为岁首。每年 13 月，每月 28 日，每月四星期，每星期七日。1903 年《新民丛报》26 卷曾载"十三月历法"。

【11】　姓名：企重

年份：1929

刊名：《新闻报》

文名：我发明之新历

要点：每年 12 月，每星期 5 日。每月 30 日，6 星期。

【12】　姓名：张企民

年份：1929

刊名：七届天文学会年会提议

文名：改革阳历之建议

要点：岁首移至春分日，5 日为一周制。年分四季，每年 12 月、72 星期。

【13】　姓名：刘铭初

年份：1930

刊名：《进步杂志》130 号

文名：我来提倡一案新阳历

要点：以立春日为岁首，年分四季 12 月，奇月大 31 日，偶月小 30 日。

【14】　姓名：李伯东（滇省要员）

年份：1931

刊名：历改呈文附件

文名：创造新历法说明书

要点：以立春为元节，以立春日为元旦，定一年为 12 节，以节日为每节初一日。

注：摘自商务印书馆重编《日用百科全书》中册（1934 年）和中国第二历史档案馆的档案。今对要点只简要摘录岁首和分月。

原载于《课题研究报告》2009.1(53 页)

F-9　我国提出自然世界历方案，参加乌克兰研历会议(一)

曾一平　章潜五

一、方案正文

1. 结构　年—月—日

2. 年首　现行格历 2 月 4 日（太阳过黄经 315°点的一日）。

3. 四季　春季 1～3 月；夏季 4～6 月；秋季 7～9 月；冬季 10～12 月。

4. 月建　1～4 月及 6～12 月为小月，每月 30 日；5 月为独大月，平年有 35 日，闰年有 36 日。（编者注：后经研究，独大月改为安排在 6 月。）

5. 闰法　暂同现行格历。闰日在 5 月末。（注：后来改为 6 月末。）

6. 星期　按"求同存异"原则，不作统一规定。

7. 长期调整　每过 2000 年，大月向后调移一个月。

二、方案设计思想及依据

1. 国际统一历法只能依据日地运行的自然规律及简化原则制定。任何有民族、宗教色彩的人为规定，按"求同存异"原则，都不应包含在内。所以星期制不做统一规定。这样，宗教国家可沿用连续七日星期制，既尊重了宗教信仰，又为周日制改革创造了自由空间。从科学观点出发，本方案推荐弹性五日周，但不作为统一历法方案的内容。

2. 国际统一历法应能简明地反映全球的稳定季节进程。故年首应在某季之开始。

3. 季节描述应以占世界人口绝大多数的北半球为准。年首应选在北半球的冬春之交，生机复苏的时机。

4. 气象学划分四季的指标为气温，但气温有较强的地域性和不稳定性，不能作为历法上划分四季的标准。历法上划分四季，应以全球性的、稳定的天文指标为依据。东方天文学和西方天文学的四季定义有分歧。本方案依据较合理的东方天文学的四季定义。理由是：东方的四季定义，相邻二季有相互区别的特征数量指标，而西方的四季定义则无。今简示如下：

	季	黄经范围	中点	区别数量特征		
				太阳辐射热量	太阳仰角	太阳赤纬
东方定义：	春	315°～45°	0°春分	中等	中	近赤道 −16°19.8′～ +16°19.8′
	夏	45°～135°	90°夏至	多	大	偏北 ＞+16°19.8′
	秋	135°～225°	180°秋分	中等	中	近赤道−16°19.8′～ +16°19.8′
	冬	225°～315°	270°冬至	少	小	偏南 ＜−16°19.8′
西方定义：	春	0°～90°	45°	春夏无数量区别		
	夏	90°～180°	135°	春夏无数量区别		
	秋	180°～270°	225°	秋冬无数量区别		
	冬	270°～360°	315°	秋冬无数量区别		

由上可见，东方定义是比较合理的，因此本方案采用东方的四季定义来划分四季。

5. 大小月安排应兼顾自然季长、均匀性及简明性。按东方的四季定义，自然季在近 2000 年内约为：春 91 日，夏 94 日，秋 91 日，冬 89 日。因此可能的最佳简化方案为：

方案 I（独大月）：

春 90(30＋30＋30)日，夏 95(30＋35＋30)日

秋 90(30＋30＋30)日，冬 90(30＋30＋30)日。(见附表)

方案Ⅱ(连大月)：

春 91(30＋30＋31)日，夏 93(31＋31＋31)日，

秋 91(31＋30＋30)日，冬 90(30＋30＋30)日。闰年 8 月为大月 31 日。

大月的长期调整是由于地球近日点的长周期偏移(约 60 年偏移 1°)。

6. 闰法在历法中是独立问题，可以随时调整改进。现行格历的闰法在千年内不致差一日，因此可以暂不改进。待天文历法专家统一意见后随后改进。

三、新历实施的过渡办法建议

1. 立即过渡　2000 年 12 月后增加一个过渡月 34 天，接着即为新历 2001 年 1 月 1 日。

2. 五年过渡　2001～2005 年为过渡年，每年 12×31＝372 日，2006 年 1 月 1 日实施新历。实施新历的技术问题，应成立技术问题专家组研究解决。

四、永久年历表

(如配弹性五日周，只需将表中第一行的日改为周日序数。)

永久年历表(独大月)

季	月	日	日	日	日	日	日	日	日	日	日	日	日	日	日	日	日	日	日	日	日	日
春季	1	1	2	3	4	5	6	7	8	9	10	11	12	13	14	15							
	月	16	17	18	19	20	21	22	23	24	25	26	27	28	29	30							
	2	1	2	3	4	5	6	7	8	9	10	11	12	13	14	15							
	月	16	17	18	19	20	21	22	23	24	25	26	27	28	29	30							
	3	1	2	3	4	5	6	7	8	9	10	11	12	13	14	15							
	月	16	17	18	19	20	21	22	23	24	25	26	27	28	29	30							
夏季	4	1	2	3	4	5	6	7	8	9	10	11	12	13	14	15							
	月	16	17	18	19	20	21	22	23	24	25	26	27	28	29	30							
	5	1	2	3	4	5	6	7	8	9	10	11	12	13	14	15							
	月	16	17	18	19	20	21	22	23	24	25	26	27	28	29	30		31	32	33	34	35	闰
	6	1	2	3	4	5	6	7	8	9	10	11	12	13	14	15							
	月	16	17	18	19	20	21	22	23	24	25	26	27	28	29	30							
秋季	7	1	2	3	4	5	6	7	8	9	10	11	12	13	14	15							
	月	16	17	18	19	20	21	22	23	24	25	26	27	28	29	30							
	8	1	2	3	4	5	6	7	8	9	10	11	12	13	14	15							
	月	16	17	18	19	20	21	22	23	24	25	26	27	28	29	30							
	9	1	2	3	4	5	6	7	8	9	10	11	12	13	14	15							
	月	16	17	18	19	20	21	22	23	24	25	26	27	28	29	30							
冬季	10	1	2	3	4	5	6	7	8	9	10	11	12	13	14	15							
	月	16	17	18	19	20	21	22	23	24	25	26	27	28	29	30							
	11	1	2	3	4	5	6	7	8	9	10	11	12	13	14	15							
	月	16	17	18	19	20	21	22	23	24	25	26	27	28	29	30							
	12	1	2	3	4	5	6	7	8	9	10	11	12	13	14	15							
	月	16	17	18	19	20	21	22	23	24	25	26	27	28	29	30							

——《历改信息》10 期.1999.9.(4－5 页)

F-10 我国提出新四季历方案，参加乌克兰研历会议(二)

章潜五 蔡堇

一、世界历的性能要求与研制方针

改革现行格里历，研制全球公用的世界历，首先需要明确历法性能的指标体系，进行定量或定性的科学分析。为此我们提出六个母项评估指标：科学性、精确度、匀称性、稳定性、规律性、可行性，它们又可再分若干子项评估指标。在此总体分析的基础上，我们认为世界历应该具有下列主要性能：

1. 精确度高，历年长度力求符合回归年；

2. 稳定性好，年历表具有永久性；

3. 科学性好，月日数据确切反映季节和星期；

4. 规律性强，历表简明，便于记忆和推算。

格里历具有较高的精确度，广被各国先后采用而称公历，但它存在一些缺点，不符合世界历的主要性能要求，需要对它改革创新。其主要缺点有两方面：一是月历表多达 28 种，年历表有 14 种，历表不具有永久性，日期与星期无固定关系；二是年始取为冬至后第 10 天不合理，缺乏天文意义，且使历法季节与自然季节不符，月日数据不能确切反映季节特征。

我们认为研制世界历要坚持下列方针：

1. 历法要符合天体运行规律，反映物候变迁规则；

2. 坚持太阳历方向，废弃陈旧的闰月法编历法则；

3. 广泛吸取古今历法的优点，汇集人类的共同智慧；

4. 进行科学的分析论证，摆脱陈规旧俗的不良影响。

二、新四季历的要点

1. 平年 365 日，闰年 366 日，每年分成四个季度，每季各有 3 个月。春季为 1～3 月，夏季为 4～6 月，秋季为 7～9 月，冬季为 10～12 月。

2. 月份只有 2 种：大月 31 天，小月 30 天。每季各月的大小月排列规律是：大小小、大小小、大小小、大小大，末月违规由小改大，乃因要使平年日数为 365 日。

3. 每季首日为星期日，末日为星期六。每年 52 周所余一天记作 12 月 31 日，闰年所增一天记作 6 月 31 日，这两天都对应于星期日，作为国际性休息日，建议分别称为"世界和平日"、"联合国日"。

4. 月份和星期的名称，建议改用阿拉伯数字命名。

5. 置闰规则改为"四年置一闰日，128 年少闰一日"；或仍用格里历置闰规则，但加一条规定"3200 年少闰一日"。

6. 以格里历 2 月 4 日（太阳过黄经 315°点的一天）作为历法年始（即春季始日）1 月 1 日。

7. 争取此新四季历于 2006 年开始实施，其前一天 2005 年 12 月后加一个过渡月（34 天）。

新四季历的年历表

1月，4月，7月，10月

日	一	二	三	四	五	六
1	2	3	4	5	6	7
8	9	10	11	12	13	14
15	16	17	18	19	20	21
22	23	24	25	26	27	28
29	30	31				

2月，5月，8月，11月

日	一	二	三	四	五	六
		1	2	3	4	
5	6	7	8	9	10	11
12	13	14	15	16	17	18
19	20	21	22	23	24	25
26	27	28	29	30		

3月，平年6月，9月（12月，闰年6月）

日	一	二	三	四	五	六
					1	2
3	4	5	6	7	8	9
10	11	12	13	14	15	16
17	18	19	20	21	22	23
24	25	26	27	28	29	30
(31)						

三、本方案的历法性能说明

1. 本世纪 30 年代，国际联盟曾经提出三种世界历方案。其中广获赞同的方案是四季历，中国当时广征意见的结果是 81% 赞成此种历法。今对该方案的不足之处加以改进，形成今日的新四季历。

2. 新四季历的年历表具有永久性，日期与星期有固定关系，月历表只有 4 种，用"除七取余法"心算星期，每季各月的密码数依序只有三个：6、2、4，远比格里历共需 336 个密码要少。

3. 新四季历的大小月安排规律容易判记，每月的日数只有 2 种，每年余日和闰年增日有确定的月日和星期，可以避免"空日"不计月日和星期所造成的概念混淆，方便于计日记事。

4. 新四季历的历年平均长度为 365.2421875 日，而格里历的历年平均长度为 365.2425 日。新四季历的历年平均误差仅为 −0.216 秒，比格里历的精确度（＋26.78 秒）要高出一个数量级。

5. 格里历以冬至后第 10 天作为年始，致使历法季节超前于自然季节大约 34 天，因而月日数据不能确切反映季节特征。新四季历改革年始，消除 34 天的系统误差，可使月日数据能够确切反映季节特征。

6. 新四季历并非为最科学的世界历方案，它没有对格里历的七日周改为五日周。因而历表的科学简明程度还不高，是照顾了七日周习俗的一种折中方案。

7. 新四季历与四季历相比，主要的改革在于年始更改，它吸取了东方人民的节气历科学思想。中国的 24 节气历是依黄经每 15°划分决定的简明性阳历，已有 3000 多年历史，应该吸进到世界历的方案设计中。

原载于《历改信息》10 期　1999.9.（6−7 页）

F－11 我国提出三个世界历方案，参加乌克兰研历会议（三）

周书先　萧守中

研析格里历及其前身儒略历，以及意大利神父马斯特罗菲尼研制的、美国人伊丽莎白·艾切丽丝推行的世界历，集众家之长并加以创新而设计出本方案，克服了格里历的不足之处。

本方案比格里历有很大的改进。详见表Ⅰ（编者注，今略）。

（1）月份　罗马帝国在2月份判死刑，故该月天数少。奥古斯都继位后，从2月挪1天到他出生的8月，并将8月后的大小月交换。这一方法沿用至今。本方案遵循原始儒略历大小月相间的传统，方便对比工作效率和安排工作。

（2）星期　格里历日期与星期不相联系。世界历方案每季13周的日期恒定，但"岁末日"和"闰年日"不计算星期几。本方案采用"第二星期六"，巧妙地保持了星期的连续性，使复活节、俄国海军节等日期恒定，方便记忆和使用。见表Ⅱ。

表Ⅱ　新日历表

	1月，7月	2月，月8	3月，9月	4月，10月	5月，11月	6月，12月
星期日	1 8 15 22 29	6 13 20 27	3 10 17 24	1 8 15 22 29	5 12 19 26	3 10 17 24
星期一	2 9 16 23 30	7 14 21 28	4 11 18 25	2 9 16 23 30	6 13 20 27	4 11 18 25
星期二	3 10 17 24	1 8 15 22 29	5 12 19 26	3 10 17 24 31	7 14 21 28	5 12 19 26
星期三	4 11 18 25	2 9 16 23 30	6 13 20 27	4 11 18 25	1 8 15 22 29	6 13 20 27
星期四	5 12 19 26	3 10 17 24 31	7 14 21 28	5 12 19 26	2 9 16 23 30	7 14 21 28
星期五	6 13 20 27	4 11 18 25	1 8 15 22 29	6 13 20 27	3 10 17 24	1 8 15 22 29
星期六	7 14 21 28	5 12 19 26	2 9 16 23 30	7 14 21 28	4 11 18 25	2 9 16 23 30 31*

＊ 闰年6月才有31日，它和12月31日均为"第二星期六"。

（3）闰年　儒略历四年一闰，平均历年比回归年长11分14秒，经过1600余年就累计超出12天多。故格里历将1582年10月5日改为10月15日，并在400年里减3闰（相距100或200年减一闰），平年历年比回归年多26秒。本方案每128年减1闰，平均历年比回归年仅少1秒，数万年才少1天，故具有很大的天文学意义，且减闰周期均匀，凡公元年份为128的整倍数者，如2048、2176年为平年。

结论：本方案年、月、日、星期组合规律，星期的日期恒定，每128年减一闰，平均历年近似回归年，具有很大的天文学意义，简洁实用，有益于人们的工作和生活。公元2006年元旦，星期日，是修历的适当时机。

原载于《历改信息》10期　1999.9.（8－9页）

F-12　俄罗斯"太阳"永久历协会主席致普京的公开信

"太阳"社主席、新闻秘书、主任编辑　华西里·洛加列夫　赵树芰译

敬爱的乌拉基米尔·乌拉基米洛维奇：

2009 年 12 月 2 日，通过直通（热线）电话发出了我们的信息和问题。

根据国际世界历协会（МАВК，英文名称 IWCA，为联合国教科文组织的下属机构）的划分，有三个世界历法改革的研究中心：

МАВК，美国，俄勒冈州，本德市——西方中心，

"太阳"协会，俄国，依热夫斯克市——东方中心，

历法改革研究委员会，中国，西安市——远东中心。

МАВК 做出计划，将于两年后（2012 年 1 月）引入世界永久历（2 月有 30 天），以代替已经陈旧了的格利高里历。

每个世界中心都在宣传自己品牌的历法，"太阳"协会的历法岁首从春季 3 月 1 日开始，与古（俄）罗斯（Русь）五世纪时的古罗马历法相同。"太阳"协会赞成历法改革向前迈进，不过，对 МАВК 的历法从严冬（12 月是冬季月份）1 月 1 日开始（周日从星期日开始）持反对态度。

"太阳"协会于 2004 年 3 月 1 日实行历法改革，引入自己的品牌——"联合国历法"，且于同年 7 月 17 日实行奥林匹克历法纪元（从公元前 776 年古希腊奥林匹克运动会之始起），也就是今年为 2785 年。

1998 年 8 月 17 日，"太阳"协会面向人类社会提出一个倡议：从 1999 年 8 月 17 日起，设立国际历法日。

"太阳"协会注册成立已有 10 年。

经过 20 年与全俄国家标准局（ГОССТАНДАРТ　РОССИИ）、科学院天文研究所以及其他机构的通信来往发现，并没有得到对历法改革的支持。众所周知，寻找到国际米制度量衡制以及其它文明发展的改革道路是很困难的。那么政府对我们的全球性问题是如何想的呢？

原载于《历法创新研究文集》续集版　2010.10（61－62 页）

F-13　世界历法改革向何处去？

太原科技大学　曾一平

[历法自然] 2009－07－23　20：26：53 强国社区深入讨论区

强国论坛上关于历法改革问题的讨论沉寂好久了。国内外的大事多多，穷人关心的是吃饭、穿衣、住房、看病，上学问题，有钱人关心的是赚大钱问题。在位关心的是盛世稳定

问题，老百姓关心的是惩治贪污腐败问题。论坛依然热闹，但多是社会现实的花边陪衬。高层领导虽然也来上网看看，但日理万机，哪有精力关注网民声音呢？历法改革已被一些人士骂为"吃饱了撑着的人干的傻玩意儿"。因此沉寂不沉寂，也不大会被人发现。只是我们这些还有口退休饭吃的傻老头子，才感觉到是沉寂了。沉寂就沉寂吧，无能为力。就是不沉寂，也照样是无能为力，不过是几个"不识时务"的老头子发几声悲鸣而已。

但不管怎么说，世界上有历法，就有历法改革这桩事。它再不被人重视，也不能从国际事务和国家事务中完全抹去。去年的"黄金周"问题，就是与历法多少有点关系的问题。还真的被政府提到全民公开讨论的地位，引起了一阵议论高潮。黄金周的改革还真的实施了。现在还有人在媒体上提意见，是否还会改，笔者不知道。其实，黄金周只是历法旁及的一件小事。真正关于历法改革的事，一般人知道得太少了。这也难怪，人虽然离不开历法，但它要不了人的命。如果您有条件上网，那么用几分钟看看，知道一点世界上历法改革的历史和新闻，总不至于有害处。所以，希望今天你耐着心往下看几行。

20 世纪 30 年代和 50 年代，出现过两次世界历法改革高潮。30 年代的最高国际政治组织"国际联盟"组织讨论了这件事，要不是爆发第二次世界大战，也许现在行用的公历已经被改革了。当时被提出征求各国意见的两个方案，是由西方世界各国人士提出的近百种方案中遴选出的代表性方案。当时中国人是否提出有方案，笔者无力查考，但是即使有，也未被选作代表性方案则是事实，这是由当时中国的国际地位决定的吧！这两个代表性方案，一个称为"世界历"，另一个是"13 月历"。两个方案的共同点是：年首都不变，仍然是现在公历的年首。两个方案都把 365 天中的一天作为月外和星期外日，剩下的 364 日分为 52 个星期。世界历再分为四个历季，每季 13 个星期，三个月；其中两个月为 30 天，一个月为 31 天。"13 月历"分为 13 个月，每月有四个星期，28 天。这样把月日的星期日次就固定了。代价是平年有一日不属于月和星期，闰年的闰日也不属于月和星期。

二战结束后的 50 年代，最高国际政治组织"联合国"的"经社理事会"再度主持讨论由印度等国提出的历法改革提案。但最后美国等国家以提案包含违反宗教信仰的"空日"为理由，作出无限期搁置关于历法改革问题讨论的决定。我国当时尚未取得在联合国的代表权，所以对此决定没有发言机会。这一结果，是不幸，然而也是万幸。因若此方案被通过，则我国关于世界历法改革的观点，特别是"世界历法的年首应该反映天文四季之首"的科学观点，就将无法得到体现，世界历法的科学化将被再次拖延无期。

半个世纪过去了，世界历法改革的热潮并没有平息。20 世纪末，世界频传联合国将实行新历的消息，方案仍然基本上是"世界历"。后来澄清了，这是谣传。但这谣传反证了人们对世界历法改革的热切愿望，仍然存在于人们的心中。近年来，一些国家的民间改历研究组织活动频繁，特别是我国的研历者提出了不少反映我国观点的方案。可惜的是未能唤起国家领导人和天文专家及广大人民群众的广泛关注。

1. 国外有代表性的改历方案

几年前，世界历协会提出了"2012 年世界历启用运动"，企图越过联合国，用群众自发运动的方式实行"世界历"。然而几年来反应不大。

此外，美国北卡罗来纳大学有个世界唯一的"历法网络通信讨论组"，名称"CALNDR -l"。近两个月在组内出现了几个值得注意的新方案：

- Arl Bromberg 的"对称闰周历方案"
- Mike Ossipoff 的"改进四季历方案"

- Mike Ossipoff 的"主观四季历方案"
- Mikhall Petin 的"阴阳合历方案"

从组内多年讨论的倾向看，闰周历最受人关注。这反映西方人的顽强传统观点，忽视四季，固守宗教七日星期制，背离世界统一历法的科学宗旨：计日期和明四时。现对以上四个方案作简要介绍。

（1）Arl Bromberg 的"对称闰周历方案"。

平年年长 364 日。年首基本不改，只是由于平年年长每年少一日，所以年首会在七日内漂移，漂移中心是现行公历的年首。闰年在年末加一个星期。364 日分为四个历季，每个历季 91 日，13 星期，三个月分别有 4、5、4 个星期，即分别有 28、35、28 日。大概每 5 年或 6 年有一闰年。闰年的排列有确定的算法，这里从略。该方案完全着眼于年与七日星期的配合，根本不考虑历法反映四季的功能。这是典型的西方片面观点。

（2）Mike Ossipoff 的"改进四季历方案"。

平年 365 日，闰年 366 日。年首为公历 12 月 14 日。四季为冬春夏秋顺序。冬春夏各 91 日，秋 92 日。闰年春 92 日，闰日在春末。四季与北温带的平均气温四季大体吻合。

（3）Mike Ossipoff 的"主观四季历方案"。

主观四季指的是人感觉的四季，当然各地不同。制历者选择北温带的平均感觉四季为代表，以冬春夏秋为顺序，四季不等长，以星期为单位，分别取 17、9、17、9 星期，按日说为 119、63、119、63 日。各季的分月按冬 5、4、4、4；春 5、4；夏 5、4、4、4；秋 5、4。以冬首日公历 12 月 1 日为新历启用年的年首。用闰周制。每 5 年或 6 年置一闰年。闰法计算较繁，这里从略。

（4）Mikhall Petin 的"阴阳合历方案"。

创制者似乎主张阴阳历并行，以阴历为主历。阴历小月 29 日，按 7、8、7、7 日分为四个星期。8 日星期为大星期，7 日星期为小星期。大月的四个星期为 7、8、7、8 日。这样由星期日次可显示月相。大小月的排列规律笔者尚未明白。阳历似仍同公历。笔者未发现其阳历成分与公历的区别，已向他询问，但尚未得到回复。

笔者赞同 Mike Ossipoff 的"世界历法应以四季为基础"的观点，但不赞同他的"感觉四季"为历法基础（即"热四季"或"气温四季"为历法基础）的观点。正在与他讨论这个问题。

2. 国内有代表性的改历方案

在国内近十几年来提出的历改方案，有代表性的有两个。其一是笔者提出的"自然历"。其二是周书先提出的"永久历"。分别做简要介绍如下：

（1）自然历。

年首　公历 2 月 4 日，作规范立春日。

分月　1～6 月每月 30 日；"年中"：平年 5 日，闰年 6 日；7～12 月每月 30 日。

规范四立日　立春 1 月 1 日；立夏 4 月 1 日；立秋 7 月 1 日；立冬 10 月 1 日。

闰法　暂同公历，其改进可以单议后随时补入。

说明：星期属于人文，不宜世界统一而列入历法框架，各国可以自选。推荐使用层次五日周，每月 1 日为周 1。

（2）永久历。

创制人是周书先，曾经多次修改，下述若有不符合创制人的本意之处，希望指出更正。

年首　近似冬至日。（开始启用时可以仍用公历年首）

分月　30，30，31；30，31，30（闰31）；31，31，30；31，30，30

星期　同公历，或置重星期日，以使历季内的星期日次固定。

闰法　取128年闰周减闰。2128年开始。

说明：本方案的特点有二。其一为力图使24节气的单数节气与黄道12宫相对应。其二为力图改革公历400年减三闰的闰制为128年闰周减闰。

国内提出的方案还有多种，但基本上可以归于立春年首和冬至年首两大类，可能还有春分年首一类。这里就不一一介绍了。应该提到的是，今年历改委在《我国历法改革的现实任务》《课题研究报告》中提出了"中华科学历"的五个方案：（1）1月独大历方案；（2）6月独大历方案；（3）夏季连大月历方案；（4）夏秋连大月历方案；（5）新四季历方案。

其中方案（2）基本上是笔者的自然历的早期版本，后来笔者将6月份30日后的5日或6日独立改作"年中"，即成现在的"自然历"。如此改变之后，12个月皆为等长，有利于经济计算。

方案（1）是将原6月份多出的5日或6日移到1月1日前面，以作新年假日。这样改变会使得月和历季与自然季脱离5日至6日，得不偿失。笔者不表同意。

方案（3）的夏季连大月历，是笔者更早期的自然历方案之一。它与24节气更吻合，但有31日之月，不够简明，不利于经济计算，是其缺点，故笔者放弃了。

方案（4）的夏秋连大月历，与夏季连大月历基本相同，可能与自然季的吻合程度略有出入。笔者也认为31日之月不够简明，不利于经济计算。

方案（5）的新四季历，是章潜五教授提出的对于世界历的改进方案。把世界历的年首改进到近似立春日，以使历法季节与天文季节接近吻合。但分月仍不够简明合天。

这五个方案都属于立春年首类的方案。做以上简略介绍，以便读者比较参考。

西方人维护西方宗教的七日星期制的观点，轻视天文四季的观点根深蒂固。我国天文历法学者与西方学者进行四季和世界历法理论的辩论，是不可避免的，任务是艰巨的。如果我们不作辩论，不为真理而争胜。一旦西方人的方案与西方宗教界、经济界和政治家的利益相结合，再次提到联合国的话，极有可能凑到多数而被通过。到时候我国政府将如何应对？到那时，我国会来不及与西方展开学术上的辩论。中国的"接轨"派，将会不分青红皂白，迫使我国政府与世界接轨。中国的传统科学历法观点，就将再次失去实现的机会。这将是我国和人类的一大不幸和悲剧。

CALNDR-l历法讨论组成立已经十年了，除笔者以外，尚未发现有我国同胞加入讨论。因此，我国的声音就很少有反映。在国内，以西安电子科技大学为中心的历改委，多年来由于条件限制未能发展为全国性的历法改革研究团体。近来，由于经费困难，所办的不定期刊物《历改信息》据说将会停刊。因而研历同仁今后除了在一些网站论坛上发表自己的帖子外，再也没有说话的地方了。研历者多次向人大、政协呼吁成立历法改革的专门机构，也如石沉大海，音信全无。笔者今天的帖子，提出"世界历法改革向何处去？"的问题，是个人的忧虑。不知其他研历同仁有何感想？

十三亿中国人，国家领导人、天文历法学家和所有学科的知识分子，是该关心历法改革的时候了！

顺便提个想法：国内研历同仁是否愿意成立一个自己的"历法改革电信讨论组"？其实这并不困难，如果能有20人同意，就可以开始开通电邮讨论，一些网站可以提供必要的网络信息服务。希望有兴趣者发表意见！

F-14 "农历""春节"都应正名

香港《大公报》2010.4.17　余仁杰

春节虽已过去多时，但春节前后在文化界有关"年文化"的呼声言犹在耳，相关争议还在延续。两位著名作家的论点更引起公众的极大关注。冯骥才认为："无论其文化规模与价值，还是精神内涵与意义，春节都是中华民族最大的非物质文化遗产。"因而提出春节"应第一个申请世界文化遗产"。而王蒙在《欢欢喜喜过大年》一文中提出：首先得为春节正名，"春节就是中华新年"，"建议今后将春节正名为'大年'"；又说"如果申遗，最应该'申'的是中华历法。"

笔者对王蒙的观点极具同感，因为早些年也曾撰文发表过类似的意见。笔者一直认为，现称的"农历""春节"都名不副实，都应该正名。兹将拙见提出求教读者诸君。

中华民族的传统历法，中国在"文革"前称"夏历"，"文革"中被改名为"农历"（为行文方便本文仍用此名），台港澳及海外华人社会也随之改称"农历"，但台湾不少人士对此极持异议。传统历法农历是中华民族的伟大创造。它既不同于阳历，又不同于如回历那样的纯阴历，而是兼有两者之长的阴阳合历。所谓"阴"，是指其历月根据朔望月（平均长度29.5306天），大月三十天、小月二十九天，以朔日为每月初一日。所谓"阳"，是指其历年基本根据回归年（平均长度365.2422天），以建寅之月为正月、"立春"前后的一个朔日为岁首正月初一日；同时按视太阳在一个回归年中黄道上的位置划分为二十四节气，规定每个月份都须含有一个相应的"中气"（从"立春"起逢双的节气），使月份与四季变化相适应，以指导生产与生活；又规定以无"中气"的月份为闰月（十九年七闰），这样使其历年平均数接近回归年。有人以为二十四节气是"阴历"，其实却是地地道道的"阳历"，因此节气在公历中的日期基本固定。这样，农历日期既能反映寒暑节令变化，更能正确反映月相及海洋潮汐变化，实用价值极高。因此周边邻国日本、朝鲜半岛、越南等，历史上都采用中国的历法。

上述阴阳历是中国历代王朝的正统历法，历史悠长（历代又对其有不断改进），也是世界上较古历法之一。以前曾一度对其称"夏历"，是根据相传古六历中夏历是以正月初一为岁首，而殷历、周历则分别以十二月初一、十一月初一为元旦，公元前一〇四年汉武帝颁布"太初历"恢复夏历岁首，故名。辛亥革命后推翻清王朝，建立中华民国，宣布中国采用国际通用的阳历（以民国纪年、以公历日期纪月日）。传统历被称作旧历（历书中称夏历）在民间继续使用。以后在两岸四地出版的历本中同时印上阳历（公历）与传统的夏历。大陆在"文革"中"夏历"之名被人视作"四旧"，由于它主要流行农村，就更名"农历"。

传统历法被称作农历确实不妥，它贬抑了历史、狭化了使用范围——华人社会的春节、中秋等等传统节日都根据此历法——因此必须正名。那么如何正名？笔者以为不必再恢复"夏历"旧称，而要与"国际接轨"——国际早有它的规范名称"Chinese Calendar"，就是"中华历法"，可简称为"华历"。这也并非笔者"首创"，陕西省老科协历改委的章潜五，早在几年前就提出这一正名建议。

——《历法创新研究文集》续集版　2010.10(11-12页)

F-15 赵树芗：对"世纪始年"问题之我见

西安电子科技大学 赵树芗

关于公元纪年的改革，笔者同意从0起计数，即公元1年与公元前1年之间应当有个"公元0年"，以保持公元前后计数的连续性和数学数列的一致性，避免常会因此出现的计算错误；并使置闰规则"能被4整除的公元年份均为闰年"也能适用于公元前。但是笔者认为还应加上两点考虑：

1. 克服世纪划分的不合理现象，例如：20世纪被表示为1901～2000年。21世纪为2001～2100年，等等；

2. 公元纪年的范围应当扩大，以使纪年法能够包含人类的整个文明历史时期。

为此，笔者提出一种新的公元纪年法：凡是公元后的纪年数，加上"10100"；凡是公元前的纪年数，则加上"10101"。按此规则，可以将旧的公元纪年数变换为新的公元纪年数，今仅摘取几例说明如下：

例一 公元2001年

$$对应的新纪年为 2001+10100=12101$$

其中第2、3位数表示21世纪，与现行公历一致。对应新纪年，只需加上第1位的1，即为121世纪。第4、5位数与现行公历的第3、4位数一致，表示该世纪的01年，也就是第2年。

例二 公元0001年(旧公元元年)

$$对应的新纪年为 0001+10100=10101$$

其中第2、3位数表示01世纪，与现行公历一致。对应新纪年，则为101世纪。第4、5位数与现行公历的第3、4位数一致，表示该世纪的01年，也就是第2年。

例三 公元前2年(今记为 -0002年)

$$对应的新纪年为 -0002+10101=10099$$

其中第1—3位数表示100世纪，第4、5位数表示该世纪的99年，也就是第100年。

例四 公元前10100年(今记为-10100年)

$$对应的新纪年为 -10100+10101=00001$$

其中第1—3位数表示000世纪，它体现了世纪从0起计数的特点。第4、5位数表示该世纪的01年，也就是第2年。

例五 公元前10101年(今记为-10101年)

$$对应的新纪年为 -10101+10101=00000$$

这是新纪年法中的计数原点，即0世纪0年，它体现出新纪年是从0起计数的。此例表明，公元前10101年正是新纪年法中的计数原点。

例六 公元前10102年(今记为-10102年)

$$对应的新纪年为 -10102+10101=-00001$$

这是新纪年法的公元前1年。从这一年开始，新纪年进入负数范围。

　　由以上各例可以看出。采用本文所述的新纪年法，对公元前 10100 年之后的历史事件，均能用正整数表示其年份，使用是十分方便的。

　　应该指出，粗看新纪年法似乎与现行公元纪年法相差很大，使用起来可能比较麻烦。然而实际上并非如此，新纪年法的变动并不算大，这是因为新纪年法中较好地考虑了与现行公历纪年的一致性。

原载于《西安历法改革研究座谈会文集》 2002.(24 页)

G类　与美、俄、乌、韩国协联研历

G-1　艾切丽丝——世界历法改革运动的女闯将

西安电子科技大学　金有巽

艾切丽丝（Elisabeth Achelis）是位纽约市民，祖籍德国。她成长于富裕而守旧的家庭里，没有得到进入高等学校学习的机会，只在私立的妇女成年培训学校里接受过社交礼仪教育，以后就在家里享受豪华的生活。除社交应酬外，她也欣赏文艺，关心时事。她是基督教徒，担任过教职。

1929年，她去听杜威博士的演讲，中心内容是如何才可简化社会生活。他提出三个途径：英语、度量衡、历法。当谈到第三部分时，介绍了当时是热门话题的十三月历。艾切丝丽对此很感兴趣，认识到历改的必要性，但她反对这个方案的设计思想，觉得方向有误，不是简化而是复杂化了，将会导致混乱。当时美国社会上关于历改的舆论工作，是由有钱有势的商人伊斯曼（柯达公司老板）在背后操纵的，别的方案难以出台。万一由伊斯曼代表美国出席国际历改会议，结局该是多么可悲！本来觉得有奔头的艾切丽丝，变得忧心忡忡了。

幸亏时隔不久，她从《纽约时报》读到一篇读者来信，表示反对十三月历，顺便介绍了百余年前有人向罗马教皇建议的十二月历修正方案，又说在欧洲还有不少人支持这一方案。这时艾切丽丝的心情顿时转愁为喜，认为历法改革有希望了。她决心投身于历改运动中，为全人类做好这件大事。当她向牧师请教时，得到的答复是鼓励性的，说历改并不违反教义。她又向银行经理谈论历法改革，听到的只是赞赏语调，却并未给予真正支持。于是她拿来定了主意，自己努力创造条件，决心到社会上闯一闯。她从改变生活环境下手，迁居公寓，压缩开支，挤出时间精力，专心搞历改的鼓动工作。1930年，她发起成立了"世界历协会"，大量吸收会员。1931年创办《历改季刊》，广泛征稿。她不断地做公开讲演，写文章，出书。

艾切丽丝的战略是：在美国国内，先揭批十三月方案，瓦解伊斯曼的支持力量，从而削弱美国在世界范围的倡导影响；然后加大力度，倡议十二月历改革方案，并且和欧洲的历改运动协调起来，对当时的国际联盟（League Nations）施加影响。

几年以后，她的设想实现了，战果累累。她的演讲受到欢迎；世界历协会壮大了起来。会员逾千，不少国内外的名人参加，会员中有不少宗教界人士；协会的喉舌《历改季刊》(Journal Calendar Reform)每年四期不间断地发行，稿件来源很广，文章质量较高，成了十二月历方案的有力宣传武器。她每年到欧洲去宣传，敦促一些国家成立"历改协会""历改委员会"（也叫"历法合理化委员会"或"历改研究会"），要求这些历改组织加强与各自政府的联系，有一年她一连游说了 11 个国家。

到 1939 年后，国际联盟历改委员会的态度明朗化了，二百多种方案中最有实力的两个是十三月历和十二月历，国际联盟认定了以后者作为讨论的重点，十三月历从此销声匿迹，艾切丽丝如愿以偿。国际联盟的历改委员会首次召开会议时，她出席并作了演讲，局势被稳定下来，伊斯曼也无法反扑了。至 1937 年，智利天文学家雷耶斯（Reyes），拟就一份决议草案，提到国际联盟请求讨论，建议在 1939 年实施十二月历方案。

艾切丽丝的成功，是由于她那坚强奋战的精神感召，促使众多的、各行各业的人出来支持她，特别是妇女界。她的口才和举止都胜人一等，能够进行耐心地劝说，她也警惕不要炫耀自己，防止栽跟斗。

她深知社会上的保守势力是客观存在的，热情支持的毕竟是少数人，因此不能操之过急。她对宗教界采取迂回说服的鼓励办法。她撰文指出在往昔修订历法的过程中，神父们出了很大力气，得到后人的尊崇，而这一次的 12 月历方案，又是意大利的神父马斯特罗菲尼（Mastrofini）设计的，有不少教会和宗教团体支持这种方案。神父、牧师也有人撰写文称赞它，少数知名的犹太教徒及犹太学者都没有表示极端反对的态度，只是等候着如何进行磋商。

作者简介：

金有巽（1914——　　　），先后任教于山东大学、中央大学。新中国成立后。在中央军委工程学校（西安电子科技大学前身）任教。担任物理教授会主任，后任图书馆馆长，兼任陕西省科普作家协会副理事长，主编《科学普及文集》。50 多年来，始终热心于科普活动，今任西安电子科技大学关心下一代工作委员会副主任。（《农民是依阳历耕作——春节中谈阳历和阴历》一文，是作者在 1946 年工作于教育部时所写，题名原为《必也正名乎——春节向编辑先生们敬进一言》，但此很好的科普文章投稿报社，却未被采用，1948 年更改题名才被录用，编者查证当时的报纸，极少称呼"农历"，只在婚姻启事中偶见有以"国历"和"农历"并注历日。本文最先指出称呼"农历"是因果颠倒错误。）1984 年退休后，致力于开展以历法宣传为主题的"大科普"活动。近年来写有《加强历政建设的建议》、《历法杂谈》等多篇文稿，虽然年逾八旬，仍然到处奔波呼吁，广泛搜寻历改资料，潜心研究历法改革。

说明：这篇综述性文章取材于七册英文《历改季刊》（1937—1941）。1947 年前后，金有巽先生工作于教育部，业余对于历法问题很感兴趣，曾向当时的天文研究所所长余青松先生探询世界历改情况，余所长主动交给他这七册宝贵的英文资料，后又把印度学者 Kate Halliday 的信函及新的历改方案也交他研究。近半个世纪以来，由于金老一直忙于本身业务工作，直到退休后才有时间着手编译。鉴于艾切丝丽的改历精神令人敬佩，故今匆忙写此综述文稿，写成单页附刊，提供大家参考。

原载于《西安历法改革研究座谈会文集》，2002 - 10

G-2 俄国的历法改革家洛加列夫

陕西省老科协历改委 蔡 董

瓦西里·瓦西里耶维奇·洛加列夫，俄国工程师。1937年生，毕业于乌德摩尔梯共和国的伊热夫斯克教育学院。曾在军队工作过。20世纪50年代末，离开军队。在学校任物理学和天文学教师。1978年开始成为《乌德摩尔梯真理报》通讯记者。现为俄罗斯联邦新闻工作者联合会会员。

洛加列夫是怎样开始从事历法改革的？阿拉·玛拉霍娃《新纪元从星期一开始》一文（载1998年3月20日俄罗斯《独立报》）这样写道：

那是在1964年第11届梵蒂冈会议上，教会主教一天主教徒发言赞同制定统一的永久历。于是，东正教会就急需稳定复活节和教会若干其他节日做出决定……洛加列夫认真地着手这一工作。他作为科学顾问，事先得到伊热夫斯克大学天文学教研室和俄罗斯科学院地方分院的学者们的支持。

自那时起，他就开始研究历法改革方案，至今已拟制出36种方案。

1994年8月17日，洛加列夫创建国际"太阳"永久历协会，会址设在伊热夫斯克市。他任主席，理事会有若干人。

1997年8月17日，"太阳"协会曾发出《致各国元首、政府首脑、议会、大众媒体、学者、社会活动家、宗教领袖、全世界所有公民的呼吁书》，倡议实行洛加列夫所拟制的《联合国历》，并将8月17日作为"国际历法日"。还提出将公元前776年即首届奥林匹克运动会的年份，作为新纪元的始年。

"太阳"协会出版《太阳》小报，每周2-3期，印数为250-500份。通过电讯社、无线电台和外国驻莫斯科大使馆向俄罗斯联邦和其他一些国家进行历法改革宣传。

洛加列夫常在报刊上发表关于历法改革的文章，例如《俄罗斯报》《劳动报》《独立报》《乌德摩尔梯真理报》《工会杂志》和伊热夫斯克的报纸等。他曾给白俄罗斯总统接待室、莫斯科政府、兹维达市秘书处、俄罗斯总统克里姆林宫办公室以及美国有关部门写信，宣传历法改革。他的历改方案曾在莫斯科"18-20世纪祖国历法展览会"上展示过。他还在乌德摩尔梯共和国自然博物馆和该共和国图书馆分别举办过"从罗慕洛（罗马帝国第1个皇帝）到现在"历法展览。

"太阳"协会已列入新版的《俄罗斯奇事录》。俄罗斯标准化和度量衡委员会对洛加列夫的历改方案给予积极评价。一些报纸也常常刊登"太阳"协会和洛加列夫的报道和评论。洛加列夫在伊热夫斯克市享有一定的美誉。

"太阳"协会与设在美国的国际世界历协会和我们历法改革专业委员会保持着密切的联系，经常用信函方式交流信息。洛加列夫曾在《乌德摩尔梯真理报》（2002年1月22日）上撰文，说当今世界上有三个历法改革中心，称国际世界历协会为西方中心，"太阳"协会为东方中心，我们历法改革专业委员会为远东中心。

原载于《历改信息》第21期，2005-01-10

G-3　在乌克兰召开的国际历法改革会议

陕西省老科协历改委　蔡　董

国际"21 世纪统一的全球文明历"科学—社会讨论会于 1999 年月日 11 月 1 日— 12 月 20 日，以通信方式在乌克兰契尔尼戈夫市召开。

这次会议最初是由乌克兰"ОБОРОТ"科学实用公司（НПФ -"ОБОРОТ"）倡议的。后经契尔尼戈夫国立教育大学、乌克兰科学院、乌克兰国家标准局等组织协商，并征求世界历研制中心（包括我们的历法改革研究会）的意见，最后确定会议的方式和具体内容。

会议的组织者是乌克兰科学—工程协会契尔尼戈夫省苏维埃（СНИО），"АХАЛАР"人文技术中心，"契尔尼戈夫— 2000"庆祝联合会社会组织。

组织委员会主席是 Ступа В. И.，СНИО 主席，技术科学博士，工程科学院院士；副主席是 Кузнецова Л. Г. СНИО 秘书；秘书是 Акимова Л. В.，契尔尼戈夫国家 ЦНТЗИ 首席专家。另有成员 7 人。

会议的主要参加者，即世界历研制中心，有国际"太阳"永久历协会（俄国），历法改革研究会（中国），"ОБОРОТ"科学实用公司（乌克兰契尔尼戈夫市）。国际世界历协会（美国）受邀而未参加。

组织委员会给约 40 个机构和组织发送了会议通知函。其中有联合国驻乌克兰代表机构，澳大利亚、英国、法国、日本等 8 个国家的大使馆（领事馆）；乌克兰 5 个代表机构；契尔尼戈夫省 7 个代表机构；契尔尼戈夫省国家行政机构宗教问题部、莫斯科教区管理处、乌克兰东正教会等 5 个宗教组织；俄国、美国若干公司（单位）。

会议认为，现行历法即格里历的改革是 20 — 21 世纪全球性的迫切问题。这一问题包括 3 项内容：历法记数法（日同周日、月有固定的对应关系），历法纪年制，历表。

会议追述了世界历的研制历史。1922 年国际天文学家代表大会曾提出上述问题。之后，成立了国际历法改革委员会。1964 年梵蒂冈教廷和东正教曾支持世界历的研制和实现。1937 年国际联盟会议曾讨论过世界历方案。以后联合国经济社会理事会也表示赞同，但没有采纳。会议拟制了联合国历问题的社会调查表。除寄给各世界历研制中心外，还寄给俄国的 Черкесов В. Р.，Шличус П. П.，Егоров В. А. 和 Попов А. Д.。寄给各宗教组织的调查表包括上 3 个问题的主要方案，但它们没有反应。

为了竞赛，对收到的历法方案不写作者姓名。调查对象分两类：科学、教育工作者，其他。征询意见的范围包括高等学校（例如教育学院）、中等技术学校和中等学校、小学（高年级）。由于经费原因，调查表未能在大众媒体上公布。

会议对历法方案进行了评选，我们历法改革研究会提出的 3 个历法方案未被选用。对于会议推荐的联合国历方案，我们认为还不如 30 年代国际联盟提出的四季历（世界历）方案。

会议最后通过了以下文件（方案）：

——联合国大会致各国、公民们和全球文明人士关于采用联合国历的呼吁书

呼吁书中的"联合国决议"（方案），推荐各国从新世纪开始，在科学、技术、实用和国际关系中，采用联合国历及其宇宙纪元（宇宙纪元是以 1961 年苏联宇航员加加林首次实现宇宙航行作为始年）和宇宙历表（公历 2000 年 12 月 22 日相应于宇宙纪元 41 年 1 月 1 日）；推荐国际标准化组织（ИСО）批准 ИСО××××－2000，并以格林尼治天文台为基础，建立国际统一时间（物理的和历史的）机构（站）。

——**联合国历的基本原则（ИСО－2000）**

包括"基本要求和性质"、"历法的形成"、"纪年法"、"历表"、"年"、"日"诸章。附件 1包括"周名称"、"月名"和"历表"；附件 2 是"术语和定义"；附件 3 是"历法简史"。

会议还作了书面总结。

组织委员会的工作已由大众媒体（广播，传真，报刊）作了宣传报道。会议文件已呈送联合国。

工作文件除发送给组织委员会各成员单位、各世界历研制中心外，还发送给乌克兰国家机构的学校（外交部，联合国代办处，国家标准局，全乌克兰 СНИО 和国家科学图书馆等），契尔尼戈夫省代表机构（历史博物馆、省图书馆、契尔尼戈夫国立教育大学）。

会议认为，这次讨论会达到了基本目的，取得有限的中间性成果（会议总结文件），为下一步在国际上实现历法改革创造了先决条件。（本文根据会议的俄文资料摘编）

原载于《历改信息》第 12 期，2000－12－22

G－4　实践"三个代表"，创新我国历法文明

陕西省老科协历法改革专业委员会　章潜五

历法反映天体运行的规律，明示节候变迁的法则，授时指导生产和生活，潜在影响人们的思想。我国是历法文明的古国，天文历学方面成就不少，历朝异代重视历法更新，独创有简明的 24 节气阳历。悠久的华夏传统历法，受到西方"日心说"的冲击，明清时代朝野重视西学，高官聘请洋人修治历法。吸取西方天文学之长，制成《时宪历》使用至今，太平天国兴起后废弃旧历，创颁阳历《天历》并严令"禁过妖年"。辛亥革命成功后，孙中山通令"改用阳历"，但因旧俗一时难除，只得宣布中西两历并行。新中国成立后，革除历代变更年号的惯例，采用各国通行的公元纪年，以西历格里历为主要历法。历法是长时间的计量标准，两历并行必生社会困扰，何日方能重归单轨历制，有待国人共同认真探讨。

研究历法改革问题，必须了解历法改革的历史，调查现行历法的使用效果，加以客观的分析论证。然而封建王朝严禁百姓习历，禁锢创新思想的流毒仍存。历法科学的涉域广泛，阻碍人们的深入探研。缺乏大力的倡导和支持，研究工作难以有效展开。致使历改研究乏人问津，世传课题久处冷漠。纵观当今的世界社会，存在两历并行的国家几何，社会困扰的情况各异，要求解困的积极性有别。历法反映时代的科学文明水平，谋求中华民族的伟大振兴，全面建设小康社会，时代在呼唤科学实用的新历。历法改革涉及政治文明和精神

文明，它反映人民群众的根本利益，体现先进文化的发展方向，促进先进生产力的发展。因此，学习和实践"三个代表"重要思想，创新历法文明急需国人共力，先进思想能否融入历法传播，有待中华志士的共同奋斗！

一、世界历法改革运动简介

公历在我国已经施用 91 年，似乎公众对它比较熟悉了，然而知其改革史者不多，许多史料仍然匿于档案馆。公历原为罗马帝国的宗教历法，1582 年由儒略历修改而成，历经三个半世纪才被通用，而中国、俄罗斯、埃及等文明古国很迟才勉强用它，1937 年中国历法研究会主席余青松博士在（美）《历改杂志》中说："中国虽然于 1912 年采用格里历，并不是由于它具有现代性（实际上并非如此），而是由于它具有通用性。既然世界诸国正在饶有兴趣地打算修正格里历，中国参与这一运动肯定不会落后。"法国大革命后废弃格里历，颁行仿同古埃及历的共和历。俄国十月革命后试行机器不停而工人轮休制，经济效益十分显著。

20 世纪曾经兴起世界改历运动，1910 年在伦敦召开万国改历会议，1914 年在比利时又召开国际改历会议，1921 年万国商会倡议世界改历运动，决议国际间采用永久不变的新历法，且请国际联盟主持此事。国联经过三年调查后，于 1927 年邀请各国成立委员会征求意见。美国当时没有参加国联，但对历改运动十分积极。信奉基督教的艾切利斯女士创建"世界历协会"（后称国际世界历协会），出版《历改杂志》广泛宣传，成为世界改历运动的旗手。曾获得 13 个国家 54 位宗教界领袖表态支持，其中有 29 位是美国宗教界的领袖和著名人士，连当时的罗马教皇庇护十世也表示不反对历法改革。1931 年我国成立历法研究会，对国际联盟提出的三个历法方案（格里历，四季历，十三月历），分发《征求改历意见单》征求意见，10 万人的统计结果是 81 % 赞成四季历（后称世界历）。

1937 年智利天文学家向国际联盟建议：从 1939 年开始实施世界历。但因发生二次世界大战，1939 年国际联盟瓦解，历改运动遂即中断。1945 年成立联合国组织后，秘鲁、印度和南斯拉夫提案改革历法，埃及、苏联、加拿大等国支持，而美国却带头反对，由于当时阵营对垒而冷战甚盛，致使 1956 年经社理事会决定"将对世界历的审议无限期地搁置"。

1949 年 8 月联合国中国委员会召开台北"世界历专题讨论会"，明确表示"中国乐于承认世界历协会，成为 36 个国家分会之一"，会议提出两个原则：1. 新历法应该简单、经济和易于理解。2. 它应该摆脱宗教倾向。（即它不应该仅仅适合基督教徒的信念，而且它应该谋求东西方观点的结合。）

二、我国历法改革的现实任务

在"科教兴国"战略的指引下，陕西省的一批离退休学者，组织历法改革研究会（CRRS），协联中外研历同仁，研究"我国历法改革的现实任务"，旨求补缺提供国家决策参考。我们追迹诸多先贤的遗志，提出："农历"科学更名，春节科学定日，共力研制新历，明确世纪始年。八年多来，依靠骨干的退休金和众人的资助，编印历改研究文集 8 种和《历改信息》20 期，万份资料赠给人大代表等人参阅，兴起了我国民间历法改革研究运动的新浪。我们协联美国国际世界历协会（IWCA）、俄罗斯"太阳"永久历协会（IACC "SUN"）和乌克兰研历组织，共力研究和呼吁历法改革，在研历深度和宣传广度方面今已领先。

通过遍查书刊报章获知，在1948—1992年间，有10位专家学者撰文反对不科学的"农历"称呼，他们依序为金有巽、薛琴访、陈遵妫、戴文赛、梁思成、应振华、杨元忠、金祖孟、罗尔纲、陈元方。经过科普宣传和呼吁后，《解放军报》、《西安日报》和《福建日报》已仿学《人民日报》，对"文革"极左思潮时的"农历"称呼作了拨乱反正，去掉了报头日历中的"农历"两字，《北京青年报》更撰文说明：阳历才是真正农历。这一明显进展，告慰了上述中仅存的三位老人——89岁的金老、77岁的应老（分别为研究会的正、副理事长）和侨居美国的94岁的杨老，为开展历法改革初步清扫了思想障碍。

对于春节科学定日问题，我们研究北宋沈括提出的以立春为岁首、太平天国严令"禁过妖年"和1930年民国政府"禁过废历旧年"的历史，以及金有巽、戴文赛、金祖孟、陈元方等人的论述。查明古代春节多定于立春，而"定正月初一为春节，始于1913年"，是朱启钤先生当时"任内务总长，曾向袁世凯提出一个《定四时节假呈》：'拟请定阴历元旦为春节，端午为夏节，中秋为秋节，冬至为冬节'"。旧历新年从此有了桂冠代名词，但却存在严冬过"春节"的名实矛盾，混淆了天文学的分季概念，并且严重阻碍着我国的历法改革。

夏历采用陈旧的"19年7闰（月）"编历法则，在两历并行的条件下，由于旧历元旦对应的公历日期游移多达一个月，致使产生诸多社会困扰：（1）不少年份的春节农休时间处于雨水节气之后，容易贻误春耕春灌良机；（2）职工和农民的春节休假日期游移于公历1、2、3月份，难做精确的月度统计对比；（3）寒假游移造成每年两个学期常会相差3～4周，致使教学计划无法稳定统一；（4）春节来早的年份学校放寒假较迟，大批学生也挤入客运人流高峰；（5）元旦与春节的相距日数在20～50日内变化，双节供应计划无法每年稳定；（6）全国人大、政协会议日期移变，由于太迟容易延误全盘工作。怎样才能解决这些困扰呢？其实办法非常简单，只要分辨我国传统历法的精华和糟粕，若依科学的24节气阳历特性，改以近似立春日（公历2月4日）定为春节，则上述诸多困扰立即迎刃而解。

章潜五撰文《春节历日的科学确定》，寄请南京大学天文系主任方成院士审阅，复信鼓励向全国人大建议，说："提出把春节定在立春之日起的三天，好处是明显的。"随后，四位学者敬请陕西省人大代表团建议，中科院办公厅答复认为"这种做法是完全可以的，但要能被广大群众所接受才行。"受此鼓励后发出的《呼吁全国人大会议立案审议：春节宜定在立春》，获得200多位专家学者的签名赞同或参研支持，中国天文学会曾计划于1997年在西安召开"古今历法改革问题"学术研讨会。至今陕西省人大代表团已四次建议，全国政协常委张勃兴与另两位省老领导也向全国政协会议提案。这一涉及各行业全年时序科学化的建议，正待党政部门进行研究和决策。

三、共力创制科学简明的中华科学历

共力研制新历是艰巨复杂的任务。祖冲之创制《大明历》，在世时未能获准颁行，经其子祖暅奏呈才获颁行。沈括批判置闰月法为"赘疣"，其弊病为"气朔交争，岁年错乱，四时失位，算数繁猥"，他创制《十二气历》后预料："今此历论，尤当取怪、怨、攻、骂。然异时必有用余之说者"。760多年后颁行太平天国《天历》，终于实现了沈括的改历主张，840多年后，英国气象局在统计农业气候与农业生产方面所制的农历，采用了和沈括《十二气历》

相同的方法。党史专家陈元方和太平天国史专家罗尔纲，都高度赞扬沈括的科学精神和太平天国改历的革命精神。

1931 年滇省要员李伯东创制节气历上呈，并且转达了孙中山总理的改历思想："光复之初，议改阳历，乃应付环境一时权宜之办法，并非永久固定不能改变之事，以后我国仍应精研历法，另行改良。以求适宜于国计民情，使世界各国一律改用我国之历，达于大同之域，庶为我国之光荣。"1992 年中共陕西省委书记陈元方遗著《历法与历法改革丛谈》，提出改历主张："走太阳历之路，创制具有中国特色的新农历"。竺可桢先生说："在二十世纪科学昌明的今日，全世界人们还用着这样不合时代潮流，浪费时间，浪费纸张，为西洋中世纪神权时代所遗留下来的格里高里历，是不可思议的。""只有社会主义国家本其革命精神，采取古代文化的精华而弃其糟粕，才会有魄力来担当合理改进历法这一任务，唯物必能战胜唯心，一个合理历法的建立于世界只是时间问题而已。"这些论述及其精神反映了我国历法文化的先进方向，吸引国人继志探索历法改革问题。

20 世纪初期，我国有十多位专家学者提出世界历方案，在今新旧千年交替之际，又有十多位业余研历者提出新方案，其中有多位农民和一般职工，这是多么可喜的社会新气象。研究会通过多年的协联研究，今已探得两种中华科学历（兼为世界历）方案：新四季历和五日周历。前者照顾了七日周习俗，吸取世界改历运动的成果，但对四季历作了重要的改进，具有较好的可行性。后者为理想的新历方案，这种新历以近似立春日（公历 2 月 4 日）为岁首，全年 12 个月，依序分成春、夏、秋、冬四季，大多数月份同为 30 日，恰为 6 个五日周，唯独 6 月为大月多一周，闰年则再增加一天（第 36 日），特定为周日休息。置闰法则可以仍同公历，或改用"128 年 31 闰（日）"的精密法则。

它与格里历比较，具有下列突出的优点：

1. 消除了公历最不合理的缺点——连续七日周制（竺可桢曾指出），改用科学合理的五日周制，它能整分一年 365 日、一月 30 日、节气间距约 15 日，而七日周制则都不能整分。五日周制早有先例：我国千年久用"五日一候""十日一旬"；古埃及历每月均为 30 日；法国大革命后废弃格里历，颁行的共和历仿同古埃及历；俄国十月革命后曾试行工人分为五组轮休。

2. 月日分配符合夏季长（约 94 日）、冬季短（约 89 日）的实际，大小月规律简单易记，消除了公历中的古代皇权烙印。月历表从 28 种降为 3 种（形式仅 2 种），年历表从 14 种降为 2 种（形式仅 1 种），测算星期易如反掌，只需对日期数做"除五取余法"。

3. 日期与星期关系已获固定，年历表具有千年永久性，每年法定节日的星期不变，免除了频繁调休之苦。年历表如此简单和规律，几乎无需编印历书历表，可以节约纸张和节省时间。新历的科学性和透明度极好，封建迷信难于侵入为害，有利于根除愚昧和迷信。

4. 历法岁首改为近似立春日，消除了公历岁首无天文意义的缺点，已使历法季节符合实际天时，岁首与春夏秋冬分季不再矛盾，每月的两个节气处于月初和月中，能有简明的口诀作出估计。新历突显了 24 节气的简明阳历特性，弘扬了我国古代历法文明，实现了东西方文化的交融，并可消除我国两历（公历和夏历）并行的诸多困扰。

当今我国国际地位空前提高，反对霸权主义和强权政治，维护世界的和平与正义事业，而创新世界历法文明为时代的呼唤。联合国的五个常任理事国，都曾对于世界改历运动作有贡献，对于宇航时代仍旧使用陈旧历法，义不容辞地负有改变现状的责任。中国作为历法文明古国，改革历法的次数之多冠世，拥有世上最丰富的天文历法史料，今又有先进思想指导历法改革研究。通过综观对比可知，需由中国积极承担试行科学历方案，汇集中华儿女的聪明才智，验证新历的优越性能，以求吸引其他国家推广使用

我们分析认为，寄望于联合国开会统一认识，全球同时改用科学历取代格里历，这种想法似乎不现实。而通过一国或多国率先试行，逐步推广则是切实可行的。挑战竞比优劣能否取胜，取决于这种科学历是否最优？实质为竞比研历的指导思想是否最先进？我们坚信在中国共产党的领导之下，必定能在世界性竞比中取得胜利，绝不会像格里历那样需要几个世纪。时间分成世界时与地方时，历法是长时间的计量标准，现实就存在着世界历和地方历。我国试行中华科学历，并非标新立异搞倒退，而是根据我国的实际情况，并着眼于创新世界历法文明。在国内实施中华科学历，同时改以立春为岁首，以求各行业的全年时序科学合理化，而在处理涉外事务则仍使用公历。这种世界新历具有兼容性，并不妨碍他国坚持使用格里历。仅仅比较历法方案难于服人，效果全然不同才具说服力。因此与格里历挑战竞比，关键在于争取我国率先试行，迎来的将是我国摆脱繁琐历表的千年困扰，人民变做历表主人的崭新时代！（本文曾贴文于强国社区等论坛）

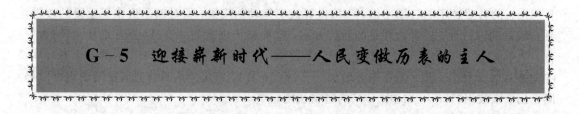

G-5　迎接崭新时代——人民变做历表的主人

陕西省老科协历法改革专业委员会　章潜五

人们天天需要使用日历，然而往往只是会查历表，不明白历法的基本原理，未能摆脱繁琐历表的困扰。这在皇朝时代不足为怪，但今已是宇航的科学时代，仍未摆脱困扰就遗憾了。人民不能变做历表的主人吗？探索结果的答复是：不！

历法是源远流长的实用科学，它反映天地运行的规律，明示寒暑变迁的法则，体现时代的文明水平。历法用来计日记事、计划生产和安排生活，为此需要明确某天是几年、几月、星期几以及节气日期。理想的历法应该是：给定年月日的数据后，无需翻查历表就能明确诸问，然而公历（格里历）和夏历（"农历"）却都不能满足要求。公历每年的月日数目固定，置闰法则比较简明，但它采用不合理的连续七日周制，并且历法的岁首不正，致使不查历表就难于回答某天是星期几和节气日期。夏历的置闰法则陈旧和复杂，月大和月小没有规律性，24节气日期游移一个月，因此谁也无法回答诸问，即使编历专家也不例外，致使必须编印厚厚的历书备查，实际上都在做历书的"奴隶"。

20世纪初期，兴起过世界改历运动，四季历获得世人的广泛赞同，我国10万人统计结果，81％赞成国际联盟提出的这一方案，后被称为世界历，然而这种新历也不能回答诸问。当今新旧千年交替之际，我国又兴起历改研究的新浪，本会协联十多位民间研历者，经过多年的研究讨论，终于找到了一种理想的新历——中华科学历，它是五日周制的世界历，主要基础是我国千年使用的24节气阳历，尤其适宜于我国使用，因而暂先加上前缀"中国"。

中华科学历的年历表

1-5月，7-12月	平年6月（闰年6月）

一	二	三	四	日
1	2	3	4	5
6	7	8	9	10
11	12	13	14	15
16	17	18	19	20
21	22	23	24	25
26	27	28	29	30

一	二	三	四	日
1	2	3	4	5
6	7	8	9	10
11	12	13	14	15
16	17	18	19	20
21	22	23	24	25
26	27	28	29	30
31	32	33	34	35
				（36）

说明： 以近似立春日（公历 2 月 4 日）为岁首，每月的两个节气处于月初和月中左右，有简明的口诀可作估计。置闰规则可以仍与格里历相同，闰年增日今记为 6 月 36 日、特定为星期日。

中华科学历与公历比较，具有下列突出的优点：

1. 消除了公历最不合理的缺点——连续七日周制，改用科学合理的五日周制，它能整分一年 365 日、一月 30 日、节气间距约 15 日，而七日周制则都不能整分。五日周制早有先例：我国千年久用"五日一候"、"十日一旬"；古埃及历每月均为 30 日；法国大革命后废弃格里历，颁行的共和历仿同古埃及历；俄国十月革命后曾试行工人分为五组轮休。

2. 月日分配符合夏季长（约 94 日）、冬季短（约 89 日）的实际，大小月规律简单易记，消除了公历中的古代皇权烙印。月历表从 28 种降为 3 种（形式仅 2 种），年历表从 14 种降为 2 种（形式仅 1 种），测算星期易如反掌，只需对日期数做"除五取余法"。

3. 日期与星期关系已获固定，年历表具有千年永久性，每年法定节日的星期不变，免除了频繁调休之苦。年历表如此简单和规律，几乎无需编印历书历表，可以节约纸张和节省时间。新历的科学性和透明度极好，封建迷信难于侵入为害，有利于根除愚昧和迷信。

4. 历法岁首改为近似立春日，消除了公历岁首无天文意义的缺点，已使历法季节符合实际天时，岁首与春夏秋冬分季不再矛盾。新历凸显了 24 节气的简明阳历特性，弘扬了我国古代历法文明，实现了东西方文化的交融，并可消除我国两历并行的诸多困扰。

我国两历并行所生的社会困扰，突出表现于过旧历新年春节，古代春节多在立春日，而今春节却是阴历正月初一，其公历日期在立春日前后游移，最大移幅多达一个月，因而产生诸多社会困扰：

（1）不少年份的春节农休处于雨水节气之后，容易贻误春耕春灌良机；

（2）职工和农民的春节休假游移于公历 1、2、3 月份，难作精确的月度统计对比；

（3）寒假游移造成每年两个学期常会相差 3～4 周，致使教学计划无法稳定统一；

（4）春节来早的年份学校放寒假较迟，大批学生也挤入客运人流高峰；

（5）元旦与春节的距离在 20～50 日内变化，双节供应计划无法每年稳定；

（6）全国人大、政协会议会期移变，由于太迟容易延误全盘工作。

今依据我国传统的 24 节气历，改以近似立春日（新历元旦）定为春节，则上述诸多困扰立即迎刃而解。

每年过两个年节（元旦和春节），存在"每人年增两岁"之惑和春节名不符实的矛盾。改用中华科学历后，可使全年时序科学合理，两个年节合一，春节名正言顺，不会再在严冬过

"春节"。新历和新春节标志我国的新春时代，体现了"三个代表"重要思想，能够弘扬改革创新的时代精神，激励为全面振兴中华而奋斗！

下面，我们来看是否不查历表就能回答诸问。例如：给定 2003 年 3 月 29 日（公历 4 月 29 日），需要回答的问题是：这年是否闰年？3 月是否大月？这天是星期几？节气日期如何？

由于置闰法则仍同公历，即"能被 4 除尽的年份为闰年，但世纪年数能被 400 除尽的年份不闰，其余均为平年"，因此容易获知 2003 年是平年。

由于此新历是 6 月独大，其他均为小月，故知 3 月是 30 天。

此种五日周历测算星期最简单，只需对日期数做"除五取余法"（余数为 0，则为星期日），今知日期数 29 除五后得余数为 4，故知这天是新历的星期四。

新历每月两个节气的估计口诀（正时和偏差一天共占 99.8 %，偏差二天仅占 0.2 %）为

春季和末月 1、16，　　夏季各移一、二、三（天），

7 月前移一（天），　　8 至 11 月 2、17。

根据口诀可知，新历 3 月的两个节气是：清明 3 月 1 日，谷雨 3 月 16 日。

通过上述历法的性能对比和新历的测算举例，不难看出中华科学历具有极好的科学性、稳定性和透明度。毋用置疑，它与格里历挑战竞比优劣，必然能够最终获得胜利。改革历法会有宗教和习俗等阻力，然而这并非无法解决的难题，需要我们解放思想束缚，坚持迎难而上的创新精神。冲破阻力的可行办法是，希望争取我国率先试行，通过社会实践作出检验，最终促成世界历的优胜劣汰。时间有世界时与地方时之分，历法实际上也存在世界历与地方历。在科学历与公历的挑战过程中，国际交往仍可使用公历，而国内的年度时序则可改用新历，以求迎来新时代的科学时序。当我们了解历法改革的历史，深察我国社会的用历情况，明确已在研历深度和宣传广度方面领先，将会激励国人共同努力奋斗，争取再展我历法文明古国的光辉！

原载于《历改信息》第 19 期，2003 - 12 - 02，2004 年被国际专家交流网评为优秀论文，已在网上公布

G-6　摆脱繁琐历表困扰千年的探索

陕西省老科协历法改革专业委员会　章潜五

历法是源远流长的实用科学，它反映天地运行的规律，明示寒暑变迁的法则，体现时代的文明。人类社会进入了宇航时代，梦想遨游太空已成现实，今却仍在沿用古旧历法，繁琐历表的困扰未解。历法改革的呼声经久不息，20 世纪曾经兴起世界改历运动，然而未能取得效果，难道人类真是无法摆脱繁琐历表的困扰千年吗？

一、分析历法的功能作用

历法是长时间的计量标准，用来计日记事、计划生产和安排生活，为此需要明确某天

是几年、几月、星期几以及节气日期。理想的历法应该是：给定年月日的数据后，无需翻查历书就能明确诸问，然而公历（格里历）和夏历（"农历"）都不能满足如此要求。

先来看公历，例如给定日期为 2003 年 4 月 29 日，需要回答：这年是否闰年？4 月是否大月？这天是星期几？节气日期如何？由于公历的置闰（日）法则简单，各月的日数固定有律，因而容易判定：这年是平年（365 日），4 月是小月（30 日），然而其他二问就难以回答了，能否不查历书就可获解呢？下面就来介绍测算方法。

公历各月的日数固定，星期排序是连续七日周制，因此历日与星期呈现某种函数关系，只需已知某日的星期，即可算出其他日期是星期几。测知星期的一种简便办法是：对于某年，可以根据历书编排出月历密码的数列，例如 2003 年 1 至 12 月的密码数依序为：2 5 5 1 3 6 1 4 0 2 5 0，测算方法是：对于上例，先用日期数 29 与该月的密码数 1 求出和数，然后采用"除七取余法"，这余数就是所问的星期几（若余数为 0，则为星期日），因此心算即可获知这天是星期二。至于年内的其他日期，类此都可获解。

为了推广用于其他年月，不难编排出千年的月历密码表，结果将会获得启示：公历年历表具有重复特性，它只有 14 种，每隔 28 年的历表相同，平年每隔 6 年或 11 年也会相同。因此公历的月历密码共计 28×12＝336 个，一张小纸即可写下几千年的密码（笔者已排出 1900—3099 年，参见《历法改革研究文集》第 13 页）。谁若有此小纸并配用心算，就等于拥有几十册公历《百年历书》。

我国先民创造的 24 节气历，是千年授时农耕的科学历法，它是一种简明实用的阳历，有人却误以为农耕必须依靠阴历，致使把阴历误称为"农历"。24 节气处在黄道 360 度的 15 度等分点上，从黄经 315°作顺时针移动一周，依次为立春、雨水……小寒、大寒，形成一个回归年。其中四立（立春、立夏、立秋、立冬）表示四季的首日，二分二至（春分、夏至、秋分、冬至）表示四季的中期，它们具有明确的天文意义。一年分成春夏秋冬四季，因此历法岁首自然应该是立春。公历也是阳历，但其岁首处于冬至后约 10 天，缺乏明确的天文意义，由于公历的岁首不正，致使月日数据的季节含义模糊。然而西方人不注意节气情况，只明确了二分、二至，而且四季划分也与我国不同，认为春分是春季之始，因而季度划分偏差一个半月。

24 节气若用阴历标示日期，由于它俩的历法性质不同，节气日期呈现杂乱分布，因而阴历没有节气的相对稳定特性。我国天文台编印的《百年历书》，节气日期是用公历作科学标示的，从中获知阳历具有节气的相对稳定特性，各年的 24 节气只有一天偏差，因此不难编出百年的节气日期表。例如 21 世纪的百年，大多数的节气日期是：立春 2 月 4 日，雨水 2 月 18 日，……小寒 1 月 5 日，大寒 1 月 20 日。根据这些数据，即可编出口诀作近似估计。例如每月两个节气的估计口诀（正时和偏差一天共占 99.8％，偏差二天仅占 0.2％）为

上半年来 5、20，唯独 2 月前移一（天）；

下半年来 7、22，唯独 10 月后移一（天）。

因此只要记住口诀，即可百年享用不尽，何需去频繁翻查历书呢。例如 2003 年 4 月，利用口诀可知：清明是 4 月 5 日，谷雨是 4 月 20 日。

再来看夏历。例如给定的日期是癸未年三月廿八日（公历 2003 年 4 月 29 日），需要回答：这年是否闰年（是否有闰月）？三月是否大月？这天是星期几？节气日期如何？结果令人深表遗憾，没有人能够回答诸问，即使编历专家也需翻查历书。这是什么原因呢？

夏历是阴月阳年式的阴阳历，阴历朔望规律十分精确，然而阳历年度却十分粗疏。夏历采用"19年7闰（月）"编历法则，虽然19年的平均年长接近于回归年值（约365.2422日），但其各年的日数却非多即少（353～355日，383～385日），偏差都在10天以上。7个闰月排在哪年哪月呢？虽然是依据有一定的规则，然而结果却没有规律性，闰月可能处于二月、三月……十月。由于阴历节气不具有相对稳定特性，游移幅度多达一个月，致使阴历编排不出节气日期表，仅知日期不能判知节气，这正是人皆依赖翻查历书的症结所在。

给定夏历癸未年三月廿八日，能否测知这天是星期几？三月是否大月呢？这又涉及另一个不透明特性——常人无法判知某月的大小。月大或月小需由编历专家决定，必须测算相邻两个朔日的时间，看它是大于或小于29日，才能决定该月为大月30日或小月29日。夏历也可编排月历密码表，但因各月的大小变化无常，致使无法采用"除七取余法"。因此与公历对比，夏历不仅也不具有日期与星期的固定关系，而且它还无法测算星期。阴历的月大月小不定和24节气游移，造成了两个弊端：一是夏历年历表每年变化，必须编印厚厚的历书备查；二是迫使人们不得不翻查历书，无法摆脱旧历书的千年困扰。

由以上分析可知，夏历的透明性极差是个严重缺点，这一缺点有利于封建王朝的统治，但却有害于今朝人民政权时代。因此可得结论：我们必须分清传统历法的精华和糟粕，发扬24节气历的科学实用特性，废除陈旧的置闰月编历法则，创制科学实用的中华新历。

二、两种中华科学历方案

我们认为新历法应该具有下列的主要性能：

（1）精确度高，历年长度力求符合回归年；

（2）稳定性好，年历表具有永久性；

（3）科学性好，月日数据确切反映季节和星期；

（4）规律性强，历表简明，便于记忆和推算。

我们认为需要遵循下列的指导思想：

（1）历法要符合天体运行规律，反映物候变迁规则；

（2）坚持太阳历方向，废弃陈旧的置闰月编历法则；

（3）广泛吸取古今历法的优点，汇集人类的共同智慧；

（4）进行科学的分析论证，摆脱陈规旧俗等不良影响。

20世纪初期兴起世界改历运动，我国天文学家高鲁等专家学者提出十多个世界历方案。90年代又有十多位业余研历者提出新方案，经过多年的协联研究，汇成两个中华科学历方案：新四季历和五日周历。在设计新历的过程中，我们注意吸取古今中外历法的优点，突出24节气历的科学思想，使它兼为世界新历方案，并已与美、俄、乌国研历组织交流。

新四季历和五日周历的年历表分别详见第5页和第6页。

下面，略去历法方案的性能分析，只来观察是否不查历书历表就能回答上述诸问。

（1）新四季历

给定此新历2003年3月24日（公历4月29日），需要回答的问题是：这年是否闰年？3月是否大月？这天是星期几？节气日期如何？由于置闰法则仍同公历，因此容易获知2003年是平年，由于此新历的各月依序是：大、小、小、大、小、小、大、小、小、大、小、大、故知 3 月是小月 30 天。此新历的月历密码是每季三月依序为 6、2、4，故知 3 月的密码数为 4，加上日期数 24，得和数为 28，除七后得余数为 0，因而这天是星期日。

此新历的节气估计口诀（正时和偏差一天共占 99.8％，偏差二天仅占 0.2％）为

　　　　1、5 两月 1、16，　2 至 4 月前移一（天）；

　　　　6 和末两月 2、17，　7 至 10 月 3、19。

根据口诀可知 3 月的两个节气是：清明 2 月 30 日，谷雨 3 月 15 日。

（2）五日周历

给定此新历 2003 年 3 月 29 日（公历 4 月 29 日），需要回答的问题是：这年是否闰年？3 月是否大月？这天是星期几？节气日期如何？由于置闰法则仍同公历，因此容易获知 2003 年是平年，由于此新历是 6 月独大，其他均为小月，故知 3 月是 30 天。此新历的月历密码数为 0，日期数 29 除五后得余数为 4，因而获知这天是星期四（注意此为五日周制）。

此新历的节气估计口诀（正时和偏差一天共占 99.8％，偏差二天仅占 0.2％）如下：

　　　　春季和末月 1、16，　夏季各移一、二、三（天），

　　　　7 月前移一（天），　8 至 11 月 2、17。

根据口诀可知，3 月的两个节气是：清明 3 月 1 日，谷雨 3 月 16 日。

原载于《历改信息》第 18 期，2003 - 06 - 29

G-7　从历史看历法改革

陕西省老科协历改委　蔡　董

任何事物总是不断完善不断发展的。新生事物总会代替旧的事物，随着时间的推移，又会有更新的事物代替原有的新生事物。但在新旧交替的时期总会有斗争，甚至有曲折、有反复。中外历法的演变也同样符合这一规律。综观中外历法史，就可以深刻体会到这一真理。

由于原始社会没有文字记载，原始的自然历（"草木历"）改革为星象历（"大火历"、"岁星历"），星象历改革为纯粹太阴历，其改革过程还不得而知。但可以推断，不同思想斗争是会有的。而由纯粹太阴历改革为置闰（月）太阴历，从大量的甲骨卜辞中可以得到证明。但其改革过程有什么思想斗争，尚缺乏资料。秦统一六国后，推行了许多重大改革，在历法方面废除了古六历中的五历，独行《颛顼历》，其具体过程也缺乏资料。

《颛顼历》改革为《太初历》的斗争过程已有资料记载。汉代初期仍沿用秦代《颛顼历》，由于颁行已久，且长期战乱，影响测天校历，因此误差大增。汉武帝刘彻时，司马迁等人建议改历，刘彻令邓平、落下闳等改历。

刘彻于太初元年将新历定名为《太初历》。这是置闰（月）太阴历第一次大改革。据《后汉书·志第十二·历一》，当时"非之家十七家"。又据《汉书》卷二十一上，曾"罢废尤疏远者十七家"。可见反对改革的人是很多的，斗争也必然会是激烈的。

南朝宋孝武帝大明六年(公元462年),祖冲之从长期实测中发现当时用的《元嘉历》已有很大误差。于是创制了《大明历》。虽然此历比《元嘉历》优越得多,但却受到戴法兴等保守派的大肆攻击。《宋书·律历下》记载了戴法兴的许多谬论。例如他认为历法应以古制为准,即使与晷影不符,发生错误,也不能改动。天体运行的规律和数据,神秘莫测,不可认识。祖冲之对其谬论一一驳斥,针锋相对地与之斗争,虽然真理在祖冲之这边,但戴法兴为皇帝宠臣,而祖冲之只是一个地方小官,其历法自然难以实行。直到祖冲之死后10年,到了梁代,其父子又奏朝廷,《大明历》才得以颁行。

隋代最初仍沿用《大象历》,开皇四年(公元584年)改用《开皇历》。《开皇历》是张宾对《元嘉历》稍加修改而成,所用数据粗疏简陋。刘孝孙、刘焯等指出该历舍《元嘉历》的精华而取其糟粕,刘晖和张宾则指责刘孝孙和刘焯"非毁天历","惑乱世人"。刘孝孙多次上书力争无效,后携带自撰《孝孙历》,车载棺材到皇宫前哭诉。杨坚令人对张宾和刘孝孙的历法进行评判。根据历史上25次日食记录考察,刘孝孙胜。本来杨坚打算起用刘孝孙,奈因保守势力较强而作罢。后刘孝孙含恨而亡。

刘孝孙死后,太史局张胄云窃其底稿,加以改写,获准颁行,后又修改,正式定名为《大业历》。刘焯早在开皇三年(公元583年)就编撰了历法,后又参考刘孝孙的《孝孙历》重新修改,还增加许多新的计算方法,名为《皇极历》。这是一部颇为优秀的历法。但因张胄云任员外散骑常侍郎,领太史令,权重当朝,横加阻挠,《皇极历》未能实行,刘焯也因之含恨而亡。

唐代曹士芄的《符天历》和后晋马重绩的《调元历》都曾颁行,但也都因不用所谓"上元积年"而受到保守派的攻击。不久便被废除。南宋杨忠辅撰写《统天历》,为了避免保守派的攻击,违心地虚设"上元",但仍受到大理评事鲍浣之的攻击。此历只颁行9年即废除。

北宋沈括曾任司天监太史令,在任期间曾提出"十二气历"理论。他尖锐指出:置闰(月)太阴历的弊端是"气朔交争,岁年错乱,四时失位,算数繁猥"(《梦溪笔谈·补笔谈》卷二)。

而"十二气历"的优点是"如此历日,岂不简易端平,上符天运,无补缀之劳?"(同上)这一理论则属于太阳历,对我国传统历法的改革具有革命性质。然而他的理论不仅没有被采纳,反而被保守派咒骂了七八百年。例如,清朝腐儒阮元曾无端指责"十二气历"理论是"与羲和(传说黄帝时代管天文的官)置闰之旧,显相违戾,徒聘臆知,而不合经义"(《畴人传·沈括传》)。

实际上沈括当时就料到他的"十二气历"理论会受到保守派的诬蔑攻击,他曾说:"予先验天百刻有余有不足,人已疑其说;又谓十二次斗建当随岁差迁徙,人愈骇之。今此历论,尤当取怪怒攻骂,然异时必有用予之说者。"(《梦溪笔谈·补笔谈》卷二》)

正如沈括所预言的"异时必有用予之说者",1852年太平天国的《天历》,基本上就是根据"十二气历"理论制定的。约在1930年,英国气象局制定一部肖纳伯农历,其方法与"十二气历"不谋而合。

明代只颁布过一部历法——《大统历》,而这部历法还是将元代《授时历》修改而成的。随着时间推移,误差日益明显。例如万历二十年(公元1592年)五月甲戌夜月食,钦天监推算差一天;万历三十八年(公元1610年)十一月壬寅朔,钦天监推算日食食分及时刻,又发生错误。虽然陆续有人提出修改历法,但由于明王朝"祖制不可变"的保守思想,始终拒绝修改,甚至还禁止民间私习天文和历法,违法乱纪者处以极刑。

到明末,《大统历》误差越来越大,朝廷内外要求改历呼声更高。当时,西方天文学方法传入。崇祯二年(公元 1629 年)，朝廷设立"西局"，由徐光启领导，采用西方天文学方法编撰《崇祯历书》。而领导"东局"的魏文魁坚决反对修历，更反对采用西方天文学方法。斗争异常激烈。《明史·历志》曾记载双方推算、实测的较量计有 8 次，结果徐光启等获全胜。《崇祯历书》于 1629 年开始编撰，1634 年编就，又争论了 10 年。虽然最后得到崇祯的认可，但 1644 年明朝亡，终未实行。

清朝建立后，德国人汤若望将《崇祯历书》作了删改、补充和修订，呈献朝廷，即《时宪历》。顺治当即颁行；又任命汤若望主持钦天监。

杨光先借口《时宪历》上有"依西洋新法"字样，便痛哭流涕，上书朝廷，攻击汤若望。康熙四年(公元 1665 年)，杨光先又向朝廷上书提出汤若望"新法十谬"。由于《时宪历》推算该年十二月朔日食有误，又上书说：汤若望选择荣亲王安葬日期误用"洪范"五行；尤其是新历只包括 200 年，与"皇上历祚无疆""殊大不合"(《清鉴》卷四)。汤若望遂被判罪，杨光先接任钦天监正，吴明煊为副，废除新历，仍用旧历。杨光先说："宁可使中夏无好历法，不可使中夏有洋人。"(《不得已》)

康熙七年(公元 1868 年)吴明煊造《七政民历》多有误差。杨光先却多方包庇，事发下狱，判为死罪。杨光先老泪横流，上书朝廷，承认"臣只知推步之理，不知推步之数"(鲁迅《看镜有感》)。

正由于新历采用西洋制历方法，并且任用洋人，这对国内长期以"天朝上国"思想自居的士大夫产生强烈的冲击。而他们无法反驳西方制历方法的优点，却迂迴地提出"西学中源"说，即西方的制历方法实际上是来源于中国。这样便挽回了"天朝上国"的面子。江永、戴震、赵翼等先后坚决反对此说。斗争连续不断。直到清末，查继亭重刻《畴人传》"后跋"中还说"西洋虽微(精细)，究其原(源)皆我中土开之。""西学中源"之说在我国一直持续了200 多年来，足见思想观念的改变难矣哉！

太平天国的《天历》是由冯云山创制的，1851 年颁布，1852 年实行。1858 年洪仁玕又作了修订，在太平天国所辖地区实行了 16 年 6 个月。其主要优点是：年的长度与回归年极为接近；将朔望月改为节气月；月份与 24 节气求一致；大小月建排列有规律；以立春为元旦；保留干支记日；无封建迷信内容。总之，《天历》的实行是我国古代历法史上最为彻底的改革，完全废除了太阴历，只用太阳历。再者，《天历》推行又非常坚决，例如，下令过《天历》新年，严禁过"妖年"(旧历年)。当时天京(南京)城内有的妇女和老人"私过旧年""被杖"，浙江长兴有乡于旧历除夕赛神受到罪罚。

清朝统治者却对《天历》进行诽谤和攻击。例如，曾国藩曾叫嚣："行夏之时，圣人之训，蠢尔狂寇，竟至更张时宪"，"逆天渎天，罪大恶极"，"是贼之悖，为亘古所无"(《讨粤贼檄》)。他还哀叹道："举国数千年来，礼仪人伦，诗书典则，一旦扫地净尽"，使"我孔子、孟子所痛哭于九泉"(同上)。

外国进行历法改革也同样是有斗争的。现根据有关资料列举如下：

我国现行公历是国际现今通用的历法。它是罗马教皇格里高利十三世于 1582 年颁布的。由于基督教早已分裂为不同教派，这些教派在各国的地位又不相同，因而对格里历的态度也就不同，即使在西罗马帝国的中心意大利，也有些地方没有很快实行。信奉新教(我国称基督教或耶稣教)的国家"宁愿偏离太阳，也不靠近教皇"。信奉东正教的国家反对尤烈。例如，苏联 1917 年十月革命后于 1918 年 2 月 14 日才开始实行。据说，直到现在，俄国东正教会仍然不按格里历而按儒略历过该教主要节日。希腊直到 1924 年 3 月 23 日才实行格里历，波兰国王曾强迫国人实行格里历，从而引发了"历法风潮"。瑞士一些村民在武力胁迫下才勉强接受。英国有些市民在伦敦大街上高呼"还我三个月来！"（因格里历新年比旧历新年早 2 月零 24 天）。宫廷中的贵族妇女感到仿佛一下子老了 3 个月，更加愤怒。

日本原来采用的是"天保历"（阴历），从明治 6 年 1 月 1 日起改用格里历，改历是以作为法律的第 337 号内阁令发布的。从法律公布到实际改革只有 1 个月，再加上改历后靠月薪生活的人们少拿 1 个月的薪金，因而招致不少抱怨。但由于政府坚决推行作为唯一法定历法的格里历，避免了"两历并行"的社会困扰。

原载于《历改信息》第 22 期，2005 - 02 - 18

G-8 历法与社会(三题)

西安电子科技大学　肖子健教授　董建中教授

关于历法与社会或历法改革与社会效应问题，从社会学角度看，有三个方面的问题值得注意。

一、历法与生产

历法作为天文学知识的应用，自古以来就是从生产的需要中产生，又为生产服务的。所有文明古国盖莫例外。在人类早期的渔牧农业社会中，气候的变化对社会生产甚至人类生存是生死攸关的。人们从实践中逐步认识到动植物生长、农牧生产的周期与天象（日、月、星）的周期运动是有恒常对应关系的，于是发明了对照天体运动的历法来指导生产以不误农时。开始是以月亮盈亏的 12 个周期表示四季周而复始，是为阴历（月亮历）；随着天文学进步，人们终于发现真正的周期是地球自转 365 次构成地球对太阳公转一周的大循环，是为阳历（太阳历）。历法中纳入"周"是西方后来的事，尽管有上帝七天造世界之"根据"，实际上是出于资本主义工业生产的社会需要，要为劳工区别出劳动时间与自由时间来，在东方农业国历法中则无此概念。这也反映出历法与生产的内在联系。

现代天文学基础上的太阳历已经十分精确反映四季的变化周期，制定名副其实的万年历也绝无问题。在中国，原附于阴历上的为农业服务的 24 节气，都可以稳定而科学地均分到太阳历中，彻底解决了阴历中常出现闰月，而使节气与实际往往脱节的难题，阴历指导生产的意义已经结束。现在人们还称之"农历"，实际是一种习惯的称呼。我们研究会在这方面的呼吁——正名，应该说不应有太大阻力。但"农历"这种旧的记年法（用干支形式），能不能很快退出舞台，从中国来说，还要考虑一个深远的问题——民俗。

二、历法与民俗

民俗作为人类文化的一种现象，早就进入社会科学研究领域，成为人类文化学的一个重要组成部分。民俗在学术上被定义为"构成国民大部分居民的生活事实，而且是它们年年岁岁、反复呈现于生活之中的集体生活现象"，"是不以天文学为媒介而传承下来的共同文化"。有人称民俗为"非文字媒介常民中日常性、集体性、典型性的反复地传承三代以上的语言、行为和观念 …… 它是与一切阶级、身份、出身、才能的差别并无关系，在无意中反复出现的一种典型行为"，"它不只是过去历史的残存，也成了现实生活文化的全部"。

民俗具体表现为人群生产、居住、饮食、衣着、婚丧、节庆、典仪以及禁忌等物质生活与精神生活方面的行为方式。任何民族的基本文化差别，除了语言文字就是民俗，它是任何民族的外在"符号"特征。

民俗是人们在共同实践中长期无意识形成的产物，国家政府等上层建筑可以影响、引导它，但不可能人为地"创造"和"消灭"它。民俗作为"社会本能"，它同"生物本能"一样有很强的遗传性，但也正如生物本能会随环境变化而变异一样，"社会本能"的表现形式——民俗，也是可变的，不过不是随个人意志而改变，而是随社会生产力、生产关系的变化、社会交往的影响而缓慢变化。当代，由于经济全球化、社会信息化，不只是国内各民族经济文化交流强劲，而且还伴随着强劲的世界经济文化交流。在这大环境下，民俗的变异也是必然的，但只要世界上还存在民族差别（它的消灭是在阶级消灭后更长远的事情），民俗自身的惯性还会顽强地起作用，各民族的民俗将长期表现为"和而不同"的丰富色彩。

民俗既然是一种岁岁月月、周而复始的行为方式，它必然要同"历法"结下不解之缘。特别是那些通过集体表现的民俗活动，都是有其世代因袭的固定日期。在中国，共同活动的民俗大多挂靠在阴历上（如五月五日端阳节、八月十五日中秋节、腊月八日祭祖等等）。即使生产上无需阴历了，在民俗活动上还要查阴历，于是总得有人算阴历、编阴历。这些民俗长期存在，决定了阴历不会很快退出社会、退出历史舞台。

我中华民族有一大民俗——春节，其日期是阴历岁首，其社会文化意义，第一是除旧佈新、万象更新，第二是家庭团聚。后者尤其是"家本位"中华民族的根本文化符号特征。日期或者可变，但意义难以剥离。考虑到阳历已成为正历，春节的除旧佈新意义可以名正言顺地由元旦来代替，因此以前中国政府曾有兴"元旦"之举，但元旦归元旦，春节的民俗地位并未因此动摇。我研究会早有改定春节在"立春"日之建议，是一大胆的新建议，但响应不大（也许以后会有变化）。按现在三种过年方案，分析起来，可能是事出有因（客观原因），示意如下表：

人文/价值 选择影响　　论证理由	记年除旧佈新 （不可妥协）	实际自然回春状态 （较可妥协）	日期稳定性 （更可妥协）
1. 原春节（阴历岁首）	强	强	弱
2. 与元旦统一（阳历岁首）	强	弱	强
3. 春节改为"立春"日	弱	强	强

在论证第三方案时，可以从科学性、规范性出发强调日期稳定性，但在社会心理、价值选择上，它可能并不成为最重要理由。因为人们可以容忍"日期不稳定"，但不太容忍失去"除旧佈新"即岁首意义上的春节。考虑到春节作为民俗这一本质特征的社会事物，对它的改革（从形式到内容），甚至完全合乎现代化大方向时，也还要充分估计它作为"民俗"文化自身的规律，作长期性、复杂性、艰巨性的思想准备。

三、历法与封建迷信

人类早期由于生产和认识的低下，对自然、社会的本质和规律，有许多神话式和前科学形态的猜测，其中合乎统治者利益的，往往被强化成为理性的意识形态，作为维护现有秩序的精神统治工具。东西方无不如此。中国汉代董仲舒"天人感应说"把儒学神化、神秘化之后，它的"天不变道亦不变"、天命论、宿命论的思想，滋生出中国社会许多封建迷信。由于近代中国科学教育落后，这些迷信至今在中国大地上还浓厚地存在，有的则打着"科学"的幌子愚弄群众，成为社会主义精神文明建设中的一大包袱和前进障碍，甚至长出像"法轮功"这样的妖法邪教。

封建迷信的一个重要寄生点就是历法。由于历法是既表征天体运动又关系人类生产生活的时空体系，正好可以作为使"天人感应"具体化的工具。最流行的算命就是按生辰"八字"（即阴历记年、月、日、时的共八个干支符号）作出宿命论的种种推演。市场上尚在流行的"皇历"中，每天都仍然被设定有禁日、吉日之类的性质，作为人们行动的选择根据。还有一些年复一年的迷信活动，也是附着于阴历日期之上的。如流行北方的二月二龙抬头庙会，伴随的就是该日的观香算命、求神祈愿迷信活动。由于阴历在客观上还会长期存在（仅仅是民俗的需要，它就不会很快消失），所以一些迷信自然还有生存的机会和寄生的场合。扫帚不到，灰尘照例不会自己跑掉。所以加强科学教育的普及宣传和无神论宣传，还阴历的原来面目，清除寄生于其上的种种封建迷信，仍然是社会主义精神文明的严重任务。

总之，历法改革的历史过程，必然是"淡化"阴历的过程（但要看到它会在顺应传统民俗上获得长期的存在价值）；是与世界协同合力推出更科学更合用的新世界历的过程；对中国来说，还是一个清除寄生于阴历之上的封建迷信、反科学邪说，建设社会主义新文明的过程，它任重而道远，但总趋势是不会逆转的。

致谢：本文写作承金有巽教授提供重要资料，特此致谢。

原载于《西安历法改革研究座谈会文集》，2002-10

G-9　改革历法是反邪教的一种治本举措

（6月5日在陕西省反邪教理论研讨会上的发言）
陕西省老科协历法改革专业委员会　章潜五

我代表陕西省老科协历法改革专业委员会，阐述我们的观点——改革历法是反邪教的一种治本举措，研究历法改革与反邪教斗争相辅相成，因此需要齐心协力共同战斗。近日我们也要召开一天大会，在拜见我省反邪教协会会长保铮院士时，才知道要开今天的会议，因而写了一篇短文作为汇报，交流信息和听取指教意见。

20世纪末，在党中央的英明领导下，我国政府坚持"改革开放"的方针，社会主义建设事业蒸蒸日上，祖国面貌日新月异地发展变化。然而在这大好的形势下，一股歪风邪气的逆流袭来。造神修庙，求神拜佛，占卜算命，巫医神汉，风水邪说，封建迷信的沉渣泛起，刮起了愚昧迷信的回潮之风。在这同时，什么"变水为油""耳朵识字""意念移物""气功万能"的伪科学喧嚣尘上，一时蒙骗了许多人。正是在这些反科学和伪科学的根基上，出现了反人类、反社会、反科学的"法轮功"邪教组织，成千百姓遭受李洪志的邪教思想毒害，追求什么修炼功法而"圆满"，造成了无数的家破人亡悲剧。我国政府及时下令取缔"法轮功"邪教组织，号召全民"崇尚科学文明，反对愚昧迷信"，一场反邪教的政治思想斗争轰轰烈烈地展开，正在彻底清算李洪志等一伙人的罪行。

如果我们留心观察当代的社会情况，可以发现中华大地的一种新气象。21世纪是全面振兴中华民族的崭新时代，而新千年的世纪交替之际正是历法改革的难逢良机，这时我国兴起了研究历法改革的热流。在"科教兴国"战略的指引下，我国近几年来有十多人提出世界历新方案，其中尤有多位农民和普通职工，这是十分喜人的社会新气象！我们人人都在每天使用日历，但却很少有人知道中外历法改革史，不知道近几个世纪曾经兴起过改历运动，20世纪初期进而形成国际改历运动。孙中山先生领导辛亥革命成功后，立即于1912年通令全国"改用阳历"，他说："光复之初，议改阳历，乃应付环境一时权宜之办法，并非永久固定不能改变之事。以后我国仍应精研历法，另行改良。以求适宜于国计民情，使世界各国一律改用我国之历，达于大同之域，庶为我国之光荣。"

在20世纪初期的30年间，我国天文学创始人高鲁和著名学者高梦旦等十多位专家学者提出了世界历方案。1931年我国成立历法研究会，分发《征求改历意见单》，10万人统计的结果：81％赞成国际联盟提出的四季历方案（后称世界历）。但是这一追求人类文明的千秋事业，由于1956年某一大国借口宗教界反对"空日"问题而表示反对，致使改历运动至今处于低潮。而我国当代有如此多位业余研历者奉献心力，这是当今世上罕见的新生事物。我国现在有三个民间研历组织：（1）河南淮阳县"万氏世界日历新方案"研究会，理事长为乡镇离休干部万霆先生；（2）四川仁寿县华夏历法研究会，理事长为退休副主任医师周书先先生；（3）我们陕西历法改革研究会，理事长为西电科大的金有巽教授，半个世纪之前，他就撰写科普文章"农民是依阳历耕作"，最先指出"农历"名称不科学，并且撰文认为春节应该用阳历定在立春日。

历法反映天地运行的规律，它是长时间物理量的计时标准。人们用它来计划生产和安排生活，因此历法不仅关系国计民生，而且潜在地影响人们的思想。陈旧繁琐的历法传播封建迷信思想，助长保守落后的风俗习惯，阻挠社会的前进发展。科学简明的历法传播科学思想，弘扬改革创新的时代精神，促进社会的两个文明建设。因此改历问题深受有识之士的重视，许多著名的专家学者早有论述，例如气象学家竺可桢，建筑学家梁思成，天文学家陈遵妫、戴文赛，地理学家金祖孟，历史学家罗尔纲，方志专家、我省前省委书记陈元方，都给我们留下了珍贵的遗作。仅以撰文反对不科学的"农历"称呼来说，我们查证获知有10位专家学者，而今只有三位在世：科普专家金有巽教授（88岁），我省天文学会前副理事长、陕师大地理系应振华教授(77 岁),侨居美国的航海专家杨元忠先生(94 岁)。由西电科大、陕师大、西北大学等单位联合,研究"我国历法改革的现实任务"课题,追迹先贤们的遗志,提出了四项改历建议:"农历"科学更名;春节科学定日;共力研制新历;明确世纪始年。

七年多来,我省人大代表团已三次提出改历建议,后两次都有 20 多位代表联名。全国政协张勃兴常委与另两位老领导姜信真、李雅芳(编者注:前曾误为周雅光),也联名向全国政协会议提案改历。从 1995 年初呼吁改革历法以来,我们已编印 7 种历改研究的《文集》和 16 期《历改信息》,万份资料赠给人大代表、政协委员和专家学者参阅。我们广泛协联国内的研历同仁,还与美国国际世界历协会、俄罗斯国际"太阳"永久历协会和乌克兰人文技术中心协联呼吁。中、俄、乌已于前年在乌克兰召开了国际研历(通信)会议。今正遵照陈宗兴副省长的批示,定于 6 月 8 日在西电科大召开"西安历法改革研究座谈会"。中国天文学会积极支持,曾计划于 1997 年 8 月在西安召开"古今历法改革问题会议",我们多年协助筹备工作,但因经费未能募足而未能开成,而今在省老科协、省科协、省科技厅和西电科大的支持和资助下,由我省首先共同奉献心力,开成这次具有历史意义的研历会议。

有人可能会有疑问:反邪教与改革历法有什么关系呢?我们先就反邪教协会的领导人来看。国际天文学联合会副主席叶叔华院士是我国反邪教协会的名誉主席,但也正是许多天文专家多年前推荐我们敬请她带头提案。我国反邪教协会秘书长王渝生博导,前任自然科学史研究所副所长、现任中国科学技术馆馆长,一直在指导我们研究历法改革。我省反邪教协会会长保铮院士,是本会的基地西电科大的前任校长。正是大家关心社会政治,追求科学真理和重视文明事业,才有这些密切的关联。

深入分析"法轮功"邪教的形成历史,更能看出历法改革与反邪教的关联。封建迷信是产生"法轮功"邪教的社会根源,我们早就注意到反科学和伪科学嚣张的时候,也正是"皇历"泛滥成灾的时期。例如有一家国际出版公司,编印的《1994 年实用百科皇历》,不仅有财喜拜神和月日宜忌,还有"六十四卦金钱课",印数多达 50 万册。还有一家科技专业的大出版社印了 2 万册《1998 年皇历》,不仅有神宿宜忌的迷信,还有"观相知人秘诀十二术""男女婚配宜忌表"和"清宫珍藏生男生女预计表"等。至于从香港和台湾传入的旧历书,就更不必再举例了。公历与夏历两种不同历制并行,必然会产生诸多社会困扰,对于游移不定的春节所致的困扰,院校师生对此感受最为深切。我们对于久积广存的历法误识十分担忧,对于封建迷信历书的泛滥尤其气愤,这也正是研究历法改革的初衷所在。我们认为,查禁封建迷信历书的发行,只是一种治标的办法,而治本的措施是要研制科学简明的新历法。虽然任务十分艰巨复杂,但只要党政部门加以重视,采取专家与群众相结合的路线,汇集众智群力共同奋斗,相信迟早定会迎来历法改革的新纪元。

对于祸国殃民的"法轮功"邪教组织,必须坚决取缔和深揭其罪行。我们认为开展反邪教的斗争,应当注意彻底清除其社会根源,而研究我国历法改革的现实任务,正是为了根除邪教的滋生,因此改革历法是反邪教的一种治本举措。我们希望在我省党政领导的指挥下,把反邪教的斗争和历改研究的任务结合起来,相辅相成地争取两大任务的胜利,共同为我省市增光添彩,开创光辉的文明建设业绩!

我们欢迎同志们参加历法改革研究,如果需要这方面的书刊资料,请在会后与我们联系。谢谢大家的合作!

原载于《西安历法改革研究座谈会文集》,2002 - 10,此文曾上贴于强国社区等论坛

G-10 抢婚避婚皆荒唐，迷信"农历"是科盲！
——兼给主流媒体的呼吁书

曹培亨［雪原白兔］ 2004-12-29 16:59:28
人民网强国社区的科教讨论区

12月28日，《南方都市报》上有这么一篇报道："猴年岁末提着婚纱抢结婚 明年盲年不适宜婚嫁？"①。报道中有这么一段：

"上午8时，海珠区民政局婚姻登记处刚刚开始办公，就迎来了100多位前来登记的新人。排号机一下子派了70个号码，""到早上9时多，排号已经达到120个。""由于婚姻登记处每天的办证量有限，120号已经是婚姻登记处超负荷运作的最大限额。""早上7时就来到这里，却已排到37号的梁先生说："听说有些人凌晨4时就来排队了。""是什么原因使得鸡年前的结婚如此火爆？《南方都市报》的报道在开头说："按照民间说法，今年是拥有"双春"的吉祥猴年，而明年（鸡年）是没有立春日的"寡妇年"。因此，12月以来，市内各区婚姻登记处异常火爆，广州人图个好意头抢着结婚的场景竟成岁末一道独特的风景。"

其实，民间的说法很多，譬如去年，四川的民间就有一股风，说猴年是"重春年"，不吉利，鸡年是"无春年"，也不吉利，因此要赶在猴年前结婚。于是，在有些山区，竟然出现了跟法定婚龄差了一大截的14岁少女，也被男方家娶了去，并在15岁就生了孩子的事情。

是的，"民间"的说法的确怪，如果按"无春年"就是"寡妇年"的说法来推理，"重春年"意味着什么？是不是意味着一个女人有两个男人？因为，没有男人的已婚妇女才叫"寡妇"，而两个男人的已婚妇女将意味着祸患。看看！有些人就是这么怪，竟然把【旧历】中【无春】和【双春】与人的命运联系得如此密切。

所有上述现象，究其原因，不过是上了农历的大当！在此，我们想说的是：有不少人说我们现在用的旧历就是农历，实际是这是个历史的大玩笑！事实上，我们现在用的旧历不是真正的农历！只有我国北宋时期的天文学家和数学家沈括（1031～1095）在"梦溪笔谈"中提出节气历方案才算真正的农历。可惜的是，因当时的保守派极力反对，此历法方案才被搁置了近千年。因此，也可以这样说：真正的农历还没编制出来。现在人们所说的农历，实际上是假的！

为什么要说现在的农历是假的呢？这是因为众所周知的一年四季是365天多一点点。较精确地说，我们现在所说的年，实际是指的是"回归年"。现代科学告诉我们：一个"回归年"的周期为365日又5小时48分46秒。可是，今年（2004年，甲申年）的所谓"农历"年，却有13个阴历月，共计384天之多！而明年（2005年，乙酉年，鸡年）却只有12个阴历月，共计354天。两者相比，差别正好是30天。

我们知道，农民种田最讲究的是季节！可是一年四季的365天，在这里变得一会儿是384天，一会儿又是354天，试问：这样的农历农民怎么用？季节和立春等节气，在现在的这个所谓的农历年里能不乱套吗？相对而言，公历倒显得十分"农"，因为在公历里，各年的天数最多是一天之差，例如立春这个节气，大多数时间是在每年的 2 月 4 日，纵有变化，各邻年间相差最多不超过一天。

为什么会有把旧历搞成了农历这样的事发生呢，这个说来话长。事实上，我国最权威的报纸《人民日报》，从 1948 年 6 月 15 日创刊开始，其报头上在对现今还在用的"旧历"的称谓一直是采用夏历相称，此称谓一直到 1968 年元旦前。1968 年元旦，报纸上始见农历两字。那么，又是什么原因才使得报纸改变了对旧历的称呼呢？

原来，因上世纪 50 年代前，很多人都称中国旧历为皇历，在 1958 年的"共产主义"高潮中，不少人认为这很不好，是封建意识。但是，因为在旧历上面可以看到哪天月亮圆了还是不圆，所以众多农村人都爱用这个历，怎么办？于是就把皇历改为农历吧。其后，辞海——1961 年之试行本上才有了"农历"的说法。在 1968 年元旦的文化大革命高潮中，农历两字终于登上了党报党刊的报头。就这样，历史终于把老皇历变成了农历。

12 年后的 1980 年元旦，作为中国最权威的报纸——《人民日报》已从报头上将农历二字删除。再后来，《解放军报》于 2002 年 2 月 12 日也将"'农历'二字从报头上删除。接着，《西安日报》、《西安晚报》、《福建日报》、《北京青年报》等报纸也纷纷将农历两字从报头上删除。

可是，值得注意的是，历史的惯性就是这么大，人们一旦把老皇历当成了农历，便费了牛劲也改不过来。最麻烦的是，还有不少人将这个并不十分科学的旧皇历当成宝贝，而且还美其名曰这是中国老祖宗几千年来留下的宝贵财富。事实上，我国有着五千多年的历史。有史以来，我国曾有历法百种以上，有记载的改动有 70 多次。我国目前所用的"旧历"，以前曾有多种称呼，即："夏历"；"皇历"；"旧历"；"阴阳历"……（请参考 1980 年版"上海辞书出版社"《辞海》理科下。）只是因为历史的原因，才有了旧历变成了【假农历】的事情。

假农历的唯一优点，就是每月十五这天的月亮都是圆的。这是因为假农历的月，本来就是按阴历编制的。但是，在假农历中，由于为了把阴历和阳历这两个参照物都不一样的历法硬性连接在一起，就出现了一年中有十三个月的情况。这就不可避免地出现了有的年中是 384 天，而有的年中却只有 354 天的糟糕局面。同时，由于我国的传统节日春节，据说是由袁世凯定在假农历的正月初一，因此是春节也是随着假农历走的。这就使得各年的春节间隔很不一致。这给学校的课时安排，假期制定等带来了极大的不便。可见，假农历除了迷信思想纵贯其中外，还有其他方面的危害。

为了以正视听，同时也为了崇尚科学，破除迷信，更是为了给中国人自己摸索出一套更为科学、适用并相对完美的历法方案，我国不少老科学家，老教授，已于十多年前就开始了对于历法改革的探索和呼吁。这在其中最为著名的，就是"陕西省老科学技术教育工作者协会"——"历法改革专业委员会"中的多位教授，例如章潜五、金有巽、蔡堇等老专家和老教授们，还有太原科技大学的曾一平教授等，都不断地在网上撰写和发表文章，呼吁各大媒体尽力帮助宣传科学的历法观。

可是，由于上网的人们多半不关心这个，更是因为上网的人毕竟有限，致使宣传工作收效很不理想。因此才有了事到如今，仍然会出现象《南方都市报》现在报道的这种抢着结婚的火爆场面。应该说，这种情况对于国家的正常发展是不利的。值得欣慰的是，如上面已提到的《人民日报》、《解放军报》、《北京青年报》、《西安日报》、《福建日报》《西安晚报》等报纸已将【农历】两字从报头上删除。这无疑给科学历法观的树立奠定了一个较好的基础，也为下一步的历法研究和改革与否创造了一个较好的条件。

在这里，我们郑重向各大媒体发出呼吁，希望各主流媒体尽力帮助宣传【科学历法观】。防止人们无端信谣，盲目跟风。引导人们相信科学，反对迷信！

＊＊＊＊＊＊＊＊＊＊＊＊＊＊＊＊＊＊＊＊＊＊＊＊

① http://bbs. southcn. com/forum/index3. php? forumname = lingnanchaguan&job = view&topicid＝　108708

② 各媒体如有采访需要，请与下列相关人士联系：章潜五（教授），给出了电子邮件、电话、邮政编码

原载于《历改信息》第 21 期，2005－01－10

G－11　"寡妇"与"双夫"——科学为何向流言妥协?

曹培亨　2005－02－03 22:01:42　贴于强国社区

一个流言，像瘟疫般地蔓延开来。最初，是在 2004 年 11 月下旬，华夏大地的南方，突然闹起一股风，说是"中国旧历"猴年过后的鸡年是个寡妇年，男女双方结婚将大为不吉，于是，抢着办婚礼办结婚证的人排成长龙，搞得相关部门手忙脚乱措手不及。

这股莫明其妙的流言之风自从开始，不到两月，便刮遍了大江南北、长城内外，从大城市刮向小城镇，从平原刮到深山。最为悲哀的，是这股风之厉害，居然影响到了学校、机关和党政干部。老的紧张，亲戚发话，原来不信的动摇了，原来不办的，也逼着提前办了。等到笔者吃完宴席，人家才透出风来，说原本是不打算今年结婚的，听说过了年结不得，逼得没法，只好提前办了。笔者不听还罢，一听还真是哭笑不得。

最可笑的，是在这股风中，媒体只说了这么一句："'寡妇年'不宜结婚，缺乏科学依据"。可是，这种轻描淡写而又显得苍白无力的否认态度，让有关人员更为得意，于是拿出他们的道理，说：鸡年无春，怎么不是寡妇年？

在此，笔者突然想起，既然因为鸡年无春，鸡年就算是"寡妇年"，那么，猴年双春，岂不就是"双夫年"了？一对新人结了婚，不希望女的变成寡妇这是当然，但在双春年里结了婚，难道就不怕女的变成了同时拥有两个丈夫的女人？要真是那样，不是红杏出墙，便是犯了重婚，一女二夫，男人岂有不戴绿帽子之理。看来，把中国旧历年的无春和双春与人的命运联系起来，真的是荒唐至极！

笔者多次在网上贴过这方面的拙文，但因为网络的局限性，也许有很多人根本就没有看见过。笔者在文中说，国为中国现行的夏历，是古代传下来的六种古历之一，是一种按"月相"（月亮圆缺现象）周期［29 日 12 小时 44 分 3 秒（合 29.53059……日）］来定月和定年的历法。由于月相周期与地球绕太阳旋转的周期（回归年）之间没有整倍数关系，因此由阴历定出来的年，与自然界的实际回归年 365 天又 5 小时 48 分 46 秒（合 365.242199……日）之间无法紧密吻合，所以，夏历的年，最长的达 384 天（例如猴年就是 384 天）最短的只有

354 天(例如鸡年就是 354 天)。再因为一年四季 24 个节气的变化,是由于地球绕太阳公转造成的,一个"回归年"必然有春夏秋冬的寒暑循环。这就是说,每过 365.242199……日,春夏秋冬就要完成一次循环,也就有一次立春,但按 29.53059……日折中出来的"大月 30 天,小月 29 天"的阴历月来记年,12 个月少了(少至 354 天),13 个月又多了(多至 384 天)。加上旧历年的年交接处是在立春附近,所以,这样一来,最长的年(例如猴年)就可能在年头和年尾都把立春包在了本年中(这就是双春年),待到下一年(例如鸡年)由于只有 12 个大小月,只有 354 天,就一个立春日也没有了(这就是无春年)。

因此,"无春年"和"双春年"(或者说按目前的流言叫"寡妇年"和"双夫年")的产生,不是自然界造成的,是人为规定造成的。假如不用阴历中的月来计算年长,或不给阴历月设定"月序",这种现象就会消失!

说到这里,就扯到"历法改革"的问题上去了。由于目前我们所用的公历和夏历都有一定的毛病,从古到今,都有不少人想搞一个比较合理的历法,这个历法的原则,一是要年首适宜,二是要四季明确,三是要阴阳相顾,四是要周期稳定。

但遗憾的是,无论是从中国北宋时的沈括,或是 20 世纪 30 年代的美国人爱切丽丝,每每提出改历方案,就有人极力反对,最为奇怪的是,中国人想改的是中国历,外国人想改的是外国历,总之都有人要反对。历史的事情就是这样怪,保守势力的力量总是大于改革的力量。不过,从长远来看,保守势力总是要消亡的。尽管取代它的是新的保守势力,但旧的势力总归会有消亡的一天。

就目前而言,中国历改的呼声正在高涨,很多人正在不约而同地从各个地方,各个阶层自发地发出要求历改的呼声,譬如当前被一股网骂骂得不亦乐乎的章潜五教授,就正是历改研究的牵头人。在十多年前就已退休的西安电子科技大学的章潜五教授,为了研究历改,不但自费到南京拜访南京大学天文系方成院士,还北上拜访曾在电视上主讲"天文与数学"的北京大学数学学院的张顺燕教授。在章教授的研究中,不但获得了紫金山天文台通讯员马伟宏的积极,还获得了海外老华人,侨居美国的杨元忠老先生的 6 次资助。与此同时,在互联网上,也有越来越多的人正在自发地支持章教授的工作。

我们相信,总有一天,中国人将不再受"寡妇年"与"双夫年"的困扰,现代科学向流言及保守派们妥协的现象,总有一天会得到改变!

曹培亨　2005/02/03　写于四川汉源

原载于《历改信息》第 22 期,2005 - 02 - 18

H 类 《历改信息》附载的网络文章

H-1 夕阳余霞映山红——一批老学者奋力研究历法改革

《陕西省老科协通讯》2002 年 12 月 20 日载文

受"科教兴国"战略的指引，我省一批离退休学者续放余热，共志筹组历法改革研究会（CRRS，今作规范化更名为陕西省老科学技术教育工作者协会历法改革专业委员会），研究当代"我国历法改革的现实任务"，弥补乏人从事研究的空白，旨求提供国家决策参考。他们受陕西省委书记处原书记陈元方遗著《历法与历法改革丛谈》的激励，追迹诸多先贤的遗志，提出了四项改历建议："农历"科学更名，春节科学定日，共力研制新历，明确世纪始年。他们呼吁改历七年多以来，已经取得了明显的进展：

1. 汇编多册历改研究书刊，弥补该领域完整资料空白

历法改革资料分散难觅，他们搜查书刊报章和档案文件，寻觅世界历法改革运动的珍贵史料，考证"农历""春节""世界历""世纪"的争议，获中国第二历史档案馆、中央档案馆和许多图书馆的帮助，汇编出《历法改革研究资料汇编》、《历法改革文献摘编》和《历法改革研究文集》等 8 种文集。为了传播历改研究信息，协联专家学者共同研究，还编印了 18 期《历改信息》。将万份书刊赠给人大代表、政协委员和专家学者等人参考，推动了国人关注这个世传的课题。

2. 广泛协联中外研历同仁，争取推进历法文明事业

他们大多虽非天文专业人士，然而坚持虚心求教和汇集众智的路线，登门拜访专家和领导逾百位，书信协联研历同仁数十人。并与美国国际世界历协会（IWCA）、俄罗斯国际"太阳"永久历协会（IACC"SUN"）和乌克兰人文技术中心协联研历和共同呼吁，在宣传广度和研历深度方面今已后来居上。

3. 一再敬请人大、政协改历，并已成功召开研历会议

陕西省人大代表团已三次建议改历，全国政协常委张勃兴和另两位陕西省老领导也联名向全国政协提案。中科院办公厅专文作了答复，中国天文学会积极支持，今年 6 月成功召开"西安历法改革研究座谈会"，这是继 1949 年在台北召开"世界历专题讨论会"后的又一次专题性学术研讨会，为召开后续历改研讨会打下了基础。

4. 不断努力弘扬科学精神，开展历法科普知识宣传

他们用退休金执著研历，获得众人钦佩和支持，资助的教授和单位已近百人次，侨居

美国的杨元忠老先生 5 次资助，西安电子科技大学和陕西省科技厅拨款资助。该会《呼吁全国人大会议立案审议：春节宜定在立春》发出后，200 多位专家学者签名赞同或参加研究；20 多家报纸报道宣传；江苏卫视台采访方成院士等专家，播映"春节话改期"专题；陕西科教电台举办专题讲座。该会呼吁"农历"科学更名后，今春《解放军报》已去掉报头中的"农历"两字，不少报纸纷纷仿效，只标示公历日期的报纸已由 41％升至 59％，仍称"农历"者已由 44％降为 28％。

历法改革任务艰巨复杂，需要几代人奋力接续研究。江泽民总书记于 1990 年立春日为中国退科联的题词和"三个代表"的重要思想，激励我们深入探研这一课题。上海交通大学科学史系主任江晓原博导立题支持，指导研究"当代我国民间历法改革运动"。后继有人是这批年逾七旬老人的殷切期望。

H-2　历法改革专业委员会章程(修订稿)

《历改信息》第 21 期　2005 年 1 月 10 日

第一章　总　则

第一条　本专业委员会是陕西省老科学技术教育工作者协会的团体会员单位。是在陕西省科学技术厅、科学技术协会、民政厅和陕西省天文学会指导下的民间学术团体。它以振兴历法科学为宗旨，研究当代我国历法改革的现实任务，推动历法改革，普及历法知识，服务三个文明建设。

第二条　本会的主要任务是：(1)运用辩证唯物主义和历史唯物主义观点，科学地分析研究现行历法的性能特点，吸取中外历法改革的经验(较多地吸取我国历法改革的经验)，共力研制既适合于我国又能为国际通用的新历法，提出关于开展历法改革和加强我国历政建设的具体建议；(2)继承和发扬我国先贤的改革创新精神，积极开发历法智慧资源，大力宣传历法科学知识。促使国人关心我国历法改革。

第三条　根据我国的历法改革史实和当代社会的现实状况，现阶段我国历法改革的具体任务是：(1)研究"农历"的科学更名问题，以求制止久积的历法误识继续流传；(2)研究春节的科学定日问题，以求统一我国的历制；(3)研制新历法问题，以求我国能为世界文明再作贡献；(4)研究世纪始年的科学确定问题。

第四条　本会的主旨思想是：坚持科学精神，贯彻改革方针，为国谋利，为民造福。在开展工作中，坚持专家与群众相结合的组织路线，积极争取各级政府的关注、有关专家的指导和社会各界的支持。在研究方法方面，立足全局高度，辩证分析观察，今昔历史对比，横向比较参照，分清精华与糟粕，定性定量分析。

第二章　会　员

第 5 条　本会发展个人会员和团体会员。

参加本会的人员，不受年龄、职业、职称、职务的限制，一般必须具备一定的天文历法知识、分析研究能力和自愿奉献精神，欢迎积极支持历法改革的领导人员、企业家、社会活动家、海外人士等参加本研究会。

本会在初始阶段，重点在高等院校、研究院所和新闻媒介中积极发展会员，并以离退休的高级知识分子为主体，同时注意吸收有志的中青年知识分子，作为研究队伍的骨干，以形成持续的梯队力量。

当某个单位中的个人会员数目较多时，可以申请团体会员。

第六条　凡自愿参加本会的人员，可以直接申请，经理事会通过，即可入会。会员具有下列的权利和义务：

（1）团体会员和个人会员有选举权和被选举权。

（2）尽力给个人提供历改研究资料，在本会的刊物上优先录用其撰写的文章。对于在历改研究方面有贡献者，向有关部门建议给予表彰或奖励。

（3）会员应该积极开展科普宣传，引导公众关心我国的历法改革，宣传的重点是青少年学生、农村干部群众和各级领导干部。团体会员单位应该积极开展历改研究和宣传活动。

第三章　组 织 机 构

第 7 条　本会的领导机构是理事会。理事会设：理事长 1 人，副理事长数人，秘书长 1 人，副秘书长 2 人。根据需要，可以聘请知名人士担任本会的顾问。

第 8 条　理事会下设若干小组：

（1）调研组　负责研究项目（课题）的调查分析和协作联络工作；

（2）资料组　负责有关资料的收集和整理工作；

（3）科普组　负责天文历法和历改知识的普及宣传工作；

（4）编辑组　负责会刊《历改信息》和资料的编辑出版工作。

第四章　经 费 来 源

第 9 条　本会的经费来源：

（1）政府机构对研究项目（课题）的拨款；

（2）有关机构、团体和个人的资助；

（3）本会举办的有关活动的收益；

（4）其他。

第 10 条　本会的经费使用，贯彻"来之于民，用之于民，精批细算，注重节约"的原则，遵守国家有关财务管理的规定。

附则：本章程的解释权属理事会。

一九九六年十月初订，二〇〇五年一月修订。

H-3 敬请全国人大代表和全国政协委员设立国家历政建设管理机构的提案（草案）

《历改信息》第 22 期　2005 年 2 月 18 日

当今我国历法采用双轨制，即公历和夏历并行。两历均有诸多弊端，而与之有关的社会问题也亟待解决。希望国家加强历政建设，统一组织关于历法、历法改革的研究。具体的理由如下：

◆ 夏历实为阴阳合历，并非真正的农历。其中与农业有关的只是处于次要地位的属于阳历范畴的二十四节气。而我国疆域辽阔，气候异常复杂，现今仅限于黄河流域和长江流域的二十四节气，远不能满足全国农业特别是现代农业的需要。原陕西省委书记陈元方于上世纪就撰文呼吁创制"新农历"。现今全国正在大力解决"三农"问题，有学者提出应加上研制真正的农历，即"四农"问题。现在的确需要为农民研制一种真正符合全国各气候区实际的科学的农历。

我国历史上曾对夏历修改过几十次，现行夏历就是清代的《时宪历》。岁首相对于公历飘移不定，平年闰年的日数相差大，节候日期不稳定，年历表种类数多，无法用月份密码测算星期等。这些弊端不利于现代人民的生产和生活。

◆ 现行夏历本身虽具有一定的科学性，但历代附加上种种封建迷信，实际上已成为封建迷信的"百科全书"，有形无形地在腐蚀和毒害着人民的思想。"＊＊＊"之所以猖獗一时，与夏历附着的封建迷信不无关系。1996 年闰八月，正由于"闰七不闰八，闰八用刀杀"谚语的流传，闹得人心惶惶。今年又来个"寡妇年"（无立春之年），社会上又出现一阵年前抢着排队登记结婚的热潮。虽然每次都由有关部门出面做些解释，但这只是"头痛医头、脚痛医脚"的治标办法，而治本的办法就是修改历法，使之符合"科教兴国"、弘扬先进文化的方针。

◆ 充满封建迷信的皇历连年都有出售，而且形式多样，有历书、台历、挂历等。有些出版单位为经济利益所驱使，置社会效益于不顾，而有的文化管理部门又不严格审批和监督，致使皇历之类的出版充斥市场。

◆ 自从新中国成立以来，先后有多位知名专家学者建议改革历法，并提出具体方案，特别是近几年，除了有更多的专家学者参与改革历法的讨论、提出方案外，还有多位农民和普通职工悉心研究历法改革，这是十分可喜的现象，更令人注目的是，媒体就"农历"是否恢复"夏历"名称、现行春节是否改在立春、一些传统节日是否作为法定节日等问题的讨论，引起国人广泛关注。这充分说明现行历法的确有许多问题值得探讨，也说明广大人民群众是非常关心历法和历法改革的。

◆ 现今我国只有按公历和夏历编制历法的机构，还没有历政建设管理和历法研究的机构。对现行历法中存在的诸多问题，民间研历人员都是自发地分散地研究，没有官方的职能机构统一组织、统一管理。因此形不成合力，致使存在的问题长期未能获得解决。再者，历法涉及天文、气象、农业、工业、交通、教育、社会、民俗等诸多领域，宜由某一部门统一组织和管理，其他有关部门参与讨论和研制。

◆ 现在国际上通用的公历（格里历）虽比我国夏历优越，但也有不少弊端，国际联盟和联合国都曾就历法改革征求过各国的意见，但未能实现。前者是因第二次世界大战爆发，后者主要是冷战时期美国借口基督教反对"空日"而阻挠，现今美国的国际世界历协会、俄罗斯的国际"太阳"永久历协会和乌克兰的研历组织仍在从事世界历的研究和宣传。陕西省老科协历法改革专业委员会也已有一些研历成果。我国有五千年光辉历史，研历经验最为丰富，且现在国际地位日益提高。为了对世界作出更多的贡献，可考虑有组织地开展世界历研究，主动协联有关国家，率先向联合国提出改历建议。

鉴于以上理由，建议在某一相关部委下设立国家的历政建设管理机构，其职能如下：

1. 组织历法和历法改革的研究，研制真正适合我国农业发展的农历，并适时加以修改；创制可供国际讨论的世界历方案。

2. 组织有关历法和历法改革的会议，例如学术讨论会和历法审定会。

3. 管理国内官方和民间研历组织的研究成果。

4. 指导媒体宣传和普及历法科学知识，破除封建迷信，以弘扬社会主义文化。通报国内外的研历动态。

5. 组织国际历法研究的交流。

陕西省老科学技术教育工作者协会历法改革专业委员会

2005 - 01 - 29

H-4　我改变历改方案的思想历程

新疆乌鲁木齐市老师　李景强

我本来主张春分历，是因为南北两半球的季节相反，任何历法都无法消除这一矛盾，所以照顾两个半球，选春分日为岁首，而实际上摆脱不了地域倾向性，如果能够摆脱的话，似应选用秋分日为岁首。后来读了曾一平、章潜五的多篇文章，接受以立春为岁首的主张，认为还是四季分明为好。是否有朝秦暮楚之嫌呢？我看到北半球人多，应站在大多数人群中想事。中华新历与沈括的十二气历有渊源，反映了古今国人遵从自然规律，编制历法的文化传统，深厚的文化底蕴使我备受启发。

我主张十日旬制，看到 31 天碍眼，认为 11 天一旬不合理，于是进一步接受 6 月独大、其余各月同为 30 天的分月。我主张用新历取代格里历，不再保留传统旧历，因此不同意以 2 月 4 日为近似立春日，认为立春岁首必须通过天文计算确定，是太阳黄经 315°之时那天。

自然历有"人法地，地法天，天法道，道法自然"之意，很超然。中华科学历有民族感情。我既不超然，也不带情感，想叫"立春历"，但它平淡乏味，因此我就不另起名称，而是赞成新历的内涵。

我算得十二气历：上半年 185.3051 日，下半年 179.9371 日，全年 365.2422 日，其中 5 月最大 31.43095 日。稍做改动为：上半年 185 日（闰年 186 日），下半年固定 180 日，5 月独大改为 6 月独大后，平年 35 日（闰年 36 日）。1-5 月，7-12 月，每月固定 30 日，如此建月

· 163 ·

既合乎自然，又整齐方便，既适合十日旬制，又适合五日候制。

我还认为：

1. 24 节气应通过天文计算确定，不能以每月 1 日为近似节气，每月 16 日为近似中气。

2. 为使公众易于接受 6 月独大历，6 月工作 30 天发满勤工薪，后 5-6 天可按日计薪。

3. 岁首立春定为春节，非常合情合理，而且自古有之。传统节日中，取立春后的首个望日为元宵节，小满后的首个上弦日为端午节，白露后的首个望日为中秋节，中秋后的首个上弦日为重阳节。如此四大传统节日的节令，与传统旧历的节令完全一致，月相一致或相近。上弦月处于上升阶段，取作端午、重阳有向上之意，象征渐趋圆满，符合国人的传统文化心理。

4. 文艺界有句名言，"越是民族性的，就越是世界性的。"对于历改方案来说并不尽然。但把民族性历法变成世界性历法，不是没有可能，中华新历比格里历优越，十日旬制或五日候制没有跨月之旬，也无跨月之候，都比七日周要好。不妨先在国内实行，必会逐渐取得国际的正面评价，建设创新型国家也应包含历法改革。

H-5　德国世界报记者埃林打电话采访章潜五

2005 年 1 月，埃林先生来电话说"从报纸和网上看到您关于历法改革的建议，十分感兴趣，希望能在电话上进行采访。后经联通之后，章潜五介绍了历改委提出的改历建议，并且寄赠多份本会编印的资料，详见给埃林先生的信文。

埃林先生：

您好！十分感谢您关心我国的历法改革研究事业，用电话采访我们研究会的研历情况，

表明您关心人类历法文明的创新事业。当前在我国的网站和报纸上，正在对我们提出的两项改历建议（春节科学定日；共力研制新历）开展热烈的讨论，这是继上世纪兴起世界改历运动以来的新发展。8 年多来，我们协联中外研历同仁，共力研制科学简明的新历，至今已经汇集众人的智慧，提出了两种中华科学历方案，一为上世纪多数人赞同的四季历方案的改进方案"新四季历"；二为理想的新历方案"五日周历"。这两种新历方案冠名"中华科学历"，并非是只能在中国使用，它实际上也是"世界科学历"。此历与古今中外的历法相比，最大的特点是它的科学性。先冠名加有"中国"，是希望先在中国国内广泛听取意见。我们希望您能将它传播给德国人民，欢迎对此世界民用历的改革方案发表意见。人类已经进入宇航时代，然而人们仍在使用古旧而繁琐的历法（例如格里历等），这是全世界人民值得深思的问题！

您已经知道中国网站上的历法改革倡议情况，当前有许多人表示强烈的反对，但是不少贴文表明他们不知道中外历法改革的史实，没有深入调查分析中国现行的两历（格里历，夏历），这样两种不同历制并行使用会没有社会困扰吗？我们相信，当他们客观地观察现实，了解中外改历的史实之后，就会改变原来的观点，认清我们提出的两项改历建议的深

远意义。可以说，正是我国这种两历并行所致的诸多社会困扰，导致了中国民间有十多位业余研历者提出新历方案，昨天又收到一位东北的农民，寄来了他多年写就的《世界通用的世界历——"天相历"方案》，文稿厚了需用包裹邮寄。我想中国有这么多位农民和一般职工提出世界历新方案，对世界事务做出了心力奉献，这在世界上也是稀罕的事吧！

除了我在网上已经贴出的几十篇文稿外，今用印刷品寄赠下列资料：

1.《西安历法改革研究座谈会文集》，这是新中国成立以来首次的此问题专题研讨会。

2. 报告文学《夕阳正红——我与历法改革研究会》，这是我们十年研究历法改革的纪实。

3.《历改信息》第 19－21 期（有国际世界历协会主席林进先生的来信，其中谈到有三位作者将世界历写入自己的著作中，第三位是用德文写的，作者为汉内斯·E·施拉克，写于1998 年。我们希望能够拜读他的此著，更希望能与他联系，共力创新历法文明，如果您能帮助联系上他，我们十分感谢。）

4. 十年前我创制的"贺卡千年旋历"（1900—3099），正是它引导我开始研究历法改革。祝您为传播世界改历的新浪潮作出贡献！

陕西省老科协历改委　章潜五
2005－01－20

2005－02－16　收到埃林先生寄来的中国贺年卡和精美印刷的德国台历，上面有德国的节假日标志，对于研究我国法定节假日甚有参考价值。

I类 历法改革与维护传统之争

I-1 《我国历法改革的现实任务》网络文集

陕西省老科协历法改革专业委员会

（2005－03－15 载于强国社区等论坛）

当代中国的现行历法是否需要改革创新？这一世传的改革任务有无可能实现？怎样才能迎来科学简明的新历法？这是摆在全球中华儿女面前的问题，是谋求中华民族伟大复兴所需研究的课题。

今年初春发生了历改研究与维护传统的网上争论，促使我们汇编这个历改研究的网络文集，已从本会汇编的书刊载文中，初步选出81篇首批贴出。我们感谢下列论坛积极支持宣传：新华网"发展论坛"，人民网强国社区"深入讨论区""时政""科教""读书论坛"，红豆社区"社会纵横"，南方社区"岭南茶馆"，麻辣社区"麻辣杂谈"。这些贴文既具有现实的参考意义，又可留作历史检验是非。因此，我们希望这些贴文能够长期保存，使之成为网络图书馆，提供广大网友阅览和研讨。

在此需要说明：

1. 先贤们对于历法改革的论述是我们研究的重点，今日列出的贴文只是其中片断，我们欢迎广大网友提供补充资料。关于中外的珍贵史料部分，是由历史档案馆和外国研历组织提供的，有些是国内仅有而鲜见的，希望共同献给公众参阅研究。

2. 我们将继续增添各类的贴文，并且增加新的贴文类别，例如：26期《历改信息》的目录和"简要信息"、中外研历同仁们提出的历改方案、有代表性的反方观点文章等。欢迎读者在阅览本文集后加以评论，尤其欢迎详细阐述反方观点的文章。

3. 本文集的一些帖文是去年即已上贴，因此有的网站未再重新贴出。有的网站存在技术问题，实际帖文与上帖有所不同。有的网站要求帖文甚严而有舍弃。红豆社区和麻辣社区的帖文比较完全。其他网站若愿补帖以供网友参阅，我们表示十分感谢。

4. 本文集是仓促汇编的，旨求普及历法科学知识，传播历法改革研究信息，促进共力开展网络研讨。希望获得论坛版主和网友们的理解和支持，欢迎对于文集的汇编工作提出指教，以使网络技术为科学研究献力。

I-2　《南方周末》客观报道"春节改期之争"

作者：陈一鸣　来源：南方周末　时间：2005-03-03 19:06:23

一、中国"节"什么味儿？

天文学家说，春节应该改期；民俗学家说，春节绝对不应该改期。双方都认为自己的观点有足够的科学依据

时逢春节，春节改期之争愈演愈烈。在 GOOGLE 中查询"春节改期"一词，"约有10700 项符合春节改期的查询结果"。这是一场由学者引起的、民众广泛参与的、超出学术范畴的争论。

春节改期，是西安电子科技大学章潜五教授等人提出的。具体建议是将春节固定在立春日，即公历每年 2 月 4 日。春节改期的理由，包括每年春节日期游移不定、不便于月度统计、大批务工人员返乡引起春运高峰、造成学期长短不一影响学校教学计划的统一，等等。

二、这个春节争论热火朝天

西安电子科技大学退休教授章潜五今年 74 岁了，然而作为春节改期的主要推动者，今年的春节他不得不过得热火朝天。

对于章潜五，网民们"吃饱了撑的"这样的评语就算是相当平和的了。在难以计数的讨伐声中，最让章潜五恼火的是郭松民的文章《春节是我们的图腾，固定日期等于文化的挥刀自宫》。章潜五认为，正是郭松民的文章，尤其是"图腾"和"挥刀自宫"这两个词，把春节改期问题的讨论引向了群众性的谩骂。

于是章潜五就开始给郭松民写信。第一封信的时间是今年 1 月 26 日，标题是《老兵章潜五（实为老兵群体）给老兵郭松民的信》。

信的主体是表达历法改革的决心："历法改革是艰巨复杂的世传任务，它是文化领域的万里长征，可能也会遇到'围追堵截'，但是……"

这封公开信在网上流传很广，笔名为"历改委西电"。

2 月 15 日，正月初七，《老兵章潜五（实为老兵群体）给老兵郭松民的信（二）》贴到了网上。讨论切入正题，简要谈及"四项改历建议"："农历"科学更名，春节科学定日，共力研制新历，明确世纪始年。

这封信长达 5595 字，摆事实，讲道理，且表现出了一种令人肃然起敬的严谨——信后还附上了参考书目，共 6 个。

网上和媒体上的争论还只是浪花一小朵。章潜五认为，2 月 14 日（初六）、15 日（初七），由"中国民俗学会"和"北京民俗博物馆"主办的"民族国家的日历——传统节日与法定假日国际研讨会"是春节改期的更具现实威胁的反对者。他对记者表示，自己很晚才知道这

个研讨会，并发去了贺信和几篇论文。

然而该会议筹备委员会主任、中国社科院研究员刘魁立说："我们的会准备了小一年了，跟章潜五教授完全没有关系。我们这个会议，完全是为了推动本学科的发展。"

但是刘魁立在会上的发言《文化内涵——传统节日的灵魂》中开宗明义："有人建议将春节改在立春，我以为完全不妥。"

三、争的到底是什么？

围绕"春节改期"争论非常激烈。然而浏览一下网民发言就会发现，很多反对者并不了解章潜五的本意。

简单地说，章潜五等人的本意是想推行一种新的历法——中华科学历。该历研制了10年，草案已经出台，并有一万多份相关资料寄给人大代表、专家学者。章潜五说，目前还谈不上借助立法推行，他们只是向全国人大常委会法工委进行推介。

章潜五希望中华科学历首先在中国实行开来，再走向世界，并彻底取代现行公历等等多种历法，也自然要取代现行阴历。

现行公历（格里历）是1582年罗马制定的宗教历法，不但宗教背景浓厚，且缺乏天文学理论支持，比如公历的元旦日，在天文学上没有任何特殊意义。上个世纪，改历运动曾在全世界风行，后来由于美国等国反对，该运动遂不了了之。至于阴历，章潜五说，早在一千多年前，北宋沈括就指出置闰月法则为"赘疣"，其弊病为"气朔交争，岁年错乱，四时失位，算数繁猥"。

章潜五说："几千年来，我们不看历书不知道今天是周几，更不知道节气。我们几千年都在做历书的奴隶，历算专家也是历书的奴隶。"目前公历月历表有28种，年历表有14种，而且年年都要换日历；而中华科学历，月历表只有两种，年历只有一种，年年如此，基本上不用换日历。

按照中华科学历的设计，每年有11个月是30天，六月是35天或36天。每周五天，每周休息一天，甚至工作三天，休息两天。这样，只要日期逢0或5，想都不用想，肯定是星期天。

中华科学历把元旦定在立春，则中国的二十四节气就非常容易计算。每月的1日和16日，肯定是一个节气。一年12个月，刚好二十四个节气。

章潜五提到的十位推动改历的学者，目前只有三位在世。领头的金有巽教授今年已经92岁了，还有一位身在美国的学者今年已经96岁，另一位也80多岁了。

为了改历，章潜五等人自费出差，自费编印《历改信息》。章潜五教授不但研究历法本身，更倾力研究历法沿革史。四条建议中"'农历'科学更名"的提出，就是这种努力的一个成果。"

章潜五说，农历名称最早见于上世纪40年代的一则征婚启事中，其他正式文本中都称作"废历"。

1948年1月12日，金有巽教授在南京《中央日报》上最早提出农历名称不科学。另外"春节科学定日"，也是金有巽1945年在重庆中央大学物理系任教时最早提出的，当时报刊没刊登。

新中国成立后我国一直称"农历"为夏历，但 1968 年元月，改称农历。

四、民俗专家不同意

很多网民们在一知半解的情况下反对春节改期，而民俗专家刘魁立则在深入了解之后，仍毫不妥协地反对章潜五。

刘魁立说："他的努力没有价值！违背规律的事，越努力越坏事！我们看问题必须看效果，不能只谈动机和努力！永动机搞了几百年，没用！""用最平和的词语来说，（春节改期）是不科学的。他站在阳历立场说阴历不科学。按太阳走是科学，按月亮走就不科学了？"

刘魁立认为，每个人都有自己的时间制度，比如每个人的生日就不可更改。每个国家也有自己的时间制度，比如中华人民共和国国庆，是我们的共同节日，也不可更改。一个民族，比如春节，就是整个民族的生日，怎么可能你想改就改呢？

传统的年和节，肯定是在天象的基础上，经过计算确定的。但接下来，年和节都会远离天象，而与我们的情感联系越来越密切。根据天候的理由来挪动年节，比如春节改期，简直就是想把中国的整个传统节日体系阉割掉。"没有年，也就没有腊月了，也就没有除夕了，也就没有元宵节了，也就没有中秋节和七夕了。我们和月亮的感情如此密切，怎么能在没有月亮的晚上过这些节日呢？"

章潜五说，将在中华科学历上标注月相，朔日标上一个实心的圆圈，望日标上一个空心的圆圈。而刘魁立说："我知道好几个国家的日历都标注日出时间和月相。我们关注月相是要过节，你要把它变成认识自然的空洞标尺，那绝对没有意义！那种日历没有情感，是九九表。"

章潜五认为，二十四节气是中国传统历法的精华，是根据太阳的运行计算出来的，所以应该属于阳历范畴。而刘魁立认为，阴历是按月相圆缺计算出来的，但我们同样按照太阳运行黄道一周的时间确定一年的长度。我们的二十四节气是阴阳合历的一部分，不是阳历，阳历没有二十四节气。

章潜五认为，中华科学历并非革中国传统的命，而是取其精华。将二十四节气推广到全世界，那是中国人的骄傲。而刘魁立说："他根本没有考虑到，任何国家的节日都是民族性的。节日是一个民族长时间选择的结果，是历史的意向，人们赋予它的情感内涵非常强烈。我们不需要物理性的改动……人造的世界语成功了吗？"

章潜五说，中华科学历可以使大家免做日历本的奴隶，这才是真正的人文关怀。刘魁立说："那么人是不是也可以不要名字，大家都编号，那多清晰！多好啊！366 号死了，就除名了……可人不是汽车，节日安排也不是工厂的生产计划，某些人想用对待汽车的办法对待所有民族和所有人……"

章潜五认为，中华科学历符合"科学的发展观"，是"科教兴国"。刘魁立教授认为，科学应该以人为本。他说，自己不是站在民俗学的立场上反对中华科学历，而是站在科学的立场上反对春节改期。他认为章潜五所提的问题都是伪问题，伪就伪在他看问题太片面，太机械："你解决的不是单纯的物理问题。改历是涉及情感的，这就已经进入了社会科学领域，社会学抛弃了情感和历史，还有什么科学可言？还叫什么科学？！"

章潜五认为，民俗也是可以变迁的，而且民俗始终处于变迁之中。刘魁立说："关键是谁来变，你有什么权力变？民俗是广大群众的生活，不是个人意志的体现，民俗是你想改就改得了的吗？四旧破得最火爆的时候，我请问，为什么全国一片红海洋而不是黄海洋？破四旧的时候出现新东西，也仍然在四旧当中！沈括一千多年前就反对阴历，正好说明，反对了一千多年也改变不了""1930年代初期，国民党为了禁止旧历年，派警察去查抄年货，结果呢？'文革'时期也反对传统春节，结果呢？"（录入　钟婷）

——《历改信息》第24期剪贴转载，2005-04-26

I-3　陕西省老科协历改委致信中国民俗学会

中国民俗学会理事长刘魁立先生：

欣闻您们于2005年2月14-15日在北京召开"民族国家的日历：传统节日与法定假日"国际研讨会。有许多外国和我国的民俗专家与会，共同讨论传统节日与法定假日问题，相信将会大大促进人类历法文明的发展，迎来世界先进文化的加速创新。在此，我们陕西省老科学技术教育工作者协会历法改革专业委员会，祝贺您们的研讨会胜利召开并取得成功！

由于我们消息比较闭塞，昨天才从北京积极支持我们研究历法改革的同志传来开会的消息，因而不能派代表参加研讨会，聆听中外民俗专家们的论述，深为失去这次重要的学习机会而感到遗憾。由于我们研究"我国历法改革的现实任务"课题，它涉及天文、地理、历史、民俗、哲学、管理等诸多学科，我们民间研究者极共需要获得有关专家的指导和支持！

我们追迹诸多先贤的遗志，研究当代我国的历法改革问题，提出了四项改历建议："农历"科学更名，春节科学定日，共力研制新历，明确世纪始年。从1995年初开始至今已经研究十年，获百位教授等人的热忱资助，编印了历改研究文集8种和会刊《历改信息》23期，一万多份书刊资料赠给人大代表和专家学者等人参阅。书刊分发记录表明，仅寄给贵学会前任理事长钟敬文教授和《民俗研究》杂志社编辑部简涛主任的就各有30份。

当前我国正在网站和报纸上热烈讨论我们提出的两项紧密关联的改历建议（"春节科学定日"和"共力研制新历"），改革历法与民俗传统的关系引人注目。郭松民（军人）写出"春节是我们的图腾——驳章潜五教授"，本研究会写出"老兵章潜五（实为老兵群体）给老兵郭松民的信（一）"，春节后即将陆续发表反映我们观点的信（二、三、四……），共同进行"百家争鸣"的深入研讨。

我们都是业余研历的老年新兵，对于民俗学方面缺乏认知，因此亟盼民俗专家们指教和帮助，希望获得您们的《会议论文集》，以便更好地研究历法改革问题。我们不多的退休金已用于编印寄赠书刊了，因此希望贵学会能否回赠文集，或者给予特殊的优惠购买。与我们共同研究的同仁们不少，仅提出世界历新方案的农民、工人、教师、一般职员就有十多位，他们已经多年潜心研究，奉献了大量的心血，估计他们也盼望获得您们的《会议论文集》。

西安电子科技大学的领导和许多教授，对于历法改革研究作了主要资助。该校社会科学版《学报》2001 年第 4 期的首篇，载有《论我国历法改革的现实任务》(实为七年研究的《课题报告》简介)，他们赠给 2002 年在该校召开的"西安历法改革研究座谈会"(新中国成立以来首次此课题的专题研讨会)50 册该期刊物。我们希望我国有关的学会也能仿效资助此项世传的研究课题。

今列出本研究会成员撰写的有关"传统节日与法定假日"的文章如下：

1. 金有巽：春节定日的预测，投稿重庆报纸，1945 年。

2. 章潜五：春节历日的科学定日，《智寿历卡(1900－3099)》，自资印赠给人大代表等人参阅，1995 年 1 月。是 1995 年向全国人大提出改历建议的五份参考文献之一。

3. 应振华："农历"应科学更名　春节宜定在立春，《华夏文化》，1995 年。

＊4. 蔡堇：春节改期的必要性和可能性，《西安历法改革研究座谈会文集》，2002 年 10 月。

＊5. 章潜五：我国法定节日的不稳定问题，《西安历法改革研究座谈会文集》，2002 年 10 月。

＊6. 章潜五：关于增加法定传统节日的讨论，《历改信息》第 20 期，2004 年 4 月 5 日。曾寄呈全国人大常委会法制工作委员会和全国人大代表、中国人民大学纪宝成校长。

＊7. 蔡堇：春节改期杂谈，即将载于《历改信息》第 22 期，2005 年 2 月下旬。

＊8. 蔡堇：传统节日漫谈之一：改为法定节日应当慎重，即将载于《历改信息》第 22 期，2005 年 2 月下旬。

＊9. 蔡堇：传统节日漫谈之二：增加传统节日的文化内涵，即将载于《历改信息》第 22 期，2005 年 2 月下旬。

＊10. 蔡堇：传统节日漫谈之三：改为法定节日的方案，即将载于《历改信息》第 22 期，2005 年 2 月下旬。

说明：带 ＊ 者，今作电子邮件的附件寄上。

上述文章，除了最后的四篇外，其余早已寄赠给贵学会的领导和其他多位成员了，如果您们未曾见到，请就近向中国社会科学院世界宗教事务研究所李申研究员借阅，他有我们的全套书刊资料，蔡堇同志撰写的六篇传统历和迷信的系列文章(谈属相，谈算命，谈吉凶宜忌，谈历书，谈民俗节日，谈男尊女卑)，载于您院编印的《科学与无神论》杂志，就是获得了他的大力支持。

我们撰写的这些文章，敬请您们传达给与会的民俗专家们，希望有助于您们的研究工作。我们的文章中若有错误，敬请给予指教和评论。都是为了中华民族的伟大复兴，为创新世界历法文明而奋斗，应该同心协力争取再展我历法文明古国的光辉！

待不久，我们将会寄赠《西安历法改革研究座谈会文集》给贵学会的新任领导们，待有机会将会登门求教听取指导。今先请您们列出领导们的通信地址和电子邮件地址。

谢谢！

陕西省老科学技术教育工作者协会历法改革专业委员会

(加盖公章)　2005 年 2 月 12 日

I-4　袁世凯时期的《四时节假呈》

内务部民治司第一科呈大总统　　　　　事由：呈拟规定四节由

总长　朱启钤（盖章）　　　　　　　　中华民国三年一月二十一日

为呈请事，窃自新邦肇造阳历纪元，所以利国际之交通，定会计之年度，允宜垂为令甲，昭示来兹，但乘时布令，当循世界之大同，而通俗宜民，应从社会之习惯。故日本维新以来，改正历法，推行以渐，民间风俗之所关系，悉属因仍未改，春秋佳日，举国嬉嬉，或修被禊，或隆报饗，岁时景物，犹见唐风，良以征引故事，点缀承平，不但为经济之节宜，且可助精神之活泼。我国旧俗，每于四时令节，游观祈献，比户同风，固由作息之常情，亦关人民之生计。本部征采风俗，衡度民时，以为对于此类习惯，警察官吏未便加以干涉，即应明白规定，俾有率循。拟请：定阴历元旦为春节，端午为夏节，中秋为秋节，冬至为冬节。凡我国民均得休息，在公人员亦准给假一日，本部为顺

从民意起见，是否有当？理合呈请大总统鉴核施行。

谨呈大总统

内务总长　　一月二十一日

内务部训令第　号（另令顺天府尹，步军统领，警察厅类同）

中华民国三年一月二十三日

令各省民政长

新邦肇造阳历纪元，所以利交通而便会计，允宜垂为令甲，其四时令节，关于社会风俗人民生计，本部衡度民时，对于此类习惯，未便干涉，呈明大总统：以阴历元旦为春节，端午为夏节，中秋为秋节，冬至为冬节，国民均得休息，在公人员亦准给假一日，以顺民意，而从习惯等因，奉大总统批：据呈已悉，应即照准。此批，奉此，除电知外，合行抄录原呈，令行该民政查照，并转行各机关知悉，此令。

原载于《历改信息》第 25 期，2005 年 7 月 15 日

I-5　历法改革与传统节日谁大？

陕西省老科协历法改革专业委员会　章潜五

中华民族要伟大复兴，各行各业竞做心力奉献。我们离退休学者追迹诸多先贤，成立陕西省老科协历改委，研究"我国历法改革的现实任务"，旨求补缺提供国家决策参考。众多的社会学家成立中国民俗学会，研究我国的民俗学。两个学会本应互补地和谐发展，然而却发生了大碰撞，是什么原因造成的呢？不难根据事实做出分辨，其源似为分不清历法

改革与传统节日谁大？是在弃大取小管见看问题，对历法改革研究存在误识偏见。

《南方周末》记者陈一鸣兼听则明，他用电话采访半小时后，写了两篇客观的报道（见 3 月 3 日第 27 版）。主文是"春节改期之争"，辅文是"节日应该姓什么？"。前文似为争议春节假日，实则却是争议历法改革，文中介绍了两个学会的观点。后文客观综述了民国成立以来的节日变化，部分反映了民俗学家的观点，由于同样离不开历法改革这个大问题，因而笔者补充谈谈我们历改委的观点。

历法改革与传统节日是个复杂的交叉学科难题，提问历法改革与传统节日谁大？不应根据学会的大小来做判断，也不宜用暂时的群众反映做根据，而需客观分析两者的内在关系，看究竟谁才是问题的根本？如果主观地管见看问题，必然将会造成错误的决策。

深思熟虑过历法改革难题的人，认为增加我国的传统节日应该慎重，首先必须分清我国传统历法的精华与糟粕。如果没有天文历法的基本知识，不了解中国历法改革史和世界改历运动，就不可能做出正确的判断。在今春的历法改革研究与维护传统节日的碰撞中，许多人颠倒了事大事小的关系，没有学点儿天文历法知识，了解中外改革历法的史实，客观分析两历并存的困扰。青年网友如此状况不足为怪，我们早已儿过典型的调查统计分析，而有的资深民俗专家也如此，这就实在令人遗憾了。

我们认为，讨论当代我国法定节日的变化情况，不能脱离国际和国内的形势，否则难于作出正确的认识。

孙中山领导辛亥革命胜利后，1912 年 1 月 2 日立即通令"改用阳历"，"阳历正月十五日补祝新年"。在施用了几千年旧历的当时中国，敢于根据形势决定改用公历（格里历），这是继太平天国废弃旧历、创颁阳历《天历》之后的又次伟大创举，它是符合从 1910 年开始的世界改历运动形势的。改用阳历的决议是在各省代表会议上经过争议后儿出的，"行夏之时"的陈旧观点遭到革新派的反对。临时大总统的《命内务部编印历书令》载出四条议决，其中有"新旧二历并存"和"旧时习惯可存者，择要附录，吉凶神宿一律删除"。孙中山说：光复之初，议改阳历，乃应付环境一时权宜之办法，并非永久固定不能改变之事。以后我国仍应精研历法，另行改良。以求适宜于国计民情，使世界各国一律改用我国之历。达于大同之域，庶为我国之光荣。这是他向国人发出的伟大召唤，代表了中华儿女的雄心壮志！在此前后，高鲁（我国现代天文学的创始人）和姚大荣先后提出了世界历方案。

袁世凯篡夺政权想当皇帝。1914 年初，内务总长朱启钤呈拟《四时节假呈》，"拟请：定阴历元旦为春节，端午为夏节，中秋为秋节，冬至为冬节。"两天后就颁布《内务部训令》："大总统以阴历元旦为春节，端午为夏节，中秋为秋节，冬至为冬节，国民均得休息，在公人员亦准给假一日，以顺民意，而从习惯……"纵观历史，我国古代多以立春定为春节，而从 1914 年却将游移一个月的阴历元旦改称"春节"，这种名实相悖的称呼至今已经 92 岁了！这种以阴历正月初一作岁首，与春夏秋冬四季成岁的传统天文概念也有矛盾。沿用昔朝单一历制情况下定下的传统节日，虽然维护了我国的传统文化，但却增大了两历并存的社会困扰。怎样才能解决传统与现代化的矛盾呢？值得深思寻求最佳的解困办法。

如果我们不看当时的世界形势和国内形势，仅从维护传统文化来看，那么这位图谋复辟帝制的大总统似乎是"以顺民意，而从习惯"的典范，因为他最先决定增加了传统节日。笔者赞同朱启钤的四季各设节日，然而不赞成沿用被沈括指明为"赘疣"的阴历闰月法则。共力创制"中华科学历"的当代研历同仁，大多主张要尽力定在传统节气历的阳历日期上，这样既能符合历法改革的大方向，又能弘扬我国的优秀传统文化，还可避免每年的频繁调休节假日。袁世凯《大总统令》的要害是要重树"皇历"，我们不能不看清其本质及其危害，它已严重阻滞了我国的历法改革。

1928年南京国民政府提出"推行国历及废止阴历"，1930年公告"禁过旧年"，这更与世界改历运动的形势有关。因为1927－1929年，国际联盟正在准备发起世界改历运动，史料表明当时我国有十多位专家学者提出世界历方案，著名学者高梦旦提出的世界历"周历议案"，经全国教育会议通过，已向国际联盟提案改历。由此可见这次改历活动的方向无错，反映了国人寻求中国的社会进步。1931年我国响应国际联盟的号召，成立中国历法研究会，积极参加世界改历运动，当时广泛分发《征求改历意见单》，十万人的统计结果是81％赞成四季历，64％赞成年始定于立春。但因当时政府脱离人民群众，没有做好历法科普宣传，单纯依靠行政命令推行改历，因而改历不了了之。这正需要我们客观地分析历史教训。

新中国成立后，首届全国政协会议议决"中华人民共和国的纪年采用公元"，这是符合世界和国内形势的正确决定。关于春节的放假规定，《民俗词典》中说也是由这次会议决定的，我们查阅中央档案馆的会议记录未能查见，查见的是政务院于1949年12月23日举行的第十二次政务会议，通过了统一全国年节和纪念日放假办法。在通令中规定："新年放假一日；春节放假三日，夏历（笔者注：不是称呼"农历"）正月初一日、初二日、初三日。"

在"文革"期间，报纸大力宣传要求大家过一个"革命化的春节"，高炳中教授记得当年自家猪圈门上贴有口号"三十不停战，初一坚持干"。我的深刻印象是在20世纪50年代中期，党中央号召"向科学进军"，中央军委号召向航天科技干部张履谦同志学习，介绍了春节期间他在家攻读科技书籍，当时我们军校学生都以他为榜样。"文革"给国家和人民带来了痛心的灾难，笔者退休后调研主张改革历法的多位先贤，苦难的经历锻炼了他们的科学求真精神，听了金有巽教授的半个多世纪关注中外历法改革，方知废称夏历而误称"农历"并广泛流传，是从"文革"时期"大破四旧"开始的，但1980年《人民日报》即已拨乱反正，删除了报头中的"农历"两字。在今年的大碰撞中，该报最先载出余仁杰的文章"春节九十二岁啦"，发挥了党报的政治导向作用。

郭松民撰写的评论"春节是我们的图腾——驳章潜五教授"，被许多网站广为转载传扬，致使出现了网骂的泛滥。从网上查阅反方观点的撰文作者，大多是年青的网络优秀评论员或新秀作家，他们具有甚好的文学功底和宣传才能，然而缺乏天文历法知识，观察事物的主观性太强，评论没有真凭实据。名人违反事实的撰文会造成极大危害，例如"中山舰事件"是国史党史中的大事，专家孔蕴浩和李之龙的儿子李光慈都说当时舰长不是李之龙。查证是陈伯达在《人民公敌蒋介石》一书中最先说"中山舰舰长李之龙（他是共产党员）开舰去黄埔"。因此造成了几十年以讹传讹而使国史书刊的失实。在复杂的历法改革问题上，类此事例应该力避重犯啊！

本会从汇编的8种文集和26期《历改信息》中选出百篇，组成"我国历法改革的现实任务"网络文集，已陆续贴文于十多个网站论坛，提供广大网友参考研究。其中不少是讨论法定节日的，10篇有关文章曾电传给中国民俗学会，提供他们召开"国际研讨会"参考，后又给多位学会领导人寄赠书刊。本会欢迎各界人士参加研究，我们的重点任务是研制科学简明的中华科学历，争取与格里历挑战竞比优劣，扬我中华儿女的聪明才智。我们的观点非常明确，积极赞同中共陕西省委书记陈元方在其遗著《历法与历法改革丛谈》中提出的主张

"走太阳历之路，创制具有中国特色的新农历"。改革开放的今朝出现了新事物，涌现了"当代我国民间历法改革运动"，20 位民间研历者共力探研，其中有多位农民和一般职工，约为半数是最近参加的，提出的世界历新方案大多遵循了这个大方向，主张这种新节气历的岁首定于立春。

日心说问世已经 400 多年，西方国家在此期间迅速强盛，当今我国谋求中华民族的伟大复兴，需要彻底分辨日心说和地心说的正误，这是正确认识天地人关系的根本。封建王朝严设禁令，民吏不准习历制历，否则会被放逐或砍头。今值人民当政的崭新时代，早该解脱这种桎梏了。我们主张：应该弘扬先民创立的 24 节气历科学思想，中国历法应该从"阴历（置闰月法）主政，阳历（24 节气）附属"改变为"阳历主政，阴历附属"，年首应该由阴历正月初一改变为春首立春的阳历岁首。在这种科学简明的新历中，我国的优秀传统节日只会增加而不会减少，传统文化与时代创新是和谐地发展的！

原载于《历改信息》第 25 期，2005 年 7 月 15 日

I-6　沈括应发千年叹
——关于"春节改在立春"的争论

西安电子科技大学党政办　张晓蓉

"春节改在立春"之建议实自 1945 年就由金有巽教授（今 91 岁）提出过，经民间历法改革研究会的专家学者们十年来的不断宣传，目前见诸报端日多，报刊、网络上逐渐开始了争论，中国青年报 2005 年 1 月 13 日（A2 版）"青年话题"曾登出《春节日期不能随便改》一文，也对该项改革提出了不同意见。

目前争论日趋激烈，但双方却有共同之处——发扬华夏优秀文化传统，振兴中华民族的满腔热血。双方的不同之处仅在于有无认真了解祖国几千年的历法变迁，有无认真研究祖制历法中的精华与糟粕。可以说，反对者大都是对此项改革有种种误解。真正经过深入调研、深思熟虑而形成的有理有据有分量的反对文章无论在报刊或网络上尚未见一篇。

一、历法是不断变革的

历法总是随着天文学的发展而不断变革发展的。我国祖制历法也一直在变迁：夏、商、周的新年岁首就各不相同，分别为 1 月 1 日，12 月 1 日和 11 月 1 日，秦历岁首更改为 10 月 1 日（蔡堇《春节改期杂谈》）。历朝历法改革大小 70 余次，方案数百种（陕西省原省委书记陈元方《历法与历法改革丛谈》）。时代在前进、科学在发展，历法没有不改不变之理。

二、不科学的夏历迟早要改

我国现行的夏历（文革时错误地改称为"农历"至今）是古人根据月亮圆缺周期而定的

"太阴历"的一种，一年 354 天（平年），与一年实际的 365 天无法吻合，只好用闰年 13 个月来调整，这就造成了闰年的 384 天。因此才出现了双立春之年和无立春之年——所谓"寡妇年。"这样的历法使得岁首正月初一每年在公历中的日期飘忽不定，前后相差近一个月。

夏历的弊端，它的不科学是明明白白的，迟早要改。

三、沈括期盼近千年

历史上，近千年前北宋的沈括是痛感太阴历弊端的杰出代表。他斥太阴历"岁年错乱，四时失位"，提出了以 24 节气（太阳历）为基础的"十二气历"，却被坚持"祖制不可变"的保守派咒骂不断。沈括曾料到他的历论会招致"怪怒攻骂"，并坚信"异时必有用予之说者"（《梦溪笔谈》）。他也许不曾料到，近千年之后仍有坚持"祖制不可变"者。沈括若有知，定会发出千年之浩叹！历改是全世界华人之事，现在已有海外华人参加。应该积极联系世界各地的华人共同研讨夏历的改革，合力发扬中华民族的优良传统。

四、春节改在立春依然属于传统文化

春节改在立春比改革夏历的动作要小得多，它使春节名实相符，可在夏历暂不动的情况下先行。

首先，"立春"是中国历法之精华——24 节气中的一个，为中华民族所特有，属于中国的传统文化。

其次，将春节与正月初一合并在一起乃袁世凯批准的，只有 92 年的历史，而将二者分开过在中国历史上极为悠久。历史上春节原本就在立春。（中国科普作协余仁杰《春节九十二岁啦》）。我们为何要死抱着袁世凯的规矩不放？

再次，春节定在立春，每年都相对固定于 2 月 4 日或 3 日，诸多困扰可消除，而且再也不会出现人为的"寡妇年"，除去了此项封建迷信说法的基础，利国利民。

春节改期后，夏历的元旦、十五仍可照过，只是不再叫春节。既不影响全世界的华人按夏历过年也不影响过"春节"。

五、相关链接：历法改革研究会剪影

为了改革具有明显弊端的现行历法，使其更科学实用，造福民族造福人类社会，以西安电子科技大学为基地，金有巽、应振华、蔡堇、章潜五等一批可敬的退休专家学者于十年前成立了历法改革研究小组，后改为历法改革研究会，为历改付出了常人难以想象的心血和精力。

他们的年龄大多在 70 岁以上，从自掏原本不多的退休金作经费开始，搞历法研究 10 余年，查印资料、研究、写作，走访有关单位。秘书长章潜五曾多年骑一辆旧自行车奔波于西安市，去北京、上海、南京走访时，白发苍苍的老者都是买硬座火车票。十年来，他们写作、编辑、寄发了 15000 余份历改资料，向各方人士赠阅；为了节省邮费，每次先用小称称，如果超重就用刀片切去纸边……他们不计名不求利，认定要做这桩有利千秋之事。近年来，他们队伍逐渐扩大，陆续获得本校及外界百位专家学者包括海外人士的热忱资助。

　　他们广泛联系中外专家学者及有关单位，共同奋斗，汇集了丰富的资料，取得了初步成效。他们追迹先贤遗志，提出了明确的四项历改建议："农历"恢复称为夏历、春节改在立春、共同研制新历、明确世纪始年。目前，"农历"已在我国各报头日历上明显减少；春节科学定日已引起公众的关注，并多次向全国人大、政协提案。他们还创制了"中华科学历"等新历方案。

　　　　　　　　　　　　　　　　　　——《历改信息》25 期.2005.7.（14－16 页）

J类 历法改革与民俗观点大碰撞

J-1 郭松民的"春节图腾"文章

一、春节改在立春 自作聪明

郭松民(军人)海峡都市报 2005-01-13 15:01

由西安电子科技大学章潜五教授领衔的一批专家学者,不久前以"日期不固定麻烦多"为由,发起倡议要将春节固定在立春(可参考本报昨日 A29 版)。为了证明自己的建议是正确的,章教授列举了现在春节的种种"麻烦",包括不便于月度统计和评估生产效益、大批务工人员挤入春运人流高峰,等等。

在笔者看来,这些问题与其说是春节的日期不适当造成的,不如说是现阶段经济社会发展程度不够或者管理协调不当造成的。比如春运高峰问题,它主要是伴随着近年来"民工潮"的出现而出现的,不是从来就有,也不会永远存在。而且可以预期的是,即便调整春节日期,这些问题仍会存在,只不过程度不同而已。

最关键的问题在于,春节已经成了我们民族文化传统中最重要的符号之一,在很大程度上赋予了我们民族的独特性,是中国人之所以为中国人的标志,也是我们彼此认同的图腾。一个中国人,无论他是身在故土还是异国他乡,也无论他平时的身份是什么,只要到了春节,他都会还原为中国人。这样一个重要图腾是不能因为"麻烦多"而妄加修改的,如果因为"麻烦多"就修改它的日期,从逻辑上说完全可以为了"避免麻烦"而干脆取消它——没有了春节,我们拿什么代替?感恩节?圣诞节?

章教授等专家学者提出的理由多种多样,但究其背后,无不隐含着一种"理性的自负"心态,就是要用理性来衡量一切事物,或者更确切地说,用"合算与不合算"来衡量一切事物——如果不合算,就有理由予以摧毁。章教授们忘记了的是,春节作为文化传统属于"理性不及"范畴,是不能用合算与否来衡量的。历史证明,一种文化传统如果不是明显地给公众带来不便,或危害公共安全,就不能运用法律手段来禁止。用法律手段强制推行"新春节"的结果只有一个,那就是存在两个春节:一个是法律规定的春节,一个是民众认同的春节。近年来各大城市强硬禁放鞭炮的覆辙在前,能不慎乎?

当然,这并不是说春节是不可改变的,而是说春节的改变应该是在与时俱进的进程中,由民众自发改变。从这个角度看，章教授等人有权宣扬自己的主张，但企图通过立法的形式来强制改变，只能是一厢情愿或自作聪明。

对待传统文化与传统节日，现代人须持有客观的态度和必要的敬意，而不能自认为"理性"就擅自动刀动剪，这是一个再明白不过的道理。

二、春节是我们的图腾——驳章潜五教授

www.XINHUANET.com　　2005 年 01 月 13 日　11:02:08　来源:中国经济时报

由西安电子科技大学章潜五教授领衔的一批专家学者，不久前以"日期不固定麻烦多"为由，发起倡议要"将春节固定在立春"（见 1 月 11 日《扬子晚报》）。在我看来，如果这一倡议果然能够以立法的形式得到通过，则不妨视作一种勇敢的文化上的挥刀自宫行为.勇敢是值得称赞的，但这里存在的一个最大的不确定性在于，自宫之后,能不能如章教授等所愿练成"葵花宝剑"尚在未知之数，但我们从此变得不男不女却是肯定的了——我们真的需要冒这么大的风险吗？

为了论证自己的建议是正确的，章教授列举了现在春节的种种"麻烦"，包括不便于月度统计和评估生产效益；影响教学计划的稳定统一；大批务工人员挤入春运人流高峰；两会精神传达过迟容易延误年度任务,等等。不过在我看来，这些问题与其说是春节的日期不适当造成的，不如说是现阶段经济社会发展程度不够或者管理不当造成的。比如"春运高峰"问题，它主要是伴随着近年来"民工潮"的出现而出现的，不是从来就有的，也不会永远存在下去。而且可以预期的是，即便是调整了春节日期，这些问题仍然会存在，只不过程度上有所不同而已。

但这里最为关键的一个问题还在于，春节已经成了我们民族所剩无几的传统文化中一个最重要的符号，在很大程度上赋予了我们民族的独特性，是中国人之所以为中国人的一个标志，是我们彼此认同的图腾！一个中国人，无论他是身在故土还是异国他乡，也无论他平时的身份是学生、商人或者小职员，但只要到了春节，他都会还原为中国人。这样一个重要的图腾是不能因为"麻烦多"而妄加修改的，如果因为"麻烦多"就修改它的日期，那么从逻辑上说完全可以为了"避免麻烦"而干脆取消它。没有了春节，我们到哪里去寻找我们的精神家园呢？感恩节？圣诞节？还是复活节？

章教授等专家学者提出的理由多种多样，但其背后，都隐含着一种"理性的自负"心态，就是要用理性来衡量一切事物，或者更确切地说，用"合算与不合算"来衡量一切事物。如果不合算，就可以用一切手段予以摧毁。然而春节作为一种文化传统是属于"理性不及"的范围的，也就是说是不能用合算与否来衡量的。历史证明，一种文化传统，如果不是明显地给公众带来不便，或是明显地危害公共安全，就不能运用法律这类依托暴力的手段来禁止它。用法律的手段强制推行"新春节"的结果只有一个，那就是存在两个春节：一个是法律规定的春节，一个民众自己认同的春节。近年来各大城市禁放鞭炮的覆辙在前，可不慎乎？

当然，这并不是说春节是不可改变的，而是说春节的改变应该是在与时携行的进程中，由千百万民众自发地改变。从这个角度来看，章教授等"专家学者"当然有权宣扬自己的主张，但企图通过立法的形式来强制改变，却只能说是一种僭妄。

从根本上说，传统文化（包括节日）是我们的先人有效应对当时自然、社会、人生等诸

问题的历史经验的积淀，是先人们以他们在当时环境下使自身生命、生存获得最大意义上的优化，并代代薪火相传，延续至今。对传统文化，现代人须持有客观同情的态度和必要的敬意，而不能自认为"理性"就擅自动刀动剪，这是一个简单的道理。从这个意义上看，章教授等的观点看似振振有词，实际上却早已在不知不觉间堕入了"理性与进步的蒙昧主义"陷阱之中——不知章教授等以为然否？

J-2 春节定日，闭眼乱骂不太好！

曹培亨

［雪原白兔］于 2005-01-13 18:47:20 上贴于人民网强国社区

《扬子晚报》1月12日登了篇"春节改期"的报道，顿时引来一片网骂。更有人在互联网上连声叫喊，说章教授是吃饱了撑的，还说章教授要是敢于出门，肯定会挨拳头之类。

细观这些网骂者，大多是患了"改革恐惧症"。因为前些年的改革，有人失业，有人下岗，有人买断工龄，饭碗没了，心情不好，于是有人一听"改"字就反感，一听改字就乱骂。

可是，春节改期并不是改掉工作，也不是改掉春节，而是将春节安排在一个相对固定的日期上。这样的倡议，应该是科学的，合理的。

但是，有些网友不分青红皂白，也不看个三阴五阳，闭起眼睛就乱骂。最为奇怪的是这些文章竟然能被网管们看好，纷纷被加星的加星，推荐的推荐。

有人说章教授"吃饱了撑"的，什么叫"吃饱了撑"？章教授十余年来如一日，到处奔跑，到处征求意见，收集国内外资料，整理翻译外国同行的信件和资料，贴着自己的工资搞研究，到处邮寄印发参考书籍，一个中国人民解放军的老军人，一个七十多岁的教授，不去游山玩水，安度晚年，却要受这样的罪，贴自己的钱，这是为了什么？

有人发表批判文章，说春节是全世界华人的春节，如果改了，国外华人怎么办？而在事实上，正好有国外的"华裔老人"专门出资支持这样的研究，出钱为印发这样的资料供全国和全球的同行们进行研究和论证。

难道说这些人都是傻子？难道说参与研究"中国新历"的各行各业的人都不懂春节的重大意义？不懂华人的传统对中国人的重要性？错了！实在是错了！事实上，参与研究中国新历和主张"春节定日"的人，既有高级学者，也有民间普通人，甚至还有失业下岗的人员，有工程师，有教授，有医生，有农民！既有中国人，也有外国人；有海内的，也有海外的；有内地的，也有香港的、沿海地区的。

有人说将春节改在立春之日，那是山花烂漫时？还是冰天雪地，红梅含笑日？可这些网友不清楚，过去的春节，正好有的就是在立春前，有的却是在立春后。譬如去年的春节，就是在立春前，而今年，却又跑到立春后了。正是因为如此，才出现了所谓的猴年双春，鸡年无春的说法，也正是因为这样，结婚的人们才产生了莫名的恐慌。

仔细研究这些网骂者们的言论，可以发现这些朋友多半都是没细致地研究过中国旧历史和天文的人。更有甚者，连旧历年一年是多少天都没弄清楚。比方说与 2004 年在大部分时间相对的旧历猴年，一年间竟有 384 天，而与 2005 年大体对应的所谓鸡年，一年却只有 354 天。这些人不知道，自然界的一个回归年，事实上是 365 天又 5 小时 48 分 46 秒（约合 365.242199……日）而阴历的月相周期，是 29 日 12 小时 44 分 3 秒（约合 29.53059……日）。这个自然现象告诉人们，"阴历无年，阳历无月"！正是古人想把阴阳两历硬性合在一起，才产生了旧历的长年短年问题。即所谓的 19 年加七闰月的问题。无春年和双春年，也正是因为这样的人为规定而产生的。

另有一个奇怪的现象，对于"春节定日"的倡议和说明，网骂大都集中在商业网站和中央级网站，而在南方网，数百人点击有关文章，却没人提出太多的异议。这个现象说明了什么？的确值得深思。

值得一提的是：以前曾经搞过"夏时制"，结果失败了，原因就是夏时制每年都要变动一次时间系统，这对于火车运行表的制订和人们的习惯很不利。当年，笔者是反对夏时制的，可这次的这个主张，笔者是支持的。

"春节定日"这个事已经有很多人研究了十多年，不断有各界人士加入讨论并支持。原因就在于这次的主张不同于夏时制的那次折腾。夏时制的弊端很严重，而"春节定日"却只有优点很少缺点。

笔者有一个想法，那就是奉劝相关网骂的网友，不管对什么事情，在未彻底弄清楚该问题之前，先不要忙着乱骂乱批，还是看看有关方面的内容，研究清楚原因再说。动辄闭着眼睛乱骂乱批，实在不是好现象！当您在嘲笑别人的时候，别让人家在心里笑您！

原载于《历改信息》第 22 期，2005－02－18

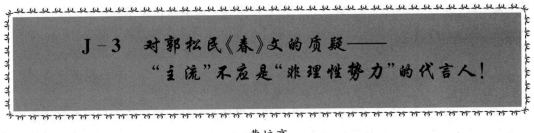

J-3　对郭松民《春》文的质疑——"主流"不应是"非理性势力"的代言人！

曹培亨

2005－02－03 22:06:18 贴于人民网强国社区

郭松民于 2005 年 01 月 14 日在《江南时报》第一版以《春节是我们的图腾》为题，对 1 月 11、12 两日各媒体报道的"春节定日"问题发表评论。郭在评论中有这样的话：

"在我看来，如果这一倡议果然能够以立法的形式获得通过，则不妨视做一种勇敢的文化上的挥刀自宫行为。勇敢是值得称赞的，但我们真的需要冒这么大的风险吗？"

"章教授等专家学者提出的理由多种多样……就是要用理性来衡量一切事物……如果（这些事物与理性）不合，就可以运用一切手段来予以摧毁。然而春节作为一种文化传统是属于"理性不及"的范围的……历史证明，一种文化传统，如果不是明显地给公众带来不便，或是明显地危害公共安全，违反正义原则……不能运用法律这类依托暴力的手段来禁止它……近年来各大城市禁放鞭炮的覆辙在前，可不慎乎？"

"当然，这并不是说春节是完全不可改变的，而是说春节的改变应该是在与时携行的进程中，由千百万民众自发的改变。从这个角度来看，章教授等"专家学者"当然有权利宣传自己的主张，但企图通过立法的形式来强制改变，却只能说是一种谵妄。"

值得注意的是，郭松民先生的这篇评论，不但被《江南时报》刊在了第一版，而且，人民网在转载时，还在大标题后加了"主流评论"四个大字。

按一般常识，郭松民先生的个人观点，在此时此刻就已经不是普通意义上的个人观点，而是"主流"的观点。同时，因人民网的转载有"主流评论"四个大字，郭先生的评论更是成了"主流"的意思。如果真是这样的话，我们就有如下疑问：

一、郭松民在《春》文中说"春节改期"（准确说是"春节定日"）的倡议是"挥刀自宫"，"主流"真的也这么认为吗？什么叫"自宫"呢？如果我没记错的话，"自宫"就是自己"割掉男性生殖器"的另类表述！在此，我们要问，将春节从日数间隔不等，到固定在一个间隔相对等数的日子上，从名不副实到名实相副这样一个简单的变化，和自宫咋会是一回事呢？自宫是割掉，改期（定日）是固定，割掉和固定这两个完全不同的概念，怎么就被"郭主流"划上了等号呢？按郭先生关于生殖器的逻辑，"春节定日"这个把 354 天和 384 天不等长的年间隙固定在 365 日（闰年 366 日），应该是像把"缩阴症"（阴部痉挛）和"疝气"（阴部肠漏）这一会儿缩进去，一会儿鼓出来的病治好，变成一个正常的器官是一样的道理。照此推理，难道说治"病"也叫"挥刀自宫"？

二、郭先生在《春》文中说章教授"用理性来衡量一切事物……并企图通过立法的形式来强制改变（春节日期）是一种谵妄"，并说"春节作为一种文化传统是属于'理性不及'的范围的"。那么，按"主流"（郭松民）的意思，是否要提倡"非理性"呢？或者，按"主流"的意思，我们是否应该打消一切理性的念头而向"非理性"的一切行为、习惯和势力举手投降？

三、因为春节改期的倡议涉及历法改革，涉及天文科学的普及和表达，涉及一年四季季节的明朗化，涉及教学时间、农业生产的合理安排，这本来是追求科学、文化进步的倡议。如果说这就算破坏了传统文化，那么，按"主流"的意思，人类当初承认"日心说"也承认错了？而维持"地心说"才是维护"传统文化"？因为人类在此之前的几千年里都认为地球和人类自己是宇宙的中心，这个"传统文化"是否也被"破"错了？如是，章教授倡议将袁大总统在 1913 年定的春节改一下日期，的确算是"自作聪明"。

四、郭先生在《春》文的最后说到了春节禁放爆竹的问题，按郭的意思，政府的禁放规定好像也错了。事实上，对禁放爆竹这事，有相当部分的老百姓还是支持政府的。尽管本人所居之地并不禁放爆竹，但本人在有关城市有了禁放令之后，数年来就是一直坚决支持并身体力行地照政府的规定办事。以实际行动支持有关城市的正确规定。而按"主流"的意思，在有关城市的部分百姓和政府唱对台戏的非理性行为才是应该支持的？

五、郭松民先生在《春》文的最后还说："并不是说春节是完全不可改变的，而是说春节的改变应该是在与时携行的进程中，由千百万民众自发的改变……但企图通过立法的形式来强制改变，却只能说是一种谵妄。"在此，我们要问"主流"：既然可以改，请问怎么改？"由千百万民众自发的改"又是一种什么样的自发？是不是说就像目前一样，让一些人自发地用"圣诞节"来淡化并替代春节？如果是这样的话，那本人倒是要极力反对的！

最后，本人要对"主流"及其人云亦云者们说：

1. 对于燃放爆竹烟花，本人支持有关地方政府的做法，如果一定要放，可以在人口稀少的地方，有组织地去集中燃放。本人反对随心所欲，随地乱放危险品，从而极易给公众和他人造成危险和伤害的不负责行为。

2. 对于春节改期（定日），本人是倡导者之一，其目的是为了更好地安排节日时间，将中国多数人所重视的四季季节明朗化，并以此强化和巩固中华民族的传统文化。

3. 本人主张在科学的基础上维护中国自己的传统文化，并以实际行动身体力行。本人以不在自己的脖子上系着一条又长又大的花带子（领带）为荣！以不吃西餐、不过洋节为荣！本人还要说，如果有人要反对春节定日和历法改革，请先看看自己是否同本人一样已做到了上述几点，如是，本人将对其言论洗耳恭听，否则，请君先别忙着高谈什么文化传统。

曹培亨　2005/02/03　写于四川汉源

原载于《历改信息》第 22 期，2005 - 02 - 18

J-4　图腾不能救中国，春节也不是图腾

太原科技大学　曾一平

郭松民先生的文章《春节是我们的图腾 固定日期等于文化的挥刀自宫》在国内许多媒体上都转载了。我想发表些不同的看法。

先说郭先生文章的标题。标题的第一句话有两个名词，一个代词：春节、我们、图腾。我分别说说郭先生说的这三个词。

先说代词"我们"。如果我理解得不错，这个"我们"是指包括我在内的所有中国人。但是真的是所有中国人都同意您的观点吗？您做过调查研究吗？如果没有，您这个代词是不是用得不恰当？最轻最轻的判定是：有些主观吧！至少至少章潜五教授是中国人，他不同意您的观点吧！曹培亨先生也不同意您的观点吧！您所指的章潜五教授领衔的一批专家也不同意您的观点吧？您怎么可以不把他们算在中国人之列呢？您没有权力开除这些人的中国国籍呀！所以，您这个词用得不妥，对不对？您只可以说：春节是同意我的观点的中国同胞的图腾。对不对？

再说您说的"春节"。从您的文章的整体来理解您的意思，您是把"春节"归入传统文化之内；但"传统"一词在您的意识中不知如何界定？是十年，百年，还是千年以上？如果是百年，那就不同你争论这个问题了。暂时按您的界定来继续讨论。如果您也同意传统对象有几千年文明史的中国来说，应该是千年以上一直如此的东西才算传统，那么您就应该承认一个历史事实，那就是把夏历正月初一定为春节是 1913 年袁世凯当大总统时所为，距今 92 年。

您还有一个论点，您说："（章提春节改期）背后，都隐含着一种"理性的自负"心态：就是要用理性来衡量一切事物，或者更确切地说，用"合算与不合算"来衡量一切事物。如果不合算，就可以运用一切手段来予以摧毁。然而春节作为一种文化传统是属于"理性不及"的范围的，也就是说是不能用合算与否来衡量的。"

这里您承认了章提出的春节改期是"理性的"，这可以理解为："春节改期在道理上说是有道理的"。谢谢,这是您与其他一些反对者不同之处,应予肯定。这实际意味着您明白春节和年节是两件事,春节改期,不是年节改期。您所以反对的只是不应以政府强制手段来改,只能顺其自然用渐进的方式来改。这是您又一点与其他反对者不同之处,也应肯定。这就找到了您与章教授提议的相交点,可以继续探讨下去。

您标题中说的"图腾",您说"春节是我们的图腾",您的意思是"中国人的图腾"。更多中国人说:"中国人是龙的传人",似乎用图腾这个词的话,说"龙是中国人的图腾"同意的人会更多些。不过靠"图腾"不能救中国,无论是"春节"还是"龙",都不行。得靠"科教兴国",靠"教育兴国",靠"发展兴国"。

以上是我对您文章标题第一句话的意见。以下再说第二句。您说:"固定日期等于文化的挥刀自宫"。

您这句话来得如此突然,可说一点逻辑性都没有。写评论或理论性文章应最讲究逻辑性。做一个判断,必须有根据,岂能信口开河。一个等号在科学上不是那么容易随意地画的。您已经认识到春节改期的事是有道理的,即春节放在夏历正月初一是没有道理的,仅仅是改变的手段不应采取法律强制的过激方法,那怎么能比作"挥刀自宫"呢?如果说"挥刀割盲肠",倒还有点相似。自宫了就断子绝孙了。割盲肠则急病康复。您说把春节固定到立春日过,初一就少过两天,就能断子绝孙吗?曾记得一个故事,一个极地探险者是个外科医生,独自一人在一次探险中突发急性盲肠炎。对外科医生来说割盲肠手术是小儿科。就毅然地挥刀自术,化险为夷,传为佳话。中国要改春节日期,当然不必劳美国的大驾了。不挥刀自术,怎么办呢?当然用中医办法保守疗法也可试试。目标既定,方法可以商量。章教授等大概也可接受吧!

标题的意见说完了,现在进入正题。

我不想介入现在春节在正月初一引起的麻烦,和改到立春日是否能解决这些麻烦的问题。这些问题是要做许多具体调查研究计算才能做判断下结论的问题。我不具备做这样工作的条件。政府在做决策前会指令相应的研究机关作这样的工作。

我能说的话是郭先生说的中国人的图腾问题,还有后面提到的"我们的精神家园"。还有"到了春节,他都会还原为中国人"。

郭先生是不是过于悲观了。中国五千年的灿烂文化,如果今天只剩下像春节这样虚有其表的金玉其外的外形的话,那只有被从地球村开除的命运了。过春节不就是回家团圆一下,吃吃、喝喝、玩玩、放放炮吗?难道这就是中国人的主要精神生活?这样的生活才代表中国人?就拿这些展现中国人的风采?这难道不可悲吗?这样的图腾还是不要的好!

什么是中华文化的精华?怎样发扬中华文化的精华?全体中国人认真研究一下吧!历法改革研究者只研究了其中小小的一部分,也可能有错误,但他们是在辛勤工作的。

有理性又有情操的中国人,您也来参与这场讨论吧!

原载于《历改信息》第 22 期,2005 - 02 - 18
谨请媒介参加研究和宣传历法的改革创新事业!

K 类　南京、西安报纸报道历法改革建议

K-1　南京市多家报纸报道历法改革建议

编者按　1997 年春，紫金山天文台通讯员马伟宏采访南京大学天文系方成院士，后又协助江苏卫视台播映"春节话改期"专题采访。本期付印后，收到了他传来的信息，南京市许多报纸今年又兴起了宣传"春节科学定日"，但与以前不同的是已与"共力研制新历"结合起来，而且已有众多网站做了转载(1 月 11 日来信说：今天众多新闻网站都转载了"专家酝酿历法改革"的新闻报道，据我不完全统计，转载的网站有：搜狐网、人民网、雅虎网、新浪网、新华网、腾讯网、国际在线、百灵网、红网、21CN、南京龙虎网、新华报业网、中国江苏网、桂龙新闻网、齐鲁热线、商都信息港、金羊网(羊城晚报)、大羊网等。)西安《华商报》也于 1 月 12 日转载了《扬子晚报》的报道。

岁首春节是否需要调到飘移不定的中心位置——立春日？我国是否需要创制科学简明的中华新历法？这是北宋沈括、太平天国时代就有的问题，然而更值得实施两历并行的当代国人关注。我们呼吁："实践'三个代表'重要思想，创新我国的历法文明"。今摘例刊载媒介的有关报道，提供研历同仁参考研究，并且希望全国人大代表和全国政协委员们给予关注。

K-2　春节调到立春，专家酝酿"历法改革"

(2005-01-11 08:53:22)

【金陵晚报报道】　今年 2 月 9 日正月初一，比去年晚了近 20 天，究竟哪天过大年，如果不是查询日历，大多数的市民都根本不会计算。

眼下，一个备受关注的消息正在传来：有天文历法专家认为，我国传统的春节"定位"方法每年游移不定，产生了诸多的社会困扰，专家们正在酝酿一次"历法改革"，将春节改在二十四节气中的立春这一天，从而使这个每年游移不定的节日相对固定在 2 月 4 日，并使岁首春节能够名实相符。目前，这些专家已成立了历法改革研究会，并征集各界签名，争

取在人大立案审议。

一、发起人探讨"历法改革"

该倡议的发起人之一——现年 74 岁的我国历法研究专家、西安电子科技大学章潜五教授前不久专程赴宁拜见了南京大学天文系和紫金山天文台的专家，共同探讨"我国历法改革的现实任务"问题。

章教授介绍说，我国传统上把春节定在阴历的正月初一，阴历是根据月亮盈亏来确定的，而公历为阳历，是根据地球绕太阳的公转来确定的。这样两种不同的历制并行，必然将会产生诸多社会困扰，尤其凸显于春节"过大年"上。由于旧历采用陈旧的闰月制，正月初一对应的公历日期跟着游移多达一个月，因而形成一系列的社会困扰。

二、传统历法造成诸多麻烦

去年年末，南京的新人扎堆结婚，原因是不少人认为 2004 年里包含了两个立春，而 2005 年没有立春日，被称为无春的"寡年"，虽说这是一种迷信说法，但是也反映出历法对社会生活造成的巨大影响。

专家们说，传统春节日期的游移，造成六大不便：

首先，影响春耕春灌，现行春节在闰周 19 年中，约有 10 次处于立春之后，更有 4 次左右接近雨水节气，此时"过大年"难免将会贻误农时；

二是，正月初一对应的公历日期不固定，最早约 1 月 21 日，最迟约 2 月 20 日。市民春节休假 7 天，农村休假半个月，致使 1、2、3 月份的工作天数忽多忽少变化，不便于月度统计和评估生产效益；

三是，春节游移不定造成全国大、中、小学每年冬季放假和开学的时间移变，两个学期长度不等，常会相差一月之多，影响教学计划的稳定统一。

四是，春节来得较早的年份，大批务工人员挤入春运人流的高峰，例如去年春节时期南京大量外地务工人员排起长龙，甚至连夜搭帐篷购买火车票；

五是，春节日期的游移不定，造成了元旦和春节的相距日数变化，最短约 20 天，最长约 50 天，由于双节物品计划不能稳定，节日供应工作容易失误。

另外，专家们还认为，全国人大政协两会通常定在春节之后，待会议精神传达至基层还得有个过程，容易延误年度任务。

三、8 年制定中华科学历

章潜五教授认为，只要根据我国的二十四节气阳历，把岁首春节调整固定在立春上，由于它稳定在 2 月 4 日或 3 日，就可以避免上述弊端。

章教授介绍说，8 年来通过征集专家学者签名，已多次向全国人大会议和政协会议建议改历，特别是近年来历法改革研究会已研制出科学实用的"中华科学历"，该历传承了二十四节气的精华，以立春为岁首，春夏秋冬四季分明，可以排解两历并行的诸多社会困扰。

他认为，历法改革涉及传统习俗的改变，是一项改革创新的艰巨任务，但只要广泛关注和深入讨论取得共识，就能不断进展而最后有成。

（通讯员马伟宏　金陵晚报记者王君）

K-3　春节日期固定，百姓心理上难接受

金陵晚报记者　王君 2005-01-11 08:53:21

【金陵晚报报道】　将春节定在"立春"日，专家们认为可以减小春节带来的社会负面影响，但是对于专家的一番"好意"，老百姓到底接不接受？记者街头随机采访了市民，反对声还挺响亮。

市民蔡先生认为，传统春节按农历日期过大节早已成为一种社会民俗习惯，贸然将春节"固定"在 2 月 4 日，老百姓从心理上难以接受。而且，专家认为春节不固定带来的六大不便，也并不会因为将春节固定在立春而得到太大的改善。

蔡先生表示，农民种地并不是严格按照日历来进行，要看天时、气候，如果碰上倒春寒，就要推迟春耕春灌，要是早春，春耕春灌就得提前。将春节固定而没有办法固定气候，过节和春耕时间要冲突的事情一样会遭遇；而至于 1、2、3 月份工作天数忽多忽少，不便于月度统计和评估生产效益。

蔡先生认为，只要按照天数或是项目来统计工作量，这个问题就可迎刃而解，而且生产效益的评估也只是一个手段而已，真正对生产效益的影响有多大，很难说；由于我国的学年是跨年度的，虽然两个学期的时间长短不一，但整个学年的时间是统一的，从整体来看，教学计划的稳定统一并没有受到影响。

蔡先生说，依靠固定春节日来改变目前的春运高峰，更是没有可能，他认为，这两者并没有特别的联系，无论是春节早晚，大批外来务工人员总要回家过年，今年春节要比去年晚，但是春运压力并未因此减小。而目前节日供应是由市场决定的。双节物品计划不能稳定，节日供应工作容易失误等等，问题不是出在春节日期的游移不定，而是出在其他方面。

人物档案

章潜五　陕西历法改革研究会秘书长，致力于历法改革，认为将目前定为农历的旧历属于伪农历，会带来社会的某些不便。他汇集多位老教授潜心研制"中华科学历"。在"中华科学历"方案中，一年仍为 365 日（闰年 366 日），1-5 月、7-12 月均为 30 日；平年 6 月 35 天，闰年 6 月增为 36 日，多出的一天特定为星期日；每月的两个节气处于月初和月中左右。该历以近似立春日（公历 2 月 4 日）为岁首，希望以此改变岁首与春夏秋冬各季的矛盾。
（编辑　丹妮）

（载于《历改信息》第 21 期的补充页，2005-01-10）

K-4 《西安日报》要闻版关于历改研究的两篇报道

一、农历更名"夏历"，春节定日"立春"，共研世界"新历"

2003 年 5 月 27 日要闻版载出

章潜五教授等专家多年来大声疾呼——改革现行历法 造福天下苍生

本报讯（记者 张平阳 原建军）

"农历"更名为"夏历"，春节固定在每年"立春"（2 月 3 日或 4 日）……章潜五教授等专家多年来奔走呼号的这些历法改革主张，正在得到越来越多炎黄子孙的理解和支持。而章教授所在的陕西历法改革研究会，业已跻身全球四大民间历法研究机构，且大有后来居上之势。

"农历"应尽快更名

陕西历法改革研究会，是由多位高校院所退休专家组成的民间机构。秘书长章潜五教授对记者说，我国传统历法有多种称呼：皇历、阴历、旧历、古历、夏历等，延续至今的"农历"称呼萌于上世纪四十年代，金有巽、薛琴访、梁思成、应振华等专家曾撰文激烈反对，认为"把旧历称为农历是错误的"，"阳历才是真正的农历"。章潜五指出，指导农业生产的 24 节气在阳历中日期大致固定，而在旧历中则前后游移多达一个月，因此阳历才是方便农民的真正农历。章潜五等专家研究后认为，旧历称呼"农历"缺乏科学根据，还是以恢复历史上沿袭数千年的"夏历"称谓为宜。

春节要科学定日

章潜五教授说，古代的春节特指立春日或泛指春季，这是名实相符的；而今的"春节"在立春日前后游移 30 天上下，产生诸多社会困扰：学校寒假日期多变，两个学期长度不等，影响教学计划；元旦与春节日期间距波动过大，不利于春运安排和节日商品供应；春节假期所在的一二月份工作日数忽多忽少，难做精确的统计对比……基于此，专家们建议：根据阳历把春节固定在 24 节气中的"立春"（2 月 3 日或 4 日）这一天，可避免上述弊端。中科院院士方成等国内专家学者、杨元忠先生等海外华人都非常赞赏这一观点，多方努力促进此事；数十位全国人大代表、政协委员，连续几年在"两会"提案，呼吁采纳这一主张。

研制世界新历

现行公历虽然精确度较高，但也存在不少缺点，如大小月规律性差、日期与星期没有固定关系、月日数据缺乏明确季节含义等。近年来，章潜五和蔡菫、金有巽、施亚寒等专家吸收中外历法改革的成果，提出中华新历方案。该方案克服了现行公历的主要缺点，采用 5 日周制，日期与星期关系固定；月日分配合理，大小月规律性简单易记；年历表具有永久性，可千年使用而不变。章教授等人的研究活动，得到了美国世界历协会林进主席、俄罗斯国际"太阳历"协会主席洛加列夫等国际同仁的高度评价和大力支持。当"21世纪统一的全球文明历法"研讨会在乌克兰召开时，陕西历法改革研究会推荐了三个世界历新方案，备受关注。73 岁的章教授信心满怀地表示："我国完全有条件在世界历法改革方面做出贡献。"

原载于《历改信息》第 18 期，2003 年 6 月 29 日

二、老教授挑战现行公历，章潜五等提出"中华科学历"方案

2003 年 7 月 11 日要闻版载出

本报讯（记者　张平阳　实习生　王中华）

　　我省一批年逾古稀的老教授多年来安贫乐道，潜心研究历法改革，继提出"农历更名"、"春节定日"等历改主张后，最近又推出明显优于古历和现行公历的"中华科学历"方案。

　　近日，陕西历法改革研究会秘书长章潜五先生来到报社，向记者详细讲述了汇集多位老教授十余年心血的"中华科学历"。该历以近似立春日（公历 2 月 4 日）为岁首，消除了现行公历岁首无天文意义的缺点，可使历法季节符合实际天时，岁首与春夏秋冬分季不再矛盾。在"中华科学历"方案中，一年仍为 365 日（闰年 366 日），1-5 月、7-12 月均为 30 日；平年 6 月 35 天，闰年 6 月增为 36 日，多出的一天特定为星期日；每月的两个节气处于月初和月中左右，有简明的口诀可作估计。总之，"中华科学历"凸显了 24 节气的简明阳历特性，弘扬了我国古代历法文明，实现了东西方文化的交融，并可消除我国公历、旧历并行的诸多困扰。改用"中华科学历"后，可使全年时序科学合理，两个年节合一，春节名正言顺，不再严冬过"春节"。

　　章潜五教授昨日对记者说，"中华科学历"与现行公历——格里历相比较，具有诸多优点。首先消除了公历最不合理的缺点——连续七日周制，改用科学合理的五日周制，节气间距约 15 日；它能整分一年 365 日、一月 30 日，而七日周制则不能整分。章先生强调指出，五日周制并非心血来潮之举，古今中外早有先例：我国千年久用"五日一候""十日一旬"；古埃及历每月均为 30 日；法国大革命后废弃格里历，颁行的共和历仿古埃及历；俄国十月革命后曾试行工人分为五组轮休。其次，月日分配符合夏季长（约 94 日）、冬季短（约 89 日）的实际，大小月规律简单易记，消除了公历中的古代皇权烙印。月历表从 28 种降为 3 种（形式仅 2 种），年历表从 14 种降为 2 种（形式仅 1 种），测算星期易如反掌，只需对日期数作"除五取余法"。另外，"中华科学历"日期与星期关系得以固定，年历表具有千年永久性，每年法定节日的星期不变，免除了频繁调休之苦，几乎无需编印历书历表，不仅可以节约大量纸张，还能节省每一位国人的宝贵时间，经济、社会、环保效益极为显著。

原载于《历改信息》第 19 期，2003 年 12 月 2 日

K-5 西电科大E流网转载两篇《西安日报》载文

一、春节虚岁 91 了

2005-3-9 17:42:23 来源：西安日报 2004-2-8

中华民族传统历法岁首正月初一，现今无论中国还是海外华人中都统一称为"春节"，但在中国历史上却称之为"元旦"。宋人吴自牧在《梦粱录？正月》中说："正月朔日，谓之元旦，俗称为新年。"中国历史上虽一直沿用阴阳合历，但历代新年元旦的日期也不一致。据《史记》载，夏代元旦为正月初一；殷商定在十二月初一；周代提前至十一月初一；秦始皇统一全国以后，再提前至十月初一为元旦，直至西汉初期。到汉武帝时颁行《太初历》，才恢复夏代的以正月初一为元旦。以后历代相沿未改，所以这个历法又叫"夏历"（今俗称为农历）。

中国历史上早有"春节"，不过指的是二十四节气中的"立春"，这在《后汉书？杨震传》中有载："春节未雨，百僚焦心，而缮修不止，诚致旱之征也。"到南北朝时，"春节"是泛指整个春季。把正月初一定为"春节"，是辛亥革命以后的事。据考，中国人过的第一个春节是在民国三年（1914年甲寅）1 月 26 日，至今已 92 虚岁了。

这一史实是：辛亥革命后的 1912 年元旦，中华民国在南京宣布成立，孙中山就任临时大总统，随即宣布中国废除旧历采用阳历（即公历），用民国纪年。但民间仍按传统沿用旧历即夏历，仍在当年 2 月 18 日（壬子年正月初一）过传统新年，其他传统节日也照旧。有鉴于此，1913 年（民国二年）7 月，由当时北京（民国）政府任内务总长的朱启钤向大总统袁世凯呈上一份四时节假的报告，称："我国旧俗，每年四时令节，即应明文规定，拟请定阴历元旦为春节，端午为夏节，中秋为秋节，冬至为冬节，凡我国民都得休息，在公人员，亦准假一日。"但袁世凯只批准以正月初一为春节（因当时是"五族共和"，端午等汉族节日列为全国节日不妥），同意春节例行放假，次年（1914 年）起开始实行。自此夏历岁首称春节，一直相沿至今。

90 多年来，中国人（包括海外华人）都重视民族传统的新年，把春节当作真正的"年"来过。人们接受"春节"称谓，是因为它既区别了公历新年元旦，又因其在"立春"前后，春节表示春天的到来或开始，与岁首之意相合。

二、24 节气属阳历性质 专家建议"农历"改称"夏历"

2005-3-9 17:42:23 来源：西安日报 2005-3-7

本报讯（记者 张平阳 实习生 叶维斯）：

"数千年来指导农业生产的二十四节气属于太阳历性质，阳历才是真正的农历！"长期从事历法改革研究的几位西安专家呼吁：废除不科学的"农历"称呼，还历史以本来面目，将我国传统历法改称"夏历"！

从古到今，我国传统历法的称呼五花八门：皇历（黄历）、中历、旧历、古历、废历、阴历、夏历、农历……"这些称呼有褒有贬，反映了认识上的严重分歧，至今尚无规范的科学称呼。"陕西历法改革研究会秘书长章潜五教授告诉记者，从"文革"期间流行至今的"农历"称呼不科学，存在许多弊端。首先，"农历"称呼违反天文历法的基本原理。寒暑变迁的周期取决于太阳光照的变化，农业生产遵从的节气规律是由地球围绕太阳运动的规律所决定的，二十四节气属于太阳历性质，这从各节气的日期在阳历中基本固定即可得到证明，因此阳历才是真正的"农历"！我国采用公历前，尽管用阴历来计日，然而农业生产的基准却是二十四节气，而各个节气在阴历中的日期不同年份之间飘忽不定，非常麻烦。所以，把阴历称呼"农历"缺乏科学根据，是错误认识的产物。

多年来，薛琴访、陈遵妫、戴文赛、梁思成、应振华、杨元忠、金祖孟等海内外著名人士，均直陈"农历"称呼的诸多弊端。有鉴于此，章潜五等专家建议废弃"农历"称呼，恢复数千年历史的"夏历"称呼。章教授特别指出，此处的"夏"是指"华夏"，"夏历"并非指古代夏朝的历法，而是中华民族的传统历法。数千年间，我国传统历法经过百余次改革，"汉太初以迄清末，二千余年间，大抵以建寅为岁首"，形成了中华传统历法的主要特征。章教授说，"农历"恢复为"夏历"称呼，并非囿于旧识、保守偏见，而是认识渐变、日益升华的结果，是尊重科学、实事求是的结果，海内外有识之士无不期待这一天早日到来。

原载于《历改信息》第 24 期，2005－04－26

K－6　关于观点碰撞的认识与建议

陕西省老科协历法改革委员会　章潜五

今年初春，发生了历法改革与传统节日的观点碰撞。对此碰撞应该如何认识？怎样才是正确对待？需要大家共同认真探讨，以求分清是非和原因，解决矛盾而达到和谐。

历改委和民俗学会都是学术研究单位，都旨求中华民族的伟大复兴，为何却会发生碰撞的呢？我们认为根源是对于历法改革与传统节日的关系认识分歧。本会认为，历法改革研究与维护传统节日并不矛盾，都是为了弘扬我国的优秀传统文化。我们对于我国传统文化的态度，是遵照竺可桢先生的观点，"采取古代文化的精华而弃其糟粕"，而非不加区分的全面继承。我们根据诸多先贤的论述，认为 24 节气是我国传统历法的精华，"19 年 7 闰月"编历法则在古代曾为先进，时至近代早已陈旧而为糟粕。因此我们主张共力创制科学简明的中华科学历，改革昔日的"阴历主政，阳历附属"，变为"阳历主政，阴历附属"，丢弃过时的"地心说"观点，弘扬科学的"日心说"观点。

本会汇编的许多书刊，以及摘要百多篇文章编成的《"我国历法改革的现实任务"网络文集》，鲜明地表达了我们的观点。我们汇编的书刊资料从 1995 年开始，2 万份广泛赠给众多的各类专家学者等人，其中包括中国民俗学会的正副理事长和《民俗研究》等专家们，盼求参加历法改革研究，共同探讨创制我国的新历。当中国人民大学纪宝成校长提出建议增加我国的法定传统节日后，我们立即撰文"关于增加法定传统节日的讨论"，供他和全国人大常委会参考。理事长钟敬文教授谢世后，中国民俗学会做了改选（我们当时不知道，仍旧寄赠书刊给他），刘魁立先生继任理事长后，却立即发生了观点碰撞。今年春节假日末期，中国民俗学会召开"民族国家的日历：传统节日与法定假日"国际研讨会，我们意外地获知此会后，立即写信给刘魁立理事长，列出早先已写的有关 10 篇论文，并用电子邮件传送其中的 7 篇提供会议参考。

《南方周末》记者采访双方后，写出客观的报道《春节改期之争》，刘先生发表了反驳言论，因而本会建议双方在网上辩论，然而三封信发出后未见回应。为供了解本会的系统观点，我们给该会四位新领导（刘魁立、乌炳安、刘铁梁、高炳中）寄赠了多册书刊和"贺卡千年旋历"。感谢秘书长高炳中教授于 5 月初及时地友好回信，说一定会回赠会议文集，我们今仍盼求学习它，以供了解该会的系统观点，争取尽早能够获解矛盾。

在党中央的领导下，全国正在共同建设和谐社会。今朝既要与时俱进地改革创新，又要弘扬优秀传统文化，发生历法改革与传统节日的观点碰撞并不奇怪。然而需要共同采取积极态度，解决矛盾而达到和谐。我们一再建议遵循"百家争鸣"方针，分清是非而取得共识。对此，我们在书刊文章中是十分明确的，真忱欢迎大家评议和指教，对于民俗学会更是如此。

为求尽快实现中华民族的伟大复兴，需要发扬"只争朝夕"的时代精神，充分利用现代网络技术，迅速交流思想观点。我们热切希望中国民俗学会尽快提供有关资料，更新观点，转变态度，重视和谐，解决矛盾。何者观点正确？需要通过辩论才能辨明！何者态度正确？需以事实才能分清！历法改革与传统节日孰大孰小？它们本是和谐的还是对立的？需要共同认真思考！

原载于《历改信息》第 26 期，2005 年 9 月 1 日

L 类　研历同仁提出的新历方案

L-1　中华民族要创立自己的新历法

上海书法大师　王谐教授

一、问题的提出

笔者翻阅历史资料，常见两千年前的史料被记为"史前"，这引起我很大的反感，认为西历不适合表达中华文明史，由此产生了中国应废除西历，代以中华民族的新历法。故在 2000 年秋的民盟支部生活会上，提出了两个问题：一、"汉语拼音方案"中一母多音，及将注音方案称为"拼音方案"是错误的，次年已向国家文字管理单位反映，他们承认不足而待机改正。二、中华历法问题，建议创立自己的"华历"。笔者主张由支部集体组文，因支部主任无暇顾及而告吹，但笔者并未因此止步，借出版《书法新天地》之机，载入该书"后记"。

二、"华历"的名称

"华历"名称的提法与选择，究竟是用以往的已有名称，还是另立新名？因它与西历不同，与"农历"（夏历）也有异，两种名称都不宜采纳。胡锦涛总书记强调："要创造中国特色，中国风格，中国气派的文化成果。"，这使我们感觉腰杆硬了，理由更充分了。因此今年理直气壮地再次提出：创立中华民族自己的新历法"华历"。新历法突出反映中华悠久的文化文明史，它既有继承又有创新。"华历"是十全十美的历法。

三、过去历法的简介

以往历法可分为三类：甲——年、日依据天象而定的称为阳历；乙——月、日依据天象而定的称为阴历；丙——年、月、日都依据天象而定的称为阴阳历。下面略细谈谈。

甲，阳历：特征是年的长短依据天象，平均长度等于回归年；月的长短是人为的，与月相盈亏无关。由儒略历经修订的格里历，就是属此历法。

乙，阴历：特征是月的长短依据天象，平均长度大致等于朔望月，大月 30 日，小月 29 日；年的长短是月的整倍数，与回归年、寒暑节气无关。例如希腊历、回历。

丙，阴阳历：特点是既重视月相盈亏，又兼顾寒暑节气。月的长短依据天象而定，月平均值等于朔望月；年平均值约等于回归年。大月 30 日，小月 29 日，每月以朔日为起计，平年 12 个月，全年 354 或 355 日。比回归年少 10 日 21 时，需加闰年，闰年 384 或 385 日。例如夏历（因它安排有 24 节气，利于农事活动，因而又称"农历"）。

儒略历是格里历的前身，公元前 46 年，罗马统帅儒略·凯撒决定采用，因此得名儒略历。该历的年平均为 365.25 日，4 年一闰，闰年 366 日。每年 12 个月，大月（单）31 日，小月（双）30 日。只有 2 月平年 29 日，闰年加一日为 30 日。后来被奥古斯都改动了大小月的顺序，改动后就是现行的格里历。

夏历（"农历"）中有 24 节气阳历的安排，它是根据太阳在黄道上的位置决定的。月是依据月相决定的，故属阴阳历。夏历起用距今 2700 余年。

四、"华历"的特征

华历的特征是：既用阳历的长处，也用夏历的某些内容，这就既考虑世界情况，又重视中华民族的文化传统。年的长短依据天象，平均值等于回归年，月的长短是人为规定的。24 节气是由太阳在黄道的位置决定，其天干、地支及属相是夏历中的重要内容。

五、天干地支及属相

因为"华历"用天干和地支及属相表纪年。下面略谈供参考：……（编者注：今略）

六、"华历"确立的根据

历史上曾有"万年历"之说，但无实。华历则可能成为名副其实的"万年历"。中国华夏文化文明史至少已有一万年，今从以下几方面来谈：

1990 年前，湖南召开全国文物考古研究会，大多数代表异口同声认为，"中国文化文明史距今至少有一万年。"现据考古资料证实在 8000 年以上……

一万年之初，中国正处于新石器时代开始。就这点讲，作为华历的开始，条件具备。

一万年之初，正是中华民族始祖伏羲氏开创黄河文明初期。作为华历的开始，条件更加具备。

西历 2000 年正是华历一万年，是中华民族的"大龙年"。它是华历 101 世纪的开始，是历史赋予我们的最美妙和吉利的数字。此时，中国正处于华夏复兴时期：中华腾飞，结束屈辱，扬眉吐气，政治、经济、文化、科学技术大发展，国防国力大增强，神舟上天……这是伟大中华民族崛起的时代，意义非凡。

这时正是中华民族继续创造人类历史，创造中华民族新历史的开端。西历 21 世纪，华历 101 世纪也正是开始使用华历的绝佳时机。

两岸要统一，需要有统一的历法，华历就具备这个条件。因为台湾沿袭使用历史上每个朝代都有国号和年号。例如清朝：乾隆，××年；孙中山有中华民国的国年号，××年；大陆使用不合理的西历。这些使两岸统一造成障碍，华历就能解决这个问题。我相信使用华历，两岸人民会拍手称快，中华民族是绝对欢迎的。

七、"华历"的表示法

华历的表示法有以下几种：

一、与西历相同的表示法：以今年为例：10004 年×月×日。为应用方便，简化去"000"，则写成"1－4 年×月×日"。

二、与农历相同的表示法：以今年为例：万零零零四年×月×日。为应用方便，简化去"万零零零"，则写成"－四年×月×日"。

三、在书法、绘画、诗词、印(篆刻)及某些文艺作品中，作者落款时采用干支纪年。以今年为例：甲申年×(孟仲季)月×日(也可不写日)。

显然，西历换算华历，只是把二千年改为一万年，再加上由夏历移来的干支属相。

八、结　语

1. 西历二千年，即华历一万年，正是真正"万年历"问世之时，这是最妙的改历时机，西历容易换算成华历，不会存在问题。

2. 创立华历具有充分依据。如前所述的一个考证、两个具备、中国龙年腾飞之形势，"01"世纪是中华民族胜利的开端，将会永远强大下去。

3. 西历是西方的宗教历法，不适合我国和民族。把两千年前称为"史前"，对于我文明古国来说是可笑的，使用它是我们国家的耻辱。建议我国废止西历，倡议改用"华历"。

4. 使用创新的华历，是我国文化文明史的需要，是中华民族尊严的需要，也是澄清历法糊涂概念的需要。

5. 华历沿用夏历的干支、属相和 24 节气，不仅反映优秀的中华民族文化文明，而且会丰富人类文明的文化宝库。

6. 华历是中华民族的新历法，有良知的中国人都不会反对它，世界华人都会全力支持它。我相信华历将来会走向世界，是会被世界所接受的。

7. 我们有创新的信念，有必胜的信心，遇困难也能克服，要坚持到底，不达胜利决不罢休。不必理睬国外的偏见，只要人民支持，世界华人支持，看准了就坚决实行。

8. 华历具有科学性、先进性、合理性，这是时代的呼唤，历史的需要，人民的渴望。形势的所求。推行它可能会有保守势力的阻挠，但是我们决不灰心。

编 后 话

必须大力开展宣传，争取更多的志士仁人。如有富人资助活动，中华民族将会感谢，历史将会感谢。我们决定将支持者载入史册，名垂千古，万世流芳，功德无量。

华历未获政府认可和推行之前，非公皆可率先启用。首先希望艺术家在诗词、书法、绘画、篆刻及其他作品中流行使用。笔者从 2000 年起，已在信件中开始使用，只是未做说明。

一零零四年八月（一 —— 四年八月）

（编者按：此份倡议文稿的辞句已作少许修改。）

赞同华历的联合倡议者

（倡议者：王谐、李旭生）：

（以下按登记的先后排序）

1 陈康卿	2 陈家荣	3 张振荣	4 王俊洲	5 铁 荣	6 朱培生	7 徐孟琼
8 孙云耀	9 赵登智	10 陈逸良	11 郑善山	12 刘学莲	13 李 琳	14 王良珠
15 产美荣	16 姚中道	17 杨桂芬	18 孙慧芳	19 陈瑶琴	20 王振川	21 孙常灿
22 袁一敏	23 张文娟	24 柳九霞	25 李迎香	26 腾云彪	27 单思瑾	28 许普恒
29 陈筱侠	30 李 皖	31 金家华	32 泽四根	33 张文福	34 许众鸣	35 王宠宝
36 吴永勋	37 郑 新	38 法 钱	39 姚善叶	40 夏可玉	41 陈咏梅	42 李雪渔
43 顾 新	44 徐晨声	45 陈人光	46 傅斐影	47 潘志尚	48 严生良	49 董福泰
50 潘美真	51 陈瑞庆	52 陈树堂	53 沈颂祺	54 杨来娣	55 翁惠根	56 王世兴
57 李春云	58 蒋建芳	59 陈昌武	60 刘文斌	61 王瑞英	62 钟荣城	63 汤薇华
64 卜乐生	65 彭家明	66 王润怀	67 桑金娣	68 李志富	69 祝林庆	70 贺荣瑞
71 蔡爱玉	72 汪叶花	73 庄成德	74 吴家骅	75 谢素娥	76 宋蓉仙	77 张根英
78 江趣仙	79 梁慰娣	80 方旗腾	81 丁志南	82 陈妙秀	83 潘克勤	84 谢惠敏
85 曹甫堂	86 方 航	87 赵 滨	88 杨 琳	89 叶 青	90 徐锦云	91 华 平
91 宋林海	93 徐冰心	94 赵 燮（中国文化艺术城）			95 于百龄	96 王 梓
97 程 炜	98 李兆伦	99 李兆勋				

倡议者和赞同倡议者共计 101 人

L - 2 历法应复原——节历及其由来（摘录）

山西省绛县冷口乡乔堡村 李友诗老师

历法的实质：正、朔的确定。正朔是一年的第一天：正为年的开始；朔为月的开始。

（1）历法中的错脱：在实用历法中，为了使用方便或某些原因，将固有历中个别内容进行了调整。其调整后的内容与固有历中内容不相符的部分叫历法的错脱。

（2）历法的优劣准则：

A. 正朔错脱率：正、朔无错脱或错脱率很小，才是优历；错脱率越大，就越劣。

B. 内容广狭度：历法包括年、四季、十二月建、二十四气、二十八宿、六十甲子、三伏、九九等，能在历法中直接反映出来的内容越多则越优；否则就劣。

（3）我国历代历法的变更：我国历法虽有多次变动，但万变不离其宗，总没摆脱以"月历套年历"的套历框框，为年历的非本质历。

后有人想摆脱"套历"，以冬至为年首，成为黄道上的阴消阳长的阴阳历，揣摸到了历法的脉搏，以节气循环制历。但以中气作了年首，节气反处在月中，且于四季严重错脱，难免失败。

我国现行历法有两种：公历和农历。它们都和固有历一样存在着严重错脱。

（一）公历是根据地球绕太阳旋转一周（脱离了四季循环）为一年制定的，所以也叫阳历。公历年为 365 或 366 天，与太阳年（固有历）的天数很接近。但公历是一种权威历，它的年界、月天数、月界是随心所欲制定的，没有科学依据，但年界和月天数比较固定。

1. 年界位置的错脱：年界（元旦）定在冬至后十天（为冬季之中偏后十天），比黄道上的立春提前了 35 天，与固有历错脱近 10%。

2. 月天数的错脱：七前单月大，七后双月大，二月 28 天或 29 天，月数虽固定，但为随心所欲，与固有历的月天数错脱。

3. 月界位置的错脱：由于年界位和月天数的错脱，导致月界位也错脱。这些错脱是无道理的，所以公历是一种无理固定错脱历。

（二）农历是根据月亮绕地球旋转的朔望循环周期（29 又 73/81 日）作为月，然后把十二个月（354 天）或十三个月（384 天）组合起来作为一年（非为年的循环节），所以又叫阴历，是有些理论根据的。

1. 年界摆动的错脱：年界（春节）徘徊在立春前后各达 15 天之内（1966 年春节在立春前 15 天，1985 年春节在立春后 15 天）。本身就摆动错脱 30 天，与固有历年相紊乱。

2. 月天数的错脱：阴历的月天数为 29 天或 30 天，来自月循环节，是有道理的。但与固有历的月天数不相符合。

3. 月界位的错脱：由于年界位和月天数的错脱，导致月界位的错脱。从立春起，越往后，错脱越严重，就越紊乱。所以农历是一种有理紊乱错脱历。

固有历的调和历——节历

历法改革的指导思想：摆脱"套历"框框，正本清源，制定实用方便的年的本质历。

固有历虽各节气间的绝对时间不变，但不同年的各节气和各月跨越的天数并不完全相同，在实际应用中仍产生有麻烦。如果进行个别协调，就可以将各月的天数进行固定。进行协调后的各月天数如下：

协调方案一

正月 30 天，二月 30 天，三月 31 天——春季 91 天；
四月 31 天，五月 31 天，六月 32 天——夏季 94 天；
七月 31 天，八月 30 天，九月 30 天——秋季 91 天；

十月 30 天，十一月 29 天，十二月 30 天——冬季 89 天；全年 365 天。

每年闰余 6 时，四年一自然闰，多出一天，加在十一月，全年 366 天。

在此方案中，错脱最大的十二月初一比小寒提前 11.5 时，不足半天，虽有 32 天和 29 天的月，仍为最佳方案。

协调方案二

正月 30 天，二月 30 天，三月 31 天——春季 91 天；

四月 31 天，五月 31 天，六月 31 天——夏季 93 天；

七月 31 天，八月 30 天，九月 30 天——秋季 91 天；

十月 30 天，十一月 30 天，十二月 30 天——冬季 90 天；全年 365 天。

每年闰余 6 时，四年一自然闰，多出一天，加在八月，全年 366 天。

在此方案中，虽无 32 天和 29 天的月，但错脱最大的十月初一比立冬提前 34.5 时，将近一天半，弊大于利。

进行协调过的固有历叫节历。节历为固定历的错脱历。

节历的各项内容基本是固定的，就可以研制成"年时钟"，在现有的时钟上按个年针和黄道盘，来代替现行历因不固定而需逐年推算印刷的"日历"。

节历的特点：

1. 节历改变了阴历的制历依据：改阴历以月亮绕地球旋转的循环规律，用朔望月套出年历的依据，为地球绕太阳旋转的循环规律直接制出年历，从而矫正了阴历的诸多弊端。

2. 节历准确了年的含义：年——地球绕太阳旋转一周的时间。节历和公历一样，年数固定在 365 天或 366 天，接近于太阳年的固有值：365 天 5 时 48 分 46 秒。

3. 节历精确了正朔界线：这点是公历和阴历不可比拟的。

4. 节历矫正了公历的非科学性：一切历法内容在黄道上皆为自然界形成，非随心所欲而定。

注：星期是以二十八宿为依据的另一套计时法，不宜强与历法往一块糅合，更不能变动星期的天数。

后　记

节历的问世，是求恢复天地合一，时方一统论。它是一种计时的最科学、最理想的最佳历法。

节历曾于 1995 年投请南京紫金山天文台审定，请由中央、人大认可，颁布替代农历实施。

公历错脱虽然严重，但其年天数、年界线、月天数固定。由于涉及全世界，可暂保留，由联合国定妥。

原载于《历改信息》第 26 期，2005 年 9 月 1 日

L-3 21世纪24节气的日期分布统计

章潜五

节气	公历日期（次数）		五日周历日期（次数）		新四季历日期（次数）	
立春	2.3(39)	2.4(61)	12.30(39)	1.1(61)	12.30(18)　12.31(20) 1.1(62)	
雨水	2.18(56)	2.19(44)	1.15(56)	1.16(44)	1.15(62)	1.16(38)
惊蛰	3.4(4)　3.5(80) 3.6(16)		1.30(64)	2.1(36)	1.30(64)	1.31(36)
春分	3.19(3)　3.20(80) 3.21(17)		2.15(59)	2.16(41)	2.14(59)	2.15(41)
清明	4.4(69)	4.5(31)	2.30(45)	3.1(55)	2.29(45)	2.30(55)
谷雨	4.19(41)	4.20(59)	3.15(20)　3.16(77) 3.17(3)		3.14(19)　3.15(78) 3.16(3)	
立夏	5.4(8)　5.5(83) 5.6(9)		4.1(75)	4.2(25)	3.30(75)	4.1(25)
小满	5.20(45)	5.21(55)	4.16(23)　4.17(75) 4.18(2)		4.15(24)　4.16(74) 4.17(2)	
芒种	6.4(3)　6.5(78) 6.6(19)		5.2(57)	5.3(43)	4.30(61)	5.1(39)
夏至	6.20(18)　6.21(78) 6.22(4)		5.17(5)　5.18(80) 5.19(15)		5.15(5)　5.16(81) 5.17(14)	
小暑	7.6(39)	7.7(61)	6.3(19)　6.4(77) 6.5(4)		6.1(19)　6.2(77) 6.3(4)	
大暑	7.22(67)	7.23(33)	6.19(44)	6.20(56)	6.17(44)	6.18(56)
立秋	8.6(9)　8.7(82) 8.8(9)		6.29(9)　6.30(82) 7.1(9)		7.2(8)　7.3(83) 7.4(9)	
处暑	8.22(38)	8.23(62)	7.15(38)	7.16(62)	7.18(38)	7.19(62)
白露	9.6(4)　9.7(79) 9.8(17)		7.30(4)　8.1(79) 8.2(17)		8.2(4)　8.3(79) 8.4(17)	
秋分	9.22(46)	9.23(54)	8.16(41)	8.17(59)	8.18(51)	8.19(49)
寒露	10.7(21)　10.8(77) 10.9(2)		9.1(20)　9.2(78) 9.3(2)		9.3(21)　9.4(77) 9.5(2)	

节气	公历日期（次数）		五日周历日期（次数）		新四季历日期（次数）	
霜降	10.22(12)　10.23(82) 10.24(6)		9.16(12)　9.17(82) 9.18(6)		9.18(12)　9.19(83) 9.20(5)	
立冬	11.6(12)　11.7(82) 11.8(6)		10.1(12)　10.2(82) 10.3(6)		10.3(12)　10.4(82) 10.5(6)	
小雪	11.21(18)　11.22(79) 11.23(3)		10.16(18)　10.17(79) 10.18(3)		10.18(18)　10.19(79) 10.20(3)	
大雪	12.6(33)　12.7(67)		11.1(33)　11.2(67)		11.2(32)　11.3(68)	
冬至	12.21(58)　12.22(42)		11.16(58)　11.17(42)		11.17(58)　11.18(42)	
小寒	1.4 (4)　1.5 (80) 1.6(16)		11.30(4)　12.1(80) 12.2(16)		12.1(4)　12.2(81) 12.3(15)	
大寒	1.19(17)　1.20(80) 1.21(3)		12.15(17)　12.16(80) 12.17(3)		12.16(17)　12.17(80) 12.18(3)	

说明：有下横线者是估计口诀所用的节气日期。

公历的估计口诀：

上半年来 5、20，唯独 2 月前移一（天）；下半年来 7、22，唯独 10 月后移一（天）。

五日周历的估计口诀：

春季和末月 1、16，夏季各移一、二、三（天）；7 月前移一（天），8 至 11 月 2、17。

新四季历的估计口诀：

1、5　两月 1、16，2 至 4 月前移一（天）；6 和末两月 2、17，7 至 10 月 3、19。

原载于《历改信息》第 18 期，2003 年 8 月 29 日

L-4　24 节气的日期分布（20 世纪、21 世纪）

杨印书

节气名称	立春 2 月			雨水 2 月			惊蛰 3 月				春分 3 月				清明 4 月			谷雨 4 月		
节气日期	3	4	5	18	19	20	4	5	6	7	19	20	21	22	4	5	6	19	20	21
20 世纪		66	34	2	79	19		18	79	3		15	80	5	7	79	14		63	37
21 世纪	38	62			56	44	4	80	16		3	79	18		69	31		41	59	
两世纪和	38	128	34	58	123	19	4	98	95	3	94	98	5	76	110	14	41	122	37	
频率 ％	19	64	17	29	62	9	2	49	48	1	1	47	49	3	38	55	7	21	61	18

节气名称	立夏5月				小满5月				芒种6月				夏至6月			小暑7月			大暑7月		
节气日期	4	5	6	7	19	20	21	22	4	5	6	7	20	21	22	6	7	8	22	23	24
20世纪		22	75	3			65	35		10	81	9		32	68		57	43	5	76	19
21世纪	8	83	9		1	45	54		3	78	19		18	78	4	39	61		67	33	
两世纪和	8	105	84	3	1	45	119	35	3	88	100	9	18	110	72	39	118	43	72	109	19
频率 %	4	53	42	1	1	22	60	17	1	44	50	5	9	55	36	19	59	22	36	55	9

节气名称	立秋8月				处暑8月			白露9月				秋分9月			寒露10月			霜降10月		
节气日期	6	7	8	9	22	23	24	6	7	8	9	22	23	24	7	8	9	22	23	24
20世纪		20	77	3		57	43		14	80	6		67	33		42	58		31	69
21世纪	9	82	9		37	63		4	79	17		46	54		20	78	2	12	82	6
两世纪和	9	102	86	3	37	120	43	4	93	97	6	46	121	33	20	120	60	12	113	75
频率 %	5	51	43	1	18	60	22	2	46	49	3	23	61	16	10	60	30	6	57	37

节气名称	立冬11月			小雪11月			大雪12月			冬至12月			小寒1月				大寒1月		
节气日期	6	7	8	21	22	23	6	7	8	21	22	23	4	5	6	7	19	20	21
20世纪		31	69		41	59		62	38		79	17		17	80	3		42	58
21世纪	12	82	6	18	79	3	33	67		58	42		4	80	16		17	80	3
两世纪和	12	113	75	18	120	62	33	129	38	58	121	17	4	97	96	3	17	122	61
频率 %	6	57	37	9	60	31	16	65	19	29	61	9	2	49	48	1	8	61	31

注：此表是河北邢台外语师范学校杨印书副教授带领四位学生，利用周末一天时间共力统计而成。统计方法是由一人读数，三人记录和计数，逐项核对结果相同才行。

原载于《历改信息》第 26 期，2005 年 9 月 1 日

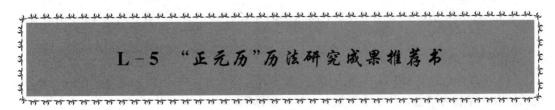

L-5 "正元历"历法研究成果推荐书

商洛市科协

编者按：20 世纪初期兴起世界改历运动，有 14 位专家学者提出世界历新方案。而今在"科教兴国"战略的指引下，又有 20 位民间研历者提出新历方案，与前不同的是其中院校老师约近半数，尤有多位农民和农村工作者：河南淮阳县乡镇干部万震宇提出"中华宇宙万年

历"，新疆石河子农场工人戴学保提出"永久地球历"，广西来容县乡镇中学老师莫益智提出"易历"。今年又有吉林梨树县梨树乡农民颜廷钧提出"天相历"，山西绛县冷口乡镇中学老师李友诗提出"节历"，近日又有陕西商州杨峪河镇农民李正恒提出"正元历"。

如何对待当前的民间研历新潮值得国人关注，不少党政领导同志做出了榜样。例如：中共河南省委书记李长春任省长时对于万震宇的研历，批示"请科委组织研究鉴定，我们也要重视民间科研"；前陕西省委书记、全国政协常委张勃兴在西安历改研究座谈会上讲话和文集序言："大家都来关心历制改革"；陕西省商洛市科协副主席刘占朝积极推荐李正恒的"正元历"，弘扬他创新历法文明的科研精神。

我国是否需要研究现行历法的改革创新？新历的岁首是否应该选取为立春？月建是否应以传统的24节气历为根据？今请大家听听当代农民朋友的观点，从中可以获得对比性的启示。

"正元历"历法研究成果推荐书

陈明彬，商洛市气象局高级工程师　　　刘占朝，商洛市科学技术协会副主席

我市商州区杨峪河镇吴庄村农民李正恒老人，用简单的计算工具和极少的不很规范的参考文献，凭着对中华历法文化研究孜孜不倦的赤子之心，把历法文化研究作为繁荣中华灿烂文化、谱写历史、开创未来，作为人类社会活动、万事万物的兴、衰、苏、枯之基础来切心探讨研究，潜心积虑地用4年时间，研究出了"正元历"历法及其论述，现推荐给您们，望研讨、斧正，给予中肯的评价。

一、正元历(华历、"华夏"历)简介

起因于夏历中的节气，以24节气为依据，因回归年长和节气年长都是以地球绕太阳之一周为基础，亦属于太阳历历法，阳历性质。年长365日5时48分46秒，年取整日，余数归闰处理。立春日为年首(取西北方乾元之始之意)，参照12节间距时长划分月份，以3、4、5、6、7、8月为大月31天，2、9、10、11、12月为小月30天，1月平年29日，闰年30日。

二、公元历、正元历比较之异同

1. 相同之处

公元历、正元历同属太阳历性质，同以回归年长计算，年长一致，同为12个月，有大月、小月、闰月之分，同有节气编排。

2. 不同之处

(1) 年首排列：公元历以冬至后10天为年首，在仲冬，将一个冬季分置于两个年度；正元历以立春日为年首，在春季开始，一年四季分明。

(2) 月法排列：公元历一年分为12个月，因年首排列提前，不符合地球运行规律，属于人为的设置凑时，并无实际意义。正元历以节间距时长排月，符合地球运行轨道图12个大站点。且以寅月为始，适应人事和万物之需要。

(3) 人文活动记忆：公元历每年的节气，上半年逢六、二十一，下半年逢八、二十三，

最多相差一、二天，排列时间不定，节气日期不易记忆；正元历每月有节、气，节近月初，气近月中，随气候变化，便于农事安排，记忆清晰。

三、公元历、正元历之优点、缺点、难点

1. 公元历优点

按照地球绕行太阳一周为一年，余数归闰处理，自 1582 年实施，世界已公用 423 年，其最大优点是"回归年长"正确。月分 12 个月，7 月以前为单月大，双月小，7 月以后为双月大，单月小。二月平年 28 日，闰年 29 日。社会记年，人事活动记时，公职人员活动已成习惯。

公元历缺点：

（1）年首稍早于近日点，月法是人为分段，不符合一年之始在于春（立春），致使四季节候不清。

（2）年首置于仲冬，把一个冬季跨于两年。

（3）年、岁相违，不符合人事活动与民俗（如学校一学期跨于两年）。

（4）月法、月长是人为的编排凑时，不符合地球运行规律。

（5）阴阳历差异较大，违背民俗、农事活动。

（6）不依天文原理以寅为始，不符合孟春正月建寅（端月）月份排序和人文、事物活动。

（7）以冬至后 10 天为岁首，忽略了月长、年长与岁，年首与节候的关系。

2. 正元历优点

（1）以 24 节气为依据，研究出节气年长与回归年长相等，与公元历年长不冲撞，体现了中西历法文化之大融合。

（2）年首置于立春。在地球运行轨道图上：处于乾方，意为乾元之始。所谓春节，意谓春季开始，四季节候分明；年度排列上：把一个年长作为一年，元旦、春节同时欢度；内容实质上：年首设置于立春，符合地球运行轨道图上 12 个大站点的运行规律，已对以冬至后 10 天作为年首进行了修改；一年从立春开始，大寒结束，统一了年度和民俗、人文、事物，合乎农事活动及万物生长规律与生辰节气。元旦、春节一起过，符合中华民族的传统习惯。

（3）月法排列按 12 节间距时长排列，以 3、4、5、6、7、8 月为大月 31 天，2、9、10、11、12 月为小月 30 天，1 月平年 29 天，闰年 30 天，每月有节、气，节近月初，气近月中，记忆清晰，互不混淆，符合地球运行轨道图上 12 个大站点的运转规律。

（4）立春为年首，年岁相合（年代表年长，岁代表四时节候），既考虑了月长、年长与岁的关系，又考虑了年首与节候的关系，有整体又具体，且正确。

3. 难点

（1）改变中国乃至世界的纪年、月法，涉及面广，范围大。

（2）改变传统纪年、纪月的习俗，不同人群的认识不一，不易接受。

（3）因与公元历同属太阳历，人们可能认为用和不用它没多大差别，忽略了质上的差异。

（4）传统的纪年、纪月法已在人们思想上根深蒂固，推广应用会有巨大阻力，难度很大。以上是我们的推荐意见，供各位专家和学者审阅，同时希望给予公开争论、科学验证，

公正鉴定、合理评价。

商洛市科学技术协会（盖章）

二〇〇五年八月一日

（前曾贴文于几个网站论坛，今载于《历改信息》第 27 期，2005 年 12 月 25 日）

L-6　世界通用的历法——"天相历"方案（摘略）

吉林省梨树县梨树乡　颜廷钧

编者按：上世纪初期兴起世界改历运动，有 14 位专家学者提出世界历新方案。今朝又有 20 位民间研历者提出新历方案，其中院校老师约近半数，并有多位农民和农村工作者：河南淮阳县乡镇干部万震宇提出"中华宇宙万年历"，新疆石河子农场职工戴学保提出"永久地球历"，广西来容县乡镇中学老师莫益智提出"易历"。今年又有吉林梨树县梨树乡农民颜廷钧提出"天相历"，山西绛县冷口乡中学老师李友诗提出"节历"，近日又有陕西商州杨峪河镇农民李正恒提出"正元历"。如何对待当前的民间研历新潮，不少党政领导同志做出了榜样。例如：前中共河南省委书记李长春任省长时对于万震宇的研历，批示"请科委组织研究鉴定，我们也要重视民间科研"；前中共陕西省委书记、全国政协常委张勃兴在西安历改研究座谈会上讲话和文集序言："大家都来关心历制改革"；陕西省商洛市科协副主席刘占朝积极推荐李正恒的"正元历"，弘扬他创新历法文明的科研精神。

是否需要研究我国历法的改革创新？新历的岁首是否应该选取为立春？月建是否应以传统的 24 节气历为根据？今请听听当代农民朋友的观点，从中可以获得对比性的启示。

前　言

由于"文革"动乱，我只学了初中二年，因受科普图书的激励，农闲时研究天文历法。编写本书的目的，是想帮助青少年懂得历法科学，消除封建迷信思想。

第一章

对于当代我国两种历法的看法："格里历"的精确度较高，但还存在一些缺点：……我国的传统历法《夏历》（农夫们俗称"农历"）也存在不少缺点：……从实用易记和日历与天时相符、日期与天相符合来说，这两种历法都不理想，必须尽快地彻底改革。

第二章

世界通用的历法——"天相历"方案：采用"春分天相显示法"，以使日历与天时年年符合，今用它取代公历中调解天时的"闰年设置法"。至于夏历的编排和历法术语全都废除，只保留四季名称和 24 节气的编排。

废除"公元"纪年，消除宗教神学在天文历法上的残迹，这也是为布鲁诺和伽利略出了冤气。我认为数 0 寓意起始，数 1 寓意最小，数 9 寓意最大，因此今历的世纪算法是从 00 年到 99 年，年代的算法是从 ××0 年至 ××9 年。

天相历序号纪年循环排列表

序号纪年名称	相当于世纪数
000～099 年	一世纪、十一世纪、……
100～199 年	二世纪、十二世纪、……
……	
900～999 年	十世纪、二十世纪、……

一个历法年分成 12 个历法月，12 个历法月有 4 个日相名称（春夏秋冬）；有 4 个气相名称（雾雨霜雪）；有 4 个温相名称（暖暑凉寒）。有人提出 13 月历法，每月 28 天，我认为非常不妥，因为它违背了黄道上对应等段划分原则。

天相历 12 历法月的作息排列表

（月历表同四季历方案，今略）

在"天相历"中，黄道上划分的 24 节气即黄经农时。在一年中自然存在：日相一次回归；温相一次回复；气相一次交替。"农历"是"夏历"的俗称，它是农夫们为了与公历区分才有的名称，但是政府机关和其他各界，特别是国内各大报刊都普遍盲从农夫们附随称"夏历"为"农历"就不妥了，因为我国传统历法本为"夏历"而不是"农历"。

十二生肖原本是我国古人用来表示全天昼夜的十二段太阳方位时间，它不是纪年的另称，也不是人们的出生属相，它与算命邪说毫无关联。根据现代科学观点，我们必须认清"属相"、"属相年"和"人们的属相称"都是算命邪说迷信，不能与历法应用的"十二生肖"时段混为一谈。属相邪说编造反动的"天命观"：例如什么"鸡狗断头婚、鸡猴不到头、龙虎不相容、十羊九不全"等等"生肖相剋"的荒谬谎言，这种危害至今非常严重。

我认为应该有下列 12 个民俗节日：8 个黄道节日，2 个月亮节日，2 个全年时序节日：

序	北半球节日名称	节日的日期
1	新年节	春分日（1 月 1 日）
2	野植节	立夏日
3	祭礼节	夏至日
4	望果节	立秋日
5	集岁日	6 月 31 日
6	阳光节	秋分日
7	团圆节	秋分后首个月亮日
8	储藏节	立冬日
9	老人节	冬至日
10	农耕节	立春日
11	元宵节	立春后首个月亮日
12	辞岁节	12 月 31 日

（编者注：原文还列有南半球的 12 个同样名称的节日，但其次序有所不同，今略。）

古书上记有在立春日这天，皇帝率领群臣和百姓在野外农田举行迎春典礼，亲自耕地一块，表示对于农耕的重视。故今建议在立春日这天，中央和省县三级政府举行迎春典礼，提醒人们对于农耕的重视。

第三章

天相历的术语和日期与算命邪说和宗教神学毫无关联（今略）

第四章

"春分天相显示法"优于"闰年设置法"的讨论（今略）

结束语

（已在《历改信息》第 22 期摘录载出）

原载于《历改信息》第 27 期，2005 年 12 月 25 日

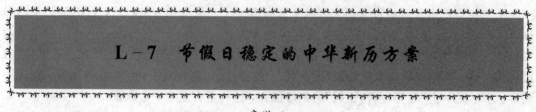

L-7　节假日稳定的中华新历方案

章潜五

一、改革的思路

我国现行历法是以公历为主、夏历为辅。公历是西洋中世纪宗教神权时代遗下的格里历，它有不少缺点：一是公历岁首定在冬至后 10 日，它缺乏天文意义，由于岁首不正，致使季节不明；二是公历采用连续七日周制，每年的节假日有 1～2 天游移，需要频繁调换双休日；三是连续七日周制不适宜设置固定长假，难于收到固定长假的经济效益，十日旬制则比较灵活。

为了消除公历的上述弊端，本方案采取下列改革措施：一是端正岁首，遵从我国传统的 24 节气历，改以近似立春日（公历 2 月 4 日）为岁首，可使春夏秋冬季节分明，并且符合实际天时；二是废弃不合理的连续七日周制，改用我国千年习惯的十日旬制，并将旬休日加以固定，免除每年的频繁调休；三是肯定我国近年来设置长假的改革试点，今把双休日改为三休日，充分发挥长假的经济效益。

二、12 月独大历的年历表

1～11 月（注：每年 10 月 1 日为国庆纪念日，因此 10 月 1～4 日连成 4 天长假。）

1	2	3	4	5	6	7	8	9	10
11	12	13	14	15	16	17	18	19	20
21	22	23	24	25	26	27	28	29	30

12 月

1	2	3	4	5	6	7	8	9	10
11	12	13	14	15	16	17	18	19	20
21	22	23	24	25	26	27	28	29	30
31	32	33	34	35					

三、方案的说明

1. 每月三旬，每旬 10 日，每年 365 日余下 5 日（闰年 366 日余下 6 日）为 12 月的第 4 旬。此历法方案具有改历先例：法国大革命后废弃格里历，1792 年实行法兰西革命历，采用古埃及历，年分 12 月，每月 30 日，余下 5 日置于年末。20 世纪兴起世界改历运动，国际联合会提出了两个七日周的新历方案：四季历和十三月历。而苏联则试行机器不停而工人轮休历制，初为工人分为七组，经济效益十分显著，后于 1929 年又议决采用新方案：年分 12 月，每月 30 日，每星期 5 日，工作 4 天，休息 1 天，另有 5 天纪念日（列宁纪念日一天，国际劳动节纪念日二天，国庆纪念日二天）。可见先进的新兴国家重视历法文明创新，积极研制本国的新历法，争取能为人类文明做出贡献。

2. 本方案的特点是为了适应经济社会时代，充分发挥长假效益，消除节假日的游移现象，把每月三旬的前 3 天固定为旬休日，全年 12 月共计休息 12×9＝108 天。

我国的传统节日甚多，不宜全都作为法定节日，本方案重点保证最重要的节日：春节 5 天（12 月 31～35 日，闰年为 31～36 日），连同 1 月 1～3 日，共计有 8 天（闰年有 9 天）。如此长假有利于家人团聚，欢度我国最大的传统节日春节，这也类同于欧美诸国从圣诞节至元旦的长假）。我们认为弘扬我国的传统节日文化，关键在于节日内涵的改革创新，在此长假内可以安排旧历元旦春节的民俗活动，更应增加现代的文化活动内容，例如：书法、绘画、诗词、音乐等文娱和体育比赛；参观科技馆、博物馆；举办高新科技的报告会、读书会；各地名胜古迹的宣传和地方特产的展销等等。

10 月 1 日为我国的国庆纪念日，加上该月的首个旬休日 3 天，国庆节共有 4 天长假。全年节假休息日共计 108＋6＝114 天，与现行节假日的天数相同。

现行的三个黄金周（春节、劳动节、国庆节）利于外出旅游，但仍存在一些问题：例如需要把前后的两个双休日调休相连，致有连续工作多达 9～11 天（参见笔者撰文《我国法定节日的不稳定问题》），不符合劳逸结合的基本原则，今方案则连续工作不会超过 7 天，就能避免节假日本应休息却更劳累的现象，而且每年的节假日规定今已固定不变，便于安排生产和生活计划。本方案采取旬休日都集中于三天的办法，在现代交通日益快速的条件下，三天已大多足够外出旅游，今有如此众多的长假，即可消除旅游景点某时人满为患，而长年却人少为愁。当科学技术继续提高,生产效益进一步发展后,还可方便地改变为每旬休息4天工作6天,表明了十日旬制具有灵活适应新时代的优点,这也正是人类历史中对于历周的科学选择。

3. 本方案与已提出的多种中华新历方案(6月独大月历、夏季连大月历、新四季历)相比,它具有凸出的优点:每年各月的工作日数几乎全同为21天,便于科学地对比月度或季度的统计,有利于评比生产效益,这更是夏历和公历都难于比及的优点。笔者认为考虑长假效益,应该作为研制新历的重要内容,乃因它反映了经济社会的要求。根据这一思路,笔者发现:在现行公历的条件下,难于合理地安排较多的长假;已提出的新历方案也需相应修改,然后进行全面的性能比较(今略)。

本方案保持了与其它新历方案的共同优点:体现了世界历法改革走太阳历的大方向,历表具有千年稳定特性。它吸取公历的"四年一闰、400年97闰日"法则,纠正了公历岁首不正和日期与星期不固定的主要缺点,大小月规律简单易记,月内日数比较整齐。

4. 本方案体现了分清我国传统历法的精华与糟粕,以传统的24节气科学思想为指导。岁首科学地改定为立春之后,可以消除旧历元旦春节日期游移所致的诸多社会困扰,并使每年各月的1日和16日大多是24节气的近似日期,便于授时农耕和城乡安排生活。由于已把6月的5~6天移至12月,并且规定为春节放假,因而下半年的各月1日和16日就会偏离24节气的真节气日,然而这一改变保证了春节长假和方便月度统计对比,何况真节气日可以在年历表中标明或者采用口诀估计。

对于我国传统节假日的安排:本方案特别注重最大的传统节日春节,已有8~9天的假期。清明节原本为阳历节日,今有3月1~3日可以举行祭祖扫墓活动。端午节和重阳节若按夏历规定,则会产生节假日的游移问题,因而建议改依阳历日期进行活动,以使每年的节日固定,具有相同的节候条件。例如端午节的活动可在6月1~3日,接近于小暑节气,这时适合于竞赛龙舟。重阳节可在9月1~3日,接近于秋分节气。至于中秋节,因为它与月相有关,可以仍依夏历八月十五日规定,问题是仍会存在节假日的每年游移,由于庆祝活动主要是在晚上,是否需要给以法定假日,值得研讨决定。

对于国际的传统节日,例如元旦节和劳动节,由于今此中华新历的岁首已经改为科学合理的立春日,因此公历元旦不必再定为法定节日,从而就可消除每年"两次过年,人增两岁"之惑。劳动节5月1日,已包含在5月1~3日内,因此也不必增加一天法定节日。

5. 当今社会有两项呼吁:建议共力创新我国的历法;建议增加法定传统节日。两者都是为了中华民族的伟大复兴,构建社会主义和谐社会,因而应该是相辅相成、和谐互补的,出现矛盾是思想观点和思想方法的分歧,可以通过争鸣讨论取得共识。

上述两者虽然同属历改研究范畴,却有范围大小和轻重缓急的不同,需要双方提出详细的论证,经过认真的讨论,才能做出慎重的决策。历法改革和传统节日问题,关系政治经济、科学文化诸多领域,只有通过深入的调查研究,决策才能经得起历史的检验。笔者协联同仁共力研历,深感不同观点交流的益处,撰写本文正因有位网友建议:每旬前三日连休,故今提供同仁和有关部门参考。实现本方案的主要顾虑是废弃连续七日周,并且改革岁首,这样的方案能行吗?这就涉及"世界历的实施途径"问题(有待另文研讨)。笔者认为全球同时改革历法较难实现,而一国首先实现改历则早有不少先例,它正如共产主义理想社会一样,迟早会有先进国家担负先行重任。竺可桢先生的论述发人深省:"只有社会主义国家本其革命精神，采取古代文化的精华而弃其糟粕，才会有魄力来担当合理改进历法这一任务。唯物必能战胜唯心，一个合理历法的建立于世界只是时间问题而已。"

原载于《历改信息》第 27 期，2005 年 12 月 25 日

L-8 "循道历"方案的摘要介绍

福建省宁德市漳湾镇　林庆章

［循道者］于 2007-01-08 07:33:27 上贴于强国社区"深入讨论区"

循道历是一部国际通用的通俗历法。它以立春为一月一日，以立春前五天（平年）或六天（闰年）为岁首。

一、历元——中华纪元和黄帝纪元　历元采用两种不同的表达方式：一种是中华纪元，它应用基数（从零起计）记时，为对外使用；另一种是黄帝纪元，它应用干支记时，仅为大中华文化圈内使用。

黄帝纪元干支记时与华元基数记时，只是用不同的表达方式，记录同一文明即中华文明的历史时间。因此，它们的记时序列依序一一对应。例如，黄帝纪元零世纪（上）甲子年为华元零世纪零年，黄帝纪元零世纪（上）乙丑年为华元零世纪一年，如此依序地一一往下对应，分别、独立地记录中华文明的历史时间。

二、闰年　循道历每四年置一闰，每一百二十年废一闰。置闰之法：凡是华元纪年数为四的整数倍减一的年份皆为闰年。

三、岁首　循道历以立春为一月一日，以立春前五天（平年）或六天（闰年）为岁首，为元月一日。

在东、西方国家中，一年四季的开始时间并不一样。在中国等东方国家，立春为春季的开始，也就是说，立春（西历二月四日或此前后一日）为春季的首日，而冬至（西历十二月二十二日或此前后一日）为冬季的季中日。相对地，在加拿大等西方国家，西历十二月二十一日为冬季的首日，而西历三月二十日（春分）为春季的首日，西历二月四日处于此二者之间，将其冬季一分两半，也就是说，西历二月四日（立春）为其冬季的季中日，处于其冬季的正中央。由此可知，加拿大等西方国家冬季的季中日与中国等东方国家春季的首日基本相重合。

四、节气与月相　在循道历中，应用标注法，标出每月的节气与月相，仅在大中华文化圈内使用。

1. 二十四节气人按节气划分季节，一年分为四季节，即春、夏、秋、冬。若按月份划分历季，则一年分为四历季，即第一、二、三、四历季。在循道历中，从一月份到十二月份，分为四历季，每三个月为一历季，将零月份作为特殊月，排在四历季之外。这样，则各历季天数都相同。

2. 月相——朔、望月人在循道历的每个历月中，与农历月的初一日相对应的日期旁标

注"某朔",这日称为朔日;而与农历月的十五日相对应的日期旁标注"某望",这日称为望日。

五、星期 在世界各国,现行普遍采用的是五二制的星期作息方式,即每星期七天,工作五天、休息两天的作息制式。按这种五二制的星期作息方式,平年折合 52 星期又一天,工作日为 261 天,休息日为 104 天。这种作息制式,虽然易于记忆、便于运作,但却流于僵化。在此,对星期作息制式进行改革,以使作息编排一张一弛而富有弹性。

在中国,每周星期一至星期五为工作日,星期六与星期日为休息日。在循道历中,将休息日星期六更名为"星期月"。

在这里,将新年元旦即零月一日设置为星期日,同时,将一月一日也设置为星期日。星期作息制式采用五二制、四一制、五二制、四一制、四二制为一循环的相间轮作方式。其中,四一制指一周五天,工作四天、休息一天的作息制式,四二制同理。这种作息制式相间轮作刚好为 30 天,为一个月,使得循道历每年中的日期对应星期固定不变。

以上这种星期作息制式相间轮作方式,从一月份到十二月份,总计工作日为 264 天、休息日为 96 天,比全年单纯五二制星期的工作日(261 天)多三天,故在循道历中,将零月份的五天(平年)或六天(闰年)作为公假日,为新年假期,并将十二月份的最后一个星期的四个工作日作为调假日(调假日意指若干个工作日本来作为休息日,只是在节假日时,可以从这若干个工作日当中调若干天作为休息以扩展节假日长度,而节假日长度扩展的天数则由这若干个工作日当中给补上,故称为调假日),以使工作日调为 260 天,从而与单纯五二制星期的工作日基本持平。

循道历的年历表示例(今略)

华元 47'03 年〔黄帝纪元四七世纪(上)丁亥年〕(闰)

西元 2007 年(平)

L-9 "轮历"(太极历)

贵州省大方县兴隆中学 肖发敏 李术林

摘要:关于世界通行公历和中国农历规定的调整方案,调整后统称"轮历"(太极历),一个轮回的记历时间为 86400 年,它是选择回归年(365 日 5 时 48 分 46 秒)为基础时间,根据二十四节气这个体现大自然"节律"最具代表性的"摆"为理论基础,即随"日地距离变化而变化"的原则,结合远、近日点而改制成的。目的是建立国际通用,既科学又简便的 12 元世界历——轮历。

引　言

　　从太阳系这个局部天体系统出发，我们制定历法得先从人类生存的家园——地球的运动形式开始，而地球运动的基本形式有两种：一是地球绕其自转轴的旋转运动（自转）；二是地球在自转的同时围绕太阳公转。

　　历法是天体运行规律的表现，太阳直射点的南北移动，使太阳辐射能在地球表面的分配，具有回归年的变化，因此，制定历法要由地球自转和公转之间的关系来决定，即一个回归年所需时间为 365 日 5 小时 48 分 46 秒。但这 5 小时多又不足一天的尾数无法安排，每年只好放弃它，到 4 年期满再"捡"回来使用，这就是"置闰"。

　　但一"置闰"只能是增加一个"整天"，却又多出了 44 分 56 秒，于是，每满 100 年"废闰"一次，每满 400 年又不"废"，唯世纪年若以百除之整数，再以 4 除之而除尽者仍为闰年，反之皆不置闰……这样反复调节，总是难以凑准。一年中二十四节气在公历中的日期是几乎不变的，实验结果表明，在一年里，地球走完每个节气段所用的时间不可能相同；"冬尽春始，地天而交泰，万物则苏醒复活，寒来暑往，天地否定，群物旺相休囚。"这是大自然存在的普遍客观规律。也就是说，岁首应从"立春"日开始，以二十四节气这个体现大自然节律最具代表性的"摆"制定出的历法，才能够准确地反映自然界客观存在的普遍规律，毋庸置疑，用这种方法制定出的历法是经得起客观条件检验的最佳方法。而公历则是以近日点为一年的岁首来制定历法的（即元月一日为元旦节，大小月日数的分配是七月前单数，八月后双数为大月 31 天，其它为小月 30 天，二月份 28 天，闰年为 29 天），往往要比立春日提前34 日，却不能反映大自然存在的客观规律（即没有随"日地"距离变化而变化的原则）。

　　中国的农历则是阴阳合历。虽是以地球绕日公转及回归年（古人制定的四分历按 365.25 日计算）记年——太阳历，以月球绕地球公转周期及月相变化周期记月——太阴历，即合朔复至合朔，实需 29 日 12 小时 44 分 2 秒 8，一年按 12 月计算 29.53059 日×12≈354.36708 日，这与岁实相比较大约相差 11 日，为了使二者与二十四节气同步协调，古代制历家们便在 19 年间安排了七个闰月，每月以合朔之日为首（即合朔日为初一日），每年以接近立春之朔日为岁首。这种规定和做法在当时乃至现在，的确是很优越的了，但它毕竟是人为的做法和规定。而古人制定的四分历岁实又大于实际岁实，即 365.25 日大于 365 日 5 小时 48 分 46 秒，便产生了岁差的概念。同世界通行的公历一样，仍然是很难凑准；又，月球绕地球公转，作为地球的天然卫星，其质量、体积等都比地球小得多，也就是说，它的环球运动是受大天体太阳及九星，特别是地球的引力作用（或控制着）而形成了地月关系。作为地球的一面镜子，月相变化只能说明日、地、月三者的相对位置在不断变化，从而产生不同的视形状罢了，绝非本身固有功能（不发光、不透明，但能反射太阳光）。月相的周期性变化规律还说明地月系太阴运动的 29 或 30 个不同的往复状态，但是这 29 或 30 个不同的状态也必须服从或附加于太阳系的前定周期率即地球绕日公转的 365 或 366 种状态等。

　　无论是世界通行的公历，还是中国的农历等，都不能准确地反应宇宙时空天象流转变化的客观规律。如此说来，中国的农历和世界通行的公历都有不同程度的弊端和不足，还需加以改革和调整，才能逐步走向完善。

第一章　节气历——"轮历"（太极历）

于历法是一切科学中的第一个骄子，它反过来又为一切科学服务……

所谓历法，就是根据宇宙时空天象流转变化的自然规律展示出的时间概念，人们用确切的单位时间来记录宇宙间万事万物发生和发展的历史演变过程，以及制定时间顺序和单位大小，判断气候变化，预示季节来临的法则。

同任何事物都具有本质性一样，历法也不例外，它应该是地球等天体自转和公转的影子，也应是这一自然规律的表现、文字记载和叙述。所以，人们在制定历法时必须顺应、靠近或重合于这一自然规律。

目前，面对世界各国在科学领域的进步和昌明，古人制定的历法（包括世界通行的公历和中国的农历）也倾向落后，明显不足。虽然这些历法也与人们结下不解之缘，与历史密不可分，但它却不能真切地反映宇宙时空天象流转变化的自然规律。当然，不能否认一代又一代的耕耘和一次又一次的革新，但它孕育不出像今天这样较为完善而且很优越的历法。原因是古代制历们是站在地球上观察天体的视运动，受科学技术条件的限制也是在所难免的。随着科学技术的进步和发展，历法再次改制已张弓搭箭，待命而发。

在这种情况下，人们迫切需要得到一部理想而又相对完善的能顺应宇宙时空天象流转变化的自然规律而产生的新历法，持科学依据给予"历法学"一个公正的平台。

现在可以了，通过精心运算和设计，并查考和验证改制成的新历法，它的基本指导思路是根据轮回历法的确定以及输入程序，即每满四年置闰一整天不变，只对每满一百年废闰一次改为每满 128 年"拆闰"一次，对是否置闰（具体方法是依据历算结果进行，它已包容了置闰、拆闰于其间）的世纪年方法。改为每满 86400 年又不拆闰等方法加以改制，目的是建立国际通用，既科学又简便的 12 元世界历。

于是，根据地球自转和绕太阳公转为依据，以二十四节气的更迭这个体现大自然节律最具代表性的"摆"为主旋律，像新生儿那样，一部令人们满意而又充满生机与活力，理想而有相对完善的能顺应宇宙时空天象流转变化的自然规律的新历法——节气历（轮历）将以她崭新的内容，降生于天、地、人和谐的世界里。

调整后的"轮历"分"公号记历法"和"农号记历法"两种，无论何种记历方法都以"立春"日为岁首基本同步地进行着。……

"二十四节气"是地球公转轨道上的二十四个节点，它是我国古代天文学家和劳动人民在农业生产实践中发现、命名的，它的循环是以春、夏、秋、冬四季为周期的，而正是地球环绕太阳运转的反映。着实点说，"由于太阳略为偏离地球公转轨道的中心，因此，日地距离不断随地球公转而发生细微的变化"，地球公转速度也相应有一些变化，即公转时每经一个节气段所用的时间不相同。

"节气历"就是以回归年记年，把 24 节气（12 个节气、12 个中气）将黄道圈 360 度等分成 24 段，即 12 个节元段，每个节元段为 15 度×2，当地球公转时每移动 30 度就表示到了一个节元段（此为定节气元，简称'元'），一年正好 12 元，岁首从立春日开始记为春元，初一春节日到雨水最后一日为一元，惊蛰日到春分最后一日为二元……依此类推，至岁末小寒日到大寒最后一日为十二元结束，这十二元分别是：元春一元、旺春二元、阳春三元、孟夏四元、长夏五元、盛夏六元、金秋七元、仲秋八元、深秋九元、入冬十元、浓冬十一元、晚冬十二元。为便于记忆有歌为证：

春雨惊春清谷天，夏满芒夏暑相连

秋处露秋寒霜降，冬雪雪冬小大寒

每元二节日期定，十二节元为一年

初一定是节气日，十六两边中气天。

由于地球公转时每经一个节气段所用的时间不相同，因此一年十二元，元与元之间就有长、有短、有平、有补（即长元 31 日、短元 29 日、平元 30 日、补元 32 日），每元日数的分配是结合远近日点不折不扣地按 24 节气 12 元各节元的交接日数较准确地分配各元历元日数，以上是"农号"记历法。

"公号"记历方法是以 24 节气结合远、近日点综合制历，始终伴随着"农号"，近似地分配各元历元日数，以立春日为岁首，即立春日为一元一日"元旦"节，三、四，六、七，十元为大元 31 天，远日元五元为 32 天。一、二、八、九、十二元为小元 30 天。十一元为近日元 28 天，闰年为 29 天。

这种方法比较有规律，而且很好记，其基本理论根据是：地球绕日公转时，越靠近近日点，运行时间越少，越靠近远日点，运行时间越多，即随"日地距离变化而变化"的原则，近似地分配每元的历元日数。总计数 365 日，闰年 366 日。

于是，一个回归年冬至一阳生、夏至一阴生，春、夏、秋、冬四季就有十二元，二十四节气 365 日 5 小时 48 分 46 秒。而一日及一天一晚：凌晨、上午、下午晚上四时就有十二时辰、二十四小时，即 86400 秒与之对应，前者为公转情形，后者是自转。

通过这样调整后，到 86400 年即能凑准每年余下的 5 小时 48 分 46 秒之尾数，结束一个轮回历法，下一个轮回历法再从 86401 年为元年开始记历，周而复始，循环无穷也。

由于本人的才学所限，论文的缺点和错误在所难免，恳请各位专家、学者、有识之士和老师们指明缺点，纠正错误并赐教！

原载于《历改信息》第 33 期，2007 年 7 月 8 日

L - 10　浅谈现行之历法

徐士章

现行的历法是阳历（即公历，每年十二个月，每月廿八、廿九、三十或三十一天）与阴历（即夏历，现误称为农历，每年十二或十三个月，每月廿九或三十天）并用。阳历的一年之始为公历一月一日（元旦），阴历的一年之始为正月初一（现定的春节）。阴阳二历的日子是互相交错不定的，因此一年之始互不相同，即每年要有两个年首（元旦和春节）。

另外根据一年的气候变化规律，我国自古代便使用廿四节气（立春……大寒）表示季节的变化。按说这是最能反映一年之气候变化的规律，所以一年真正的开始应该是"立春"。（玄学里也是这样定的。）

廿四节气与阳历之间基本合拍，每月两个节气基本不变（比如一月小寒、大寒，二月立春、雨水，日期最多移动一、二天）。不像阴历与廿四节气之间交错变化很大，正月初一有时在立春前，有时在立春后，前后相差廿多天。（阳历二月四日立春，基本不变。）

指道农业生产的其实是廿四节气（阳历与之合拍），而不是阴历。因此，社会上普遍把阴历称为农历是一种误解。（这是中国报刊于一九六九年开始错误地把阴历称为农历开始形成的。）它不能反映农业生产的规律，只能反映月亮的运行规律。有人认为廿四节气产生于阴历，这也是不对的。廿四节气才是真正的农历，而不能把阴历叫成农历，阴历新年说成农历新年。

据上所说，廿四节气（节气历）的立春才是一年之始。而阳历新年（公历一月一日）或阴历新年（正月初一）都不在立春之日，因此三者的年首互不一致，形成三个年始。另外现在世界通行的星期，每星期七日，与每月的天数（30天左右）不成整数倍关系，所以每星期的日序与每月的日序也不成固定关系，月与星期交错运行，计算上很不方便。以上是现行历法的矛盾与不便，因此很有必要改革现行的历法。

当然要改革现行的历法不是轻而易举的事。现在作为一种设想，再进一步考虑种种相关的因素，拟定出种种可行的方案，我想是可以办到的。我国陕西省历法改革委员会提倡：

1. 把阴历回称为夏历，不应再叫农历；

2. 把春节定在每年的立春；

3. 将立春作为年首，定为一种新历的一月一日。（在新历里保留阴历之朔望记载，但不作月份记载，改造现有阳历。）

这样就把历来三历交错的情形克服了，记忆、行事都方便多了。

（这是基本轮廓，望有兴趣诸君讨论献策，批评指正。）

此稿为针对香港现有对历法模糊认识的情况，欲以激发的形式引起各界对历法的感知和兴趣，粗浅提示、抛砖引玉。已向香港各大报章发出电子邮件。

载于《历改信息》第33期（2007年7月8日）

L–11　也论春节科学定日之争

赵树芰

由于一些原因，笔者近日才看到《文化内涵——传统节日的灵魂》（以下简称《内涵》）一文（载于《传统节日与法定假日国际研讨会》会议录）。细读这篇文章，有文不对题、无的放矢和充满成见的感觉。文章作者以大部分篇幅来批判和攻击"有人建议将春节改在立春"，想使读者相信这项建议是无视传统节日的文化内涵的，但却未能指出建议错在什么地方，又是如何反对传统节日的文化内涵的。这也不足为怪，因为我们是从历法改革的观点提出建议的，早期的文章中没有或较少探讨节日的内涵问题。而未谈并不等于反对，这是再明白不过的道理。

　　我们主张将春节移至立春，主要理由是有利于解决阴历年相对阳历的日期游移所带来的诸多困扰，人们在立春过春节仍然像以前一样有其文化内涵。然而《内涵》作者对此不愿理解，视而不见，一口否认游移存在困扰的事实，急忙把"不要文化内涵"的大帽子扣到建议者的头上。请看，文章中说："所谓'春节科学定日'的建议，在我看来更多的是考虑节日作为时间的物理性能。而文化内涵却是节日的灵魂、节日的本质所在。"这段话可以说是"前言不搭后语"，把前后原本没有逻辑联系的两句话硬拉在一起。难道"更多的是考虑节日作为时间的物理性能"就能成为建议者们反对文化内涵的理由吗？这真是"欲加之罪，何患无辞"。由于作者是如此缺乏逻辑思维，无怪乎其后一段议论更显得混乱与无力："把春节确定在立春似乎仅仅是将时间移位，既不涉及它的文化内涵，也不影响它的民族性格，然而，我们看到建议的着眼点仍旧在把它固定在阳历的二月四日或五日，而非要强调二十四节（气）的可贵和可亲。"

　　在我们的历法改革研究文章中，一再地指出二十四节气是我国古代历法的精华，而西历中只有"二分二至"四个节气，没有立春。我们"建议的着眼点是把它固定在阳历的二月四日或五日"，难道强调我国二十四节气传统的科学思想有罪吗？这真是作者的奇怪逻辑："说你是，你就是，不是也是；说你不是，你就不是，是也不是！"

　　《内涵》作者在做了上述不合逻辑的表演之后，又"推论"出更加不合逻辑的结论："如果把我们自己的传统文化用这样的尺度去衡量，说成是不科学的，那么将来我们会随之要改定或者否定多少宝贵而有益的优良成分啊！"我们的建议只不过是改变春节的日期，怎么会导致否定传统文化呢？看来作者自己似乎也不满意这样的"推论"，担心不足以说服人，于是又用一大段骇人听闻的话来吓唬读者，以求达到使之就范的目的："设使这一'科学定日'成为现实，我们必将'科学地'丧失掉除夕，丧失掉……丧失掉整个腊月和正月，以至于影响到端午、中秋和重阳。牵一发而全身动……将会严重地影响甚至破坏我们整个的民族节日体系，它的后果真是一场'文化'大革命。"请看这种耸人听闻的言词表露了作者的心态和目的："建议者们是多么十恶不赦啊！"

　　难道改动春节日期真会产生如此严重的后果吗？我们不妨看看日本的例子。日本原来也曾使用过阴历，和中国一样过阴历年，但于1872年开始采用阳历，将春节移到了阳历元旦。其后果如何呢？请看同册《传统节日与法定假日国际研讨会》会议录中的论文是怎样说的吧。

　　"日本本来一直使用和中国相同的阴历，隆重地过春节，还过端午节，明治政府在1872年宣布改用西历，把春节的习俗和仪式挪到西历的元旦来过，从1873年开始，春节和元旦就合二为一了，避免了中国现代以来节日体系二元分立的情况。"（中国民俗学会秘书长高丙中：《文化自觉与民族国家的时间管理：中国节假日制度的现代问题及其改进方略》）

　　"日本明治五年（1872）以前，和中国一样，是过阴历年的。但从明治五年起，却改过公历（阳历）年，而将阴历年废止了。这不能不说是个很大的变化，从此与中国每年过两次年有了区别。然而有意思的是，传统的过年习俗，从除夕到元宵的种种行事，如祭祖、迎神、守岁、拜年、发红包（压岁钱）等等，在日本却保存完好，只是行事的时间转移到了新历元旦期间而已。（程蔷：《过年：从传统到现代——并略及中日过年习俗异同的比较》）。

　　当然，各国有各国的具体情况，我们不能照搬日本的经验。但是日本的经验是历史事实，是具有参考价值的。

笔者对于民俗学知之甚少，本不宜对民俗学权威多加评论，但因权威者说错话的影响更大，不得不在此讲几句冒犯的话。《内涵》作者之所以对春节科学定日大加鞭挞，还有其更深的思想根源。作者对于民国初期的改历，国家用阳历取代阴历来管理时间，似乎耿耿于怀，对于五四运动的科学精神颇有抵触，对于某些旧的民俗情有独钟，以至于不分精华与糟粕了。请看，《内涵》中对过年的描述，一下笔就是："每当过年时节，我们要请神，请诸多的神，请诸神降来人间。"并将此视为"庆祝活动的信仰层面的最重要的内容"。难道在科技发达、文明昌盛的今天，为了发扬传统文化，就必须宣扬鬼神吗？《内涵》作者对于"科学"二字深为反感，因此"春节科学定日"的提法也成了他攻击的对象，多次给科学二字打上引号，并造出一个什么"科学主义"的贬义名词。看来《内涵》作者是不满足于"天人合一"、"人与自然和谐共处"等科学的提法，而是要以"神与人谐调合作"来做代替。早在春秋时代，我国儒家就主张人与人之间的"仁爱"而"远鬼神"，道家主张"道法自然"，不谈鬼神。而今作者却要我们倒退到凡事问卜乞求神灵的殷商时代，或者古希腊的多神崇拜时代！

如果《内涵》作者谈论民俗学的其他方面，我们不想多说什么，既然讨论与历法有关的节日问题，我们不得不指出作者的错误观点。作者不承认或不重视春节的"游移问题"，强词夺理地说："如果以月相作为依据看公历的一月一日，它必定也是'游移不定'的。"这段辩论能够表明作者的水平高吗？只能暴露作者对于阳历的格格不入心理。《内涵》作者还说："对于阴阳合历来说，毫无'游移不定'可言。"这更是不符合事实。事实是这种游移在古代实施旧历法时依然存在，只是由于那时使用阴历计日，这种游移不会产生时间管理方面的困扰而已。《内涵》作者是我国当代民俗学权威，今正在论述我国的传统节日问题，竟然连立春、清明节、冬至节等节气归属阳历体系中的节日系列都不清楚，还公然声称："二十四节并非是阳历体系中的节日系列，必须看到它是我们传统的阴阳合历中的一个组成部分。"这就清楚表明了作者对于二十四节气的性质认识模糊。请问，如果二十四节气不属于阳历体系，那么你所说的阴阳合历中的"阳"又指什么呢？我们希望《内涵》作者不要故步自封、自以为是，还是首先补学一点天文历法的基本知识，了解我国历法改革的历史，不要"不严肃、不适当、不谨慎地破坏"正常的学术讨论。

原载于《历改信息》第 27 期，2005 年 12 月 25 日

M 类　深入讨论新历的岁首和闰法等问题

M-1　网络论坛研讨历法改革的摘例

一、章潜五 参与浙大哲学网（传统文化与现代化讨论区）

浙大哲学网的师生们：

您们好！今见贵网载出《我国历法改革的现实任务》网络文集（I-1），我代表陕西省老科协历改委表示十分感谢！贵校的老校长竺可桢先生是研究历法改革的先辈，他说："在二十世纪科学昌明的今日，全世界人们还用着这样不合时代潮流，浪费时间，浪费纸张，为西洋中世纪神权时代所遗留下来的格里高里历，是不可思议的。近代科学家已提了不少合理的建议，英国前钦天监（皇家天文台长）琼斯甚至写进天文学教科书中来宣传改进现行历法的主张。但是两千年颓风陋俗加以教会的积威是顽固不化的，不容易改进的。只有社会主义国家本其革命精神，采取古代文化的精华而弃其糟粕，才会有魄力来担当合理改进历法这一任务。唯物必能战胜唯心，一个合理历法的建立于世界只是时间问题而已。"这是指引我们研究世界历的重要指导思想，正在激励国人共同创新我国和人类的历法文明！

美国的国际世界历协会曾是上世纪世界改历运动的主力，然而由于美国政府的霸权主义，扼杀了轰轰烈烈的改历运动，林进主席继承了前主席艾切利斯女士的精神，然而未能取得明显的进展。美国的大学哲学教授里克·麦卡蒂积极支持林进主席，认为研究历法改革是哲学的最好议题，办了讨论历法改革的网站。您们重视历法改革的研究，再次证明了哲学人士的高见。本研究会 10 年来协联中外研历同仁，在研历深度和宣传广度方面已经后来居上，人类历法文明的创新寄望于中华儿女，这是我们分析形势得出的结论。我们这群年逾古稀的老人，只能做些闯路探索的任务，文化领域的这项万里长征任务，主要依靠未来的一代国家栋梁之才！

二、阳光岛社区

"致信伊秋雨先生商榷创新历法文明"和《网络文集》上贴论坛后的主要随贴：

1. 纵论天下首席斑竹 欧亚大陆：欢迎楼主成为阳光 ID，更欢迎多多发表大作。

2. 底层匹夫：呵呵，支持章先生的观点，难得章先生这么认真，学术精神令人敬佩。

3. 正七品知县：好文章，虽然未看完，觉得还是写得很有理的。

4. 海之南斑竹 浪子：章先生的文章还是很严谨的。但是我个人认为创新历法似无必要，很难得到民众的认同。

5. 幽默笑林斑竹 白云城：老先生，你们的努力是大家所公认的。我已经看到了今天贴出来的一系列文章。欢迎。

6. 海之南首席斑竹007CAT：这个问题实在是太专业，让我们这些门外汉有些头晕。章老先生能否浅显地讲一讲改历的好处呢？（编者注：已另贴回复）

7. 社区总管伊秋雨：章先生好！首先对您光临阳光岛社区表示热忱的欢迎！再者，对您在学术方面的认真和严谨精神表示十分的敬佩！

小文《把春节也"废"了，我们的传统还剩下什么？》是去年年底写的，起初贴在网上，后来被《中国国土资源报》采用发表在该报的副刊上。感谢您对该文的关注并对其中的观点提出批评。去年年底，互联网上关于春节改期一事讨论得非常热烈，正如章先生所言，绝大多数的讨论都是谩骂，这是网络上普遍的一种现象，说明了网络学术探讨氛围的不成熟和不理性，这是由网络特点决定的。

首先得说明的是，由于我知识有限，对历法并不太了解，更没有研究过，因此，也就不能与章先生作更深入的交流和探讨，但我非常愿意聆听章先生的教诲。但是从一个普通中国老百姓的角度来说，对于变革历法，改革春节之类的提法不是很赞成，我赞同您的中华民族的传统文化既有精华也有糟粕的观点，也赞同去糟粕而留精华。但是，对于春节改期，我认为没有这个必要，再者，一个节日的形成必有其深厚的文化和社会渊源，不是想改便改的。

夏令时的作废便证明了这一点。传统就是传统，不能用现代的手段去试图改变它，因为一改就不是原汁原味的传统文化了。而且，这样的传统文化并不见得是落后的，也不是非改不可。

以上缪缪数语仅为对章先生的一个回复，不是学术探讨，非常欢迎对历法熟悉的朋友共同参与讨论，也十分感谢章先生提出这一大课题。认真而严谨的学术探讨氛围正是阳光岛社区所需要的。（编者注：已另贴回复）

三、牧夫天文论坛

《网络文集》贴文数十篇后的主要随贴

1. 超级版主 pcet：大家可以上 google 搜索一下关于章潜五先生以及他们改历工作的一些相关资料。撇开大众和社会对这件工作的主观评价，对老前辈我们还是应当保持一定尊敬，毕竟他们和我们厌恶的 MK 不是同一路人。请大家在讨论的时候语言上保留一点风度。给章老先生一个建议，许多同好可能只是不满您占用大量版面来贴您的文集，请把相关文章放在同一个帖子里以跟帖的形式发表。

2. 版主 wlbx：首先认个错，前面是我太无理了。这么多论文，写起来一定不容易，而且还能科学地务实地讨论这些问题，就这点来说就值得我尊敬。

能否给我三个数据？（大概估算一下就好了，不过最好有过程）：……

四、《蒋不清的闲话》个人网站论坛

（**编者按**：蒋先生多月前曾寄来他对"天文历法知识现况调查表"的填答，因而曾有网上的多信交流，他今将这些信文列为论坛的首页。）

主题：欢迎共同研究创新历法文明

蒋不清先生：

您好！近日我对建议"春节科学定日"作出评议的网站，正在一一给予答复时，很高兴地见到了您创办的网站。我主要看了您我的多次通信，请原谅我没有时间全看其他。我非常敬佩您的才华和精神！这种自学成才的成就令人赞赏，更值得年轻同志们学习。

感谢您把"天文历法知识现况调查表"全文载出，提供网友们参考研究，您对此份调查表做出评议，这也有助于吸引网友关注此项事业。我已把本会十年来编印的书刊摘要百篇上网，组成"我国历法改革的现实任务"网络文集（今附于信末），正忙的今事就是宣传它，欢迎大家共同来关心和研究。

陕西省老科协历法改革专业委员会　章潜五　2005－07－01

五、佛学文化论坛

对"帖子主题：麻烦太阳慢点走"的随贴

历改委西电 说道：今日喜见贵坛也在研究我国的历法改革问题，本会会刊《历改信息》第 15 期 18－19 页载有《美洲人间福报》2000 年 11 月 27 日的头条新闻：联国研议试行"十二月世界历"。该报是佛教星云大师所创办的日刊，此文是本会理事长金有巽教授的老同学从美国寄来的剪报转载，本人曾代表历改委致信给星云法师。今欢迎佛教网友参加研究"我国历法改革的现实任务"，今天我已贴文 I－1《我国历法改革的现实任务》网络文集于贵坛，希望网友参考后参加研讨，并且欢迎协联。

陕西省老科协历法改革专业委员会　常务秘书长　章潜五　2005－07－03

原载于《历改信息》第 25 期，2005 年 7 月 15 日

M－2　我们对于《保卫春节宣言》的意见

陕西省老科协历法改革委员会

今年初春，河南大学民俗学家高有鹏教授根据年味变淡的现实，忧虑春节有可能会丢

失，提出了《保卫春节宣言》。这种忧患意识令人赞赏，提出"我们会过年吗？"促人深思，而"保卫春节"似有概念模糊。我们认为讨论年节问题，不谈历法改革的历史，不用科学发展观来分析现实，只谈春节的旧时民俗，难以得出正确的结论。下面简要谈谈我们的观点。

民俗节日属于人文历法范畴，它与天文历法紧密关联。天文历法是人们认识天地事物的根本，传承着科学技术和哲学思想，而人文历法是民众的节庆风俗，传承着人们的节庆活动和生活习惯。民俗节日必然依附于某种天文历法，例如我国昔日的元旦节和端午节，是依照夏历（阴阳历）的阴历决定的。而春节是按季节划分的年节，依照我国传统的 24 节气阳历，古代春节是指四季之首的立春日。当代我国主用公历（格里历），辅用夏历（俗称"农历"），讨论民俗节日问题，不能离开天文历法概念。

历法反映天地运行规律，明示寒暑变迁法则，关系国计民生诸业，潜在影响人们思想。我国新旧两历的并存，必然产生诸多社会困扰，"文革"时期废称夏历而改称"农历"，不少专家学者撰文反对此称，激励我们成立历法改革研究会，追迹孙中山、竺可桢、陈元方等先贤的遗志，研究"我国历法改革的现实任务"，提出四项改历建议："农历"科学更名，春节科学定日，共力研制新历，明确世纪始年。已经多次向全国人大会议或全国政协会议提案。

去年初春，南京市多家报纸报道"春节科学定日"，许多人未曾见到本会赠阅的万份书刊，不了解这是诸多先贤的遗志，更不知它与"共力研制新历"的密切关联，有人撰文"春节改在立春，自作聪明""春节是我们的图腾——驳章潜五教授"，致使学术研讨变成了无理的网骂。本会汇编百篇《网络文集》贴文于诸多网站，欢迎读者评论和争鸣。

高教授注意到圣诞节、情人节等西方洋节的风行，提出了保护传统民俗的主张，我们对此表示支持。但若扩大我们的视野，这只是一个小矛盾，自格里历被引入我国后，就有西历与中历的矛盾，新年与旧年的矛盾，不少先贤早已有所论述。例如，中共陕西省委书记陈元方著书指出："现时，我国在历法方面，中历、西历并用，旧年、新年齐过的状况，只能是一种过渡，绝不是目的。"竺可桢、梁思成、陈遵妫、戴文赛、金祖孟、罗尔纲等著名专家也早有论述。中科院方成院士等专家积极支持"春节科学定日"建议，全国政协常委张勃兴在"西安历法改革研究座谈会"上号召"大家都来关心历制改革"。我们认为历法改革与维护民俗是和谐统一的，研究历法改革及其节日设置，都是旨求弘扬我国的传统文化，但是必须分辨清楚精华与糟粕，如果只依赖古旧历法而无创新，中西历法的根本矛盾就不可能获得解决。

春节是我国最重要的民俗节日，如何用它团结全球华人，共力建设创新型国家，这是共同关注的大事。高教授强调我国过年的旧俗："闺女要红头绳"、"小小子要炮"、"老头要破毡帽"，过年要"磕头、作揖"，却忽视了传统节日在现代社会的吐故纳新。由于科学技术的飞速发展，有了电视普及后，过年习俗已由一家团聚，创新为春节晚会的普天同庆；有了手机和电脑的普及，简便的短信祝贺代替了登门拜年；有了便捷的交通工具，外出旅游观览祖国河山，取代了在家玩牌喜乐；城市百姓生活水平提高后，上餐馆团聚过年代替了在家忙吃；图书馆店的管理改进，利用年假作为科技知识"充电"的风气日盛。时代在不断地前进，科技的进步，生活的改善，必然会引发风俗习惯的变化。当农民的生活水平进一步提高和科学知识普及之后，农业社会的过年习俗也会有所变化，这是历史发展的必然。观察我国城乡过年习俗的变化，应该首先看到发展科学技术的重要性，已从单户节庆变为全国共庆和全球共庆，不宜仍只看到红头绳、炮、破毡帽和磕头、作揖。我国载人航天的胜利成功，鼓励国人共力建设创新型国家，难道我们要用原始图腾和繁琐旧历来做外扬？不能共力创制科学简明的中华新历，并为创新世界历法文明作出贡献吗？

高有鹏教授提出的"保卫春节"，似乎也没有分清春节与大年的概念。古代春节是指立春日，而旧历正月初一俗称"大年"，把旧历元旦这天改定为"春节"，始于袁世凯时期的1914 年，至今才 93 岁。近代我国有两次改历创举：一是太平天国农民革命，遵循沈括提出的"十二气历"理论，创颁了以立春为岁首的阳历《天历》，颁令废弃旧历，严禁私过旧年；二是辛亥革命胜利后，孙中山于 1912 年初即令"改用阳历"，但因旧俗难于骤变，又发布《命内务部编印历书令》，提出了参议院议决的四条（其中有"新旧二历并存"和"旧时习惯可存者，择要附录，吉凶神宿一律删除"）。袁世凯篡权梦想复辟称帝，内务总长朱启钤提出《四时节假呈》，"拟请：定阴历元旦为春节，端午为夏节，中秋为秋节，冬至为冬节。凡我国民均得休息，在公人员亦准给假一日"，两天后即有令文"奉大总统批：据呈已悉，应即照准。"用历史唯物主义来看近代历法改革史，袁世凯的改定"春节"背离了时代潮流，而且阻滞了我国历法文明的创新。

用科学发展观来分析年始应该如何确定呢？万物生长靠太阳，农耕依靠 24 节气授时，我国传统的天文概念是年分春夏秋冬四季，因此年始理应定于立春。把阴历元旦定为春节，不仅造成天文概念的混乱，且有严冬过"春节"的名实相悖，在两历并存条件下，"春节"的公历日期（围绕立春）游移多达一个月，因而产生诸多社会困扰。例如学校的两个学期常会相差 4 周，教学计划不能稳定；春节来早的年份，大批学生挤入人流高峰，近年来更有民工流，致使每年约有 20 亿人次的春节大客流。我们研究历法改革，正是谋求获解这个中国特有的矛盾，急需共力创制科学简明的中华新历，把"地心说"时代以"阴历为主，24 节气阳历为辅"变为"日心说"时代的"24 节气新阳历为主，阴历为辅"，从而年始立春可以恢复名正言顺，我国各行各业的全年时序科学合理，用此新历能够挑战格里历，扬我历法文明古国的光辉。

简介上述历法改革的调查研究，提供"保卫（阴历元旦）春节"的朋友参考，欢迎求真务实的争鸣讨论。

M-3　建设社会主义新农村与创制中国特色新农历

陕西省老科协历法改革委员会　章潜五

一、建设社会主义新农村

在"十一五"规划任务中，党中央提出了建设社会主义新农村。这是贯彻落实科学发展观、构建社会主义和谐社会，全面实现小康社会的重大战略部署，它是解决"三农"问题的重大战略举措，也是我国成为创新型国家，实现现代化的重大历史任务。

在"科教兴国"战略的指引下，我们追溯诸多先贤的遗志，提出建议："农历"科学更名；春节科学定日；共力研制新历；明确世纪始年。中共陕西省委书记处书记陈元方在遗著《历法与历法改革丛谈》中，主张"走太阳历之路，创制具有中国特色的新农历"，我们这群离退休学者受其激励，共志成立陕西历法改革研究会，研究"我国历法改革的现实任务"，旨求补缺提供国家决策参考。原陕西省委书记、全国政协张勃兴常委在"西安历法改革研究座谈会"上，号召"大家都来关心历制改革"。党中央把"三农"（农业、农村、农民）列为治国方略的重中之重，我们鉴于创制新农历紧密关联"三农"，为求创新我国的历法文明，曾与曾一平教授呼吁"三农"变"四农"（另增农历）。

为求促进社会主义新农村的建设，今简要介绍本会11年来的共力研历。

二、创制中国特色新农历

我国近代史中有两次改历创举：太平天国遵循北宋沈括的"十二气历"理论，创颁了阳历《天历》；辛亥革命胜利后，孙中山立即通令"改用阳历"。另有新中国成立后，改用公元纪年，这些都是我国适应现代化的改革创新。现今摆在国人面前的问题是：我国引进西历已经94年，是否需要和可能对它做"自主创新"？公历与夏历的并存必有社会困扰，人与自然何时能够完善和谐？当我们用"三个代表"重要思想和科学发展观来做分析，就会明确创制中国特色新农历的必要性，因此需要研读先贤们的有关论述。

陈元方指出："《新农历》的性质将是以哥白尼的太阳中心说为指导思想的彻底唯物主义的简明实用的中国式的太阳历。一切强加于历法中的封建主义的资本主义的和神学唯心主义的杂拌，应当为之一扫。"他得出的结论是："历法的改革，势在必行。"

孙中山说："光复之初，议改阳历，乃应付环境一时权宜之办法，并非永久固定不能改变之事。以后我国仍应精研历法，另行改良，以求适宜于国计民情，使世界各国一律改用我国之历，达于大同之域，庶为我国之光荣。"

竺可桢说："只有社会主义国家本其革命精神，采取古代文化的精华而弃其糟粕，才有魄力来担当合理改进历法这一任务，唯物必能战胜唯心，一个合理历法的建立于世界只是时间问题而已。"这些论述发人深省。

20世纪曾经兴起过世界改历运动。美国艾切利斯女士倡导改革格里历，国际联盟发起改历运动，我国成立了历法研究会，申言"中国决不会落后"。运动由于二次大战而中断，战后成立联合国组织，多个第三世界国家建议改历，却因冷战对垒而被阻止，致使世界历的讨论无限期搁置。

新旧世纪之交的当代，在"科教兴国"战略的激励下，我国涌现研究历法改革的新浪。与上世纪比较有两个特点：一为它是民间自发的研历运动，主力是感受两历并存困扰最深的院校教师。上世纪初期有13位专家学者提出世界历方案，今则已有20人提出新历方案，其中有不少农民、农村工作者，这是十分可喜的罕世新气象；二为本会与美国、俄罗斯、乌克兰的研历组织协联研历，我国已在研历深度和宣传广度方面后来居上。今已汇集众智提出三种科学简明的中华新历方案，其性能远比格里历为优，凸显了我国24节气历的科学思想，有待完善后与西历挑战竞比优劣。

三、中华科学历的特征优点

1. 走太阳历之路，适应"日心说"时代。各国历法各有悠久历史，多数建基于"地心说"，格里历与"日心说"问世同时，它反映了太阳是万物生长之源，阳历是农耕活动的主要根据。我国夏历属于阴阳历，阴月朔望十分精确，然而阳年调和粗疏。我国传统历法的精华是 24 节气阳历，但因封建王朝重阴轻阳，它仅作为置闰阴历的附属，不能主政施令授时。朔望月值与回归年值不成倍数，闰月编历法则只能粗疏调和，无法精确调和阴阳两历。因此新历应以 24 节气为纲，舍弃陈旧的闰月法则而取闰日法则。

2. 历法应该明确季节，首先必须端正岁首。格里历岁首定于冬至后 10 天，缺乏天文意义，岁首不正致使季节不明。夏历岁首正月初一在立春日前后游移不定，更有闰年是 13 个月，春夏秋冬无法明确分季。因此新历岁首选定于 24 节气之首的立春日。鉴于近日点变化会使交节日期缓慢移动，今取近似立春日（公历 2 月 4 日）为岁首，在 21 世纪的百年中，准确率高达 61%，仅 39 年是在公历 2 月 3 日，故可千年准确预报季节。

3. 月份划分应按天时，宜取 24 节气分段。格里历的大小月划分不齐，遗有西方神权时代的烙印，每月两个节气虽然相对稳定，但却不便计日记忆。新历大多每月固定为 30 天，大小月规律简单易记，每月 1 日和 16 日近似为节气日期，十分便于授时农耕。24 节气是黄道的科学分段，原理可以适用于全球各地，仅南北半球季节相反而已。

4. 旬周划分应该合理，宜取十日旬五日候制。格里历采用连续七日周制，不能整除一年 365 日、一月 30 日和节气间距约 15 日，但却都能被 5 整除。可见我国千年使用的五日候十日旬制的科学合理性。格里历因故存在诸多缺点：日期与星期关系不固定，每年节日遇到周日需要频繁调休，年历表有 14 种，月历表多达 28 种。而新历的年历表仅 2 种，具有千年不变特性，月历表仅 3 种，测算星期易如反掌，连幼儿也能掌握。

5. 历法反映时代文明，新历凸显创新精神。格里历是西洋中世纪神权时代遗物，源于罗马宗教习俗思想，虽已流传于世界各国，但已多次兴起改革。法国大革命曾经废弃它，改用古埃及历。苏联曾经试行机器不停而工人分成五组的历制。我国今正试行黄金周制，这些都是从政治或经济方面进行改历。如此西历怎能长久用于文明中国？急需弘扬我国传统历法的精华，用科学思想创新人类的历法文明。

6. 新历推进"三个文明"，促进中华民族崛起。历法反映天地运行规律，明示寒暑变迁法则，关系国计民生诸业，潜在影响人们思想。新历具有科学性、稳定性、透明性，历表十分简明规律，几乎无需编印历书历表，可以节约纸张和时间无数，封建迷信难于侵入为害。我们主张保留夏历，用来传承与朔望月有关的传统民俗，国际交往可以仍用公历，其余则用中华科学历，从而可以减少两历并存的社会困扰，使各行业的全年时序合理化。使用新历可以摆脱繁琐历表的困扰，使人民从此变为历表的主人。新历的社会效益和经济效益显然，在政治多极化和文化多元化的世界竞争中，我们相信它迟早定能显露光彩，格里历传世历经 300 多年，而我国科学历传世无需百年。

M－4 讨论新历的岁首问题

陕西省历法改革专业委员会 章潜五

公历(格里历)是我国现行的主用历法,这种西历存在不少缺点,不适合我国长久使用,需要研制科学简明的中华新历。研历同仁已提出的新历方案中,存在的主要分歧之一是岁首问题,大家都主张新历要以24节气为纲,然而选用了不同的岁首:立春、冬至、春分。虽然主张冬至和春分的人不多,但仍然需要通过切磋增加共识,为此笔者阐述个人意见,提请大家深入研讨。

数千年来我国采用置闰月阴历,其中附属有24节气阳历,它是我国先民独创的科学历法思想,成为授时农耕的主用历法。立春、冬至、春分都是主要节气,冬至具有最明显的天文特征:这一天是白昼最短,日影最长,春分则有这天昼夜时间相等的天象特征,然而古今国人提出的历法中,不仅罕见是以春分为岁首的,采用冬至也远比立春为少。这是什么原因呢?难道是古今国人不重视冬至和春分的天文特征优点吗?显然绝不是这个原因,而是因为岁首有测算岁首与授时岁首之分。

1. 冬至具有上述最明显的天文特征,因此我国古代对此极为重视,把这天作为测算历日的元始("历元"),传统夏历就是以冬至朔旦作为历元的。然而年岁与分季密切关联,我国传统的天文分季概念是年分四季(春、夏、秋、冬),它是以四立(立春、立夏、立秋、立冬)作为四季之首。冬至虽然最具有天文特征,但却很少用它作为授时岁首,乃因我国在悠久的"以农立国"年代,需要用24节气阳历来简便授时农耕,农作物和农事的规律是"春生夏长秋收冬藏",历法应该反映这种季节的时序,冬至虽然最符合测算天地的运行规律,然而从授时农耕来说,远不如以立春作为岁首方便民众使用。

2. 我国夏历的岁首情况为"汉太初以迄清末,两千余年间,大抵以建寅为岁首:建亥十月,117年;建子十一月,913年;建丑十二月,661年;建寅正月,2425年。"夏正建寅,殷正建丑,周正建子,秦正建亥,这反映了我国古人认识天地的进步,不断修改历法的测算岁首,然而用得最多的岁首却仍为正月建寅,从唐朝至清末的1150年间,夏历的岁首一直是"正月建寅"。至于对于夏历岁首提出改革者,有北宋沈括的"十二气历"理论和太平天国循之创颁的《天历》,它们都是以立春为岁首。

3. 上世纪兴起过世界改历运动,其间我国专家学者提出了不少新历方案,史载有13位专家学者提出方案,其中主张立春和春分者各有5人,而无一人主张冬至岁首。另外,我们从历史档案馆中查得滇省要员李伯东和物理研究所提出的方案,都是以立春为岁首的节气历。至于当代有关专家主张立春岁首者有:戴文赛、罗尔纲、陈元方、金祖孟、钱临照(来信嘱读沈括的《梦溪笔谈》),至今我们尚未查见当代的有关专家主张冬至岁首。上世纪的世界改历运动中,我国历法研究会征求国人的改历意见,关于年始一项,10万人的统计结果是:立春64%,冬至13%,照现行历5%,春分3%,其他2%。可见当代提出的我国新阳历方案,采用立春岁首是既符合传统又反映现实的,如果新历改用冬至岁首,则会存在与传统和现实的矛盾。至于周书先先生提出把中气列为月首,废除把节气列为岁首,这与他主张冬至岁首有关,而如此改革既缺乏有力的根据,又有不必要的习惯变化困难。

4. 十年共同研究历改以来,大多数同仁主张立春岁首,近年才有 2 人主张冬至岁首,主要理由是天文特征显著和易被西方人接受。笔者已对前者理由做了上述解说,至于后者理由值得共同探究,其中存在中外制历观点的差异,涉及全球同时改历与我国先行改历的道路问题。西方国家只有"二分二至"节气,而 24 节气是对于黄道作间隔 15°划分的节点,其基本原理可以适用于全球,只是南北半球的季节相反而已(北半球春季,则南半球秋季;北半球夏季,则南半球冬季)。24 节气是以我国黄河流域为准的,如果纬度不同则节候名称的符实性有别,然而节气名称可以改用数码代替,甚至还可选用当地的气候特征术语。世界人口的多数处于南北温带区域,因此 24 节气具有多数代表性。

5. 四季观点有粗略划分和精确划分之别,24 节气这种天文四季是粗略划分,用来概略授时分辨季节,而按气候温度区别是精确划分,用来精细指导农耕安排,两者是相辅相成的。历法改革难于等待世人统一分季观点后才进行,而我国改历对于 24 节气分季的观点基本一致。中外的制历思想有别,国人重视天文四季节气,把它作为制历之本。而西方人忽视天文四季概念,制历强调宗教的星期习俗,格里历的年不正、季不清就是明证,我国以 3-5 月为春季,6-8 月为夏季,9-11 月为秋季,12-2 月为冬季,这只是我国有些人适应公历而作的划分,这里存在着年岁与分季的矛盾。西方人习惯以春分作为春季之始,并且用缺乏天文意义的冬至后 10 天作为岁首,而中国人则传统是以立春作为春首,并且用它作为授时岁首(因为有使用朔望月规律的习惯,夏历岁首是围绕立春前后移变的)。我国改历不能等待世人对于分季概念的一致,因此有必要争取我国先行改历。

原载于《历改信息》第 29 期,2006 年 8 月 1 日

M-5　讨论新历的置闰法则问题

[历改委西电] 于 2006-08-18 09:17:11 上贴

陕西省老科协历法改革专业委员会　章潜五

讨论中华新历的置闰法则,存在的主要分歧是:沿用格里历的"400 年 97 闰"? 还是改用"128 年 31 闰"? 许多同仁选用了这两种闰法中的一种,然而包括笔者在内都未能阐明论据,因此意见分歧难于获解。笔者早期曾主张改用"128 年 31 闰",但经拜访天文专家之后,早就改变主张为沿用格里历的"400 年 97 闰"并且附加"3200 年不闰"。笔者同意曾一平教授的意见,暂时把置闰法则问题单列另议,因此只简要表明过改变闰法主张,而周书先先生一再强调改用"128 年 31 闰",甚至贴文"章潜五教授在 128 年 31 闰问题上出尔反尔毫无诚信",笔者今才撰写本文阐述论据,提供同仁共同研讨。

一、各历的历年平均长度

儒略历：4 年 1 闰日

4 年平均（365×3＋366×1）日 ÷ 4 年＝365.25 日/年

格里历：4 年 1 闰日，400 年 97 闰

400 年平均（365×303＋366×97）日 ÷ 400 年＝365.2425 日/年

格里历修正案（笔者提出"中华科学历"）：

4 年 1 闰日，400 年 97 闰，3200 年不闰。

（即平年为 8×303＋1＝2425 个，闰年为 8×97 － 1＝775 个）

3200 年平均（365×2425＋366×775）日 ÷ 3200 年＝365.2421875 日/年 回回宫分历

（周书先提出"永久历"）：4 年 1 闰日，128 年 31 闰

128 年平均（365×97＋366×31）日 ÷ 128 年 ＝ 365.2421875 日/年

夏历（俗称"农历"）：19 年 7 闰月

190 年平均，算得 365.2421053 日/年

二、各历的精确度

2000 年的回归年长度算得为 365.24219 日，据此可得各历的精确度如下：

儒略历：

365.25 － 365.24219 日＝＋0.00781 日（万年差 78.1 日）＝＋674.784 秒

格里历：

365.2425 － 365.24219 日＝＋0.00031 日（万年差 3.1 日）＝＋26.784 秒

回回宫分历和格里历修正案：365.2421875 － 365.24219 日

＝－0.0000025 日（万年差 0.025 日）＝－0.216 秒

夏历：

365.2421053 － 365.24219 日＝－0.0000847 日（万年差 0.847 日）

＝－7.31808 秒

上述有些数据曾列入"三种历法（公历、世界历、夏历）的性能比较表"（参见《西安历法改革研究座谈会文集》）。在此需要指出，回归年长度并非固定不变的，可用下式算得：

$$365.24219878 － 0.0000000614(t － 1900)$$

据此算得不同年份的回归年长度为

2000 年：365.24219264 日

2500 年：365.24216194 日

3000 年：365.24213124 日

3500 年：365.24210054 日

4000 年：365.24206984 日

由此可知，回归年长度是逐年缓慢地变小的，大约 1500 年将会减小 0.0001 日。到公元 3500 年时的回归年长度约为 365.2421 日。

三、对于两种置闰法则的粗略分析

1. 比较上列各历历年的平均长度和精确度可知，由儒略历改革为格里历后，历法精确度提高了一个数量级。此外，由于规定凡是不能被 400 整除的"世纪年"改为平年，此一置闰规则简明易记，这些正是格里历的主要优点，格里历正因此逐渐被各国先后采用。周先生强调要仿学格里历，首先改革格里历的置闰法则，认为只有改用"128 年 31 闰"才是"石破天惊"，若不用它就都是"平庸"之见，笔者不赞成这种观点和态度。其实，研究世界改历运动的天文专家（南京大学许邦信教授和紫金山天文台张培瑜研究员）早已指出，只要对格里历的置闰规则增加一条附加规定"年数能被 3200 年整除者改闰年为平年"（《科学》杂志 46 卷 2 期），即可获得与"128 年 31 闰"相同的效果。笔者早期还拜见过南京大学的其他天文专家，他们也是主张增加上述附加规定，而不赞成改用"128 年 31 闰"。笔者正是经过研算才改变闰法主张的。

2. "128 年 31 闰"法则早在明代即已提出，今有许多同仁主张用它，是值得深入讨论的问题，但是应该进行客观的分析。改用这一新规则时，首先，必须明确从何年开始使用它，否则难于确定某年是平年或闰年。其次，需要比较它与格里历修正案的置闰法则，究竟何者简明易记？周先生最初提出"凡公元年份为 128 年的整倍数者，例如 2048、2176 年为平年"，却没有说明是从何年开始使用它，列出年差为 128 年的年份难于记忆，表明了这种平年规律性远比格里历要差。近期又提出："应从 2028 年起开始减闰"，似乎是从 1901 年开始使用它，估计是为了改进平年规律性吧？然而为何不是采取格里历的起用年份 1582？为何要取用没有特殊意义的 1901 年？这些都未能做出分析论证。世纪的始年究竟取为 01 年或 00 年？多个世纪以来至今意见分歧，今此置闰法则又遇到此难题，而格里历修正案则无此问题。周先生强调"128 年 31 闰"的减闰周期比格里历修正案均匀，笔者认为这一观点是对的，然而它带来的好处甚微，不可能达到"石破天惊"的程度，学术争鸣必须要有科学的数理论证和客观的求实态度。

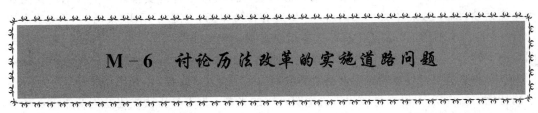

M－6　讨论历法改革的实施道路问题

陕西省历法改革专业委员会　章潜五

在共力研制我国新历的过程中，已提出多个科学简明的新历方案，但对新历的实施道路很少论证，急需进行深入的分析讨论。

我们研究"我国历法改革的现实任务"，同时旨求创新世界的历法文明，中华新历与世界新历既有密切的关联，但又存在难易的明显差别。在近代历法改革的史实中，既有多个国家的改历创举，又有谋求同时改历的世界运动，需要我们认真总结历史经验。从世界改历观点来分析，改历的实施道路有两条：一是仍旧通过联合国讨论，全球实行同时改历；二是改由我国先行改历，然后促进他国而实现全球改历。这两条道路都十分艰巨复杂，笔者主张走我国先行改历的主要道路，今提出下列理由共同讨论：

1. 民用历法属于社会制度中的共同法规。共产主义是人类理想的社会制度，科学简明的历法是人类的理想历法，两者既有互相关联又有类似特点。历史早已表明，全球同时实行共产主义是不现实的想法，但在某些国家却是能够实现的，何况今朝仍在吸引他国的仿效。上世纪的世界改历运动是走全球同时改历的道路，历史已经表明这一道路未能成功，领头的美国世界历协会今已销声匿迹。而当今我国却兴起了研历的新潮，经深入分析形势后可知，需要考虑改走由我国先行改历的新路。由于这只是一国的内政问题，争取共识而实施改历，困难程度要比全球同时改历小得多，关键是只需全国的共同心志，而无需全球人们的共识。中国存在两历并存的社会困扰，中西历法的矛盾长期未解，"改用阳历"即将届满百年，因此不宜把我国改历问题缚在全球同时改历上。

2. 上世纪兴起的世界改历运动，是由欧美的宗教人士发起的，罗马天主教神父马斯特罗菲尼提出"空日"新历方案，改历运动的旗手是美国基督教人艾切利斯女士。运动开展得轰轰烈烈，54位各国宗教界领袖表态赞同，罗马教廷也曾表示"它并不反对"，对永久民用世界历的表态结果是2058:1，然而最后却因美国政府带头反对，致使改历议案被联合国经社理事会决议"无限期搁置"。这表明了世界历法改革的阻力重重，一方面是有强大的宗教习俗思想的阻力，另外还有霸权主义的阻力。分析今朝的世界形势可知，这两种阻力依然势盛，短期内是无法获解难题的，因此需要我们另找改历新路，不能单纯奢求再走世界同时改历的老路。估计当今世界人口约64亿，基督教人约21亿，伊斯兰教人约13亿，印度教人约9亿，佛教人约4亿，其他信教人士约4亿。信教人数几乎将近4/5，因此只有全球宗教人士共同关切人类历法文明创新，才会迎来世界新历的实施。中国是无神论者占多数的国家，少数民族和宗教人士已有自己的历法，他们富有爱国主义精神与和平共进思想，因此我国改历的阻力相对要小得多。我国民间研历者兴起当代改历的新潮，天文专家积极建议改革公元纪年办法，都表明了国人的科学思想精神和谋求世界进步。

3. 从世界历法史来看，格里历经过近400年才逐渐推行于世。其间，法国大革命后立即废弃它，创颁法兰西共和历。俄国十月革命后试行机器不停而工人分组劳动，历周改用科学的五日周制。我国当前试行黄金周长假历制，公历难于合理安排较多的长假。我国农民革命运动兴起，成立了太平天国后，立即废弃传统皇历，创颁了阳历《天历》。辛亥革命成功后，立即废弃旧历而"改用阳历"。这些历史表明，新兴的政权拥有先进的思想，重视关系国计民生的历法问题，正是这些先进思想的推广，促进了人类历法文明的不断创新。新中国当前强调坚持科学发展观，建设创新型国家与和谐社会，需要"走太阳历之路，创制具有中国特色的新农历"，以求再展我历法文明古国的光辉，为人类历法文明的创新作出贡献。

4. 格里历原为中世纪罗马宗教皇权的历法，它能逐渐推广于世的历史，表明了它具有一定的优点，这主要是年月的日数固定，采用了先进的闰日制，置闰规则简明易记，历法精确度较高。然而它也存在不少缺点：年不正，季不清，月不齐，节不明，周不整。我国把它作为主用历法，正如我国历法研究会主席余青松所言："中国于1912年采用格里历，并不是由于它具有现代性（它实际上并非如此），而是由于它具有通用性。"新中国沿用它也主要是与世界接轨，我文明古国有世代相传的24节气阳历，西方宗教历法不适合我国长久使用，因此创制科学简明的中华新阳历是首要的紧迫任务。中华科学历的设计，兼顾了世界科学历，在实行中华新历时，并不废止公历格里历和传统夏历，而是对外仍然采用公历，以保持与国际社会的接轨。对内则主要使用中华新阳历，以求我国全年时序的科学合理化。"24节气为我国古代人民所创，并且从汉代实行以迄于今，人民群众特别是广大农民对它非常熟悉，乐于使用，已经习以为常了。"有人对于世界改历持"谈何容易"观点，然而对于中国的先行改历，笔者认为仍持此观点是不合适的。

5. 研历同仁都赞同新历要以我国的24节气为纲，然而在新历岁首、季度划分、月日分配、旬周选定方面存在分歧，其中实际含有改历道路的主要矛盾。例如：多数同仁主张：岁首选为立春，因为它是我国传统年节的游移中心；季度划分遵循我国传统的"四立"分季；分月和旬周考虑我国传统的"五日一候"和"十日一旬"制。而少数同仁主张：岁首选为西历原本拟定的冬至；季度划分采用西方传统的"二分二至"；分月和旬周沿用带有宗教习俗的"七日周"制。显然这里存在着创新与袭旧的思想矛盾，更有两条改历道路的意见分歧。若从我国先行改历来看，则这些观点的矛盾并不突出，国人早就有较多的共识。但从世界同时改历来看，这些中外改历观点矛盾十分突出，要想获得共识将是非常遥远的事，因此这是值得同仁深思的重要问题。

6. 研究历法改革需要分析改历的必要性和可能性，世界改历运动的历史已经表明了改历的必要性显然，而可能性则是主要问题。我们虽已创制出多个新历方案，但要把它付诸实施绝非易事。中、法、俄、美、英五个联合国安全理事会常委国，都曾对于世界改历运动作出过贡献，在各国强调对话的今朝，似乎也有可能获解改历议案的"无限期搁置"。然而今朝世界的宗教思想矛盾加剧，要想使世界各国的宗教人士坐在一起共议改历，已比上世纪更加困难（当时穆斯林国家很少参加世界改历运动），因此想通过联合国讨论世界同时改历的道路难于较快走通。比较现实的改历道路是各国考虑本国的历法创新，在世界经济日益一体化，政治多极化和文化多元化的交融过程中，各种历法展开优劣竞比，通过实效来促进世界历法的创新。

原载于《历改信息》第30期，2006年10月15日

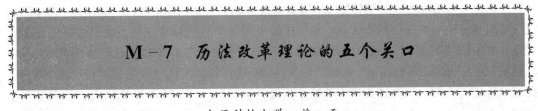

M-7　历法改革理论的五个关口

太原科技大学　曾一平

世界历法改革运动兴起已经百余年，方案已逾百个。但多数为一揽子方案，缺少整体的理论体系。一揽子方案难于比较讨论，笔者尝试提出系统的历法改革理论，以利于比较众多的一揽子方案。理论的关键是如下五个关口：

1. 天文人文关口；2. 阳历阴历关口；3. 天文四季关口；4. 简明忌泥关口；5. 闰法单议关口。

这五个关口不过，就无法统一认识而创建科学的理想历法。以下做一简要论述。

1. 天文人文关口

历法是时间的宏观计量系统。它对应有时间的微观计量系统——时、分、秒。这个系统早已世界统一而有世界性的共识。为什么它能有共识而达成世界统一，原因在于它只涉及

自然科学而不涉及人文。宏观计量的历法系统就不一样了。它除了涉及天文科学以外，还涉及许多人文的东西，例如星期来自宗教，节日来自政治、文化及习俗，等等。人文的东西多来自于人为而非自然，因此是千差万别的。这就是难于达成共识的根源。任何历法都是由"框架"和"历表"两个层次构成。框架由天文因素决定，而历表却大多为人文因素决定。只要大家尊重科学，尊重自然规律，按天文因素统一认识历法框架并不太困难。但要统一基本由人文因素决定的历表就困难得多。因此，研历者的工作也应该分两步走。一揽子方案先拆开成框架和历表两部分。先来讨论框架，然后讨论历表。在这一点上达成共识是有必要的。我把它说成是"天文人文关口"，或简称"天人关口"。

2. 阳历阴历关口

认定世界历法框架只能依天文来设计框架后，才能进一步考虑选择天文的哪些方面？也就是注意哪些天体。与地球关系最大的天体是太阳和月亮。人们自然要用太阳和月亮的运行周期来制定历法，分别称为阳历和阴历。人们更希望能兼顾二者的周期来制定历法，这就是所谓的阴阳合历。人们称为"阴阳合历"，然而阴阳是绝对不可能平等的，只可能是一个为主，一个为辅。为主者就是月日的主要决定者。

中国的传统夏历就是以阴历为主的阴阳合历。所以实际上仍应归于阴历类。于是问题就归结为：世界标准历法应该选阳历还是选阴历？太阳和月亮相比，太阳对人类影响的重要性远大于月亮，这是不容置疑的事实。历史表明是原始的阴历向阳历转变，这是人类逐渐才得到的共识。所以，今后的世界历法框架应该选择阳历来设计，中国的历法也不能例外。但是今天仍有一些迷恋于阴历或阴阳历的研历者，他们还没有过"阳历阴历关口"，这是很遗憾的。相信总有一天会过这必要的关口。

3. 天文四季关口

阴历框架的功能和任务是简示月亮的四相变化。阳历框架的功能是简示四季的变化。四季概念来自于人的气温直感，不同地域在同一时间的气温千差万别，而历法却需要统一。因此不能直接采用某一地方的气温来定阳历。然而各地的气温却是由同一天文根源造成的，那就是太阳相对地球的照射位置，这就间接形成了天文四季的概念。具体说，天文四季是太阳对地球直射纬度的四个区域，每个区域可用一个直射纬度区域作表征。简单的表述就是：中区（或称东区）、北区、中区（或称西区）、南区。两个中区纬度范围虽然相同，但两区的时间并不相邻，不会混淆。这四个纬度区域，任何相邻区域的纬度都不相重叠。四个纬度区域恰好与太阳一年走过黄道上的四个连续区域相对应，每区占黄经 90 度。这就给四个区域的天文作了简明表示。黄经的四个区域及对应的纬度范围分别是：

	东区	北区
黄经	315°～45°	45°～135°
纬度	−16°21′～+16°21′	+16°21′～+23°26′

	西区	南区
黄经	135°～225°	225°～315°
纬度	+16°21′～−16°21′	−16°21′～−23°26′

这四个天文四季区域正好与我国传统的四季概念相一致，因此我们可以直接用春夏秋冬的名称来称呼。但是一定要认清，这不是通常意义上的四季概念。通常意义的四季概念是气温概念，或者说它近似于气象四季概念。而历法上的四季概念是天文四季概念。其确

切定义已如上述。

西方人有另一种四季概念。他们以"二分二至"作为四季的分界点，冬季自冬至开始，春季自春分开始，夏季自夏至开始，秋季自秋分开始。由于一般人认为西方天文学是这样说的，所以也可说这是西方的天文四季。但是一般人却不去分别什么是天文四季，什么是气象四季，只是笼统地称作西方的四季。这当然是错误的，因为气象四季有气象学的定义法，与一般人的这种概念根本不同。看成西方的天文四季也是不恰当的。我们从英文天文学和普通文字（summer solstice、winter solstice 和 vernal equinox、autumnal equinox）这四个英文词来分析，summer、winter、vernal、autumnal 只是表示季的形容词，solstice 只是表示太阳走到回归线（solstice 是拉丁字，sol 表太阳，stice 表示站住），equinox 只表示昼夜相等。合起来仅仅是夏季走到回归线站住了、冬季走到回归线站住了、春季走到昼夜相等，秋季走到昼夜相等，根本没有四季始点的意思。把它们作为四季始点来解释，完全是随意的，想当然的，没有学术根据的。如果合乎情理进行推理，太阳在春季走到昼夜相等的一天，就说春季是从这一天开始，未免有些主观。如果认为在此日前后若干日也都是春季，然后再说在春季太阳走到昼夜相等的一天，倒是更合乎情理些。如果再按人们喜欢对称来考虑，春季应该在昼夜相等的这天前后包含黄经各 45 度的范围，春分这天是春季的中点，这样才是比较合乎情理的。同样，秋分应是秋季的中点，前后包括黄经各 45 度范围；冬至应是冬季的中点，前后包括黄经各 45 度范围，夏至应是夏季的中点，前后包括黄经各 45 度的范围。这样来理解英文（其他西方国家文字也大体近似）的"二分二至"这四个词，比理解为四季始点要合理得多。至于翻译成中文和汉字后，"二至"翻译成"冬至"、"夏至"。多数人按中文词"顾名思义"的习惯来理解，把"至"理解为"到"，就更是错上加错。"冬至"和"夏至"是中国传统天文历法中的学术名词。其中"至"字是"极点"之意，不是"来到"之意。不少知识分子写文章，自作聪明的想当然，把冬至解释为"冬天来到了"，真是害人不浅。笔者希望天文学家站出来说话。天文学有必要对四季做出天文学的严格定义。西方历法不重视四季划分，所以就糊里糊涂以讹传讹，将"二分二至"作为季始当成"约定成俗"。这与"电学"中的电流方向被错误地定义为"正极流向负极"，而不是按电子流动的方向定义为"负极流向正极"一样。尽管大家都知道错了，但却都已习惯而没有人提出来纠正。但是"二分"和"二至"却不一样。从天文历学来说，应要求天文学对天文四季作出严格的正确定义。定义应该有定量的特征描述。四季应能区分清楚，特征不能交叠含混。气象学对气象四季的定义就是符合这样的要求的：按气象定义，夏季温度比春秋季高，冬季温度比春秋季低。春秋两季温度一样，然而两季不相邻。任何相邻两季的温度不相交叠。四季的天文定义关联着历法的制定，如不纠正误识，就制定不出科学合理的历法。因此从事历法改革研究的学者，应该对此统一认识，纠正对"二分"和"二至"的文字学和天文学解释。应该按照科学的划分标准来划分天文四季，统一天文四季的科学定义。在此基础上，来制定科学的世界阳历框架。在天文四季的基础上，年首、历季和分月就自然有了依据。

有人说，我们管不了世界历法，世界也不会接受我们的历法框架。笔者认为这种认识是不正确的。我们谈的是从天文出发推出的历法框架，它本身就是世界性的。因为天文是客观的，对地球说只有一个天文规律，不分国家和地域。至于别的国家接受不接受这样的历法框架，那是他们的事。我国也不会去干预或强迫别国来接受。但我们自己有权实行自己的历法改革。如果做得好，做得对，自然会有别国跟上来。公历现在被多数国家采用，也并不是国际会议决定通过的，而是逐渐被各国自愿采用的，其原因有经济和政治的因素，并非是公历有无比的科学优点。今由天文决定的历法框架能否会被其他国家接受，其科学性是关键因素。而科学性的关键正是这种新历反映了天文四季。

顺便说一说 24 节气与天文四季的关系。现在有普遍的乐观看法，认为国内的研历者基本都同意以 24 节气作为新阳历的基础，似乎天文四季的看法已不存在分歧了。实际上却并非如此。同意 24 节气为新历的基础，并不意味承认以四立作分界的天文四季划分。有的研历者不承认四立为分界的天文四季划分。只取节气的统计间距来分月。必须强调，24 节气是天文四季的进一步细化。明确了四季的起点和中点，合为四季八分。另在每一八分里细分为三段，合为 24 节气。取消了四季八分，就阉割了 24 节气的精髓。

4. 简明忌泥关口

历法是人类生活的需要，一天也离不开它。因此它除了必须合天之外，最重要的就是要简明。历法应该尽量地简明，只要不违反大体合天的原则，要以"忌泥"为配合原则，尽量做到简明便用。这一要求，说起来容易而做成则难，往往会对于合天的精确性难于割爱，对于旧习俗难舍难分。历月、历季和历半年的最简明数字显然是 30、90、和 180。有些人却泥于节气间距近似 30、31 天而舍不得丢弃这杂乱相间的历月，追求 91、92 天的历季和 182、183 天的历半年，认为这样才是精确地与天文吻合，这是只看重它的数字差距小，就说有利于统计比较。实际上 31 这个数字不利于计算，30、31 天的月长也不利于统计比较。同样，对于历季长度或历半年长度的数字表面上相近，以为就是有利于统计和比较，其实这是被数字表面所迷惑。另一方面，是对于历月、历季和历半年取齐为 30、90、180 天的优越性认识不足。以"5"为整除因子具有明显的优越性，独大月置于上半年末的 6 月比置于年末合理，所有这些措施对"合天"并未造成过分的损害，但却带来了巨大的便利，统计比较真正地容易了，比较的意义也显著了。数字"5"在日常生活和经济交往上的便利不容忽视，5 日计工资和计息的便利是最明显的例子，历月、历季、历半年的统计意义也更明显了，整齐均匀的美在历法框架上得到了充分的体现。

总之，这是研历者应过的第四个关口——简明忌泥关口。过了这个关口，才有可能得到最简明又合天的理想历法框架。

5. 闰法单议关口

闰法是主要依据天文回归年长来决定的，闰法决定后即可加在任何历法的框架中。为了减少历法的意见分歧，笔者建议把闰法分离出来作为独立课题研究讨论。这对历法方案的设计和研究，没有任何不利的影响。对闰法有特别兴趣的研究者，只需把闰法的设计建议独立单列即可。这个关口绝对没有排斥任何闰法改革建议的意思，只是为了互不干扰，容易分别达成共识。

利用上述的五个关口，可以比较历法改革的方案。过了这五个关口创建的历法框架，将会具有明显的中国特色。它不仅具有民族文化的特色，更重要的是有科学性特色。它是真正的农历，但更是全民的科学阳历。

笔者希望研历同仁充分发表意见，欢迎您提出异议，通过讨论求取共识。

《历改信息》29 期. 2006. 8.（9 - 12 页）

M - 8　关于岁首争议的补充资料

陕西省老科协历法改革专业委员会　章潜五

（摘录"历法改革电信讨论组"的交流文稿）

关于新历的岁首选定问题，我已撰文《讨论新历岁首问题》，载于《历改信息》第 29 期，2006 年 8 月 1 日，并已以网络文集的编号 N - 7，贴文于诸多网站。今补充提供有关岁首的史料如下：

一、王之平:《历法新纪元》，中华文化复兴社，1930 年

（中国第二历史档案馆提供史书）

至于岁首，乃指一岁之始而言；地球运行，无始无终，周转不息，本无岁首之可言；但为授时便利及测算确实，必须有所始，此岁首之所以不可无也。以现行各历言之，类皆测算授时不用同一岁首；如基督历既以春分为测算岁首，复以冬至后九日或十日为授时岁首；我国旧历既以冬至为测算岁首，复以寅正朔旦为人事岁首，于农事又以立春为岁首，于推算应用均感不便。欲改良之，则不如采用一种岁首通用于测算授时。近人主张，测算授时之岁首均以春分，固亦未尝不可；但岁首究以授时为主，测算次之，吾国夏时太阳历，其四时所由分，实本乎春生夏长秋收冬藏之义，顺乎天地一岁自然之始终而以人事应之，所以便农工前民用也；若以春分为岁首，则势必割春之半以为冬，于天时人事均无所取义。本历法采用立春为岁首，使授时与人事相合；而以二至二分为测算补助标准，俾测算与天行无乖；所谓"行夏之时"，其谁曰不宜！

二、补充先辈张兆麟的连大月历方案

第六案　修正现行历意见书　张兆麟（1927 年浙江省温州侯衡巷自居印单行本）

定每年为 365 日，闰年加一日。

定每年为十二个月，大月 31 日，小月 30 日。

凡闰年四、五、六、七、八、九 6 个月，各 31 日，正、二、三、十、十一、十二月 6 个月，各 30 日。平年同，惟九月作小。

一年 12 个月，首三月为孟春、仲春、季春，又次三月为孟夏、仲夏、季夏，又次三月为孟秋、仲秋、季秋，末三月为孟冬、仲冬、季冬。每月节气一定在某两日，可详列于后。

> 正月初一二立春，十六七雨水，
>
> 二月初一二惊蛰，十六七春分，
>
> 三月初一二清明，十六七谷雨，
>
> 四月初一二立夏，十七八小满，
>
> 五月初二三芒种，十七八夏至，

六月初二三小暑，十八九大暑，

七月初二三立秋，十八九处暑，

八月初三四白露，十八九秋分，

九月初三四寒露，十八九霜降，

十月初二三立冬，十七八小雪，

十一月初二三大雪，十六七冬至，

十二月初一二小寒，十六七大寒。

说明：在节录 20 世纪初期我国先贤提出的 14 种世界历方案时，略去了详列的 24 节气日期表。今补充提供详细的原文，从此表可以看出，其岁首是取为"立春"（"立春岁首"7 例，"春分岁首"5 例，"未明岁首"2 例）。

三、章潜五：对于岁首问题的分析意见

四季划分涉及岁首的选定和月日的分配，讨论组已对此作了研讨。今进而深入讨论历法的岁首问题。

（一）岁首选定的历史概况

1. 我国夏历的岁首情况为"汉太初以迄清末，两千余年间，大抵以建寅为岁首：建亥十月，117 年；建子十一月，913 年；建丑十二月，661 年；建寅正月，2425 年。"从唐朝至清末的 1150 年间，夏历的岁首一直是"正月建寅"。

2. 20 世纪初期，我国有 14 人提出新历方案，其中主张立春岁首 7 人，主张春分岁首 5 人，未明确者 2 人。主张冬至岁首者 0 人，

3. 上世纪的世界改历运动，我国历法研究会征求国人的改历意见，关于年始一项，10 万人的统计结果是：立春 64％，冬至 13％，照现行历 5％，春分 3％，其他 2％。

4. 上世纪的《百科全书》："西洋古代，以春分为岁首，埃及用秋分。近世改历者，对于岁首问题，意见不一。我国多数主张立春，其次主张春分。西洋除依附阳历外，大抵以分至为标准，冬至尤占多数，春分次之。"

5. 当代我国民间研历者 20 人提出的新历方案，主张立春岁首 14 人，主张冬至岁首 1 人（后周先生改变观点，增至 2 人），主张春分岁首 1 人，未计及者 4 人。

6. 2007 年《征求意见书》的统计结果是：同意立春岁首 31 人，不同意 3 人。

7. 主张立春岁首的先贤有北宋的沈括、太平天国的洪秀全，滇省要员李伯东，物理研究所钱临照（来信嘱读沈括的《梦溪笔谈》），此外还有：戴文赛、罗尔纲、陈元方、金祖孟，尚未查见现代专家主张冬至岁首。

周先生一再引证先辈张兆麟的夏秋连大月历方案，然而张兆麟也是主张"四立分季"而把岁首定于立春的，参见近日我已补充提供了张兆麟的方案。

（二）我对于岁首问题的分析意见

1. 冬至的天文特征明显优于立春，但却只见我国古代有些朝代采用冬至岁首，而近代历法却皆以立春为岁首。我分析原因是：

岁首有两种：测算岁首（历元）；授时岁首（历法岁首）。

历法岁首是分辨春夏秋冬四季的重要指标，中国是世界闻名的农业大国，历法的主要

功能是授时农耕。反映年岁的轮转是树木的荣枯现象，反映四季的变化是农作物的"春生夏长秋收冬藏"规律。其中最重要的环节是植物的下种时间，致有"一年之计在于春"的警言，以及把春季列为四季之首，突出了春季的关键时期。而若取冬至为历法岁首，则变成"冬藏春生夏长秋收"，这种年岁交替的分季序列虽然符合研究天文的要求，但对民众来说却不符合授时农耕的要求。

2. 有人主张以冬至为世界历的岁首，其主要根据是冬至日具有最明显的天文特征，白昼最短，黑夜最长。然而这一天文特征是世人皆知的事实，并非现代人聪明才发现的，更非不把冬至作为历法岁首就会丢失这个天文特征，因为在任何一种阳历中，冬至日都是有月日表明的，例如在公历中每年大多是 12 月 22 日，改历只会变动日期而已。

3. 中外采用不同的历法岁首反映了研历深度的差异。

西方国家多以春分或冬至为测算岁首，而历法岁首则用冬至后约十日。这是各国传统文化不同所造成的差异。西方人只有二分二至的天文概念。而中国人有二分二至和四立分季的 24 节气理论与实践，既指明了四季的始日，又指明了四季的中点，还指明了四季内的其它节气。因此中国历法可以完全涵盖西方历法概念，反之，西方历法却不能涵盖中国历法概念。今需创制世界新历，推进人类的历法文明，怎能放弃中国的先进历法思想，却去与西方的后进历法思想"接轨"呢？现今争论的实质为是否承认我国 24 节气的科学性，有人认为它已是过时的古代历法，无视今朝央视每月公示两个节气，指明四立分季的客观现实。

4. 有人主张冬至岁首，反对立春岁首，不是根据科学论证，而是强调所谓"国际主流、多数"；"仅只一国、少数"。认为世界历如果采用立春岁首，就会有 34 日的过渡期问题。然而采用冬至岁首的话，不是同样也有 10 日的过渡期问题吗？冬至岁首符合西方人的习惯，但却不符合东方人的习惯。世界历应该兼顾世界各国情况，因此在向国际社会提出世界历方案时，需要综合中外、权衡创新与习旧。如果必须创新就应该坚持，我国方案先进则竭力宣传。世界历的岁首究竟是用立春还是冬至？必须根据科学论证，搜集论据时不能只看外国，首先需要征集占世界人口约 1/5 的国人意见！

N 类 分析"夏历"与调整法定节假日

N-1 建议用招贤方式获解节假日调整的矛盾

陕西省老科协历法改革委员会 章潜五

2009-03-02 贴于人民网、新华网等论坛

历法反映天体运行的科学规律，是循序生产和计划生活的根据。历法改革是世代传承的课题，关系国计民生各行各业。1995 年我们追迹先贤的遗志，研究"我国历法改革的现实任务"，成立陕西历法改革研究会，提出四项建议："农历"科学更名，春节科学定日，共力研制新历，明确世纪始年。四次敬请陕西省人大代表团建议改历（1995、1997、1999、2003 年），全国政协常委张勃兴和另两位常委也联名向全国政协提案改历（1999 年）。

2004 年全国两会讨论增加法定传统节假日，我们一再写信给有关部委，并与纪宝成代表和中国民俗学会切磋，邮寄本会的书刊提供参考。法定节假日设计是历改研究的子课题，它涉及公历和夏历的科学原理，需要了解中外历法改革的史实，认真分析当今社会的用历状况，因此是艰巨复杂的任务。假日课题研究小组做了艰巨的研究，国家发改委广泛征求了意见，国务院于 2007 年底颁布了修订后的《全国年节及纪念日放假办法》，同时出台了《职工带薪年休假规定》。

我国的历法改革任务缺乏常设的研究机构，又无明确的常设主管机构，临时组建的课题研究小组，也就难免会有考虑不周，致使新的《放假办法》出台后，就有反对"取消五一黄金周"的声浪，观点矛盾似乎短期难于获解。因此我们建议：已颁布的法规继续实施，同时鼓励探索发展旅游经济，扩大这一课题的研究队伍，汇集群体和民众的智慧。

一、可否仿学古代张榜招贤（汉代天文学家落下闳，《太初历》主创者）方式，敬请有关单位提出节假日的调整方案，例如：中国天文学会，中国民俗学会，中国旅游学会，中国新闻学会，中国人民大学，南京大学等。上世纪的世界改历运动，国立天文研究所是我国的主力，国立中央研究院物理研究所也积极主动提出《改历意见书》，至今仍有重要的参考价值。

二、当代中国兴起历改研究的新浪，不少农民和一般职工提出了新历方案，表明了人民争做历法主人的心志。十多年来，人民网"深入讨论区"论坛积极宣传历法科普，交流历改研究的心得。因此可请人民网开辟专题，征集网友们的建议方案，我们坚信，我历法文明的泱泱古国，今又有科学发展观的指引，只要坚持专家与群众结合的路线，定能创制出完善的《放假办法》。

N-2　讨论法定节假日的设计问题

陕西省老科协历改委　章潜五
2009-03-02 贴于人民网、新华网等论坛

一、法定节假日的改革过程回顾

1949 年中华人民共和国成立，政务院立即颁布《年节纪念日放假办法》，全民性的法定节假日为 7 天：元旦节，春节 3 天，劳动节，国庆节 2 天。兼顾了重要庆典节日和民俗传统节日，重视四季节日的合理安排，文件简明且考虑问题深细，例如明确了调休办法："凡属于全体之假日，如适逢星期日应在次日补假。"因此法规适用了半个世纪，树立了制定历法法规的榜样。

1999 年为了刺激消费、扩大内需、促进经济发展，国务院修订了《全国年节及纪念日放假办法》，全民性的节假日增至 10 天（劳动节增加 2 天，国庆节增加 1 天），并把三个长假与双休日调休连成"黄金周"。这是关于长假历制的试行，类似于苏联早期曾经试行机器不停而工人分成五组轮休，都是从经济角度探索创新人类的历法文明。设立长假是世人的普遍要求，也是我国社会现实的需要，因为一是我国有家人团聚过年的千年民俗，二是当代国人提高生活质量后，要求有远途旅游和探亲访友的机会。试行"黄金周"是改革开放的新生事物，出现一些问题不足为怪，例如交通拥挤、住宿困难、景点有损等，可以通过研究历法改革，合理安排长假，加强管理措施加以解决。

2007 年底，为了弘扬我国优秀的传统民俗文化，国务院颁布了修订后的《全国年节及纪念日放假办法》，同时出台了《职工带薪年休假规定》。这次节假日调整，法定节假日增至12 天：冬季 1 天（元旦节），春季 6 天（除夕和春节 4 天，清明节，劳动节），夏季 1 天（端午节），秋季 4 天（中秋节，国庆节 3 天）。按夏历安排的民俗节日由 3 天增至 7 天，而按公历安排的节假日由 7 天降为 5 天，充分体现了对于传统民俗的重视。为了调整法定节假日，专门成立了课题研究小组，多次广泛征求各界意见，充分表明了政府重视有关百姓的休假权利。

二、从历法改革观点分析法定节假日的设计问题

法定节假日的设计问题，是"我国历法改革的现实任务"的子课题，必须深入分析现行历法的性能，分辨它们的精华和糟粕，才能明确方向和排解困难，科学地设计出法定节假日序列。因此，今从历改研究的角度谈谈观点，提供共同深入研讨。

（一）我国需要创制科学简明的中华新阳历。建设具有中国特色的社会主义，需要"走太阳历之路，创制具有中国特色的新农历"，这是中共陕西省委书记处书记陈元方在遗著中

提出的改历主张。它概括了孙中山、竺可桢等诸多先贤的改历思想，并且激励当代研历同仁追迹探索，共力创制科学简明的中华新阳历。

孙中山说："我国阴历自轩辕时代创行至今，沿用数千年之久，中经五十余次更改。其法原较阳历为善，惟闰月一层，不便国家预算。光复之初，议改阳历，乃应付环境一时权宜之办法，并非永久固定不能改变之事。以后我国仍应精研历法，另行改良，以求适宜于国计民情，使世界各国一律改用我国之历，达于大同之域，庶为我国之光荣。"

中国历法研究会主席余青松博士撰文《中国赞成修改历法》，他说："革命的中国决定废除旧历而改用西历，是走向现代化的必然步骤。虽然中国旧历比西历具有一定的优点，例如新月的稳定性，便于海滨居民预报潮汐，也便于按照月相庆祝宗教节日，而年份长短不等和24节气游移不定诸多缺点，都超过这些优点。旧历更为严重的缺点是每年都要编制历书。换句话说，旧历并不是永久不变的。"

竺可桢说："在二十世纪科学昌明的今日，全世界人们还用着这样不合时代潮流，浪费时间，浪费纸张，为西洋中世纪神权时代所遗留下来的格里高里历，是不可思议的。近代科学家已提了不少合理的建议，英国前钦天监（皇家天文台长）琼斯甚至写进天文学教科书中来宣传改进现行历法的主张。但是两千年颓风陋俗加以教会的积威是顽固不化的，不容易改进的。只有社会主义国家本其革命精神，采取古代文化的精华而弃其糟粕，才会有魄力来担当合理改进历法这一任务。唯物必能战胜唯心，一个合理历法的建立于世界只是时间问题而已。"

在"改革开放"方针和科学发展观的指引下，我们吸取古今中外历法的精华，以我国传统的24节气科学思想为基础，共力创制千年"永久性"的中华新阳历，旨求弘扬我历法文明古国的传统文化。我国改用"阳历"即将届满百年，30年"改革开放"的成就辉煌，今值中华人民共和国成立60周年喜庆，为了迎接中华民族的伟大崛起，应该考虑为创新人类历法文明争作贡献！

格里历存在不少缺陷，上世纪曾兴起世界改历运动，我国成立了"历法研究会"，10万人的改历意见统计结果，81％赞成国际联盟提出的四季历方案（后称世界历）。我国夏历蕴含先贤的聪明才智，追求阴阳两历的兼顾，但因两历无法精确调和，至今尚无成熟的创新方案。今朝我国兴起民间研历运动的新浪，已以24节气为基础创制出新阳历，可与格里历竞比性能优劣。因此我们认为，今朝讨论法定节假日的调整，不宜只局限于现行两历，应该把眼光放远放大，改节与改历是紧密关联的，必须注意历法改革的大方向！

（二）从1912年"改用阳历"以来，我国主用公历辅用夏历，这是由国情决定的现实，短期难于实现历制统一。正如陈元方指出："现时，我国在历法方面，中历、西历并用，旧年、新年齐过的状况，只能是一种过渡，绝不是目的。"中西不同历制并存使用，必然会有诸多社会困扰，因此急需认真调查研究，尽力减少这些社会困扰。

调整我国的法定节假日，遇有节假日的游移困扰问题，一是由于公历采用不科学的连续七日周制，致使节假日的星期在一周内移变。公历不具有日期与星期的固定关系，这个严重缺点已在世界改历运动中获解，四季历方案的日期与星期就已有固定关系。二是由于夏历要兼顾阴月阳年，采取了闰月编历法则，致使阴历的节假日会在阳历一个月内移变。北宋沈括早已指出闰月法则的缺点："气朔交争，岁年错乱，四时失位，算数繁猥"，他提出"十二气历"理论，太平天国循之创颁阳历《天历》，严令废除旧历。当代同仁研制的新阳历，根据春夏秋冬的天文四季排序成岁，岁首春节固定于24节气之首的立春日（夏历元旦的游移中心），可使各月的首日、月半多为节气日，从而既消除了春节游移不定的困扰，又使春节恢复了"名正言顺"。需知史实，古代春节是指立春日，但在袁世凯当政时期有个《四时节假呈》："以阴历元旦为春节，端午为夏节，中秋为秋节，冬至为冬节"，这位大总统隔日就迅即批示："据呈已悉，应即照准"，这时才有了严冬过"春节"的名实相悖。

今在法定节假日的调整方案中，增加了传统民俗节日"除夕""清明""端午""中秋"，以求传统节日文化能有载体而世代传承。在研历同仁提出的节假日方案中，意见与此大体一致。然而分歧是我们主张尽量改用阳历作规定，其理论根据是阴历不具有节候日期的相对稳定特性（闰月制游移一个月），而阳历才有这种优良特性（闰日制一般只有一天偏离）。例如"清明节"原本就是24节气（属于阳历性质，不少人却误认为阴历性质）之一。其实，"五月五"、"九月九"等传统民俗节日，原本也源于24节气，因此在今主用阳历的新时代，改用阳历规定节假日，既可减少游移困扰，还能允许增加民俗节日。例如"端午节"在"小暑"附近游移，因此可以考虑用"小暑"节气日规定，以使每年时令稳定而利于节庆活动。中秋节必须是秋季月圆之日，因此不得不采用阴历规定，在短期年历表中已有标示。"春节"是游移性的特长假，只有在实施新历时改革岁首才能获解。我们建议尽量采用阳历作规定，符合今处"日心说"的时代特征，只是节假日期做了些许的合理移动，并不会影响传统民俗的丰富内涵。

新的调整方案中还有两点值得商榷。问题之一是"取消五一长假"，甚至今后还要"取消十一长假"。这是忽视了当今时代的人们心愿，从上述的四季节假日分布来看也不合理，夏季仅有一个端午节，适合旅游的7个月里竟然没有长假，损伤了探索长假历制的积极性。问题之二是全部法定节假日都作"上移下差"调休。采用调休办法形成"长周末"，这是类同"黄金周"的做法，然而是这种"逢节都作调休"存在缺陷，必须每年编制繁琐的调休表，多年就合成历书的繁琐附册。繁琐历表的千年困扰尚未获解，今却又要徒增查表之苦，可见在现行两历的条件下，只宜三个长假采用调休办法，并需明确调休的规则才对。与此对比的中华新阳历，长期年历表具有千年不变特性，日期与星期的关系固定，节候日期有相对稳定特性，已消除了频繁调休的困扰。因此给定年月日之后，即可迅速获知是星期几、是否节假和节气状况等。笔者于2006年5月撰文《中华科学历方案（含节日安排建议）》，其中建议的节假日（连同旬休）：春节11天，劳动节6天，年半暑休5－6天，国庆节7天，元旦节6天，清明节2天，端午节2天，敬老节2天。用阴历规定的元宵节和中秋节各1天（若有必要可以调休）。

综上可得结论：局限于现行的公历和夏历，顾此失彼的矛盾无法获解，难于完善《放假办法》。需作前瞻性的历法改革研究，才会迎来科学合理的全年时序。因此，应该明确历法改革的方向，坚持改革创新的精神，以研究历法性能为基础，贯彻汇集众智群力的路线。

N-3 "农历"影响中国形象——敬请TV为其正名

曹培亨

[雪原白兔] 2009-02-14 19:09:46 载于人民网深入讨论区

现在的电视播音员在播报日期时，总把汉族的传统历法"夏历"叫作"农历"。"夏历"中的"夏"狭指中国汉族，泛指中华民族或中国全部疆土。而一个"农"字，把正在崛起的现代化中国矮化成了一个只有小农经济的小农国家，严重影响中国在全世界的国际形象。在新中国成立60周年大庆之际，修正这种错误刻不容缓。

把"夏历"称为"农历"的问题还在于，夏历本身是一种以阴历为主，阳历为辅的历法。它并不是真正的农历。真正的农历是阳历，如"阿拉伯历"就是真正的农历，它的目的就是用于指导农业生产（见《辞海》）。现在的公历（罗马"格里历"）也是阳历中的一种，因此现在我们正在使用的"公历"才算是真正的农历。

"历法"是反映、记录天体运行和时间流逝的工具。由于天体参照系的不同和人为规定的不同，在不同的历法中，不但年、月、日的时间长度各不相同，使用范围也不相同。例如"天文历"中的"恒星年"与普通历中的"回归年"；公历或彝历中的人为月与夏历中的朔望月，不但时间长度不相同，而且其概念和规定也不相同。

在普通历法中，世界各国、各民族各有自己的历法体系。例如在中国，比较有名的就有"夏历"（汉族传统历法）；藏历（藏族历法）；傣历（傣族历法）；彝历（彝族历法）……其中，除了彝历的"十月历"是阳历外，其他历法基本上都是阴阳合历。而且，中国各民族的历法，基本上都受到"夏历"的影响，中间都带有夏历的元素。例如藏历以"阴阳五行十二生肖"纪年，傣历中的干支纪日纪年，十二生肖月；彝历中的十二生肖纪年、纪日等。

"夏历"以"朔望月"周期的近似值（29或30日）为历月、定"朔"为每月的初一。但年的长度却长短不一（354—385日）相差悬殊，它与自然界的"回归年"（平均周期365.242199……日、近似值365日）长度相差很大。而春夏秋冬、寒暑冷热的周期性变化是由自然界的"回归年"所决定。对于指导农业生产和人们生活而言，一年365天24个节气的阳历具有决定性意义。但在夏历中，因为阳历处于附属地位，一年24个节气，只能神出鬼没、数量不定地镶嵌在由12或13个朔望月构成的"年"中。因此，把夏历叫做农历是不正确的。

资料表明，把夏历叫作农历的现象萌芽于民国时期，1961年后渐入人们视线，于1968年元旦，农历正式在纸媒上立足，12年后于1980年元旦从权威纸媒上淡出。近些年来，由于电视媒体的崛起及强化，农历这一误称有被长期误戴在中华民族头上的可能。

公元1976年后，部分权威媒体已经不称夏历为农历。例如《人民日报》、《解放军报》上就没有"农历"两字，《人民网》首页上干脆连"干支纪年"都不标示而只标公历日期。我们在此呼吁：其它媒体应该向上述权威媒体学习。作为影响巨大的电视传媒，不要再把"农历"这个误称误下去。将"农历"这个误称正名为"夏历"，还其历史本来面目，有利于扬我华夏正气，强我中华民族的科学修养。

"农"与"夏"，虽只一字之差，但其作用不可小视。望中央电视台这个电视台中的"大哥大"先带个头！

此稿原创于公元 2009 年 2 月 14 日(夏历乙丑年正月二十日)

附：普通历法中的精确数据、实用数据及其它：

【回归年】平均周期：365 日 5 小时 48 分 46 秒(365.242199…日)

【公历年】实用：平年 365 日、闰年 366 日,【立春】在每年 2 月 4 日(少数年份在 2 月 3 日或
　　　　　5 日)400 年中安排 97 个闰日年,其余为平年。

【夏历年】平年 12 个月 354－355 日；闰年 13 个月 384－385 日,【立春】在年首(俗称大年初
　　　　　一)前后 17 日以内不断变动。19 年中安排 7 个闰月年。

【朔望月】平均周期：29 日 12 小时 44 分 2 秒 8(29.53059…日)

【夏历月】实用：小月 29 日、大月 30 日

【日】　　平均周期：24 小时(86400 秒)

【彝历月】(十月历)：每月 36 日,十个月共 360 日,余 5－6 日过年用。

【夏历纪年】干支纪年(60 年一循环),辅以十二生肖、五行。

【夏历纪月】干支纪月辅以十二生肖(闰月同名序)

【夏历纪日】干支纪日(60 日一循环)辅以五行。

【公历纪年】阿拉伯数字纪年。无重复循环问题。

【公历纪月】阿拉伯数字纪月。

【公历纪日】阿拉伯数字纪日。

更多,略……

N－4　摘下"农历"的假面具

曹培亨

雪原白兔　2009－02－17 16:24:52.0 载于新华网发展论坛

四十多年前的 1961 年,在中国的辞典上,出现了一个新词——"农历"。然而,"农历"并不是新生事物,而只是中国历史上"夏历"或"皇历"的一个变称。

"皇历"的学名原叫"夏历",是中国汉族的一种历法名称。因为系皇家主持编发施行,使用的朝代又多,故百姓通称"皇历"。

由于历史的原因,皇历这个名称在四十多年前被忌用。取而代之的名称就是"农历"。可惜的是,名字改了,东西还是那个东西。一个农字,听起来光鲜,却名不副实。(参见文后的图表便知)

当过农民的人大多知道,种田人最讲究季节和节气,所谓一年四季,24 节气,是指"阳历"而言。而"阳历"的编制,是以一年 365 天(闰年 366 天)为依据。这正是太阳光"直射点"从"北回归线"南移,再从"南回归线"回到"北回归线"所经历的时间(与"回归年"等长,"回归年"的天文定义见＊)。因为这个时间的平均值是 365.242199……日,所以整数化为平年 365 日,闰年 366 日,以便于实用。

地球上"春夏秋冬、寒暑冷热"的四季变化，是由太阳光入射角度的周期性变化所致。因此，凡按这个变化周期（太阳年）编制的日历，都叫阳历。反之，如果按月亮圆缺变化周期（朔望月）编制的日历，就叫阴历。

由于太阳光直射点的变化周期（365.242199……日）与月亮的圆缺变化周期（29.53059……日）之间没有整数关系，所以自人类产生文明以来，一切试图将它们两者合二为一而又照应周全的努力都未取得理想的结果。作为"阴阳合历"中的一种，"夏历"（"皇历"、"农历"）正是这种历法规则的典型代表。

上面图表中的主要数据，是笔者从"中科院紫金山天文台"编写的《新编万年历》中转录而来。从表中可以看出，在所谓的"农历"中，主要反映的是月亮的圆缺，而阳历中的 24 节气，在其中只处于可有可无的奴仆地位。这从癸丑年有 26 个节气，甲寅年和乙卯年中却只有 23 个节气就可以看出。再如："立春"和"雨水"在癸丑年中就出现了两次，而甲寅年中缺少了"雨水"，乙卯年缺少了"立春"，则更能说明问题。

三个典型[夏历]（农历）年中阳历"节气"的分布比较表

夏历癸丑年（闰年）重"立春"重"雨水"（公历 2033 年—2034 年）				夏历甲寅年（平年）无"雨水"（公历 2034 年—2035 年）				夏历乙卯年（平年）无"立春"（公历 2035 年—2036 年）			
正月小	立春	初四	2.3	正月小	惊蛰	十五	3.5	正月小	雨水	十二	2.19
	雨水	十九	2.18						惊蛰	廿七	3.6
二月大	惊蛰	初五	3.5	二月大	春分	初一	3.20	二月小	春分	十二	3.21
	春分	二十	3.20		清明	十七	4.5		清明	廿七	4.5
三月小	清明	初五	4.4	三月小	谷雨	初二	4.20	三月大	谷雨	十三	4.20
	谷雨	廿一	4.20		立夏	十七	5.5		立夏	廿八	5.5
四月小	立夏	初七	5.5	四月小	小满	初四	5.21	四月小	小满	十四	5.21
	小满	廿三	5.21		芒种	十九	6.5				
五月大	芒种	初九	6.5	五月大	夏至	初六	6.21	五月小	芒种	初一	6.6
	夏至	廿五	6.21		小暑	廿二	7.7		夏至	十六	6.21
六月小	小暑	十一	7.7	六月小	大暑	初八	7.23	六月大	小暑	初三	7.7
	大暑	廿六	7.22		立秋	廿三	8.7		大暑	十九	7.23
七月大	立秋	十三	8.7	七月大	处暑	初十	8.23	七月小	立秋	初四	8.7
	处暑	廿九	8.23		白露	廿五	9.7		处暑	二十	8.23
闰七月小	白露	十四	9.7								
八月大	秋分	初一	9.23	八月小	秋分	十一	9.23	八月小	白露	初七	9.8
	寒露	十六	10.8		寒露	廿六	10.8		秋分	廿二	9.23

续表

夏历癸丑年(闰年)重"立春"重"雨水"(公历2033年—2034年)				夏历甲寅年(平年)无"雨水"(公历2034年—2035年)				夏历乙卯年(平年)无"立春"(公历2035年—2036年)			
九月大	霜降	初一	10.23	九月大	霜降	十二	10.23	九月大	寒露	初八	10.8
	立冬	十六	11.7		立冬	廿七	11.7		霜降	廿三	10.23
十月大	小雪	初一	11.22	十月大	小雪	十二	11.22	十月大	立冬	初八	11.7
	大雪	十六	12.7		大雪	廿七	12.7		小雪	廿三	11.22
	冬至	三十	12.21						大雪	初八	12.7
十一月小	小寒	十五	2034年1.5	十一月小	冬至	十二	12.22	十一月小	冬至	廿三	12.22
					小寒	廿六	2035年1.5				
十二月大	大寒	初一	1.20	十二月大	大寒	十二	1.20	十二月大	小寒	初九	1.6
	立春	十六	2.4		立春	廿七	2.4		大寒	廿三	1.20
	雨水	三十	2.18								
夏历癸丑年26个节气(重"立春",重"雨水")				夏历甲寅年23个节气(无"雨水")				夏历乙卯年23个节气(无"立春")			

这个图表还证明:一个同名节气,在"农历"中的位置是很不固定的,它游移得非常厉害!例如:"立秋"在癸丑年中是出现在"农历"七月十三,而在甲寅年又跑到"农历"的六月廿三去了……这种神出鬼没、捉摸不定的现象,叫农民如何记忆,又如何掌握得了呢?

但是,从图表中我们可以看到,一个同名节气,在公历(阳历的一种)中的位置是很少变动的,例如"大寒",在2034、2035、2036这三年中,都是出现在1月20日。又如"立春",它大多时间总是出现在公历每年的2月4日,只有极少数时间出现在2月3日或2月5日。即使偶有变化,也不会超过一日。

看了这张图表,读者可以明白,什么才是真正的农历!而夏历这个凭着甲乙丙丁、子丑寅卯、十二生肖、阴阳五行装神弄鬼的老皇历,尽管披上了"农历"这件新衣服,戴上了这个假面具,但名不副实的本质却只骗得了一般人,骗不了已掌握了科学知识的新农民!

「"农历"不准,公历才准」这话,如今从农民的口中说出来,正说明新一代农民们已经认识到了这种历法的本质和缺陷。认识到它并不是指导农耕生产的理想工具,而只是一个张冠李戴的传统历法。

在科学知识已经大大普及的今天,让"农历"这个误称走下神坛,还其"夏历"本来面目,对于尊重历史,尊重科学,已经显得十分必要。至于传统历法是否需要在改革中发展创新,为中华民族的复兴和大中国的崛起再立新功,则需"且听下回分解"。

　*　太阳视圆面中心相继两次过春分点所经历的时间叫作"回归年",也叫作"太阳年"

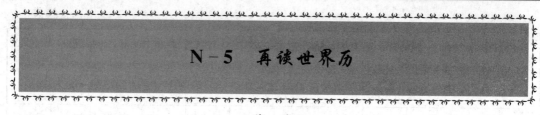

N-5 再谈世界历

蔡 董

一、事物发展的规律

辩证唯物主义认为，运动是物质的不可分的根本属性，也就是说，任何物质都是在不断运动变化中，历法自然也不例外。从历法史来看，中国传统历法(夏历)就改革 70 多次。世界现行通用历法(格里历)也是经过多次改革的。现今格里历的缺点日益显露，有缺点就需要改革。事物的存在取决于社会需要，一旦社会需要达到急迫而外部条件又具备时，格里历必然就会改革。这只是时间问题，可能十年二十年，也可能上百年，但迟早总是会改革的。

现今有"永久历"的说法，比如说"某一种新历是永久历"。须知，任何历法，即使是最完善的历法，也只适合于当时的社会，要永久适合是不可能的。从历史长河来看，太阳、月亮、地球本身都在不断变化，它们的运动轨道也在不断变化，以此作为基础的历法，也必将随之而变化。当然，究竟遥远的未来的历法怎样变化，现今的人们是无法预测的。

二、美国影响力逐渐减小

国际联盟讨论历法改革时，美国虽未参加国际联盟，但国内却设有历法改革的专门委员会，曾向国际联盟积极建议，其热心反在其他各国之上。联合国征求改历意见时，美国表示反对，其主要理由是"基于宗教的理由"。由于美国反对，有一些国家在美国的影响下，跟着反对。再者，当时美国在联合国中还具有较强的操纵能力。因而联合国便作出决定"将对世界历的审议无限期地搁置"。

联合国 1945 年成立后，基本上为美国所操纵。由于美国反对历法改革而导致联合国无限期搁置，这是不奇怪的。抗美援朝期间，美国操纵联合国安理会通过决议，派遣由美国本国并纠集 15 个国家的军队组成所谓"联合国军"侵略朝鲜，就是另一例证。

随着时间的推移，当今世界已发生巨大的变化，美国虽仍为头号强国，继续推行霸权主义，但在联合国的操纵能力已大不如前。2003 年侵略伊拉克，便未获联合国安理会通过。就连朝鲜、伊朗、委内瑞拉这样的国家也敢与美国针锋相对地对抗。更有意味的是。美国拖欠联合国巨额会费，在联合国多次催促下也不敢违犯《联合国宪章》，只好交纳一部分。

《联合国宪章》第 19 条是这样规定的："凡拖欠本组织财政款项之会员国，其拖欠数目如等于或超过前两年所应缴纳之数目时，即丧失其在大会投票权。"还有，美国不签署京都议定书。在一些国家的谴责和压力下，不得不在巴厘气候变化会议快结束时同意该会议的决定。

《联合国宪章》第 18 条第 2 项规定："(联合国)大会对于重要问题之决议应以到会及投票之会员国三分之二多数决定之。"根据所列举的项目，历法改革不属于"重要问题"范围。

该条第 3 项："关于其他问题之决议，包括另有何种事项应以三分之二多数决定之问题，应以到会及投票之会员国过半数决定之"。历法改革应属此。另，《联合国宪章》第 10 章经济及社会理事会第 67 条第 2 项规定："本理事会之决议，应以到会及投票之会员国过半数表决之。"从以上可以看出，无论经社理事会还是联合国大会都不需要全票通过。因此，只要超过半数的会员国同意历法改革，即使美国影响一些国家反对，也不一定会起大的作用。再者，美国的政策也往往会根据其国家利益和国际形势而调整和改变。虽然美国过去曾反对过历法改革，但不能断言，它以后一定还会反对。由于各国历史、文化、信仰等差异较大，联合国讨论历法改革时，不妨采取灵活的办法，即通过一部推荐性的新历法，让新旧历有一个过渡期，各国可以根据本国情况自愿采用，逐步使新历成为世界通用历法。

三、基督教的理性渐增

1955 年美国国务院反对联合国改历的理由是："大多数美国公民反对新近向经社理事会提出的历法改革方案。他们之所以反对是基于宗教的理由，因为每年年终添加'空日'会破坏连续 7 天安息日周期。"这说明是基督教反对"空日"。

现在就基督教的情况作些分析。全世界宗教中基督教人数最多。基督教主要有三大教派，即天主教、东正教和新教，另外还有一些小的教派。而各教派对《圣经》教义的理解以及戒律和日常行为规范并不完全相同。随着社会的发展和科学技术的进步，一直坚持"地心说"的罗马教廷不得不给因宣传"日心说"而受迫害的哥白尼平反，固守"创世论"的教会也不得不对达尔文的"进化论"表示宽容。梵蒂冈一贯反对共产主义，如今也改变了态度。从总体来看，感性在逐渐减少，理性在逐渐增加。美国《华盛顿邮报》2001 年 5 月 6 日载文《空荡荡的欧洲教堂》。文中列举了荷兰、英国、法国，说明上教堂的人数在逐渐减少。其原因，一是"在富裕的西欧，现代生活轻松而舒适"，二是科学的发展。正如德赫拉夫所说："科学能解释许多事情。因此人们失去了宗教信仰，他们成为无宗教的信仰者，远离教堂。"

现代西方发达国家一些科学家也信宗教，"但宗教在他们头脑中的观念已不是真正去相信《圣经》中所宣传的那个拯救人类的上帝。而是将耶稣的形象变成了对理性、道德和崇高人格象征的一种追求……科学家头脑中所展示的境界是一个未被认识的科学领域、理想的人生观或如何做人的伦理标准。"

就美国来说，基督教徒的人数并未减少，其南部和中部地区，"感情宗教"的影响力还较大，而东西海岸地区因文化发展和思想开放的程度较高，"理性宗教"的影响也就较大。再者就美国当权者来说，名义上也信基督教，实际上往往是实用主义，对于《圣经》断章取义，为本国或自身的利益而行事。《圣经》中宣扬同情、和平、爱，"要爱人如己"，"要爱你们的敌人"。《独立宣言》中说："我们认为人生来平等……人们被他们的创造者赋予与之俱来的权力，其中包括生命、自由和对幸福的追求。"这里所说的创造者就是耶和华。前总统肯尼迪说："人权并不源自政府的慷慨，而是来自上帝之手。"既然如此，那么为什么还杀马丁·路德·金？为什么还侵略伊拉克？

9·11 事件后，美国一些教徒对"上帝无所不能、无所不知、无所不在"及"上帝全善"等概念产生了怀疑，因为上帝未预知和阻止此事件的发生。再加上美国约 6000 万教徒的罗马天主教，有 15 个大主教区、主教区，发生过数百件神职人员对男女教童和成年女教徒实施性引诱暴力、性伤害，以至罗马教宗本笃十六世不得不赴美道歉。因而不少教徒对上帝的使者即神职人员也产生了怀疑。难怪有的媒体惊呼美国出现"教会危机"和"信仰危机"。

美国以"空日"违反教义为由来反对历法改革，是否美国大多数公民（据说美国 95％的人信基督教，按此推理，大多数人应是教徒）都反对呢？其中是否还有别的原因，值得思考。

值得注意的是，含有"空日"的"世界历"，恰恰是意大利的神父马斯特罗菲尼设计的，而全力宣传"世界历"、组建国际世界历协会并担任主席的正是美国的基督教徒艾切利斯女士。当时，在国际世界历协会的影响下，世界上有 54 位教会领导人表示赞同"世界历"，其中有亚洲、欧洲、北美洲、南美洲的，美国就有 30 位之多。更应特别指出的是梵蒂冈教皇 Pius 十世，他以教廷的名义宣布："它并不反对，但需邀请非宗教团体就世俗历法的改革进行协商，它会乐于同意就影响宗教节日事宜进行合作。"联合国组织讨论改革历法的结果是，赞成"世界历"的国家中有加拿大，有条件赞成的国家中有爱尔兰、意大利、比利时，保留意见的国家中有德国、卢森堡、挪威。这些国家中基督教徒也比较多，他们的意见并不相同。当时有 41 个国家和地区作了书面表态。而现在联合国成员国已有 192 个，情况已大大不同。由此可见，同意含有"空日"的"世界历"的基督教徒还是有相当数量的。

所谓"空日"，也可以改称某一历日和某一周日，因为一年 365 日，要使历日和周日固定对应，用 7 去除总会剩余 1 天。这样就无法避免 1 年中有 1 个 8 日周。是否各国可以自行选择周长即每周的天数？比如说，选择 5 天、6 天或 7 天，我看全球还得统一，而 7 日周很可能仍需继续使用（这里不详谈理由）。

四、国际历改研究在继续

自从联合国宣布将历法改革的审议"无限期地搁置"，世界轰轰烈烈的历法改革运动进入低潮，但有些国家的有志之士仍在坚持研究和宣传。虽然研究历法改革的人还不是很多，但可以得出这样的结论，即他们认为格里历仍需要改革，世界实行新历还是有可能的。正因为如此，他们坚持不懈地、积极地从事世界历法改革的研究。

最后，再说两点。第一，电脑和计算技术的发展，使格里历给经济工作带来的不便有一定的缓解，钟表技术也能较快地显示格里历的月、周、日，但矛盾仍然存在，改历仍有必要。第二，前面讲世界改历有可能，是就长远而言，就社会发展趋势而言。世界实现改历可能需要十年、二十年，甚至上百年。但在未实现之前，热心研历的人士仍需继续研究，并在力所能及的范围内进行宣传。无论世界改历须等多长时间，我国也只能与世界诸国步调一致，决不能自行改革，另搞一套。

原载于《历改信息》第 37 期（2009 年 5 月 1 日）

O 类 "寡妇年"的由来及其统计分析

O-1 关于废除阴历的新设想

中南大学科学技术与社会发展研究所 张功耀教授

（摘自《自然辩证法通讯》2006 年第 4 期）

汉武帝太初元年颁行《太初历》奠定了流传至今的阴历。11 世纪末叶，宋代科学家沈括最早提出废除这种繁复而怪诞的历法。1911 年底，中华民国政府也曾宣布废止阴历，"采用阳历和民国纪年"。但是，这个废历主张并未彻底实行。在遭到"护历派"人士的强烈反对后，废、护双方达成了一种妥协，从此，中国进入了"阴阳二历并用"阶段。90 多年以来，这种"二历并用"的历法体制不断暴露出了它的固有缺陷，因此，屡有不少中华志士仁人主张废除阴历。之所以至今没有成功，其原因固然很多，唯其要者在于以往的废历方案对旧习俗的冲击过大，不便于汉民族群众很快接受。本文旨在提出一种新的废历方案，力图在废除阴历与保留部分传统旧习俗之间形成一种"张力"。

一、废除阴历是我国志士仁人的一贯理想

我国古代著名科学家沈括最早提出用"十二气历"替换阴历。[1] 由于当时的天文学理论还不足以建立起一个科学的历法，尽管太平天国颁布的"天历"和英国气象局在 1931 年统计农业气候时用过的"萧伯纳农历"，都与十二气历相类似，但沈括那个时代，废除阴历是"尤当取怪怒攻骂"的。但是，沈括本人曾经很有信心。他说："异时必有用予之说者。"遗憾的是，沈括废除阴历的理想至今没有能够实现。

1911 年 12 月 27 日，孙中山召集各省代表会议，议决"改用阳历"，并规定"阳历正月十五日补祝新年"[2]。但是，1912 年真正实行的时候，这种改历之举却遭遇了"护历派"人士的抵制。后经各省代表会议争议，达成了"新旧二历并存"和"旧时习惯可存者，择要附录，吉凶神宿一律删除"的妥协。从那时起，中国步入了阳历和阴历同时使用的时代。

1928 年，南京国民政府为适应当时世界改历运动，试图"推行国历，废止阴历"。1930 年更复公告"禁过旧年"（春节）。尽管春节只给有权势人物带来了收取"红包"的利益，给普通老百姓并没有带来切实的好处，但这一公告所遭到的反对尤其激烈。1931 年，国民政府成立中国历法研究会，积极参加世界改历运动，当时的民众已经有 81% 赞成废除阴历，采

用四季历。"九一八"事变使得这个历法改革方案不了了之。

中华人民共和国成立以前，竺可桢、俞平伯等老一批学者也曾多次提出过废除阴历的改革意见。新中国成立后，著名天文学家戴文赛[3]、科学院副院长竺可桢[4]继续分别发表倡导历法改革的论文。近年来，国内有不少老天文学家、历法研究学者，如金有巽、薛琴访、陈遵妫、梁思成、应振华、杨元忠、金祖孟、罗尔纲、陈元方重新提出过历法改革的设想，陕西省（老）科协甚至成立了以章潜五老先生为代表的历法改革专业委员会，并出版了不定期的《历改信息》倡导历法改革。

废除阴历可能是一项艰巨的任务。其所以艰巨，并不是说它在科学上有什么难以攀登的高峰，而是中国的守旧势力太过纠缠于习俗。他们对移风易俗所引起的后果的担心，超过了两种历法并存的现实危害的认识。其实，习俗终究是可以改变的。而且，几乎所有中国传统习俗的改变都实现了社会进步。通过改变习俗来消除现实的危害，是有益于中国社会进步的。一旦人们取得了这样的认识，废除阴历不会像有些先生所顾虑的那样，是一项"登月工程"。

二、为什么要废除"阴历"？

"阴历"既不是"月亮历"也不是"农历"。在世界现行诸多的历法体系中，它也许还是一种最不合理的阴阳合历。

在世界历法体系中，纯粹的阴历（月亮历）只有哈吉来历（即伊斯兰教历）。它以公元622年7月16日为这种历法的元年一月一日，以新月初为每月的一日，以12个月为一年，不设闰月，但按照30年11闰方式设置闰年，每逢闰年在第12个月后加一天。这样做了以后，哈吉来历的平均年长只有354天8小时48分，每隔2.7年就和公历相差一个月。因此，哈吉来历不分季节，也不指导人们的世俗生活。与夏历最相近的是以色列人所使用的希伯来历。这也是一种仅限于宗教活动的历法。它以公元前3761年10月7日为希伯来历的元年一月一日和第一个星期一。表面上看，夏历和希伯来历都是通过"19年7闰"的方式来确定的阴阳合历，事实上，它们却有着根本性的不同。希伯来年的置闰方式比较简单。它以希伯来年份数除以19，能够被它整除的肯定是闰年，其后的第3、6、8、11、14、17、19分别都是闰年，剩下的是平年。每逢闰年，须在希伯来年历的第11月（Shevat）之后增加一个月（29天或30天）。

与希伯来历相比，夏历置闰的"无中气规则"不但复杂，而且已经面临着严重挑战。有天文学家和历法学家计算过，按照这个规则，从2033年的正月算起，第8个月没有中气，第11个月有两个中气，第12个月没有中气，第13个月有两个中气，第14个月没有中气。这样，夏历的置闰方法势必出现无法克服的混乱。此外，我国历年的阴历置闰，都还没有出现过"闰12月"（两个除夕）和"闰正月"（两个正月初一）的现象。但是，天文学家已经计算过，我国如果继续执行夏历，将在2263年出现闰正月，在3358年出现闰12月。我们这一代人明明知道现行的阴历存在着错误，却没有勇气去纠正它，我们的后代会怎样评价我们呢？

与伊斯兰宗教历法和希伯来历法不指导世俗生活不同，中国的夏历从一开始就是充分世俗化的。但是，这种用来指导世俗生活的历法多有错误。

有人认为，夏历是为适应农业生产的需要而产生的。这显然是从夏历的"24 节气"判断出来的。其实，"24 节气"在古代是通过太阳历方法计算出来的。

古代天文学家采用两种方法来确定年的长度。一种以恒星（如北斗星）的视运动来确定；另一种是以太阳在黄道带上的视运动来确定。前者叫恒星年，后者叫自然年。在确定年长的基础上，古中国天文学家将太阳在黄道带上每行 15°划分成一个节气，从而制定了 24 节气。与中国古代的天文学不同，西方天文学家只规定了二分点（春分和秋分）和二至点（夏至和冬至）。公元前 2 世纪，希帕库斯最早发现以自然年和恒星年两种不同方式定出的年具有不同的长度。直到哥白尼的太阳中心说建立起来以后，年长的计算才有了新的进步，也找到了二分点和二至点的岁差计算方法。17 世纪，开卜勒成功地将哥白尼的行星运动正圆模型修改成了椭圆模型，分至点被解释成了地球围绕太阳公转时地球在椭圆轨道上的位置。至此，"24 节气"的天文学意义被明确起来了。它只反映地球围绕太阳公转的位置关系。把它解释为一种气候描述，则明显是一种误导。众所周知，地球上存在着多种多样的气候类型。在此处为冬天的，在彼处可能为夏天。在山顶上可能"常年如冬"，山脚下则可能"常年如夏"。不用说在世界范围内用"24 节气"指导农事活动是刻板的，在我国 960 万平方公里领土范围内用它指导农事活动也是刻板的。由此可见，用"24 节气"描述地球与太阳之间的位置关系是正确的，用它来指导农业生产则多有误导。

夏历除了它误差大和不科学之外，在日常生活中，夏历所带来的社会管理上的混乱也是显而易见的。笔者有一位朋友，他的老丈人出生在 1933 年夏历的闰 5 月。到 2003 年，这位先生满 70 大寿。但是 2003 年的夏历没有闰月。于是我的朋友就打电话问我，什么时候给他的老丈人做寿最恰当？这其实是一个无法精确回答的问题。按照夏历 19 年 7 闰的置闰方法，每一闰必须放在当年没有"中气"的那个月。像这位 70 岁的老人，共计过了 25 个闰月。其中，只有 1952、1971、1990、1998 四年是闰 5 月的。可惜，这都不是他逢大寿的年。可见，逢闰月出生的我国公民不便于在夏历体制下过严格恰当的生日。目前，我国的年轻人以阳历计算生日；老年人则多以夏历计算生日。在人事、户籍、婚姻登记的管理中，这样的混乱状况屡屡引起一些社会纠纷。为了纠正这种混乱现象，我国公安部门在户籍管理中，试图推行以公历标准计算生卒时间。但是，由于并没有废除阴历，实际执行中并不统一，混乱有加的局面没有改变。

在人们的其他生活中，每逢夏历闰年，我们就有了 13 个月，可以过两个端午节，或两个中秋节，或两个重阳节。令人不解的是，人们在责骂沈括的废历想法有些"怪异"的同时，却不愿纠正这种真正怪异的历法。

其实这种怪异历法是具有社会危害性的。比如，当两个人约定："我们下个月 11 号见面"。结果可能出现两个人同时"失约"。原因就在于他们约定的"11 号"既可能指夏历，也可能指阳历。由之，历法使用上的二重性就导致了我们日常思想交流上的误差。这个思想交流上的误差又往往给社会造成一些不必要的纠纷。还有，民国初年规定的"吉凶神宿一律删除"的东西，近年来在我国的历法出版物中重新复活了，它给相信命理八字的人留下了广泛的活动空间，从而造成了严重的迷信泛滥。

很明显，要纠正这些混乱，就必须尽快废除夏历！这是自沈括以来许多志士仁人的共同夙愿，也是我们现实生活的迫切要求。

废除夏历后，我们怎样过传统节日？（今略，可从网上阅览）

O－2 创制科学简明的中华新阳历

陕西省老科协历法改革专业委员会 章潜五

我国长期使用单一历制的传统夏历。辛亥革命推翻封建王朝后，1912 年孙中山通令"改用阳历"，从此公历（格里历）与夏历并存。历法为长时间的计量标准，关系国计民生和各行各业，不同历制必生诸多困扰，新时代呼唤单一的新历法。20 世纪初期曾兴起过世界改历运动，天文学家高鲁等专家学者提出十多个世界历方案，我国十万人改历意见的统计结果是 81％赞成四季历方案。90 年代至今我国兴起了历法改革研究的新浪，又有 20 位业余研历者提出新历方案。本会经过十多年中外协联研究，已汇集众智初步提出三个中华科学历方案：6 月独大月历，夏季连大月历，新四季历。（注：参见本会《历改信息》第 26 期附页《征求改历意见表》附件 1 的 5－7 页）在设计这些新历的过程中，注意吸取古今中外历法的优点，突出我国 24 节气历的科学思想，克服格里历的诸多缺点：年不正，季不清，月不齐，节不明，周不整。今建议国人考虑我国自主创新历法，争取用改历的实效来促进人类的历法文明。

一、先贤关于当代我国历法改革的论述

本会追迹诸多先贤的遗志，遵循他们提出的改历方向，研究"我国历法改革的现实任务"。今列举一些先贤的重要论述如下：

孙中山说："光复之初，议改阳历，乃应付环境一时权宜之办法，并非永久固定不能改变之事。以后我国仍应精研历法，另行改良。以求适宜于国计民情，使世界各国一律改用我国之历，达于大同之域，庶为我国之光荣。"[1]P5

竺可桢说："在二十世纪科学昌明的今日，全世界人们还用着这样不合时代潮流，浪费时间，浪费纸张，为西洋中世纪神权时代所遗留下来的格里高里历，是不可思议的。……只有社会主义国家本其革命精神，采取古代文化的精华而弃其糟粕，才会有魄力来担当合理改进历法这一任务，唯物必能战胜唯心，一个合理历法的建立于世界只是时间问题而已。"[2]

中国历法研究会主席余青松博士说："革命的中国决定废弃旧历而改用西历，是走向现代化的必然步骤。…… 旧历更为严重的缺点是每年都要编制历书。换句话说，旧历并不是永久不变的。中国虽然于 1912 年采用格里历，并不是由于它具有现代性（它实际上并非如此），而是由于它具有通用性。既然世界各国正在饶有兴趣地打算修正格里历，中国参与这一运动肯定不会落后。"[3]P81-83

著名天文学家戴文赛说："同四季循环对农、林、牧业，航空航海，和日常生活的普遍意义比较起来，月亮盈亏循环的实际意义是微小得多。因此在历法的选择中，舍阴阳历而取阳历是理所当然的。我认为，我国并用夏历是没有必要的，应当只用一种历法，每年只过一次新年。我认为应当采用阳历，但对目前使用的阳历应当加以改革，使它更加合理更加科学。"[4]

中共陕西省委书记处书记陈元方遗有专著《历法与历法改革丛谈》。他说："《新农历》必须彻底废除以朔望月为基础的同节气脱节，而又十分繁琐的《置闰（月）太阴历》。《新农历》的性质将是以哥白尼的太阳中心说为指导思想的彻底唯物主义的简明实用的中国式的太阳历。一切强加于历法中的封建主义的资本主义的和神学唯心主义的杂拌应当为之一扫。详见《走太阳历之路，创制具有中国特色的新农历》一文。"[5]自序p5

我国素有"盛世修历"的传统，从民国"改用阳历"至今即将百年。今值我国进入盛世之际，需要考虑历法文明的创新事业，共力创制科学简明的中华新阳历。上述诸多先贤的论述值得国人认真研讨，共同为中华民族的伟大复兴作出贡献！

二、游移不定的春节产生诸多社会困扰

我国两历并存的社会困扰，突出表现在过旧历新年春节上，这也正是创制新历所需解决的问题。古代多以立春为春节，而"定阴历元旦为春节"是在 1914 年袁世凯时期。当时内务总长朱启钤提出《四时节假呈》，两天后（1 月 23 日）即有"内务部训令"谓"奉大总统批：据呈已悉，应即照准。"（注：参见本会《历改信息》第 25 期，2005 年 7 月 15 日）如此名不符实的春节，至今仅有 92 年。许多人却说"现行春节"已有千年历史，这是不符合史实的说法。本会追迹诸多先贤的遗志，提出建议：春节科学定日，[6]P96-100 并已 5 次敬请陕西省人大代表团和全国政协委员联名提案建议改历。[6]P89-90

我国现行春节是按阴历正月初一规定的，其公历日期在立春日前后游移，最大移幅多达一个月，因而产生诸多社会困扰：

1. 不少年份的春节农休时间处于雨水节气之后，容易贻误春耕春灌良机；

2. 职工和农民工的春节休假日期游移于公历 1、2、3 月份，经济难作精确的月度统计对比；

3. 寒假游移造成每年两个学期常会相差 3～4 周，致使教学计划无法稳定统一；

4. 春节来早的年份学校放寒假较迟，大批学生也挤入客运人流高峰；

5. 元旦与春节的相距日数在 20～50 天内变化，每年双节供应计划无法稳定；

6. 全国人大、政协会议会期随之移动，太迟便容易延误全盘工作。

上述困扰的症结在于陈旧的置闰月法阴历。只要依据我国传统的 24 节气阳历，改定近似立春日（公历 2 月 4 日）为春节，则上述诸多困扰即可迎刃而解。

现时我国每年过两个年节（元旦和春节），存在"每人年增两岁"（著名天文学家戴文赛语[1]P8）之惑和春节名不符实的矛盾。若改用以立春节气为岁首的中华新阳历，则使一年的时序科学合理，新历年节与传统春节合一，春节名正言顺，不会再在严冬过"春节"。

三、中华科学历的方案举例

曾一平教授提出自然历方案，其中 6 月独大的五日周方案，具有较多的创新思想，本会积极协同研究。该方案已获得许多研历同仁的赞赏，其要点如下：

1-5月，7-12月

一	二	三	四	日
☐1	2	3	4	5
6	7	8	9	10
11	12	13	14	15
☐16	17	18	19	20
21	22	23	24	25
26	27	28	29	30

平年6月（闰年6月）

一	二	三	四	日
☐1	2	3	4	5
6	7	8	9	10
11	12	13	14	15
☐16	17	18	19	20
21	22	23	24	25
26	27	28	29	30
31	32	33	34	35
				（36）

说明：以近似立春日（公历 2 月 4 日）为岁首，每月的两个节气处于月初和月中左右（方框表示近似节气日期）。若需 24 节气的精确日期，另有简明的口诀可以估计。置闰规则仍与格里历相同。闰年增日记为 6 月 36 日、特定为星期日。

方案的主要特点：

1. 改以近似立春日（公历 2 月 4 日）为岁首，克服了公历岁首不正和季节不明的主要缺点，使岁首符合春夏秋冬四季成岁的科学概念。（公历岁首选在冬至后十天，缺乏明确的天文意义，西方的"二分二至"划分四季，不如我国的"四立"分季科学合理。）

2. 丢弃最不合理的七日周制（竺可桢语[2]），改用科学合理的五日周制。它可以整分平年 365 日、每月 30 日或 35 日、24 节气的间距大约 15 日。（公历则不能整分历年、历月和节气间距）每月 1 日和 16 日大多为节气日期，便于估计节气授时农耕。（夏历由于采用闰月法则，不具有节候日期的相对稳定特性，日期是大幅度地移变的。）

3. 年历表实际只有 1 种，具有千年不变特性，日期与星期有固定关系，因此，不必每年频繁调休节假日。（公历年历表有 14 种，不具有千年不变特性，日期与星期无固定关系，每年节假日需要频繁调休；夏历年历表是万年不同的，只得编成厚厚的历书备查。）

4. 月历表实际只有 2 种（公历有 28 种），大小月规律简单易记。（公历的大小月规律性差，含有宗教神权时代的烙印；夏历的大小月没有规律，必须专家测算，百姓只能遵用，）测算星期易如反掌（公历需用月历密码表才能测算）。

5. 历表的透明度极好，既简明又规律，迷信思想难以侵入为害。（夏历的置闰年月变化不定，招致不少封建迷信流传。）几乎无需另编历书历表，连幼童也会测算星期和估计节气。（按夏历的年月日，任何人都无法测算其星期和节气。）

6. 置闰规则采取闰日制，可以仍同公历"四年一闰，400 年 97 闰"，大约 3300 年才有一日误差。只需届时减闰一日，即可保证历法的精确度。（夏历虽历年长度接近回归年值，但各年偏离均逾十天。）

7. 五日周制早有历史佐证。法国大革命后，废弃七日周的格里历，改行法兰西共和历，它仿同古埃及历，年分 12 月，每月 30 日，年余 5—6 日置于年末。俄国十月革命后曾试行机器不停而工人分成五组轮休的五日周。我文明古国千年使用"年分 72 候"的"十日一旬"、"五日一候"。6 月独大历方案符合夏季长、冬季短的自然规律，可使 24 节气在各月比较均匀，比把年余 5—6 日置于年末合理。

8. 民用历法应该反映全民观点，不宜偏重于宗教习俗。世界各国的历周习惯不同，中国适宜使用十日旬、五日周制。连续七日周的现行公历，难以安排较多的长假，以求发展旅游经济和提高生活质量，而十日旬五日周制能够灵活适应社会发展，便于安排较多的长假。

四、问题研讨

1. **历法改革的必要性显然**　历法是源远流长的实用科学，它反映天地运行的规律，明示寒暑变迁的法则，体现时代的文明水平。科学技术的飞速发展，政治经济的不断进步，要求历法与时俱进地改革创新，以适应社会发展的要求。人类社会已进入宇航时代，遨游太空已由梦想变成现实，而今却仍沿用古旧历法，未能摆脱繁琐历表的千年困扰。我国历法改革次数之多冠世，两历并存至今已经 94 年，诸多社会困扰未能获解，历史与现实表明了历法改革的必要性。

2. **历法改革的大方向是走太阳历之路**　寒暑的变迁取决于地球围绕太阳的运行，因而阳历才是授时耕种的真正农历。太平天国改用《天历》和民国"改用阳历"，都是符合这一方向的改历创举。夏历为阴月阳年式的阴阳历，其朔望月规律十分精确，而历年长度却每年非长即短，偏离回归年值均逾十天。北宋沈括痛斥旧历置闰月法是"赘疣"，弊端为"气朔交争，岁年错乱，四时失位，算数繁猥"。[5]P149 他提出《十二气历》理论，未能被当代统治者采纳，而 760 多年后的太平天国，循之创颁了阳历《天历》。我国古代先民创造的 24 节气历，属于阳历性质而非阴历，实为中国式的"日心说"观点。因此分清传统历法的精华与糟粕至关重要。

3. **阴阳两历无法精确调和**　回归年值约为 365.2422 日，朔望月值约为 29.5306 日，两者无法整除而需置闰，阴阳两历无法精确调和。夏历采用"19 年 7 闰"的闰月法则，只是粗疏调和了阴阳两历。由于它采用了陈旧的闰月法则，24 节气日期游移多达 29 天，而用闰日法则一般至多偏离一天。陈元方对于旧历使 24 节气处于附属地位提出非议，认为在新农历中应该让它"登堂入室，当家做主"，这是富有创新思想的改历主张。

4. **合理处置旧历中的民俗节日**　月亮盈亏规律能够预报潮汐，有些民俗节日与月相有关，因而朔望规律仍需保留，可在短期年历表中加注朔日和望日的符号。（北京大学薛琴访教授在《人民日报》上发表的"一九五〇年人民日历"[3]P54-55，就是在公历日期旁加注"朔"、"望"。）甚至可以加注阴历月日，但不能再"喧宾夺主"。对于我国的民俗节日，与月相无关的节日（例如端午节和重阳节等），可以科学地改用阳历规定，以使每年节日具有相同的时令。而与月相有关的元宵节和中秋节，可以移植于相应月份的望日。消除带有封建迷信色彩的节日，"吉凶神宿一律删除"（见临时大总统《命内务部编印历书令》）。

5. **新历法可部分保留干支纪法**　余平伯曾主张禁阴历，他在北京过了四个新年观察社会情状，说："现在（注：指民国八、九年）种种妖妄的事，哪件不靠着阴阳五行，阴阳五行又靠着干支，干支靠着阴历。"（注：参见徐干《余平伯曾主张禁阴历》，转载于本会《历改信息》第 2 期，1996 年 12 月 1 日。）观察我国当今的城乡新貌，封建迷信的妖妄仍然未绝，这与充斥于市的"皇历"有关，可见改革历法是一种治本举措。干支纪法对于历史记载建有功劳，应该分别场合决定其取舍。新历法可保留干支纪年，而不取干支纪月、纪日，旨求根除占卜算命等封建迷信。我国疆土幅员广阔，各地气候差异甚大，农耕需要依据气温变化规律，因此还可另编农耕参考手册。

6. **用"三个代表"思想指导历法改革**　历法改革关系国计民生，涉及人类文明进步事业，需要用先进思想作为指导，方能创新历法文明。用"三个代表"重要思想和科学发展观审视我国现行历法，显见急需与时俱进地改革创新，以适应先进生产力发展的需要，符合先进文化的发展方向，体现最广大人民群众的根本利益。中华科学历吸取中外历法的精华，汇集人类的共同智慧。历法改革存在宗教习俗等等阻力，很难较快取得世人的共识，我们不能坐等全球同时改历。我国是历法文明古国，具有最丰富的改历经验，应该争取我国先行自主改历，通过改历的实效来影响世界。以24节气为纲创制的中华新阳历，是用来取代我国主用的西历，以求迎来新时代的科学时序。国际交往仍可使用公历，不会影响与世界的接轨。至于我国的传统夏历，仍然可以在一定范围内使用。

（编者按：今略去参考文献）

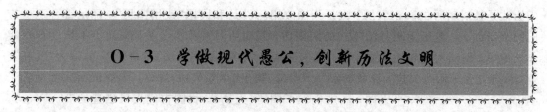

O-3 学做现代愚公，创新历法文明

陕西省老科协历法改革专业委员会

中国是世界闻名的文明古国，不仅古代有"四大发明"，天文历法也曾领先世界。古代创制多种天文仪器，最先测定了回归年值，独创24节气简明阳历，粗疏调和了阴阳两历。历朝异代重视修历，改历次数之多冠世，致有《明史》曰："后世法胜于古，而屡改益密者，唯历为最著。"表明了我国讲求科学，重视天地人之和谐。

辛亥革命推翻封建王朝后，孙中山即令"改用阳历"，期望创制中华新历，"以求适宜于国计民情，使世界各国一律改用我国之历，达于大同之域，庶为我国之光荣。"而袁世凯篡权想当皇帝，急忙批准"四时节假呈"，给阴历元旦以桂冠"春节"，此称既有名实相悖之弊，又搅乱春夏秋冬四季成岁的传统天文概念，严重阻滞了我国的历法改革。民国政府醉心于戡乱内战，提出"废止旧历，推行国历"，遭到国人的抵制。新中国忙于整治国家，狠抓革命斗争，猛促经济建设，乏力顾及历法改革。

当今我国跨入崭新时代，在中国共产党的领导下，百业俱兴，蒸蒸日上，谋求中华民族的伟大复兴。审视现实："日心说"问世400多年，世界已进入宇航时代，但却沿用古旧的繁琐历法。与许多发达国家相比，我国有两历并存的困扰，主用历法为西历格里历，乃中世纪神权时代遗物；辅用历法为夏历（俗称"农历"），乃聘洋人修订的《时宪历》。两历并存已经94年，产生诸多社会困扰，全年时序不够正常。

一、旨求提供国家决策参考

受"改革开放"方针和"科教兴国"战略的指引，一群离退休学者研究"我国历法改革的现实任务"，旨求提供国家决策参考。西安电子科技大学没有天文专业，怎会成为民间研历的主要基地的呢？原因是：

图书馆馆长金有巽教授是熟悉中外历法改革的科普老专家（现年93岁）。建国前撰文"农民是依阳历耕种"，最先指出"农历"称呼不科学，新中国成立后又有薛琴访、陈遵妫、戴文赛、梁思成、应振华、杨元忠、金祖孟、罗尔纲、陈元方陆续撰文。当代最先指出"春节应定在立春"的也是他。上世纪曾兴起世界改历运动,1931 年我国成立历法研究会,主席是紫金山天文台台长余青松博士,他于新中国成立前移居美国之前,把七册英文《历改杂志》和外国专家的信文,交给了在教育部工作的科普新秀金有巽。

章潜五教授曾业余研究高等教育改革八年。退休后正值盛行挂历风,精美印刷的挂历过年即成废物,为求消除这种浪费现象,促他研制"永久"历。发现公历有 28 年重复特性,不久创制出千年旋历,两纸相对旋转即可测知千年历日。为求普及历法科学知识,编著《智寿历卡(1900-3099)》宣传,受到金老的研历精神的感染,开始共志从事历改研究。

中共陕西省委书记处书记陈元方,遗有专著《历法与历法改革丛谈》,主张"走太阳历之路,创制具有中国特色的新农历"。金、章拜读后无比敬佩,认为这是代表了共产党人的心声。因而联合中共老党员施亚寒、董建中、肖子健和陈宏喜等教授,共志成立陕西历法改革研究会(今名"历改委"),追迹诸多先贤的遗志,研究"我国历法改革的现实任务"。

历法改革是多学科的交叉性课题,历法内含天文、地理、数学,历法改革涉及管理学、历史学、哲学等。史载:祖冲之创制《大明历》,在世未能获准施行,后由其子祖暅再三奏呈方才获准。沈括提出《十二气历》理论,曾预言必会遭到"怪怒攻骂",果然受到阮元和曾国藩的攻骂。孙中山大总统通令"改用阳历",乃经各省代表团会议的斗争,否决了"行夏之时"的老调。袁世凯篡权妄图复辟帝制,推崇封建统治工具的"皇历"。世界改历运动的史实,也是阻力重重。历史表明了历法改革的艰巨复杂,它是文化领域的万里长征!没有"愚公移山"的长征精神,决然无法战胜"诸山"的阻挡。

我们为何敢于研究此项难题的呢?总得有人研究以供国家决策参考啊!如果都不愿意搞它,那么中华民族怎能全面振兴?西电科大具有光荣的历史,前身是在苏区创建的中央军委无线电学校,新中国成立后毛主席曾两次亲笔题词"全心全意为人民服务""艰苦朴素",有此两条指导思想和在长征途中艰难办学的历史,今有"三个代表"重要思想和科学发展观的指引,采取专家与群众相结合的传统路线,共力发挥"愚公移山"的长征精神,经过世代的接续奋斗,何虑不能迎来新长征的胜利?正是依靠这些思想,从 1995 年初开始了闯路探索。

封建王朝只准使用"皇历",严禁民吏研习天文历法,这种禁锢的遗毒甚深,致使历法误识广为流传。初春发生的历改研究与维护民俗的碰撞,分析原因是:许多人缺乏天文历法知识,不明我国历法改革的历史,更不知世界改历运动的情况。因此我们把书刊中的百多篇文章编成《网络文集》,在人民网、新华网等许多论坛贴文,提供广大网友参考。

二、协联中外同仁共同奋斗

本会骨干大多是研历的老年新兵,深知必须向专家学者虚心请教,早期登门拜见多位院士:方成、叶叔华、苗永瑞、王绶琯、席泽宗。多次拜见的专家教授有:肖耐园、张明昌、江晓原、薄树人、王渝生、李竞、李元、崔振华、王宜、李宗伟等。

呼吁历法改革十年来,参研而提出新历方案者有:四川仁寿县华夏历法研究会会长周书先、太原科技大学前院长曾一平教授、河南淮阳县万氏研历会理事长万霆、新疆建设兵团老职工戴学保、云南师范大学苏佩颜教授、张家港市委党校王省中讲师、北京天文台退休研究员林亨国、广西来容县镇中学莫益智老师。近年又有甘肃侯庚教授、西电科大赵树芎教授、香港徐士章助理工程师、新疆李景强老师、四川汉源县曹培亨老师、吉林梨树县农民颜廷钧、淄博市刘衍书处长、山西绛县乡镇中学李友诗老师、上海书法大师王谐教授、陕西商州农民李正恒、福建林庆章农艺师等。20 世纪初期 30 年，史载有 13 位专家提出世界历方案，近 10 年又有 20 位民间研历者提出新历方案，这是多么可喜的社会新气象！

当代创制我国的新阳历，必须同时考虑世界新历，为此本会积极协联外国同仁。历法改革研究会（CRRS）是当代四国研历组织之一，另有美国国际世界历协会（IWCA），俄罗斯国际"太阳"永久历协会（IACC"SUN"），乌克兰人文技术中心。IWCA 林进主席赠给不少珍贵史料，IACC"SUN"洛加列夫主席撰文称 IWCA 为西方研历中心，IACC"SUN"为东方研历中心，CRRS 为远东研历中心。中、俄、乌三国 1999 年在乌克兰召开"21 世纪统一的全球文明历法"通信研讨会。书刊资料可以证明：在研历深度和宣传广度方面，我国今已后来居上，不仅编有历改研究文集和会刊，还有不少译文寄给友国同仁，翻译的文章和信函有 50 多篇。

三、一再向人大、政协呼吁改历

历法反映天地运行的规律，明示寒暑变迁的法则，关系国计民生诸业，潜在影响人们的思想。我国传统历法为阴月阳年式混合历，"19 年 7 闰月"法则在古代是先进的，对于我国农业曾有贡献。封建王朝的"地心说"时代，实施主次颠倒的"阴历主政，阳历附属"。然而授时农耕依靠 24 节气阳历，表象似为使用阴历计日，实则是以 24 节气作为时标。置闰月法被北宋沈括斥为"赘疣"，其弊为"气朔交争，岁年错乱，四时失位，算数繁猥。"他提出立春岁首的"十二气历"理论，遭到历代腐儒的攻骂，但 760 年后兴起太平天国，循其理论创颁了阳历《天历》，严令废弃旧历和禁过旧年。历史表明，随着时代的发展前进，置闰月法早已变成糟粕，24 节气阳历才是传统历法的精华。当今科学昌盛的"日心说"时代，亟需创制科学简明的中华新阳历，改革为"新阳历主政，阴历附属"。

我们追迹先贤的遗志，提出四项改历建议："农历"科学更名，春节科学定日，共力研制新历，明确世纪始年。1994 年秋，章潜五撰文"春节历日的科学确定"，寄请南京大学天文系审阅，方成院士回信鼓励向全国人大提案建议。1995 年春，四人（金、应、卫、章）联名敬请陕西省人大代表团建议："农历"应科学更名，春节宜定在立春。中科院办公厅专文答复认为把过年与春节分开，"这种做法是完全可以的，但要能被广大群众所接受才行"。受此鼓励后，1996 年夏，我们发出呼吁书《呼吁全国人大会议立案审议：春节宜定在立春》，200 多位专家学者签名赞同或参研支持。约有 30 家报刊报道了两历并存所致的困扰，江苏卫视台采访方成院士等专家，播映"春节话改期"专题，陕西科教广播电台举办专题讲座。中国天文学会 1997 年学术会议计划中，列有 8 月在西安召开"古今历法改革问题会议"，但因主持人薄树人先生病逝和资金筹集不足而未成。随后，陕西省人大代表团又三次建议改历（两次有 20 多位代表联名），全国政协常委张勃兴和另两位陕西省老领导也联名向全国政协会议提案。我们获得陕西省科技厅和西安电子科技大学等资助，2002 年成功召开"西安历法改革研究座谈会"。实践表明，四项建议具有充分的论据，反映了历史与现实的呼唤，值得党政部门重视参考。历法改革关系三个文明的建设，我们希望在"三个代表"重要思想的指引下，此项千秋事业能够早日有成！

此文为保持共产党员先进性教育、学习和实践"三个代表"的体会（章潜五 2005 - 08 - 15），2006 年国庆节添修文稿。

O-4 创制中华科学历的综合意见

陕西省老科协历法改革委员会

共力研制新历已经 11 年，经过互相交流和切磋，并经多次征求意见统计，前已汇集众友的方案，提出了三个有代表性的新历方案。后期参加历改研究的同仁，方案大多与此大同小异，但也有一些创新性的建议，需要继续再做意见综合。今对新历的重点问题（岁首、闰法、分月、旬周以及改历道路等）进行深入研讨，以求减少分歧增加共识，完善中华科学历方案，计划明年广泛征求各界意见。下面综合已有的共识意见，兼谈本会的分析观点，提供同仁参考研究，开展深入的争鸣讨论。

1. 研历重点：针对我国主用公历的缺点，研制科学简明的中华新阳历。对于我国辅用的夏历，吸取其精华纳入新阳历。鉴于我国的社会现实，短期内难于改变两历并存为单一历制，因此夏历需要保留。有志于改革夏历者，可与华夏历法研究会周书先会长共力。

2. 研历宗旨：制历应该坚持科学发展观，弘扬我国传统历法文明，以 24 节气为制历之纲，以追求新历的科学简明为要。方案既要富有创新精神，又必须具有可行性。

3. 改历道路：我们有志为世界改历献力，但因各国宗教习俗和中西历法观点差异大，绝非短期能够改历有成，因此不能坐等和奢望世界同时改历。需要考虑我国先行自主创新改历，争取用改历的实效来促进世界改历。希望共力对此改历道路问题作深入研讨。

4. 岁首改革：岁首关系分季分月，是制历的首要问题，必须统一思想后列入方案。大多数同仁坚持"四立"划分天文四季，以立春定为岁首。少数同仁提出冬至岁首，若无更多的有力论据，则可留待讨论世界改历时写入方案。

5. 闰法改革：闰法关系历法的精确度，也是制历的重要问题，但它是相对独立的问题，因此未作重点讨论。主要分歧是两种置闰法则：400 年 97 闰，再加"3200 年减闰"；"128 年 31 闰"，优劣需要全面考虑：既要注重精确度，又要考虑简明性，有待争辩后作出确定。

6. 旬周改革：旬周关系工作休息周期的习惯，保留七日周虽能减少改历的阻力，但更需要考虑科学性，应注意中外的旬周习惯不同，五日周和十日旬制有明显的合理性。少数同仁提出六日周制，它也有较好的科学性，仍可进行比较论证。

7. 分月改革：分月关系历表的简明易记，已有三个代表性方案：6月独大历；夏季连大月历；新四季历，前两者的历季与天文四季吻合较好，后者相对较差（因为要吸取世界改历运动的成果，并且照顾七日周习俗）。前案采用五日周，历表简明性最好，中案的优点是历月的均匀性较好。

8. 法定假日：本应有待新历确定后再定，但因国人关切而需结合讨论。多数同仁主张新阳历以 24 节气为纲，附记朔望符号，以求兼顾阴历规律。主张传统节日尽力定在节气日期上，或依某节气之后的某天来定传统节日。

9. 长假效益：新年长假是千年的传统习俗，增加法定长假是时代的呼声，改革历法应该给予考虑，以供政府参考决策。因此建议在新历方案的年历表中，增加对于长假的安排设计，希望同仁对此作出分析论证。

10. 实施步骤：共力提出的新历方案虽好，但需经过各界讨论和党政部门审定，付诸实施需有可行性论证，而这点却至今很少论及。希望根据我国的社会现实，共同认真分析新历的实施步骤，以供有关部门参考决策。

原载于陕西省老科协历改委《历改信息》第 30 期，2006 年 10 月 15 日

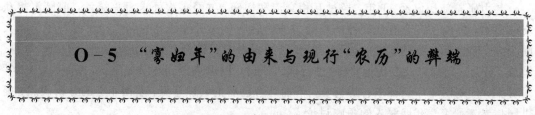

O-5 "寡妇年"的由来与现行"农历"的弊端

曹培亨

雪竹 撰文提供科技报 并编入《连载》附文

近些年来，部分群众对所谓的"寡妇年"问题总是心存畏忌，总担心在"寡妇年"里办喜事不吉利。那么，什么叫做"寡妇年"？"寡妇年"是如何产生的？在寡妇年里办喜事，到底与吉利不吉利有无关系？这就值得研究了。

据调查，部分群众心目中的"寡妇年"，原来就是现行"农历"中没有"立春"节气的年份。那么，没有"立春"节气的"农历寡妇年"是如何产生的？这就必须把它的来龙去脉搞明白。

也许，大多数人都知道一个最基本的常识，那就是："一年中的天数是 365 日，一年有 24 个节气"。但是，什么"历法"里的一年才是 365 天？什么历法的一年里才有 24 个节气？相信很多人就难以准确回答了。

其实，上述"一年 365 天、24 个节气"的概念，是在"阳历"里才有的，比方说，我国现在官方使用的"公历"就是"阳历"中的一种。只有在"公历"里，一年才可能是 365 天，一年 24 个节气，也只能在"公历"里才存在；而在现行的"农历"中，"一年 365 天"的情况是没有的，"一年 24 个节气"的这种情况，在现行农历里也是极不明确的。

为什么会这样呢？这是因为，我们所说的一年 24 个节气，365 天，是按太阳光在地球上照射角度的变化周期来说的。太阳光在地球上的南、北"回归线"之间的这种周期性的角度变化，是造成一年四季寒暑变化的直接原因。这样的一个变化周期叫作一个"回归年"。一年 24 个节气，也是根据"回归年"来确定的。所以，一年 365 天和 24 节气，只能在准确反映"回归年"的"阳历"里才存在。

由于现行"农历"并不是"阳历"，而是"朔望历"和"阳历"的"凑合历"，因为"农历"是以"月亮的圆缺变化周期"这把"尺子"来量度"年"的。又因为月亮的圆缺变化周期，其平均值为 29 日 12 小时 44 分 3 秒，所以，如果用 12 个朔望月作为一年，那这一年就只有 354 天左

右。这同"阳历"的一年(回归年)相比,就少了 11 天还多。经过几个"农历年"的累积,这个差值就会达到一个月左右。这时,"农历"就不得不采用在年里加"闰月"的办法,来消除这种误差。加了一个闰月的农历年,其年的朔望月数就是 13 个,总日数达 384 日左右,这又比"回归年"多出近 20 日。因此,农历年的日数,同"回归年"相比,就总是在不多就少,不少就多的情况下反复变化。如此一来,由地球的运行与太阳光共同形成的"回归年",就让现行"农历"中的"月相"这把"尺子"给量得参差不齐。

打个比方,如果把"365 日 5 小时 48 分 46 秒"这个回归年的时间框架比作一只标准的袋子,只有这个袋子才刚好能装下 24 个节气。那么,由于现行农历的各年的年长差别太大,这就相当于用"农历"这种大小不一的袋子去装这 24 个节气,不是装不下,就是装多了。于是,在现行农历的年份里,有的就不够 24 个节气,有的却多达 26 个节气。譬如"立春"这个节气,就常常被小年给装丢了。所谓的"寡妇年",就是这样造成的。

一般说来,农历的"大年"(有闰月的年份)就可能装下 25 个或 26 个节气,例如与公元 2033 年对应的"农历癸丑年",就有两个"立春"、两个"雨水"共 26 个节气的现象。

现行"农历"这种古老的"阴阳凑合历",其优点是在反映"月相"方面比较直观。但由于它各年间的年长差别太大、大小月排列变化多端、节气位置不固定、季节不清晰;由于各年春节假日间隔差别太大,不利于教学课时安排、以 60 年为周期的干支纪年有局限等,其弊端也是显而易见的。因此,如何创造出一个真正的农历,是当今众多历法改革倡导者们的研究重点。

客观地说,"寡妇年"其实只是一个历法问题。那种说在寡妇年里办喜事不吉利的说法,是不符合科学的迷信思想。因为,在公历里,各年的"立春"都是在 2 月 4 日左右。如果你按照公历这样的阳历来办事,寡妇年的问题就不存在了。

原载于《历改信息》第 32 期,2007 年 4 月 10 日

O - 6　春节定日与"寡妇年"的统计分析

陕西省老科协历法改革委员会　章潜五

一、21 世纪百年的立春节气和夏历元旦日期统计表

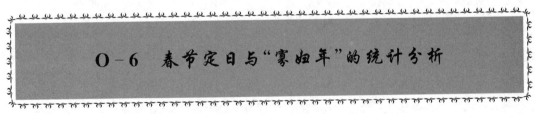

年份	立春		夏历元旦	夏历年	夏历年长度
	(夏历)	(公历)	(公历)		
2001	辛巳年正月十二	2 - 4	1 - 24 候春 C	两头春	13 月(闰四月)384 日
2002	壬午年十二月廿三	2 - 4	2 - 12 误春 B	无立春	12 月　354 日

2003	癸未年正月初四	2-4	2-1	合春 A	首立春	12 月	355 日
2004	甲申年十二月十四	2-4	1-22	候春 C	两头春	13 月(闰二月)	384 日
2005	乙酉年十二月廿六	2-4	2-9	合春 A	无立春	12 月	354 日
2006	丙戌年正月初七	2-4	1-29	候春 B	两头春	13 月(闰七月)	385 日
2007	丁亥年十二月十七	2-4	2-18	误春 C	尾立春	12 月	354 日
2008	戊子年十二月廿八	2-4	2-7	合春 A	无立春	12 月	354 日
2009	已丑年正月初十	2-4	1-26	候春 B	两头春	13 月(闰五月)	384 日
2010	庚寅年十二月廿一	2-4	2-14	误春 B	无立春	12 月	354 日
2011	辛卯年正月初二	2-4	2-3	合春 A	首立春	12 月	354 日
2012	壬辰年正月十三	2-4	1-23	候春 C	两头春	13 月(闰四月)	384 日
2013	癸巳年十二月廿四	2-4	2-10	误春 B	无立春	12 月	355 日
2014	甲午年正月初五	2-4	1-31	合春 A	两头春	13 月(闰九月)	384 日
2015	乙未年十二月十六	2-4	2-19	误春 C	尾立春	12 月	354 日
2016	丙申年十二月廿六	2-4	2-8	合春 A	无立春	12 月	355 日
2017	丁酉年正月初七	2-3	1-28	候春 B	两头春	13 月(闰六月)	384 日
2018	戊戌年十二月十九	2-4	2-16	误春 C	尾立春	12 月	354 日
2019	已亥年十二月三十	2-4	2-5	合春 A	无立春	12 月	354 日

说明　表中数据取自唐汉良主编《实用二百年历》，陕西科学技术出版社，1993 年。

A 档偏离：1-30 至 2-3，2-5 至 2-9；

B 档偏离：1-25 至 1-29，2-10 至 2-14）；

C 档偏离：1-21 至 1-24，2-15 至 2-19。

年份	立春（公历）	夏历元旦（公历）	夏历年	年份	立春（公历）	夏历元旦（公历）	夏历年
2020	2-4	1-25 候春 B	两头春				
2021	2-3	2-12 误春 B	无立春	2061	2-3	1-21 候春 C	两头春
2022	2-4	2-1 合春 A	首立春	2062	2-3	2-9 合春 A	无立春
2023	2-4	1-22 候春 C	两头春	2063	2-4	1-29 候春 B	两头春
2024	2-4	2-10 误春 B	无立春	2064	2-4	2-17 误春 C	尾立春
2025	2-3	1-29 候春 B	两头春	2065	2-3	2-5 合春 A	无立春
2026	2-4	2-17 误春 C	尾立春	2066	2-3	1-26 候春 B	两头春
2027	2-4	2-6 合春 A	无立春	2067	2-4	2-14 误春 B	无立春
2028	2-4	1-26 候春 B	两头春	2068	2-4	2-3 合春 A	首立春
2029	2-3	2-13 误春 B	无立春	2069	2-3	1-23 候春 C	两头春
2030	2-4	2-3 合春 A	首立春	2070	2-3	2-11 误春 B	无立春
2031	2-4	1-23 候春 C	两头春	2071	2-4	1-31 合春 A	两头春
2032	2-4	2-11 误春 B	无立春	2072	2-4	2-19 误春 C	尾立春

2033	2-3	1-31 合春 A	两头春	2073	2-3	2-7 合春 A	无立春
2034	2-4	2-19 误春 C	尾立春	2074	2-3	1-27 候春 B	两头春
2035	2-4	2-8 合春 A	无立春	2075	2-4	2-15 误春 C	尾立春
2036	2-4	1-28 候春 B	两头春	2076	2-4	2-5 合春 A	无立春
2037	2-3	2-15 误春 C	无立春	2077	2-3	1-24 候春 C	两头春
2038	2-4	2-4 正春	首立春	2078	2-3	2-12 误春 B	无立春
2039	2-4	1-24 候春 C	两头春	2079	2-4	2-2 合春 A	首立春
2040	2-4	2-12 误春 B	无立春	2080	2-4	1-22 候春 C	两头春
2041	2-3	2-1 合春 A	首立春	2081	2-3	2-9 合春 A	无立春
2042	2-4	1-22 候春 C	两头春	2082	2-3	1-29 候春 B	两头春
2043	2-4	2-10 误春 B	无立春	2083	2-3	2-17 误春 C	尾立春
2044	2-4	1-30 合春 A	两头春	2084	2-4	2-6 合春 A	无立春
2045	2-3	2-17 误春 C	尾立春	2085	2-3	1-26 候春 B	两头春
2046	2-4	2-6 合春 A	无立春	2086	2-3	2-14 误春 B	无立春
2047	2-4	1-26 候春 B	两头春	2087	2-3	2-3 正春	首立春
2048	2-4	2-14 误春 B	无立春	2088	2-4	1-24 候春 C	两头春
2049	2-3	2-2 合春 A	首立春	2089	2-3	2-10 误春 B	无立春
2050	2-3	1-23 候春 C	两头春	2090	2-3	1-30 合春 A	两头春
2051	2-4	2-11 误春 B	无立春	2091	2-3	2-18 误春 C	尾立春
2052	2-4	2-1 合春 A	两头春	2092	2-4	2-7 合春 A	无立春
2053	2-3	2-19 误春 C	尾立春	2093	2-3	1-27 候春 B	两头春
2054	2-3	2-8 合春 A	无立春	2094	2-3	2-15 误春 C	尾立春
2055	2-4	1-28 候春 B	两头春	2095	2-3	2-5 合春 A	无立春
2056	2-4	2-15 误春 C	尾立春	2096	2-4	1-25 候春 B	两头春
2057	2-3	2-4 合春 A	无立春	2097	2-3	2-12 误春 B	无立春
2058	2-3	1-24 候春 C	两头春	2098	2-3	2-1 合春 A	首立春
2059	2-4	2-12 误春 B	无立春	2099	2-3	1-21 候春 C	两头春
2060	2-4	2-2 合春 A	首立春	2100	2-4	2-9 合春 A	无立春

二、上述历表的简要统计分析

1. 24 节气属于阳历性质，阳历才是真正的农历！

此表详细列出了 21 世纪前 19 年立春节气的夏历和公历的日期，数据表明 24 节气的阳历日期具有相对稳定特性，在 21 世纪的百年中，立春节气稳定在 2 月 4 日（61 年）或 3 日（39 年），凡是采取闰日制的阳历（例如公历和本会正在研制的中华新阳历）都具有此种优越性能。而夏历属于阴阳历，它采取"19 年 7 闰月"编历法则（参见前 19 年的夏历年长度变化，平年有 12 个月，约为 354 日；闰年有 13 个月，约为 384 日。它们每年都偏离回归年长度365.2422 日逾 10 天），致使不具有节气日期的相对稳定特性，立春节气的夏历日期是在十二月和正月里游移不定的。

我国农民在三千年来，表象是用阴历计日授时农耕，然而实则是以 24 节气为基准，因此真正指导农耕的是 24 节气这种我国传统的简明阳历。在讲求弘扬科学发展观的今朝，为了方便农民记用 24 节气，我们应该普及历法科学知识，以求尽快消除把 24 节气误解为阴历。"文革"时期把夏历改称为"农历"，10 位专家学者指出这是不科学的称呼，其主要根据就是因为 24 节气属于阳历性质，阳历才是真正的农历！

2. 夏历元旦春节存在社会困扰，致有建议：春节宜定于立春日

在上述历表中，列出了夏历元旦春节的公历日期，数据表明：在 21 世纪的百年中，最早是 1 月 21 日，最迟是 2 月 19 日，它在立春节气（公历 2 月 4 日）前后游移不定，游移量多达 29 天，产生这一缺点是因为夏历采取了闰月法则。今在表中详细区分了游移量的不同，分成四档：正时、偏离±1 - 5 日（A 档）、偏离±6 - 10 日（B 档）、偏离±10 日以上（C 档）。统计结果表明：正时仅占 2％，A 档和 B 档同为 34％，C 档占 30％。我国传统的天文分季理念是以 24 节气中的"四立（立春、立夏、立秋、立冬）"划分四季，而把夏历元旦定为春节，则与此传统的科学分季理念存在矛盾。大约半数年份的春节是在立春之前，其中约 1/3 为"合春"，其余实为"候春"，尤有大约 1/3 的年份是在严冬过"春节"；另有大约半数年份的春节是在立春之后，其中约 1/3 为"合春"，其余实为"误春"，尤有大约 1/3 的年份是在雨水节气时期才过"春节"，这就明显存在着"春节"的名实矛盾。

1994 年，笔者撰文"春节历日的科学确定"，分析了春节时日游移产生的诸多社会困扰：它会贻误春耕良机，难作精确的月度统计对比，教学计划无法稳定统一，增大春节客运的困难，双节供应计划无法稳定。指出："只要改用传统的节气历，以立春节气的公历日期定为春节，上述困扰就都迎刃而解。"1996 年，本会"呼吁全国人大会议立案审议：春节宜定在立春"后，许多专家学者签名赞成。新华社记者张伯达采访调研后写出文稿"百余专家学者建议春节定在立春"，指出由于不稳定的春节造成了一系列的社会困扰：一是误农时，二是误工作（指全国"两会"会期较迟），三是教学计划无法稳定统一，四是交通部门的春运计划难稳定。上述诸多困扰是否客观存在？我们欢迎大家都来做点调研。其中，春节客运是个常年老大难，当初我们指出"增大春节客运的困难"，是因为"春节较早的年份，学校放寒假较迟，大批学生也挤入客运人流的高峰，致使春节客运尤趋紧张，甚至迫使我校临时更改寒假时间"。2004 年春节是 1 月 22 日，在西安上学的我校外地大学生，为买火车票而连夜搭帐篷。不久又将迎来春节较早的年份，2009 年和 2012 年春节分别是 1 月 26 日和 1 月 23 日，这时又将出现上述困扰！有人撰文反对"春节改在立春"，认为春节时日游移的困扰只是因为"现阶段经济社会发展程度不够或者管理协调不当造成的"。春节期间大约有 21 亿人次的流动，难道说非要等待经济社会发展程度高了之后才能消除困扰吗？我们认为，如果没有改革创新历法的思想，没有求真务实地调查研究历法改革，上述社会困扰是难于消除的。

3. 创制科学简明的中华新阳历，改过立春春节是消除困扰的根本举措

现行公历虽有历法精确度较高、年月日固定有律的优点，但它也有不少缺点：年不正、季不清、月不齐、节不明、周不整。尤其是其年首定在冬至后 10 日，缺乏天文学意义和气象学意义，不符合天文四季的科学划分原则。而本会正在共力研制的中华新阳历，是以近似立春日（公历 2 月 4 日）定为年首，它正是夏历元旦春节的游移中心，符合国人的传统天文分季理念,每年依照春、夏、秋、冬排序成岁。为求传承使用 24 节气授时农耕,方便农民记忆节气日期,已有简明的节气估计口诀,其正时率和只误差一天的概率高达约 99％。因此无需查阅历书历表,就能根据"年月日"迅速获知节气和星期,可使国人从此摆脱繁琐历表的千年困扰,迎来人民变做历表主人的崭新时代!

近年以来,社会上流传"寡妇年不宜结婚"的迷信,造成争相在"两头春"的"重春年"扎堆结婚现象。如果这种现象持续发展,有可能出现人口出生年期的"扎堆"分布,造成极不和谐的社会困扰。所谓"寡妇年",实为夏历年中无立春节气的年份,夏历平年只有 12 个月约 354 日,因此必然会有某些年份"无立春"或者"首立春(立春在年初)"和"尾立春(立春在年底)",而夏历闰年有 13 个月约 384 日,因此必然会出现"重春年(年初和年底都有立春)"。统计结果表明:在 21 世纪的百年中,"重春年"和"无立春"各有 37 年,而"首立春"有 12 年,"尾立春"有 14 年。某年属于这四种情况之一,是根据夏历的编历法则确定的,可见把"无立春"之年视为不吉利是毫无科学根据的臆测偏见。把"重春年"视为吉利也存在偏颇性,如果"无立春"称为"寡妇年",那么"重春年"不就变成"重婚年"了吗?"一年之计在于春,一日之计在于晨",反映了国人重视年首的立春节气,然而因为沿习旧俗使用夏历计年,结果才会发生年长 354 日或 384 日的忽长忽短,因而有时有一个立春(或在年初,或在年底)、有时有两个立春或"无立春"。在公历和中华新阳历中,一年 365 天中都只会有一个立春,不会出现"无立春",也就不会引来"寡妇年"的迷信。立春在公历中大多是 2 月 4 日,而在中华新阳历中则立春都是每年 1 月 1 日,24 个节气大多处于月初和月半,这是多么地科学合理和简明实用!

太平天国遵循沈括的"十二气历"理论,创颁了以立春为岁首的阳历《天历》,"在每年历书的前面大力宣传:'年年是吉是良,月月是吉是良,日日时时亦总是吉是良,何有好歹,何用拣择'。"中华新阳历传承了这种科学思想和创新精神,使用它可以避免出现扎堆结婚,因此共同遵循科学发展观,创新我国的历法文明,这是构建和谐社会的一项重要任务!

原载于《历改信息》第 32 期,2007 年 4 月 10 日

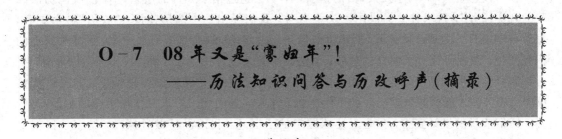

O-7 08 年又是"寡妇年"!
——历法知识问答与历改呼声(摘录)

曹培亨

雪竹 :2006 - 11 - 21 11:40 载于南方网"岭南茶馆"

前 言

因"农历"(正名为"夏历")的所谓"寡妇年"和"重春年"问题(也即"夏历"中的"无立春节气的年份"和"一年中有两个立春节气"的年份),社会上曾多次出现与之相关的"迷信思

潮"，并引起部分群众的惶恐与不安。

应南方网"南方论坛"版主"都市老农"的要求，现将"历法知识"及与此有关的历改呼声，以连载"问答形式"整理撰写出来，供有兴趣的读者和有关部门参考。

本连载将以"短小易读，通俗易懂"的方式来写，力求将一些过于专业和难于理解的术语以及高深理论避开或通俗化，以方便大家的阅读。同时，本连载将以最基本的"历法概念"入手，以"多次跟帖"的形式，将本连载形成一个较完整的"科普"门类和相关信息系统，以免此类帖子在论坛中因零乱繁杂而影响阅读和整理。

问："双春年"和"无春年"是如何发生的？

答：在中国的普通历法中，无论公历还是夏历，都非常重视节气的标记。例如：

公历 2006 年 2 月 4 日→"立春"←夏历（农历）丙戌年正月初七

公历 2007 年 2 月 4 日→"立春"←夏历（农历）丙戌年十二月十七

以上两个例子，在这里提请读者注意比较一下，第一个立春是公历 2006 年 2 月 4 日；第二个立春是公历 2007 年 2 月 4 日！可是，对于夏历来说，今年（丙戌年）却有两个"立春"！第一个发生在"正月初七"，第二个发生在同年里面的"十二月十七"！为什么呢？因为夏历的今年是闰七月，一年中有 13 个月，其中有 8 个阴历大月，5 个阴历小月，共计 385 天！比自然界的"回归年"（365 天 5 小时 48 分 46 秒），多了 20 天！就是这种大年，吃掉了下一年中的立春！使得今年成了"双春年"。挪到"戊子年"（大多数时间与 2008 年相通对应），"寡妇年"（无春年）的现象就再次发生！

O-8　历法改革和民俗节日问题致信领导

陕西省老科协历法改革委员会

在"科教兴国"和"科学发展观"的指引下，本会追迹诸多先贤的遗志，研究"我国历法改革的现实任务"，旨求补缺提供国家决策参考。我们提出四项改历建议："农历"科学更名，春节科学定日，共力研制新历，明确世纪始年。12 年来，获得许多有关专家、领导和媒介的积极支持，课题研究有了明显的进展。历法改革关系国计民生，历朝异代作为治国要务。努力创制科学简明的历法，是世代相传的艰巨任务。此项文化领域的万里长征，需要世代接续努力奋斗，才能摆脱繁琐历表的千年困扰，迎来崭新时代——人民变做历表的主人。

民俗节日的设计安排，只是上述课题中的子课题，我们早已做过探讨，给多位民俗专家寄赠了书刊。纪宝成先生建议增加法定民俗节日后，本会曾写信给他和全国人大常委会的议案组，历改研究与民俗研究发生分歧后，我们又会见民俗学会高炳中秘书长，并给学会的多位新领导寄赠书刊。我们积极支持适当地增加法定民俗节日，但认为应该扩大视野范围，需要与历法改革结合考虑，防止产生新的社会困扰。

我们呈送书刊给中央文明办后，秘书组刘斌副组长近日来信欢迎再寄资料。从网上不断传来信息，中央有关部委正在积极调研增加法定民俗节日问题。为获解这个现实的难题，今呈上论文《以 24 节气为纲 创制中华新历 法定民俗节日》，提供参考并且敬请指教。我们认为，无论是历法改革或民俗节日，都是需要关切的学术问题，必须坚持党中央提出的"科学发展观"，了解中外的历法改革史，调查研究社会现实，深入进行学术研讨，才能做出科学的决策。如果不作扩大视野的研究，有可能会经不起历史的检验。

由于民俗节日设计与创制新历密切关联，因此下面简要汇报本会的课题研究情况，提请领导们审议和指示：

本会骨干是一群年逾古稀的学者，理事长是科普专家金有巽教授（现年 94 岁），1945年最先指出"春节很可能被定在立春日"，他又是最先指出"农历"名称不科学的 10 位专家学者之一；曾被评为"全军科普积极分子"，参加全国向科学进军大会，被指定为解放军代表团副团长，后又参加全国科学大会（特约代表）。其余骨干多为院所的教授和研究员，离退休的军校干部或教员、中共老党员。虽然我们并非天文专业人士，但是遵循"全心全意为人民服务"的教导，甘当现代愚公，探索历改难题，晚年尽力作些奉献。

12 年来，我们获得逾百位教授的支持和资助，汇编历法改革研究的文集 8 种，出版会刊《历改信息》34 期（含 2 期手写本），两万多份书刊寄赠人大代表和专家参阅。翻译鲜知的外文珍贵史料约 50 多篇，汇编百多篇文章组成《网络文集》，贴文于多个主流网站，10 多篇论文载于《科学与无神论》和《学报》等刊物，《"中华科学历"方案》等多篇新写文章有近百家论著精粹评优约载。

从 1995 年以来，本会敬请陕西省人大代表团 4 次建议改历，敬请全国政协常委张勃兴与另两位省老领导向全国政协大会提案改历。2002 年获得陕西省科技厅和西安电子科技大学的资助，召开了"西安历法改革研究座谈会"，2006 年西安市科技局给予资助，今正在继续努力完成课题研究。

我们拜见专家和领导近百位，多年协联民间研历同仁逾 50 位，20 多人提出了新历方案，已初步汇总成 5 个方案，正在继续研讨加以完善。我们提出的中华科学历，尽力兼顾了世界性使用，多年来与美国国际世界历协会、俄罗斯国际"太阳"永久历协会、乌克兰人文技术中心共同研历和呼吁，今在研历深度和宣传广度方面已经迎头赶上。

综观我国当代的用历情况，不仅法定节日需要改革创新，更需要考虑历法的改革创新，应为创新世界历法文明争做贡献。历改研究旨求中华民族的伟大复兴，亟需召开全国性的历法改革研讨会，我们敬请党政给予关注和倡导。1997 年中国天文学会积极支持我们，曾计划在西安市召开"古今历法改革问题会议"，但因主持人薄树人先生病逝未成，后曾一再计划召开"西安创新历法文明恳谈会"，但因缺乏经费而始终未成。研历同仁今盼国家发展改革委和中国科协牵头组织此会，为推进历改研究做出历史性贡献！本会愿意全力协助会务筹备工作，协联同仁和专家共同奉献心力。

专此汇报，此致敬礼！

陕西省老科协历法改革专业委员会　敬呈

2007 年 6 月 8 日

原载于《历改信息》第 33 期（2007 年 7 月 8 日

O-9　中国传统历应恢复"夏历"名称

章潜五[1]　　　　　　　　蔡　董[2]

（西安电子科技大学，陕西 西安 710071）（航天部 210 研究所，陕西 西安 710065）

摘　要：本文阐述中国传统历名称的混乱情况，介绍十位专家学者反对"农历"名称的论述，分析"农历"名称的弊端，对许多报纸报头日历做了调查，最后建议恢复"夏历"名称。

关键词：夏历　农历　旧历　阴历　阴阳历

一、我国传统历法名称的混乱情况

我国传统历法自黄帝历至太平天国的天历共有 102 种，对于这些历法名称未曾有过困惑。而从民国元年孙中山通电"改用阳历"以来，我国传统历法的称呼真可谓"五花八门"：皇历、中历、古历、旧历、阴历、阴阳历、废历、夏历、农历。其中多数为中性的合理名词，而有些则褒贬含意迥异，至今仍缺乏科学的规范称呼。"农历"称呼广为流传，我们为求探明渊源，广泛查阅书刊报章，获知"农历"称呼萌芽于 20 世纪 40 年代，繁衍于"文革"的"大破四旧"时期，十一届三中全会后开始逐渐减少。

为何"农历"会从民间俗称变成通用称呼的呢？媒体起了导向作用。现以《人民日报》为例。查证获知：晋察冀豫人民日报的报头日历，一直称呼"阴历"；与晋察冀日报合并成《人民日报》，从 1948 年 6 月 15 日创刊起改称"夏历"；在"文革"中与某些古旧街名改称"反帝路"、"工农路"的同期，从 1968 年元旦开始改称"农历"；从 1980 年元旦开始至今，去掉"农历"两字，只标示干支纪年及旧历月日而无历名。

二、十位专家学者撰文反对"农历"称呼

根据本会（陕西省老科协历法改革专业委员会）正、副理事长金有巽、应振华保存的史料和回忆，我们广泛查阅书刊报章，获知 1948—1992 年间，先后有下列十位专家学者撰文反对"农历"称呼。因受篇幅所限，这里只作简要介绍。详见本会编印的《历法改革研究资料汇编》(1996 年 3 月)第 6-24 页、《历法改革文献摘编》(1997 年 1 月)和《历法改革研究文集》(1998 年 12 月)第 6-7 页。

"文革"中把夏历改称"农历"之前有五位：

1. 科普专家、西安电子科技大学金有巽教授(1914—　　)说："一般人以为农夫离了阴

---

[1] 作者简介：章潜五(1931—)，男，江苏江阴人，曾任西安电子科技大学电子工程系副主任，教授。现为陕西省老科协历法改革专业委员会常务秘书长。

[2] 蔡　董(1928—)，男，河南省舞阳县人，曾任航天部 210 研究所情报室主任，研究员。现为陕西省老科协历法改革专业委员会副理事长。

历便不能耕种，才有人发明"农历"这个怪名词来代替旧历，从表面看似乎很通顺，其实是大错特错，犯了颠倒因果的毛病。…… 农夫耕种是依的阳历，离了阳历，绝无法耕种；而且实际上，农夫们已经糊里糊涂地用了好几千年的阳历了。"[1]

2. 北京大学物理学教授薛琴访(1910—1980)说："许多人以为农民种田是根据阴历，所以阴历不能废除，否则对农民种田是非常不便的。其实农民种田何尝是根据阴历，他们所依据的是…… 二十四个节气。…… 如果农民懂得用阳历，二十四节气的日期是非常容易记得的。所以阳历对农民耕种是非常方便的，这就是说真正的农民日历是阳历而不是阴历。"[2]

3. 著名天文学家、北京天文馆馆长陈遵妫(1901—1991)在其专著中写道："现今所用的旧历，就是时宪历，一般叫作夏历或农历。"夏历的注释是"汉武帝元封七年(公元前一〇四年)夏五月改为太初元年，以立春正月即夏正为岁首；除极短时期外，一直到清朝，约二千年间，都用夏正，因而一般叫作夏历。"农历的注释是"一般认为旧历有节气，而节气对农业有重要意义，因而把旧历叫作农历。但节气是表示太阳在黄道上的位置，应该属于阳历；所以把旧历叫做农历是错误的。"[3]

4. 著名天文学家、南京大学天文系主任戴文赛教授(1911—1979)说："现在我们仍保留使用的夏历就是阴阳历。它被认为和农业生产有重要的意义，所以也被称为农历。其实这是不恰当的。夏历所以和农业生产有密切关系，是因为在夏历中，把一回归年分成 24 个节气。…… 由此可见，节气是根据太阳的回归年视运动决定的。所以节气是属于阳历的，这从节气在阳历中的日期差不多是固定的也可以看出来。"[4]（**注：多种版本的《辞海》都引用上述两位著名天文学家的论述。**）

5. 著名建筑学家、学部委员梁思成(1901—1972)说："当然，绝大多数农民是不知道节气是根据阳历推算出来的，令我吃惊的是，不久前同几位科学家——一位医生，两位机械工程师，一位建筑师谈起这问题，他们竟然也以为节气是阴历的事情。…… 把阴历(亦即太阴之历)叫作'农历'也是不够科学的。叫作'夏历'也未免秀才气太浓。若是从农民的传统习惯来说，因为它从夏朝以来已被沿用几千年，也可以这些名称叫它，但真正的农历是阳历而不是阴历。农民根据节气进行农作，而节气是以阳历为依据的。"[5]

"文革"中把夏历改称"农历"之后又有五位：

6. 陕西省天文学会副理事长、陕西师范大学地理学教授应振华(1925—　)说："夏历这个名称被农历取代了，表面上好像让人易懂，实际上是不够科学的，让人糊涂。农历这个名词，是近三十年内出现的，最初用它的人，恐怕带有错误成见，他不理解节气的实质，只看到夏历里安排了节气来报导气候的阶段，靠它指导农事活动，就认为不用夏历就种不成庄稼，因而'理直气壮'地叫它农历。…… 我们的任务，应当大力宣传：(1)节气的实质是阳历；(2)夏历的不均衡(忽长忽短的年头)是它最大的缺点；(3)我们尽管使用农历这个名词，但在概念上应否定它在农事活动方面的权威性。因为阳历才是真正的农历！"[6]

7. 侨居美国的航海专家杨元忠(抗日战争时期曾任中国驻美国武官)(1908—　)说："廿多年前，我在报刊上开始发现称中历为'农历'的文字。这个名词，似乎很有吸引力，所以随时间之进展而日益普遍地被采用起来。目前其普遍的程度，业已超过'阴历'了。……这几年，不但台湾出版的刊物，在香港及美国的中文刊物，亦是'农历''农历'的越来越多，'阴历'则几乎见不到了。那些在文章上用'农历'的，有不少还是很有名气的人物。这个'因果颠倒'的名词，如果任其通行下去，恐怕会使我们这个文明古国，蒙上一层'愚昧'的阴影。…… 本来纠正'农历'这个名词的责任，应该是我国政府，天文台，或天文权威人士的事。但是等了这多年，还没有见到动静。不得已，只好由我这个'老兵'出来呼吁了。"……说到这里，读者便可了解，阳历才是真正农历。称阴历为农历，是'因果颠倒'。不是出于无知，就是由于大意。"[7]（注：**杨老来信说，他曾向台湾当局及其中央研究院亟力呼吁，未见任何反响，因而寄望于大陆环境下解决。已 6 次汇款资助本会研究历法改革。**）

8. 上海市天文学会副理事长、华东师范大学著名地理学教授金祖孟(1914—1991)说："旧历曾长期被称为'夏历'，…… 但实际上它并不是传说中的夏代的历法。在所谓的'批林批孔运动'中，'夏历'这个名称被改成'农历'，因为'夏历'据说有崇古复旧的色彩。其实把它称作'农历'是很不科学的，会使人们产生一种错误印象，似乎传统历法是农业生产所必须遵守的。然而真正指导农时的，倒反而是阳历，因为它的每个日子都有明确的季节含义。我国农民在生产中习惯用的二十四节气，尽管附加在传统历法之中，却固定于阳历，在所谓的'农历'中是浮动不定的。为了摆脱许多人习以为常的误解，'农历'有必要改名为'中国旧历'，简称'旧历'，即中国的传统历法。"[8]

9. 著名太平天国史专家罗尔纲教授(1901—1997)说："现在所有的挂历、台历、以至报纸、电台、电视广播、书刊、文件等等，凡有纪日对照的，无不以农历来称旧历，其实这是错误的。…… 旧历只能称夏历，不能称为农历。…… 把旧历称为农历最早见于一九六一年出版的《辞海试行本》。是近四十年的事。根据竺可桢教授的论述，必须为农民生产使用的日历才能叫作农历。而我国农民用于生产的日历并非阴阳历，而是二十四节气。…… 辛亥革命以后，一般是把旧历(阴阳历)叫作'夏历'。…… 既然把旧历(阴阳历)叫做农历是错误的，就应该改正。因为这不是一件小事，而是全国十一亿人民天天应用的大事。我们今天的日历在旧历(阴阳历)之上写上'农历'二字，必须纠正。"[9]

10. 方志专家、中共陕西省委书记处书记陈元方(1915—1993)说："我国传统历法——《置闰太阴历》，名曰《农历》，其实它对农业生产的指导毫无意义，谈不上是什么《农历》。…… 我国传统历法中真正有实用价值，有利于农业生产的指导，并受广大农民群众欢迎的，是《二十四节气》。…… 然而遗憾的是，《二十四节气》在传统历法中一直处于从属的地位，成为传统历法的附庸和搭配品，从公元前 104 年，一直搭配到现在，不能'主气之政'。历法中这一严重的缺点，是宋代我国伟大的历学家沈括首先指出的。"[10]

三、"农历"称呼的弊端和对报头日历的调查

综合上述专家学者关于"农历"称呼不科学的论据：

(1) 从天文原理来看，它违反天文历法的基本原理。农业生产需要遵从节气规律，寒暑变迁的周期取决于太阳光照的变化，由地球围绕太阳运动的规律所决定。二十四节气属于太阳历性质，因此阳历才是真正的农历！

(2) 从思想方法来看，错误认识是只看到事物的表象，而未看清事物的本质。农民虽用阴历月日计日耕作，然而基准却是二十四节气阳历。当代把传统历法统称夏历，乃因多数历法的岁首同为夏正，而有人却把它误认为是夏代历法。

(3) 从名副其实来看，它与历史存在明显矛盾。农民革命运动创建的太平天国，为了

"以农时为正"和"便民耕种兴作",彻底废弃旧历而创颁阳历《天历》,这才是真正的农历。再者,无论古代或现在,传统历法都并不仅仅限于农村使用,历来都是全国性的历法。

"农历"称呼给社会带来不少弊端:

(1)它已产生广泛的历法误识,使人们误以为旧历是农业生产必须依从的,因而严重阻碍了我国的历法改革。

(2)改称"农历"是"文革"时期的极"左"思潮所致,若不予以"拨乱反正",有违"尊重知识"、"实事求是"的原则。

(3)今朝报头冠以美称"农历",主观上是想弘扬国粹,然而客观上却是相反,阻碍人们摒弃陈旧的习俗,给文明古国蒙上"愚昧"的阴影。

本会追迹诸多先贤的遗志,建议和呼吁:"农历"科学更名。1995年2月,金有巽、应振华、卫韬、章潜五联名向全国人大会议建议:"农历"应科学更名,春节宜定在立春[11]p89-90。11年来,对于报头日历的名称做过五次调查。2002年1月28日发出《给新闻媒体、出版单位的呼吁书》近千份,并附有《"农历"名称不科学——摘录一些专家学者的论述》[11]p53-58。《解放军报》《西安日报》和《西安晚报》的总编室分别来信积极支持,删除了报头日历中的"农历"两字。《北京青年报》还特地发表声明:"今起本报报头删掉'农历',历法专家认为:阳历才是真正农历。"《网易新闻》和香港《文汇报》对此声明做了转载[11]p58-62,《福建日报》、《太原晚报》等大报也先后删掉"农历"两字。但有不少大报仍在称用"农历"。

表① 大陆报纸报头日历名称的统计(调查人:章潜五、金有巽)

标示名称分类	北京图书馆报纸约100种 1995年8月	西电科大图书馆报纸50种 2002年3月	陕西省图书馆报纸344种 2002年3月	国家图书馆报纸约400种 2002年7月	国家图书馆报纸约285种 2005年10月
标称"农历",且用它标示节气日期	约13%	8%	22.1%	28.3%	1.0%
标称"农历",不用它标示节气日期	约31%	24%			23.5%
避称"农历",但仍用旧历标示节气日期	约2%	2%	13.9%	12.9%	19.3%
避称"农历",且不用旧历标示节气日期	约14%	26%			
只标示公历,全不标示旧历	约41%	40%	64.0%	58.8%	57.2%

说明:表中数据分别载于本会会刊《历改信息》第3、16、18、27期,按分类列出报纸名称,并且作了简要分析。前四次的统计数据已编入《西安历法改革研究座谈会文集》。

表② 港澳台和海外报纸报头日历名称的统计（调查人：徐士章）

标示名称分类	香港中央图书馆 港澳报纸 16 种 （2003 年 4 月）	香港中央图书馆 台湾报纸 20 种 （2003 年 5 月）	香港中央图书馆 海外报纸 16 种 （2003 年 5 月）
标示公元纪年，避称"农历"	43.7 %		22.2 %
标示公元纪年，并列标称"农历"	6.3 %	5 %	38.9 %
标示公元纪年，并列标称夏历	18.7 %		11.1 %
只标示公历	31.3 %	5 %	16.6 %
只标示民国纪年		10 %	
标示民国纪年和公元纪年		5 %	
标示民国纪年，并列标称夏历		5 %	
标示民国纪年，并列标称"农历"		60 %	
标示民国纪元和公元纪年，并列标称"农历"		10 %	5.6 %
只标示"农历"			5.6 %

说明：载于《历改信息》第 18 期，按分类列出报纸名称，并且做了简要分析。

四、关于恢复正确名称"夏历"的建议

随着科学技术的进步和社会的发展，标准化、规范化工作越来越广泛，越来越深入。例如，科学技术术语标准化，汉语规范化，汉字标准化，汉语异形词也要规范化，等等。我国传统历的名称也必须规范化，它不仅有利于国家事务、人民生活、社会交往、著书立说、媒体宣传、计算机应用，还有利于传统文化和历史科学的研究。虽然当前"农历"这一名称在社会上比较流行，但它并不科学，且已造成误识。这已为越来越多的人士所认识。有些报纸已去掉报头日历的"农历"称呼，代之以干支纪年，但这只是解决了问题的一半。因此，应就我国传统历的名称开展广泛的讨论，以求尽快使之规范化。这也是媒介急需解决的问题。我们建议尽快恢复正确名称夏历，主要的理由如下：

1. 夏历代表中国传统历　我国夏代（约 2100—1600 B.C.）之前，虽然曾有过按太阳年的自然历（草本历）、星象历（大火历、岁星历等），但到夏代才有了可以称得上历法的纯粹太阴历。随着科学和社会的进步，到殷代改为置闰（月）太阴历，以后虽经 70 多次改革（计秦以前 6 次，汉 4 次，魏迄隋 14 次，唐迄五代 15 次，宋 17 次，金迄元 15 次，明清 3 次，其中包含太平天国 1 次、辛亥革命 1 次），除太平天国的《天历》外，均在置闰太阴历的框框里修修补补。现行传统历是历代多次历法改革的产物，虽然已与夏代的历法有很大不同，但追根溯源，夏代是我国历史悠久的传统历的开端，很具有代表性。

《中国大百科全书天文学卷》的"农历"词条释义，国际规范名称为 Chinese traditional calendar，直译成中文是"中国的传统历"，可见"农历"名称并非规范称呼。它只能作为不规范的俗称使用，不宜在官方文件等正式文稿中使用。这事关系历法科普知识教育，直接影响全民的素质修养，因此希望新闻媒体和学术文化界等人士起到带头作用。

2. 中国传统历中的夏正年份过半　从夏代至今共有 4100 多年，其中以秦历建亥（夏历 10 月）、周历建子（夏历 11 月）、商历建丑（夏历 12 月）为岁首的只有 1691 年（包括王莽、魏明帝时曾一度改用商历，唐代武后、肃宗时曾一度改用周历）。而以夏代建寅（夏历正月）为岁首的年份占多半。

3. 建国后全国已通用夏历名称　中华人民共和国刚成立，政务院于 1949 年 12 月 23 日举行第 12 次政务会议，通过了"年节和纪念日放假办法"，其中规定："春节放假三日，夏历正月初一日、初二日、初三日。"新中国成立后的 19 年中，夏历名称已经全国通用。

4. 夏历意指中国的传统历法　《辞海》指明："夏，古代汉族自称夏，也作'华夏'、'诸夏'。""华夏谓中国也。""华夏初指中原地区，后来包举我国全部领土而言。"由此也可赋予夏历以新意，即"中国的传统历法"。"华夏"一词早已约定俗成，因此也就没有必要另立"华历"或其他新名称了。

令人欣喜的是港、澳、台和海外一些报纸的报头仍沿用夏历名称，例如苹果日报、成报、星岛日报、海光报周刊。上海天文台阎林山等编的《21 世纪百年历》（上海科学技术出版社，1999 年 12 月）就使用夏历名称。多年撰写天文科普文章的余仁杰先生撰文《恢复"夏历"》（《羊城晚报》2004 年 1 月 2 日）。本会曾多次书面征求改历意见，各界较多的人士也赞同夏历名称。

参 考 文 献

[1] 金有巽. 农民是依阳历耕作(N). 南京中央日报. 1948-02-12.

[2] 薛琴访. 推行真正的农民日历阳历(N). 人民日报. 1950-01-09.

[3] 陈遵妫. 中国古代天文学简史(M). 上海：上海人民出版社. 1955. p50-52.

[4] 戴文赛. 天文学教程上册(M). 上海：上海科学技术出版社. 1961. p 91.

[5] 梁思成. "节气"的"阴阳"问题(N). 人民日报. 1963-09-23.

[6] 应振华. 谈谈夏历. 科学普及文集(M). 西安：陕西人民出版社. 1978. p 50-52.

[7] 杨元忠. "农历""阴历"正名之辨(J). （台湾）传记文学. 1984 年(1).

[8] 金祖孟. 历法改革两议(N). 上海科技报. 1986-02-01.

[9] 罗尔纲. 不应称旧历为农历(N). 上海文汇报. 1992-02-11.

[10] 陈元方. 历法与历法改革丛谈(M). 西安：陕西人民教育出版社. 1992. p 204-205.

[11] 历法改革专业委员会. 西安历法改革研究座谈会文集(M). 陕西省老科协、西安电子科技大学. 2002.

O-10　国际历学界的大事
——介绍《统一的全球文明历（联合国历）》

陕西省老科协历法改革委员会　蔡　堇

1999 年 11 月 1 日—12 月 12 日，在乌克兰契尔尼戈夫市，以通信方式召开了国际"21

世纪统一的全球文明历"科学-社会讨论会。2000 年 9－10 月又召开了国际"统一历计算机问题"科学技术讨论会。

会议由该市的"ОБОРОТ"科学-生产公司发起。联系人是该公司科学工作副经理、技术科学副博士 В·Б·伊万诺夫。2005 年 10 月，伊万诺夫来函说，准备将讨论会的有关资料汇编成书出版。我会按要求寄上用英文撰写的有关资料。

该书于今年 6 月正式出版，书名为《统一的全球文明历（联合国历）》。

序言概述了全书的内容，指出历法改革问题取决于三个基本因素：1. 制定和实施永久（固定）历法，即历年历法模式中的历日无变化；2. 历法（统一的全球文明历）国际标准化，是科学的、世俗的；3. 具有社会的、经济的、生态的效益。当今历法改革主要是政治问题和政治任务。各国的立法机构应予以激励、领导和决定。关于可供选择的方案，一个国家或若干国家区域性组织，国际组织（联合国、国际标准化组织等）都可能成为倡导者。

第一章　一开始引用了院士 А·Е·费尔斯曼的话："难以想象有比时间更简单而又更复杂的概念。"这一章介绍了天文学和时间的基本知识。

第二章　阐述了年代的原理和历法常识。简要介绍了儒略历、格里历、阿拉伯历、印度历、中国历、犹太历、世界历以及白俄罗斯、俄罗斯和乌克兰的历法。其中还就儒略历和格里历的数学模型做了说明。历法纪元表中列出自拜占廷纪元（公元前 5508 年）至（法兰西）共和纪元（公元 1792 年）共 27 种纪元。其中中国纪元是公元前 2277 年。

第三章　是 20－21 世纪历法改革问题。首先谈这一问题，接着对各种世界历方案进行了分析，阐明永久世界历最简方案。最后论述了历法问题的前景。在论述前景中指出，新的历法方案的作者和拥护者很少注意实质、信息因素、方法论和历法时间单位（周、月、年）的历史前景。常常是主观意见而不是分析成为选择的基础。这在很大程度上说明历法改革中产生矛盾和失败的原因。这样就难以弄清和客观论证真正的最优方案。因此必须对历法的要素和结构（即历法模式）进行比较分析。接着对月和周、补充日、各种建议（方案）作了阐述。这里较多地引用了 Н·В·沃洛多莫诺夫《历法：过去、现在、未来》（1987）的论述。

第四章　介绍了国际历法问题讨论会。从 1922 年国际天文学大会一直讲到现在。其中曾谈到 1953 年联合国的机构曾讨论过历法改革问题，还曾计划 1955 年联合国大会讨论此问题。特别提到 1964 年梵蒂冈会议曾支持世界历的制定和实施，东正教会也曾支持过。

这一章详细介绍了 4 个世界历研究中心：

1. 中国　历法改革研究会（CRRS）

该会于 1995 年（注：书中误为 1955 年）成立，是远东历法改革中心，陕西省科学技术和教育系统的民间组织。（注：该会现名为陕西省老科协历法改革专业委员会。）

理事长　金有巽，西安电子科技大学教授，图书馆长。从青年时代起即从事课题研究。

主要任务：研制 20 世纪的世界历；研制农历；出版历法课题刊物；宣传历法知识，特别是对大众传播媒体；同其他研历中心合作，进行科学和业务联系。

历法新方案：自然历，新四季历，128 年周期历，作纪念品的历表（到 3000 年）。

该会的会员有学者和工程师，天文台和专业部（例如航天、工业）的研究员，大众传播媒体等。

2. 俄罗斯 国际"太阳"永久历协会(IACC"SUN")

是没有固定会员的社会组织,团结公民和集体会员(组织、创作性联合会、企业)。1994年注册并开始活动。总部在伊热夫斯克市。В·В·洛加列夫任主席和秘书长,他是工程师,曾在学校中任天文学教师。

主要任务:宣传和整理有关历法改革的社会意见,研制和实施世界历;研制现代历法方案,协调俄罗斯和中国的历法活动;开展文化活动、慈善活动和维护和平活动;同联合国教科文组织合作。拟制了30多个历法方案,已在世界历协会(美国)登记。关于历法的资料已部分地在大众传播媒体上发表。已在国家自然博物馆和乌德摩尔梯自治共和国国家图书馆组织和实施所收藏的历法展览。

联系单位和人员:伊热夫斯克大学天文系教研室,俄罗斯科学院地区部,区域性历法改革中心,历法热心者-合理化人员。

3. 乌克兰 "ОБОРОТ"科学-生产公司

该公司于1994年注册(契尔尼戈夫市)。

活动范围:资源和生态学。经济活动的代码是73.10.0——自然科学和技术科学范围内的研究和设计。科学工作副经理、技术科学副博士В·Б·伊万诺夫。

主要活动项目:(1) 20-21世纪全球问题;(2)资源、生态学问题,与任务的理论和科学研究工作;(3)再生物质资源合理有效利用和循环的应用推广工作。

1997年工作计划中确定首倡课题"21世纪统一的全球文明历"(生态学计划的一部分)。

历法课题信息的发布,各自的研究和拟制,保证形成联合国历方案模式的若干发明申请。这些申请已在国际世界历协会注册,部分以信息小报形式提交契尔尼戈夫市有关部门。

根据"ОБОРОТ"公司的倡议和参与,已召开:"21世纪统一的全球文明历"国际科学-社会讨论会;"统一历的计算机问题"国际科学技术讨论会。

4. 美国 国际世界历协会(IWCA)

该协会曾以信息简介的形式介绍其历史情况。为出版本书,未收到该协会活动信息的信函。该协会未参加讨论会。讨论会组织委员会的邀请函曾寄去。从私人信件中曾收到近期出版的世界历方案。

本章摘录了以下方案:① 我们历法改革专业委员会提供的三个历法方案,即自然历,新四季历,128年周期历。② 俄罗斯В·Р·切尔克索夫和А·В·切尔克索娃的维克多历,该历包括不固定历、固定历、周-太阳历、最简固定历方案。③ 美国Ｎ·Ｃ·林进的世界历。④ 俄罗斯В·В·洛加列夫的联合国历。⑤ 乌克兰В·Б·伊万诺夫的联合国历。⑥ 俄罗斯Π·Π·什里楚斯的统一历表和说明。⑦ 乌克兰"ОБОРОТ"公司的补充方案。

正文末列出俄文、乌克兰文、德文参考文献共24本(篇)。附录有6个,内容较多。附录1是这次国际讨论会的总结和建议。其中有讨论会为联合国拟定的"联合国大会致各国、公民们和全球文明人士的呼吁书"(方案)和"联合国决议"(方案)。附录2-5都是为ISO标准拟定的方案,包括"联合国历""国际周日和月份名称""联合国历的历表""信息、图书、出版的标准系统:日期和时间的表示"、"程序文件统一系统:计算机统一使用程序"等。附录6是几种特殊历。其中有动物周期历,即我国的十二生肖。

以上是本书的大致内容。其中有参考价值的部分将陆续译出。

（编者注：本会提出的世界历方案和他国的方案，大多早已在多期《历改信息》上公布。）

原载于陕西省老科协历改委《历改信息》第 30 期，2006 年 10 月 15 日。

O-11　转载：国内天文专家建议恢复"夏历"名称

马伟宏　2006 年 12 月 27 日 10：20　来源：中国公众科技网

"数千年来指导农业生产的二十四节气属于太阳历性质，阳历才是真正的农历！"长期从事历法改革研究的数位天文专家呼吁：废除不科学的"农历"称呼，还历史以本来面目，将我国传统历法改称"夏历"！

国内历改专家章潜五教授介绍说，大家知道即将到来的 2007 年是农历丁亥年（俗称猪年），这里的 2007 年是指公历（阳历），丁亥年是什么历？现今不少历书和媒体都称"农历"，但在《中国大百科全书——天文学》中，"农历"条目中注明国际规范名称是 Chinese traditional calender，直译成中文就是"中国的传统历"，可见"农历"之称并不规范。

那么，"农历"名称从何而来？据查它始于 1968 年元旦时各报的报头。此前中国传统历法自民国起一直称"夏历"；新中国建立后，宣布以世界通用的公历为法定历，按公元纪年，夏历为辅历。《辞海》"夏历"条释义称："辛亥革命后，一般将中国历代颁订的阴阳历称为夏历，也以建寅之月为正月，故名。"这里的所谓"建寅之月"是指二十四节气中的"雨水"节气所在的月份，这样岁首正月初一必在"立春"前后。中国的第一个王朝夏朝是以建寅之月为正月，它之后的商、周、秦、西汉初都分别提前，直至汉武帝颁行《太初历》，又恢复夏王朝历法的原有月序，以后各王朝也基本沿用这一月序，故辛亥革命后中国传统历法为"夏历"。但到了"文化大革命"时期，极"左"思潮泛滥，"横扫四旧"，认为"夏历"是夏王朝的印记，必须改名；因传统历法在农村使用较普遍，故通过报纸改名"农历"，并影响到港澳台地区。

现如今诸多"文革"问题早已拨乱反正，但对"农历"是否恢复"夏历"之称，并没有引起有关部门的应有重视。多年来，海内外著名人士如薛琴访、陈遵妫、戴文赛、梁思成、应振华、杨元忠、金祖孟等，均直陈"农历"称呼的诸多弊端。近日，在南京的天文学家张明昌教授等人士也认为还是恢复"夏历"名称为好。理由是："农历"之称是"文革"产物，应予拨乱反正；中国传统历法是全民族的，不应仅仅局限于农村农民，"农历"不足以概括该历法的历史意义；恢复"夏历"名称，既突出其悠久历史，"夏"又是代表华夏，"华夏历法"就与国际规范名称接轨。

陕西省历法改革研究会秘书长章潜五教授认为，废除不科学的"农历"称呼 恢复"夏历"名称 ，并非囿于旧识、保守偏见，而是认识渐变、日益升华的结果，是尊重科学、实事求是的结果，海内外有识之士无不期待这一天早日到来。

原载于《历改信息》第 32 期，2007 年 4 月 10 日。此文首载于搜狐网。

O-12 天文专家：现行的"春节"仅有94年的历史

[新华网南京 2 月 16 日电]（记者蔡玉高、周润健）春节即将来临。江苏省天文学会专家介绍，现行的"春节"，仅有 94 年的历史。

春节是我国传统的节日。中华民族传统历法岁首正月初一，现今无论中国还是海外华人都统一称为"春节"，但在中国历史上却称之为"元旦"。

中国历史上虽一直沿用阴阳合历，但历代新年元旦的日期也不一致。据《史记》载，夏代元旦为正月初一；殷商定在十二月初一；周代提前至十一月初一；秦始皇统一全国以后，再提前至十月初一为元旦，直至西汉初期。到汉武帝时颁行《太初历》，才恢复夏代的以正月初一为元旦。以后历代相沿未改，所以这个历法又叫"夏历"（今俗称为农历）。

中国历史上早有"春节"，不过当时指的是二十四节气中的"立春"，这在《后汉书·杨震传》中有载："春节未雨，百僚焦心，而缮修不止，诚致旱之征也。"到南北朝时，"春节"则泛指整个春季。

江苏省天文学会副秘书长严家荣告诉记者，虽然中国过春节，即过年的历史非常悠久，但现行的"春节"，即把夏历正月初一作为过年之日，称之为"春节"，并且放假，却是在辛亥革命以后定下的。

1913 年（民国二年）7 月，由当时北京（民国）政府任内务总长向大总统袁世凯呈上一份四时节假的报告，称："我国旧俗，每年四时令节，即应明文规定，拟请定阴历元旦为春节，端午为夏节，中秋为秋节，冬至为冬节，凡我国民都得休息，在公人员，亦准假一日。"但袁世凯只批准以正月初一为春节，同意春节例行放假，次年（1914 年）起开始实行。

1949 年 9 月 27 日，中国人民政治协商会议第一届全体会议决定在建立中华人民共和国的同时，采用世界通用的公元纪年。为了区分阳历和阴历两个"年"，又因一年二十四节气的"立春"恰在农历年的前后，故把阳历一月一日称为"元旦"，农历正月初一则称为"春节"。这再次巩固了春节的地位。

多年来，中国人（包括海外华人）都重视民族传统的新年，把春节当作真正的"年"来过。人们接受"春节"称谓，是因为它既区别了公历新年元旦，又因其在"立春"前后，春节表示春天的到来或开始，与岁首之意相合。

原载于《历改信息》第 32 期（2007 年 4 月 10 日）

O-13 中华科学历的分月方案和性能比较

陕西省老科协历法改革委员会 章潜五

科学地划分月份，合理分配各月的日数，是历改研究中的重要问题。它与年首、旬周、和闰法等项紧密关联，因此成为矛盾集中的难题。为创制科学简明的中华新历，同仁都主张以 24 节气科学思想为纲，因此需要探寻节气的分布表和节气估计口诀，以供定量分析各种方案的节气性能优劣，对于多种历法做出全面的评比。

为此，笔者作出多种新历的节气分布表，进而探寻它们的节气估计口诀。做法是：先根据新历方案列出新历与公历的年历表（分成平年和闰年两张历表）；然后根据紫金山天文台给出的各年 24 节气的公历日期，对应列出新历的日期；最后统计 21 世纪的百年 24 节气制成分布表。分布表的年限可按世纪划分陆续给出，今表为 2001 - 2100 年。在一百年中，各个节气日期只会在 2 - 3 天内变化，因此可以用节气日期的众数来估计交节日期，这种估计只会有一天误差，已经足够民间的实际使用了。24 节气的众数日期难于记忆使用，但可根据分布表寻求简明的估计口诀，从而不必去翻查历书历表，就能精确估计出节气日期。五日周独大历无需月历代码表，测算星期更是易如反掌，给定某世纪的年月日，就能迅速获知星期和节气，这是公历和夏历不具有的优越性能。因此使用这种科学简明的中华新阳历（附注有朔望），具有非凡的历史意义：国人从此可以摆脱繁琐历表的千年困扰，迎来人民变做历表主人的崭新时代！

上期会刊载有笔者的"四种历法的 24 节气日期统计"，统计数万个日期数据易生错误，经校核和综合列表后，发现公历和 6 月独大历的分布表无错，而新四季历和夏季连大历各有 7 处数据有误。今趁增加两种新历方案（夏秋连大历、1 月独大历）之机，纠正错误后综合列成"表一 6 种历法的 21 世纪 24 节气日期分布表"（编者注：今略）。根据此表算得"6 种历法的 24 节气众数准确率"如表二所示。根据表一寻求"6 种历法百年 24 节气的估计口诀准确率"如表三（编者注：今略）所示，欢迎大家根据分布表验算，寻求更加简明的节气估计口诀。

需要说明，上述评比只是节气性能的单项比较，某种历法性能是否最优，需要进行全面评比才能最后确定。上述的 5 种新历评比是有相同条件的：都是以立春为年首，都是 21 世纪的百年数据。评比新历方案的性能优劣，必须进行全面的性能评比，为此笔者很早就提出了评比历法性能的指标体系，今根据它列出"6 种历法方案的主要性能比较表"如表四所示。为求能够客观地科学评比，指标项目应该尽可能采取定量比较。各项指标对于全面性能的影响有权重大小的差别，今则未能标示其权重的差别，表中列出的各项指标是否合适，可以提出增删意见讨论。至于各项指标的优劣排序等评语，若有错误或不当之处，欢迎大家给予指正，以求做到客观和公正的评比。

表一　6 种历法的 21 世纪 24 节气日期分布表（略）

表二　6 种历法的 24 节气众数准确率

历名	正时	误差一天
1 月独大历的众数	1731(72.1%)	669(27.9%)
公历的众数	1709(71.2%)	691(28.8%)
夏季连大历的众数（3 - 7 月）	1695(70.6%)	705(29.4%)
夏秋连大历众数（4 - 8 月）	1695(70.6%)	705(29.4%)
6 月独大历的众数	1689(70.4%)	711(29.6%)
新四季历的众数	1681(70.0%)	719(30.0%)

表三　6 种历法百年 24 节气的估计口诀准确率

（略）

表四　6 种历法方案的主要性能比较表

性能指标	公历（连续七日周）	新四季历（七日周）	1 月独大历（五日周）	6 月独大历（五日周）	夏季连大历（五日周）	夏秋连大历（五日周）
年首符合天文	缺乏天文意义，在冬至后约 10 日。四季划分不科学	近似立春日（2 月 4 日）四季划分较科学	近似立春日（2 月 4 日）四季划分科学	近似立春日（2 月 4 日）四季划分科学	近似立春日（2 月 4 日）四季划分科学	近似立春日（2 月 4 日）四季划分科学
置闰法则	4 年 1 闰日，400 年 97 闰。闰年 2 月有 29 日	4 年 1 闰日，400 年 97 闰，3200 年减闰。闰年 6 月有 31 日	4 年 1 闰日，400 年 97 闰，3200 年减闰。闰年 1 月有 06 日	4 年 1 闰日，400 年 97 闰，3200 年减闰。闰年 6 月有 36 日	4 年 1 闰日，400 年 97 闰，3200 年减闰。闰年 8 月有 31 日	4 年 1 闰日，400 年 97 闰，3200 年减闰。闰年 9 月有 31 日
历年平均日数	365.2425 精确度差	365.2421875 精确度好	365.2421875 精确度好	365.2421875 精确度好	365.2421875 精确度好	365.2421875 精确度好
年历表	14 种	2 种	2 种	2 种	2 种	2 种
日期星期关系	无固定对应关系	有固定对应关系	有固定对应关系	有固定对应关系	有固定对应关系	有固定对应关系
千年不变特性	无，节假日常需调休	有，节假日不需调休	有，节假日不需调休	有，节假日不需调休	有，节假日不需调休	有，节假日不需调休
月历表	28 种	4 种	3 种	3 种	2 种	2 种
大小月规律	差（有宗教皇权烙印）。1、3、5、7、8、10、12 月大，2、4、6、9、11 月小	次好每季三月依次为大、小、小，但平年 12 月和闰年 6 月大	最好1 月独大，其余月小	最好6 月独大，其余月小	次好3 - 7 月和闰年 8 月大，其余月小	次好4 - 8 月和闰年 9 月大，其余月小
旬周星期	差采用连续七日周，不能整除 365 日、30 日和节气间距约 15 日。难于设置较多长假	尚好今为照顾世人习俗，才采用七日周制。难于设置较多长假	最好采用五日周，符合国人的"五日候、十日旬"习惯。易于设置较多长假	最好采用五日周，符合国人的"五日候、十日旬"习惯。易于设置较多长假	次好采用五日周，但有多个月有第 4 旬（31 日）。易于设置较多长假	次好采用五日周，但有多个月有第 4 旬（31 日）。易于设置较多长假

续表

性能指标	公历 （连续七日周）	新四季历 （七日周）	1月独大历 （五日周）	6月独大历 （五日周）	夏季连大历 （五日周）	夏秋连大历 （五日周）
测算星期	差 需要 336 个月历密码，用除七取余法 12 月 31 日和闰年 6 月 31 日均需特定为星期日	尚好 各季三月密码依次为 6、2、4，用除七取余法。 闰年 1 月 06 日需特定为星期日	最好 无需月历密码，直接用除五取余法。 闰年 6 月 36 日需特定为星期日	最好 无需月历密码，直接用除五取余法。 3 - 7 月 31 日和闰年 8 月 31 日均需特定为星期日	次好 无需月历密码，直接用除五取余法。 4 - 8 月 31 日和闰年 9 月 31 日均需特定为星期日	次好 无需月历密码，直接用除五取余法。
估计节气	差 上半年 5、20，下半年 7、23	尚好 1、4、5 月 1、16，2、3 月前移一(天)，6 - 12 月 3、18	次好 01 立春。春季 10、25，夏季各月后移一、二、四（天），下半年 1、16	次好 春、秋、冬季 1、16，夏季各月后移一、二、三(天)	最好 上半年 1、16，下半年 2、17	次好 春季 1、16，其余 2、17
月内日数和统计对比	差 4 种（28 - 31），不便于各月对比	最好 2 种（30 - 31），每月的工作日数同为 26 日，便于各月对比	最好 3 种(30，35 - 36)，年首特殊周安排为春节长假，各月可以精确对比	次好 3 种(30，35 - 36)，11 个月可以精确对比	次好 2 种（30 - 31），各月可以概略对比	次好 2 种（30 - 31），各月可以概略对比
方案主要特点	曾兴起世界改历运动对它改革	对世界改历运动的成果又有改进	科学性最好创新思想好	科学性最好创新思想好	科学性次好创新思想较好	科学性次好创新思想较好
历法性能排序	综合性能差	综合性能尚好	综合性能最好	综合性能最好	综合性能次好	综合性能次好

原载于《历改信息》第 32 期，2007 年 4 月 10 日

P 类 创制中华新历与做好节日调整

P-1 中华民历（简称民历）

福建省宁德市漳湾镇农艺师 林庆章

一、民历的内容摘要

1. 民历以立春为岁首。

2. 以回归年为历年平均周长，年分 12 月，平年 365 日，闰年 366 日。以朔望月为历月平均周长的近似值，单数月为大月 30 日，双数月为小月 29 日。但 6 月和 12 月为特殊月，6 月有 35 日（含 6 天特殊纪日），12 月有 34 或 35 日（含平年 5 天、闰年 6 天特殊纪日），特殊纪日接在该月 29 日之后。

3. 历元采用中华纪元（序数记时）与黄帝纪元（干支记时）。

4. 置闰方法：4 年一闰，120 年废闰。

5. 在历表中的日期旁标注月相的朔望和 24 节气。平年余下一天和闰年余下二天不计入七日周制，称为"星期零"，作为公假日，以使每年的日期与星期关系固定。

二、详述民历的制历方法

1. 中华纪元与黄帝纪元：以中华始祖的诞生年为华元零世纪零年（注释：世间事物均为从无到有，从无开始，即从零开始），具体事件的通常记法是"华元某世纪某年某月某日"。

2. 岁首：以立春为元月一日。按照天文学的季节划分，一年分为四季，以春季为始，冬季为终。春季首日既是春季开始，也是新年的开始日。今把岁首选在立春日，可使历年与天文分季合拍，因而最为理想。岁首选在冬季的季中日（冬至）也较为理想，因为这时冬季已经过半，春季将要来临，新的一年（天文分季的年）将要开始。东方国家与西方国家对于一年四季的划分不同，中国的立春（2 月 4 日或前后一天）为春季首日，而冬至（12 月 22 日或前后一天）为冬季的季中日。在加拿大，12 月 21 日（冬至）为冬季的季首日，3 月 20 日（春分）为春季的首日，2 月 4 日处于两者之间，将冬季分成两半，为冬季的季中日。由此可知，西方国家冬季的季中日与东方国家春季的首日基本重合。民历要作为国际通用历法，需要兼顾东西方来选取岁首，因此应选在春季首日或冬季的季中日较为理想。为求兼顾两者，仅有立春符合此条件。此外，北半球在立春前后是全年最冷的时段，由岁首至年半，大气大致由冷至热，下半年则大致由热至冷，都分别呈现节律变化。另外，将立春作为岁首，则人们在一年中最寒冷的时段过新年假日——立春节，这是最佳的安排。

3. 月相：在朔日旁标注"月朔"，在望日旁标注"月望"。今把民历正月初一日称为正朔日，以此区别它与其它朔日，每两个正朔日的间隔为阴历年长，因此在民历中存在一个隐藏性的阴历年。

4. 星期：元月一日设为星期日。6 月最后一天为星期零，闰年 12 月最后一天为闰日和星期零。

民历黄帝纪元四七世纪丙戌年　西元 2006 年

星期日	星期一	星期二	星期三	星期四	星期五	星期六
一	二	三	四	五	六	七
2月4 立春	5	6	7	8	9	10
八	九	十	十一	十二	十三	十四
11	12	13 月望	14	15	16	17
十五	十六	十七	十八	十九	廿	廿一
18	19	20 雨水	21	22	23	24
廿二	廿三	廿四	廿五	廿六	廿七	廿八
25	26	27	28 月朔	3月1	2	3
廿九	卅					
4	5					

原载于陕西省老科协历改委《历改信息》第 30 期，2006 年 10 月 15 日

P-2 "循道历"方案的摘要介绍

福建省宁德市漳湾镇　林庆章

［循道者］于 2007-01-08 07:33:27 上帖于强国社区"深入讨论区"

循道历是一部国际通用的通俗历法。它以立春为一月一日，以立春前五天（平年）或六天（闰年）为岁首。

一、历元——中华纪元和黄帝纪元　历元采用两种不同的表达方式：一种是中华纪元，它应用基数（从零起计）记时，为对外使用；另一种是黄帝纪元，它应用干支记时，仅为大中华文化圈内使用。

黄帝纪元干支记时与华元基数记时，只是用不同的表达方式，记录同一文明即中华文明的历史时间。因此，它们的记时序列依序一一对应。例如，黄帝纪元零世纪（上）甲子年为华元零世纪零年，黄帝纪元零世纪（上）乙丑年为华元零世纪一年，如此依序地一一往下对应，分别、独立地记录中华文明的历史时间。

二、闰年　循道历每四年置一闰，每一百二十年废一闰。置闰之法：凡是华元纪年数为四的整数倍减一的年份皆为闰年。

三、岁首　循道历以立春为一月一日，以立春前五天（平年）或六天（闰年）为岁首，为元月一日。

在东、西方国家中，一年四季的开始时间并不一样。在中国等东方国家，立春为春季的开始，也就是说，立春（西历二月四日或此前后一日）为春季的首日，而冬至（西历十二月二十二日或此前后一日）为冬季的季中日。相对地，在加拿大等西方国家，西历十二月二十一日为冬季的首日，而西历三月二十日（春分）为春季的首日，西历二月四日处于此二者之间，将其冬季一分两半，也就是说，西历二月四日（立春）为其冬季的季中日，处于其冬季的正中央。由此可知，加拿大等西方国家冬季的季中日与中国等东方国家春季的首日基本相重合。

四、节气与月相　在循道历中，应用标注法，标出每月的节气与月相，仅在大中华文化圈内使用。

1. 二十四节气人按节气划分季节，一年分为四季节，即春、夏、秋、冬。若按月份划分历季，则一年分为四历季，即第一、二、三、四历季。在循道历中，从一月份到十二月份，分为四历季，每三个月为一历季，将零月份作为特殊月，排在四历季之外。这样，则各历季天数都相同。

2. 月相——朔、望月人在循道历的每个历月中，与农历月的初一日相对应的日期旁标注"某朔"，这日称为朔日；而与农历月的十五日相对应的日期旁标注"某望"，这日称为望日。

五、星期　在世界各国，现行普遍采用的是五二制的星期作息方式，即每星期七天，工作五天、休息两天的作息制式。按这种五二制的星期作息方式，平年折合 52 星期又一天，工作日为 261 天，休息日为 104 天。这种作息制式，虽然易于记忆、便于运作，但却流于僵化。在此，对星期作息制式进行改革，以使作息编排一张一弛而富有弹性。

在中国，每周星期一至星期五为工作日，星期六与星期日为休息日。在循道历中，将休息日星期六更名为"星期月"。

在这里，将新年元旦即零月一日设置为星期日，同时，将一月一日也设置为星期日。星期作息制式采用五二制、四一制、五二制、四一制、四二制为一循环的相间轮作方式。其中，四一制指一周五天，工作四天、休息一天的作息制式，四二制同理。这种作息制式相间轮作刚好为 30 天，为一个月，使得循道历每年中的日期对应星期固定不变。

以上这种星期作息制式相间轮作方式，从一月份到十二月份，总计工作日为 264 天、休息日为 96 天，比全年单纯五二制星期的工作日（261 天）多三天，故在循道历中，将零月份的五天（平年）或六天（闰年）作为公假日，为新年假期，并将十二月份的最后一个星期的四个工作日作为调假日（调假日意指若干个工作日本来作为休息日，只是在节假日时，可以从这若干个工作日当中调若干天作为休息以扩展节假日长度，而节假日长度扩展的天数则由这若干个工作日当中给补上，故称为调假日），以使工作日调为 260 天，从而与单纯五二制星期的工作日基本持平。

循道历的年历表示例（今略）

华元 47′03 年〔黄帝纪元四七世纪（上）丁亥年〕（闰）

西元 2007 年（平）

说明：原表是按月列表的，各日均有西历月日对照，各月标注有何月的"朔日"和"望日"，还有工作与休息的天数统计。今为求年历表的减幅和简明，仅保存了标注 24 节气的日期。

林庆章的独大月历有 3 种分月方案：把每年余下的 5－6 日分别置于年末、年初、年半。章潜五接续提出五日周的"1 月独大历"方案，是把每年余下的 5－6 日置于 1 月的 30 天之前作为特殊周（不作为特殊月，可作为新年的春节长假，以使其余 360 日可以等分 12 个月，有利于各月工作的精确统计对比），日期记为 01－06，各年首日（01 日）为近似立春日（公历 2 月 4 日）。排出平年和闰年的年历表之后，统计出 21 世纪的百年 24 节气日期分布表，并且提出 24 节气的估计口诀，把它也参与多种历法的性能比较，提供大家对比研讨。

酒半仙网友在强国社区"深入讨论区"提出一个"工作历"，其主要内容是："一年十二个月，每一个月固定三十天，每月固定六周，每周五天。一个自然回归年多余的五、六天，作为全国集中工作休息周，不归属在任何一个月份之中，放在十二月之后一月之前的中间。工作历的月份，基本上是现在月份向后推迟一个月。"

原载于《历改信息》第 32 期，2007 年 4 月 15 日

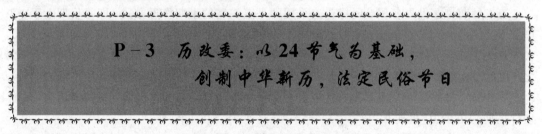

P－3　历改委：以 24 节气为基础，创制中华新历，法定民俗节日

陕西省老科协历法改革专业委员会

天文历学是古老的实用科学，历法反映天地运行的规律，明示寒暑变迁的法则，授时农耕和安排生活。悠久的封建王朝时代，皇帝自命天子"替天行道"，颁行"皇历"敬畏天神，严禁吏民研习历法。辛亥革命推翻满清皇朝后，1912 年孙中山临时大总统通令"改用阳历"，从此开始公历与夏历（俗称"农历"）并存，中西历法矛盾至今未解。

值得国人深思的问题是：历法是长时间的计量标准，两历并存必生社会困扰，我国现行主用公历、辅用夏历，这种用历状况是否还需改进？怎样才能缓解其社会困扰？历法关系国计民生诸多行业，我中华文明古国需否创新历法？能否共力研制出科学简明的中华新阳历？以求实现人与自然的完善和谐！

科学技术的飞速发展，政治经济文化的变迁，促使历法谋求改革创新，这是社会发展的必然规律。16 世纪的"日心说"，推进了格里历的传播，历经多个世纪之后，已成为世界通用的公历。然而这种罗马宗教皇权时代的西历，早有法国大革命时代的改历，上世纪更

兴起世界改历运动，针对格里历存在的诸多缺点，提出四季历方案(后称"世界历")。我国于 1931 年成立历法研究会，广泛征求国人的意见，10 万人的统计结果是 80％赞成四季历方案。回顾我国使用公历的百年历史，民国元年"改用阳历"，袁世凯时期有《四时节假呈》，1930 年民国政府公告"禁过旧年"，新中国首届政协会议宣布"采用公元纪年"。新中国成立以来，不断有民间研历者提出新历方案，其中尤有多位农民和一般职工，仅据我们所知，先后向全国人大和全国政协建议改历已有 7 次。这些事实表明，国人日益关注历法改革这项千秋事业，正在深思"盛世修历"的世传任务，探索传统文化与现代文明的和谐。

我们认为，历法改革研究与传统民俗研究，都是旨求弘扬传统文化，促进中华民族的伟大复兴，理应是相辅相成的关系。然而有人却看成是对立矛盾的，一听说研究历法改革，就以为是要"废除"传统历法。我们认为，这两项研究都属于学术探讨问题，既存在密切的关联，又有探研范围的差别。历改研究关系天文、地理和哲学、民俗、管理等诸多学科，是一个复杂的交叉学科课题。从研制新历的角度来看，民俗节日的设计只是历表的附属，不宜只在现行的两种历法中选择决定，否则有可能会增加两历并存的矛盾。

本会研究历法改革 12 年多，今已汇集众多同仁提出的新历方案，形成 5 种中华科学历方案(尽力兼顾世界性使用)，它赞同陕西省委书记处书记陈元方同志在遗著《历法与历法改革丛谈》中提出的主张"走太阳历之路，创制具有中国特色的新农历"。通过我们多年的协联研历，当代 20 多位民间研历者提出的新历方案，都是以我国传统的 24 节气科学思想为纲。大多数人主张坚持我国传统的天文四季理念，以春首立春作为年首，年分春夏秋冬四季，各含 3 个月。这种新阳历(详见另文《"中华科学历"方案》)具有简明的规律性，历表具有千年不变特性，日期与星期具有固定关系，24 节气具有相对稳定特性，各月首日和月半大多恰为节气日，估计节气和测算星期十分简便。农业生产需要依从寒暑变迁规律授时，它主要取决于阳光照射角度的变化规律，因此 24 节气属于阳历性质，阳历才是名副其实的真正"农历"。这种新阳历吸纳了我国传统历法的精华，远比西历格里历的性能优越，它传承了孙中山、竺可桢、戴文赛、金祖孟、罗尔纲等诸多先驱的改历思想。

慎重法定民俗节日，这是"我国历法改革的现实任务"的子课题，研历同仁已作了深入探研。本会追迹先贤的遗志，早先提出建议"春节宜定在立春"，就因为它关系新历年首的科学选定，旨求解决春节长假的游移困扰，而有人却误解为要废除"春节"。其实采用这种新阳历，可以合理安排更多的民俗节日。理由如下：

1. 追根溯源，节日是由节气演化而来

天文史专家陈久金先生近日撰文"话说春节"，指出："其中冬至、夏至、清明等节日的日期和名称与节气是一致的，其他如二月二、三月三、五月五、六月六、七月七、九月九等，也只是出于记忆方便而在日期上作出的变更。"中华新阳历采用闰日制，具有节候日期的相对稳定特性，而夏历采用闰月制，不具有这一优越特性，24 节气日期的游移幅度多达一个月，因而产生诸多社会困扰。我国古昔主要使用阴历计时，由于历书附有 24 节气(它属于阳历性质，但不少人误认为是阴历)，两种不同历法的矛盾并不明显，但在今朝主要使用阳历的情况下，仍用阴历计日就会产生诸多社会困扰。(参见新华社记者张伯达于 1997 年撰写的内参文稿《百余专家学者建议春节定在立春》。)

2. 一个国家应该力求使用单一历制

世界历法改革的大方向是使用阳历，纯阴历(回历)或阴阳合历(我国夏历)只宜作为辅用历法。我国的许多传统民俗源于 24 节气，因此把民俗节日选定在 24 节气上，可以使季节时令固定不变，例如 21 世纪的百年中，立春节气在新阳历中有 61 年处于 1 月 1 日（公历 2 月 4 日），其余 39 年也只提前一天。若按夏历计日，则春节是在立春日前后大幅度游移不定的。同理，端午节按五月五，重阳节按九月九定节日，都同样会有大幅度的游移。但在新阳历中则不会有此问题，可以分别设置在 5 月 5 日和 9 月 9 日，也可回归于邻近的节气日期上，相同的时令有利于组织划船和登山活动。

3. 必须分清传统历法的精华与糟粕

与月相有关的民俗节日，例如中秋节和元宵节，是处于夏历中的望日，它在阳历中是游移不定的。解困的办法是：为使不产生游移困扰，可以移植于相应月份的望日；或者是忍受游移困扰而仍按夏历定日，由于这些节日不是长假，所产生的困扰不大。夏历是阴月阳年式混合历，它采用"19 年 7 闰月"编历法则，只是粗疏调和了阴阳两历。这在古代来说是创新的举措，而且便于根据月相估计历日，然而正如北宋沈括所指出闰月法则的缺点："气朔交争，岁年错乱，四时失位，算数繁猥。"这种旧历具有历史的功绩，今朝可以仍旧保留它，但更应该吸纳精华而丢弃糟粕，创制适合于新时代的新历法。朔望月法则可以明示潮汐涨落等规律，可在新阳历的短期年历表中附注朔望符号，因此改历只是把古昔的"阴历为主，阳历（24 节气）附属"改变为今朝的"阳历（24 节气）为主，阴历附属"，显然这样更符合人与自然的完善和谐。

分析历改研究者与某些民俗研究者关于增加法定民俗节日的观点分歧，前者在注重历法改革的同时，兼顾了传统民俗，而后者似乎偏注于民俗节日，对于历法改革欠缺考虑。2005 年 3 月 3 日，《南方周末》记者陈一鸣的文章《春节改期之争》，客观地反映了观点分歧的症结所在。如果对照双方观点的诸多文章，就更能分辨争议的是非。研历同仁的一致观点是：增加法定民俗节日不应只考虑现行的两种历法，不宜只考虑继承传统文化，还需要注重历法的科学性。我们不同意有些人说传统民俗节日是不能用理性来衡量的观点，认为这不符合科学精神与人文精神相统一的根本原则。

我国近代的历法改革史还表明，关于传统民俗节日的争议往往是与历法改革紧密关联的。如果不联系中外历法改革的史实，就难于分清争议问题的是非。如果不分清现行两种历法的精华与糟粕，就会增加两历并存的社会困扰。因此应该认真分析我国近代社会改革的经验教训，妥善处理增加法定民俗节日问题。"以史为鉴"，才能正确决策。今以下列史实提供参考：

（1）近年我国试行三个"黄金周"，这是历法改革的创新性举措。

苏联在实行新经济政策时期，曾经试行机器不停而工人分组（先分成七组，后又改为五组）轮休的历制，其经济效益十分显著，因而又曾设计五日周历法，把法定节日穿插其中，后因有人唆使媒体反对而未施行。这种五日周历制始于古埃及历，法国大革命后用之颁行法兰西共和历。我国把三天节日与两个前后双休日调休在一起，联成七天的"黄金周长假"，取得了显著的经济效益，反映了现代经济社会的改革观点。任何改革总会有些困难，需要客观分析其效果和问题，试行黄金周历制出现的一些问题，例如交通拥挤和旅店时挤时空等等，国家假日办一直在努力排解困难，促进此项改革的更大成功。不改变现行历制就只能治标，改用科学历制才能治本，因此考虑增加法定民俗节日，应该结合研讨改历问题。长假效益是创制新历的合理观点，我们已在新历方案中给予重视。公历采用连续七日周制，不具有日期与星期的固定关系，因此不便于较多地安排长假，而且每年需要事先宣布调休日期，这正表明了这种西历的缺点。如果使用中华科学历方案，由于具有日期与星期的固定关系，即可消除每年节假日的频繁调休之烦。倘若进而能够改用我国传统的"五日一候、十日一旬"科学历周，就更能彰显历法的科学性和简明性，并且便于适应经济社会的未来发展，调变工作与休息的比例和增加长假。

（2）增加法定民俗节日应该周密论证，做出积极而慎重的决策。

节日安排是历表的附属，改变节日安排必然涉及历法改革。若不考虑历法改革而只注重节日安排，就难以保证改革的科学合理性。我国近百年的历法改革史已有先例：

（1）1914 年袁世凯时期的《四时节假呈》，竟然只隔一天就获得批准："以阴历元旦为春节，端午为夏节，中秋为秋节，冬至为冬节，国民均得休息，在公人员亦准给假一日，以顺民意，而从习惯等因，奉大总统批：据呈已悉，应即照准。"似乎这位想当皇帝的大总统更关心我国的传统民俗，然而正是这一呈文的"应即照准"，阻滞了我国历法文明的改革创新，致使"改用阳历"已临近百年，两历并存的困扰依旧，春节游移产生的诸多困扰未解。我国古代多以立春定为春节，袁世凯改以阴历元旦定为春节，不仅存在春节的名实矛盾，更与传统的"四立分季"概念冲突。这个历史包袱应该及早消除才对。

（2）1930 年民国政府依靠权力推行"国历"，强行"禁过旧年"，结果遭到民众抵制而无果告终。当时正值世界改历运动高潮，国际联合会促请各国成立委员会征求改历意见，因此政府考虑历法改革问题，是符合世情和国情需要的。然而不做广泛的历法科普宣传，仅仅依靠权势命令对待民俗，结果只能招致失败的命运。我们扩大视界来看历法改革和民俗节日，太平天国成立的次年，遵循沈括的"十二气历"理论，废弃旧历而创颁阳历《天历》，严令"禁过妖年"，这是我国历法改革史中的创举。在今建设和谐社会的新时期，显然不宜采用这种急风暴雨方式，然而敢于创造"新天、新地、新人、新世界"的豪情壮志，还是值得我们努力学习的。

原载于《历改信息》第 33 期（2007 年 7 月 8 日）

P-4　世界和谐长久历（方案）
——格里历和谐稳定的理论和方法

（俄）维克多·罗曼诺维奇·切尔克索夫

陕西省历法改革专业委员会　蔡董　译

当今全世界有阴历、阴阳历、阳历约 50 种，世界历应由联合国实施，但由于需要一致表决通过的规定[1]，它永远也不会实施。格里历需要自主地由合适的新历来代替，而新历

---

[1]　《联合国宪章》规定"（联合国）大会对于重要问题之决议应以到会及投票之会员国三分之二多数决定之。""关于其他问题之决议……应以到会及投票之会员国过半数决定之。"

由于其优点，就会像格里历成为世界通用历那样成为世界历，改历可由采用格里历的若干国家组成的集团[1]来实施。

新历应当是和谐、长久和精确的。年、季、月和谐，月的日数是周的倍数。经常的工作日数应当稳定。按月的日期确定周日应当是长久的。新历的精确性取决于闰年的交替。新历平均年长可与回归年一致。新历应被国际标准化组织、联合国、基督教会赞同，并适合于年代学、经济学和其他科学。

阳历是基于自然现象(昼夜交替、月相变化、年的时间变化)周期规律的连续时间间隔的计算系统，表示计算年的历元。历法的基本计算单位是日、周、月、季、年。历日是平均太阳昼夜。昼夜分为小时、分、秒。周、月、季、年用昼夜来计算。历日有周日和月的日期，日期也就是年内日的位置。

连续七日周，是全世界唯一的非历法(与历法不相容的)时间单位。七日周是按所有现行历法月的日期排列周日。

格里历年比回归年(365.242193昼夜)多26秒。

格里历有许多必须克服的缺点。月、季、半年不相等，2月29日之后各月的天数混乱，每年按月的日期的周日混乱，周、月、季、年之间无依倍数关系。为了使常年和闰年的日期一致，维克多(作者名字)历中最后一天即第366日，作为闰日。

维克多历包括年表和格里历月份名称。按照和谐公式

$$365(366)=364+1(2)=7\times52+1(2)=7\times4\times13+1(2)=364+(7)=365.242193$$

使历法单位与七日周一致，从而达到历法的和谐和稳定。由公式可得出：

1. 周日和历日成倍数关系的历法【矩阵—52(364)，季—13(91)，月—4(28)】将会和谐稳定(工作日数固定)。矩阵和谐，历法便会和谐。随着和谐季数和月数的增加，历法的和谐性也会提高。

2. 和谐历分为两部分

2-1 主要部分：成倍数的周。年和谐矩阵——364天。

2-2 最后部分：不完全周，即年终日(第365日或闰年第366日)——世界节日(圣诞节或全球日)。

3. 按照矩阵类型提出6种和谐历

(1) 月历　有13个和谐月，每月28天。在6月后面增加新7月，即ВИКОНТ(来自Виктор和Конт[3]两词)月。其他月顺延。

(2) 季节历　和谐季，每月28天，另有1个季节周。28+28+28+7=91天。

(3) 季度历　和谐季，28+28+35=91天。

(4) 世界历　和谐季，31+30+30=91天。

还有两个最小方案：

(5) 方案1　有格里历所有月份，其中上半年是和谐季。

(6) 方案2　与方案1不同的是8月30天，9月31天；按照矩阵，所有季都是和谐的。方案2无表，从方案1(表5)容易看出和变换。

---

〔1〕　作者在一篇文章中曾说过"八国集团"。

〔3〕　维克多夫人的名字。

上述 5 个历表附后。

连续周，周的倍数不固定或者固定采用固定周，并按自然数列有序地计算年的天数，历法将是长久的。如果计算周日将每年 1 月 1 日定为星期日，而闰日定在 12 月 31 日（每年 2 月 29 天）。格里历将是长久的。在年交替时，如周日遇到 12 月 30 日和 31 日（闰年），将会从连续周的计算中自然去掉，历年中周是连续的。方案 1（表 5）有固定的历周，在替代格里历进行历法改革时要求最少的耗费。有和谐月的前 3 个方案也同样有前途。

4. 长久历　应当两者选择其一：或者年是周的倍数，或者固定历周

4-1　周成倍数的长久历，包括连续周，平年 364 天，闰年 371 天。不连续日积累成闰周。但确定日期的精确性大大劣于格里历（有确定闰年的公式）。

4-2　长久历计算周日，每年 1 月 1 日都固定为星期日，即太阳日。太阳（不是月亮）是地球上主要的光源、热源、天气和生活的源泉。因此，世界创造周的第一天，基督周的主日，即星期日（按照圣经、可兰经、佛经），应当是年的和太阳历周的第一天。就周来说，星期日意味着开始，而星期六则意味着结束。所有月的日期都有周日，年更替时，不成倍数的日自然在计算连续周时排除。长久历能消除每年周日与月的日期的混乱；简化年表、统计、经济和其他计算；改善各种程序设计和计划安排；调整人们的生活。复活节和游动的节日将稳定在历日上，维克多长久历质量上优于世界历的基本方案[4]。方案 1（表 5）每年新年即 1 月 1 日是星期日，闰日是 12 月 31 日（2 月 29 日）。实行和谐长久历，将容易迅速得到补偿。

有和谐月的历法（前 3 种方案，即表 1、2、3）比没有和谐月的历法要和谐些，有前途些，但实行起来却要求付出较多的经济费用。这些历表简单、简明、方便、易记。年的月份配置是一致的。周日由日期确定，或者相反。年分成相等的季和半年。在有和谐月的长久历中，年、月、周都是从星期日开始，必要时，可用方案 1（或方案 2）作为替代格里历的准备阶段，以便易于实行和谐月的方案。

维克多历的主要优点主要包括：

1. 依据公式 $365(366)=364+1(2)=7×52+1(2)=7×4×13+1(2)=364+(7)$。

2. 闰日——第 366 日，平年 365 天与闰年相同。

3. 星期日——固定周的第一天。

4. 所有日期都有周日。

5. 本历分两部分：主要部分（364 天），即和谐稳定的矩阵；最后部分，即世界假日（W）或闰周。

6. 采用连续周，周的倍数固定或者不固定。

7. 采用周倍数方案，年的天数（364 或 371 天）是周的倍数。

8. 所有的方案都是稳定的，年的工作日是固定的。

9. 采用固定周，因而是长久的。

10. 采用固定周的长久历是没有相似的，其质量优于所有的现行（不固定）历和世界历基本方案。

11. 如果按照公式 $N=2100+128n$　（N—年的序数，n—整数），每 128 年加上 4 的

---

〔4〕　指美国国际世界历协会倡导的"世界历"。

倍数的平年（按照太阳历数学理论的 1/4，即 31/128。第 3 个千年中，平年是 2100，2228，2356，2484，2612，2740，2868，2996），本历的精确度则提高 30 倍（与回归年之差少 1 秒）。

12. 方案 1 包含格里历的所有的月的日期（1984，2012 年）。

13. 不符合第 1 点公式的所有的历法，不和谐，不稳定。

和谐长久历（方案 1，表 5）能改善劳动、休假的计划安排和程序设计，简化经济、统计、年代等的计算，稳定人民的传统习俗，密切人民的关系，并使他们的生活有序。采用一周两个休息日和许多节假日，有将历法变为连续节假日的危险。因此，在历法改革时，每个国家都有这种可能，即采用使节假日和休息日适当配合的方法，法定最优的年度工作日数。实行和谐长久历将促进国民生产总值逐年增长，年增长量不少于 1.5％。推迟实行（对于前 50 个大国的每一个国家）每年将会损失数十亿美元（美国 ＞195），欧盟＞192，中国＞150，日本＞63，印度＞61，德国＞39，俄国＞26（按照 2006 年的国民生产总值）。和谐长久历的创制可与俄国历法改革委员会的积极成员[5] Д. И. 门捷列夫的《元素周期表》的发现相比拟。

原载于《历改信息》第 33 期（2007 年 7 月 8 日），今略去文中的 5 个历表。

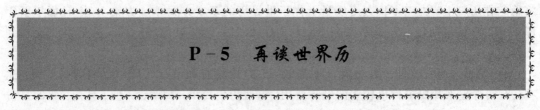

P-5 再谈世界历

蔡 董

现行的公历（格里历）和夏历（即农历）都有许多缺点，不少人士希望改革并研制出一些新历方案。这是值得赞赏的。但研制新历方案的思想却不相同。大体上分为两种。一种是研制世界通用的新历，即世界新历。另一种是研究适合我国国情的新历。

我赞同第一种意见。理由如下：

随着时代的发展，经济全球化已成为现实，"地球村"的概念正在深入人心，全世界不同国家、地区的政府和人民之间的交往日益频繁，趋同性越来越显得必要。

就文化方面来说，提倡多元化，每个国家、地区和民族都有权利而且应该发展自己特有的文化，从而丰富和发展世界文化，但这只是事物的一个方面。另一方面也应看到不同文化的交融和趋同。

格里历的产生与当时历史条件、宗教信仰等因素有关，因而存在不少缺点。国际联盟和联合国都曾试图改革，但由于种种原因而未实现。

近年来，国内外一些人士或组织又提出一些世界新历方案，有的已呈送联合国，但未见回音。

鉴于当前世界不稳定因素还较多，局部战事不断，突发事件频频发生，信仰宗教特别是基督教的人数较多，美国仍在推行霸权主义等，看来联合国近期甚至较长一段时期内，讨论世界新历方案的可能性是不大的。因此能否考虑我国先行改革历法。这里又有两种

---

〔5〕 指俄国历史上的历法改革。

想法。

一种是不管别国如何,我们只研究适合我国国情的新历。例如,采用我国传统的旬或半旬(5 天)为周,协调 24 节气、朔望、历月、历日之间的关系,协调我国传统民俗节日和历日的关系,岁首采用立春,等等。另一种是研制出一种可能对各国都适用的新历,我国可先实行,然后向国外推广。我认为这都不可能实现。

前面已经谈过国际上趋同性的范围日益扩大。在格里历已为全世界通用的情况下,要改革格里历,必须有一种比格里历优越的新历来代替。任何一个国家都不可能自搞一套。唐汉良等早就说过:"在大多数国家没改历之前,就标新立异,自行改历,或者,在多数国家都改历以后仍然墨守成规,我行我素,都是自找麻烦。改革历法应该是个国际性的统一行动。"唐汉良后来又再次表明自己的观点。

我是同意他的观点的。因为我国假如现在开始实行一种新历,对外则仍需继续实行格里历,而夏历还仍需保留,这样就成了"三历并行"。更重要的是,如果有一天国际上推行一种新历,我国就必须废除自己独自实行的新历,而不得不去与国际接轨,采用国际通行的新历。我国政府是决不会"自找麻烦",干这样的傻事的。因为实行新历是一项社会系统工程,影响面大,不能毫无把握地轻易试验。如试验失败,损失之大可想而知。

按第二种想法也是行不通的,孙中山曾说过:"光复之初,议改阳历,乃应付环境一时权宜之办法,并非永久固定不能改变之事。以后我国仍应精研历法,另行改良,以求适宜于国计民情,使世界各国一律改用我国之历,达于大同之域,庶为我国之光荣。"[1]这是他在 90 多年前说的话。现在看来,"使世界各国一律改用我国之历",这是不可能的。我国历史上虽然改历次数最多,改历经验丰富,但却都只是在"置闰太阴历"的框框内打转转。总地来说,其优越性还不如格里历。由此可见,我国历史上的改历经验是有局限性的。上世纪特别是前半叶和中叶,有些专家学者提出一些改历思路和方案,但其中较多地考虑我国国情。当今世界形势与那时已有很大不同,因此研制世界新历必须与时俱进,从当前的实际出发。

我国即使研制出一种自认为适合全世界的新历,也不能自己先试行或正式实行。因为我国综合国力还不强,国际影响还是有限,其他国家不可能都跟着我们走,因此便不可能"使世界各国一律改用我国之历"。

再者,国际上将来会采用什么新历,尚难以预测。如果有朝一日实行某种新历,为了与世界接轨,我国也必须采用。因此,"带头"实行自行研制的世界新历,也同样是"自找麻烦"。

这里谈谈国际文化趋同问题。

许多国际组织在这方面做了大量的工作,大大促进世界经济、科学、文化、社会的发展。例如国际单位制(SI)、国家名称代码、许多工业产品的技术标准、体育竞赛规则、海事信号、交通符号、国际标准图书编号、国际连续出版物编号、图书杂志开本及其幅面尺寸、国际交往礼仪等等,都已为各国认可和采用。

就时间计量来说,时区划分、国际日期变更线以及小时、分、秒都为国际通用。格里历最早于 1582 年在意大利实行,随着历史的发展,世界各国也先后予以采用。虽然这一进程持续了 300 多年,但它最终还是成为世界通用历。我国采用是在 1912 年。正如孙中山所说:"光复之初,议改阳历,乃应付环境一时权宜之办法……"这正是许多较晚采用的国家

---

〔1〕 李伯乐. 历改专案呈文. 历法改革研究资料汇编. 1996.

不得不采取的原因。

现在世界各国都采用通用的格里历，其中包括一些信仰佛教、伊斯兰教的国家。它们在国际交往、行政、教育、新闻诸方面也都采用格里历，甚至普通民众除宗教活动外，也大都按格里历安排生活。今后新成立的国家也必定会采用格里历。

我国现在格里历和夏历两历并存，随着文化教育的普及，格里历实际上已占优势，就连农村的中青年人也已基本上采用格里历。就夏历来说，我国国民，尤其是广大农民，所关心的主要是 24 节气（属阳历范围）、朔望和几个民俗节日。由此可见，格里历不仅只是各国交往的工具，而且已发展成为全世界绝大多数人民工作、生活的计时工具。

综上所述，我认为研制新历宜本着以下的思路：

1. 研制只适合我国国情的新历没有必要，而且不可能实行。

2. 研制出某种世界新历，我国也不能先试行。

3. 国际上改革格里历，实行世界新历，虽然困难很多，但并不是完全不可能。也许要 10 年，20 年，甚至上百年。从事物发展的规律来看，总有一天会改变的。当前我国应积极研制世界新历，与其他国家有关组织进行交流，促使国际上重视这一问题。

原载于《历改信息》第 33 期（2007 年 7 月 8 日）

P-6　天文与历法中容易误解的一些概念与数据

雪竹　2007-05-09 16:03 载于南方社区岭南茶馆的《连载》

为了搞清楚天文学和历法中容易混淆和误解的一些概念，然后说明它们在人们观察中的实际效果及其在历法中的实际应用时，有哪些因素需要考虑，有哪些因素不需要考虑，并建立起相应的模型以助于说明问题，让我们先来看看下面的一些概念和相关数据：

1.【恒星年】与【黄道】圈（以遥远的恒星作为参照系来看，地球在绕日公转的轨道上运行一周所经历的时间叫作一个恒星年。一个恒星年＝365 日又 6 小时 9 分 9.5 秒，约等于 365.25636 日）

2.【回归年】与【春分点】（地球绕日公转时相继两次通过"春分点"所经历的时间叫作一个"回归年"。一个回归年＝365 日又 5 小时 48 分 46 秒，约等于 365.2422 日。回归年比恒星年约短 20 分 23 秒）

3.【近点年】与【恒星年】（地球绕日公转时相继两次通过椭圆轨道的"近日点"所经历的时间叫作"近点年"。一个"近点年"＝365 日又 6 小时 13 分 49.4 秒，约等于 365.2596 日。"近点年"比"恒星年"约长 4 分 40 秒）

4.【恒星月】（月球绕地球公转一周的时间≈27.321661 日）

5.【交点月】（月球绕地公转时，其中心相继两次通过白道与黄道的同一交点所经历的时间，其值≈27.2 日）

6.【近点月】（月球绕地公转时相继两次经过"近地点"的时间≈27.6 日）

7.【朔望月】［月亮"盈亏"（圆缺）的周期≈29.530588 日］

一、【恒星年】与【黄道】圈

现代科学表明，万物都是在不断运动着的。宇宙间只有相对不动但却没有绝对不动的物体。但是，为了研究的方便，我们总是要选取某一个在我们看来是相对不动的物体作为参照物，然后来研究其他相对这个参照物来说是运动着的物体的运动规律。在【球面天文学】中，我们可以选一个在很长时间内都基本上看不到位移的天体（遥远的恒星）作为参照物，然后看太阳在【天球】上移动的路径，当太阳在天球上移动一个周期后又回到原来的位置上时，我们就把太阳绕着天球转了一圈的路径称作是【黄道】，而太阳在【天球】内旋转时所投影到天球上的轨迹，我们就称之为【黄道圈】。

因为在【球面天文学】中，天球是个假设的圆球，这样一来，太阳在天球上走过的路线或其投影，也就是一个圆圈。因此，在【球面天文学】中，【黄道】就是一个标准的圆。太阳绕着这个圆转了一圈的时间，就叫作【恒星年】。一个【恒星年】的时间，是 365 日又 6 小时 9 分 9.5 秒，约等于 365.25636 日。

以上概念，是源于以地球为中心的【球面天文学】。但是，从【日心说】的角度来看，一个【恒星年】的时间，实际也就是地球绕着太阳公转了一圈的时间。

二、【回归年】与【春分点】的西移

在地球上的人们看来，地球上一年之间的寒暑变化，与太阳光在地球的某一点的南北方向上的照射角度直接相关。我国春秋时代的人们，早就发现了这个现象，并利用一种叫做【圭表】的物件来测量太阳光在地球上的这个角度变化，并进而测出这个变化的周期大约为 365 又 1/4 日。现代的人们经过精确测量和计算，得知这个周期的平均值为 365 日又 5 小时 48 分 46 秒，约等于 365.2422 日。并将这个时间称为【回归年】。对于处在北半球的人们来说，"回归"的含意，就是指某一点上空的太阳，从最北的地方向南去了以后，又返回了原位置的意思。因此，人们就把太阳由最北向南，再回到最北所花的这个时间叫做【回归年】。

在【球面天文学】中，人们认为这种变化是由于太阳绕着【黄道】运行的面与地球的【赤道面】存在着一个 23°27′ 的夹角而造成的。这个交角也叫作【黄赤交角】。在近代【天体力学】中看来，这种现象的造成，实际上是由于地球在绕日运动时歪着身子绕日公转所致。而地球歪着身体的的这个角度，从地球的赤道面与公转的轨道面看，也正好就是 23°27′。

当人们把【黄道圈】与【回归年】联系起来研究，并按这个规律把【黄道圈】按角度等分为 24 份，并在每个等分点上取上一个名字作为每年 24 个节气的名称，同时还规定：视太阳圆面中心两次通过【春分点】所经历的时间就是一个【回归年】。从现代天文学的角度来看，所谓【回归年】，也就是地球在绕日公转时，两次通过【春分点】所经历的时间。

但是，近代天文学证明，由于旋转体【进动】的关系，地球自转轴的指向是随着时间的变化而变化的。这样一来，就造成了一个问题：地球在绕日公转时，还没有转满一周，一个【回归年】就完成了。这种现象，在客观上就好像节气点在【黄道】上逐年往后退一样。通常，当我们以【春分点】为参照点时，就把这种现象称作【春分点】的西移。【春分点】的西移速度，于黄道的某一定点而言，是每年 50.24 角秒！约 25800 年就要移动一周。

由此可知，所谓地球绕日公转一周就是一年的说法是不严格的！正确的说法，是地球绕日公转一周就是一个【恒星年】。因为【回归年】比【恒星年】的数值要小，而且其各自的定义都不相同，又因为人们在制定历法时，所依据的是主要是【回归年】，所以，对于【春分点】的西移问题，在按【回归年】周期制定的阳历历法中，是可以不用考虑的。换句话说，对于观察天体的位置变化而言，【春分点】的西移现象可以被发现，但从"视太阳圆面中心两次通过春分点为一个【回归年】"的定义来看，在任何一个【回归年】里，都不需要考虑【春分点】的变化。这就是制定阳历历法时不需要考虑【春分点】变动的理由。

三、【近点年】与【恒星年】的关系

近代【天体力学】表明，任何一个处于自由运行的天体（不包括带有轨道校正功能的人造"同步卫星"），其绕着别的天体作公转运行的轨道都不是标准的圆，而是一个椭圆！当地球绕日公转时，因为轨道是个椭圆，从而就存在着一个近日点和远日点的问题。所谓【近点年】，就是地球在做绕日公转时，其每一次经过"近日点"时的周期。经过现代天文观察和计算表明，地球的【近点年】周期平均约为 365.2596 日。它比【恒星年】约长 5 分钟！

以上这种现象，就相当于地球的近日点，每年在【黄道】上要向东（朝前）移动约 11 角秒！约 117818 年，地球的"近日点"就会绕着黄道运行一周！为什么会有这样的现象发生呢，这是因为，地球在绕太阳公转的过程中，同时还要受到其他天体的引力作用，从而使地球的轨道发生改变。这种现象，在《天体力学》上被称为"摄动"。由于"摄动"的影响，地球的公转轨道就会不断地发生缓慢的改变。这就是"近日点"会产生变动以及"近点年"要比恒星年长一些的原因。

如果我们在【黄道】的某一处定一个点作为参照，那么，相对于这个点而言，一方面是春分点每年要向西移动 50.24 角秒，另一方面是近日点相对于这个点要向东移动约 11 角秒，这两个因素合起来，就相当于"春分点"和"近日点"间每年都有 61.24 角秒的位移。依此计算，约 21163 年，地球的"近日点"和"春分点"，就会交会一次。同理，对于 24 个节气中的某一个节气点而言，也会有相同的规律。

由于地球绕日的公转存在着这样一些因素，这些因素反映到历法中的公历里来，那就相当于地球的"近日点"相对于阳历中的"节气点"的位置是在不断地变化着的。依此计算，每经过约 58 年，地球的"近日点"就会向前移动约一日。就目前而言，地球的"近日点"是在公历的 1 月 4 日，远日点是在公历的 7 月 6 日，那么，58 年后，地球的近日点就会向前移动至公历的 1 月 5 日。580 年后，近日点就会移动至公历的 1 月 14 日，余类推。

依据开普勒第一定律和第二定律，行星在绕日作椭圆公转时，其近日点的角速度最快而远日点时角速度最慢的道理，10581 年后，如今我们地球上的夏秋季节气之间的时间间隔长、冬春季节气之间时间间隔短的现象，就会反转过来。这一点，相对于现今公历中的节气间隔而言，明显地是有很大改变的。

以上天文现象，可以用一个模型来说明。这个模型可以由三个透明的薄板组成：第一个板，可以叫作"黄道板"，这是个固定不动的标准圆盘，这个圆盘的边缘，可以定义为黄道圈。在这个圆盘的最边缘上，刻一个标记，表示地球绕这个圆盘一周，就是一个恒星年。另外，在这个圆盘靠边缘周围挖出一道槽，以放置可以在旋转磁场的作用下自动绕黄道盘运行的钢珠。

第二个圆板，也可以叫做"节气板"，这是一个刻有 24 个节气点的圆盘，这个圆盘是可以转动的，用这个圆盘表示地球绕日公转时"回归年"的变化情况。

第三个板，是一个椭圆形的板。这也可以叫作"轨道板"。用这个板表示地球绕日公转时的实际轨道。并且，在这个椭圆板的近日点和远日点间，刻出一条直线，用以表示近日点的变化情况。

把第一和第二个圆板的中心钻一个孔，再将椭圆板其中的一个焦点处也钻一个孔，然后将这三个板用钉子串在一起重叠起来钉在桌子上，这个模型就做成了。此时，我们将一只小钢珠放进黄道盘上的环形槽内，让钢珠在桌面下的旋转磁场的作用下随着黄道边缘上的槽内运转。在钢珠开始在黄道板刻有记号的边缘处开始运转时，我们可以用手慢慢扳动上面的"节气板"和"轨道板"，"节气板"按顺时针方向扳动，表示向西；"轨道板"按反时针方向扳动，表示向东。

通过这样的演示，我们就可以看出，当小钢珠绕"黄道板"运行一周时，对节气板上的某一个节气点而言，它会提前到达，而对"轨道板"上的"近日点"而言，它要多走一段路才能到达。这是因为，当钢珠在运行时，节气板上的某个节气点在向着钢珠到来的方向转动，就好像是在迎接它的到来一样；而对轨道板而言，因为在钢珠运行时，轨道板在慢慢地朝着钢珠前进的方向走，这对钢珠下一次的到达，起到了要追赶一段路才能到达的效果。

以上这个模型可以说明，为什么"近点年"最长，"恒星年"稍短，而"回归年"最短的道理。

结论一："春分点"在现行阳历中相对位置的微小变化只与置闰日的累积误差有关，而与该点的在黄道上西移无关。

结论二：地球轨道的近日点是随时间的流逝而逐渐变化的，于现行阳历中的一年 24 节气中的某一节气点而言，其位移量约为每 58 年前移一日。

以上结论，只是本人之浅见。由于天文知识有限，若是此结论有误，还望天文专家们不吝赐教。

原载于《历改信息》第 33 期(2007 年 7 月 8 目)

P-7　研制中华科学历与调整法定节假日

陕西省老科协历改委　章潜五

在科教兴国战略的指引下，1995 年我们追迹诸多先贤的遗志，研究"我国历法改革的现实任务"，提出建议："农历"科学更名，春节科学定日，共力研制新历，明确世纪始年。同年国家改行双休日制度，1999 年实行三个黄金周，今朝又次调整法定节假日。

研制中华新历的任务，包含了法定节假日的设计，前后紧密关联而相辅相成。我们已 5

次敬请陕西省人大代表团和陕西省领导提出改历建议，拜见天文专家和人文专家近百人次，积极地与民俗学会交流意见。对于弘扬我国传统文化，增加法定民俗节假日，研历同仁是一致赞同的，20多人提出了含有节假日的新历方案。

研制中华新历或调整法定节假日，都需要依据历法科学原理，因此必须深察现行公历和夏历的性能，客观地分析其优点和缺点，明确我国历法改革的大方向。只有扩大眼界，深思未来，明辨是非，汇集众智，才能共志成城，取得历政事业的成功。

今朝提出的法定节假日调整方案，是基于不改革公历（西历格里历）和我国传统夏历（俗称"农历"）。这样两种不同历制的长期并存，是否适合今朝兴旺发展的我国现代社会，这是首先应该思考的问题。国家需要统一，社会需要和谐，历制要求早日归一，历法要求科学简明。为此，同仁经过多年共力研究，坚持以我国传统的24节气为纲，已提出多个中华科学历方案，其中吸取了中外古今历法的优点，在法定节假日的总体设计方面，兼顾了政治、经济和科学、文化，是从长远着眼，深察现实，坚持创新，汇集众智。

今朝调整法定节假日，依序需要决定三个问题：

一是选择决定哪几个法定节假日？已提出的调整方案是：按公历确定的节日有元旦和劳动节各1天，国庆节3天；按夏历确定的节日有春节3天，清明、端午、中秋节各1天。存在的主要问题是春节年假偏短，废除五一黄金周有待斟酌。

笔者建议：春节变为4天（除夕、初一至初三）；清明、端午搞节庆活动需要在白天，因此必需设立1天假日；而中秋搞节庆是在晚上，且约半数年份与国庆节重合或邻近，似乎可以不必另设假日。

二是法定节假日按照哪种历法来规定？在这个问题上，多数研历同仁持有深思熟虑的意见，认为应该避免夏历闰月编历法则的缺陷（北宋沈括早已指出其弊端是"气朔交争，岁年错乱，四时失位，算数繁猥"）。为了检验调整方案的效益，笔者以夏历的两个"19年7闰"周为例，排出2001－2038年的立春、春节、清明、端午、中秋的日期和星期。从该表（今略）可以看出：

1. 立春大多稳定于公历2月4日，只有5年为2月3日。凡是阳历（24节气历和公历同属阳历），都具有节气日期的稳定特性。而春节则在公历1月22日至2月19日游移不定，这表明夏历无节气日期的稳定特性，游移必然引起诸多社会困扰。研历同仁正是深察到夏历的这个缺点，都主张创制以立春为年首的中华科学历，这也正是建议"春节科学定日"的关键所在。

表中还表明，全部节日的星期都是逐年移变的，这正表明了公历的缺点：日期与星期无固定关系，因而年历表多达14种，不具有千年不变特性，而中华科学历的日期与星期有固定关系，千年久用的年历表只有2种（平年与闰年）。

2. 清明节是阳历节日，它稳定于公历4月4日（17年）和4月5日（21年），而端午节和中秋节则与春节一样是游移不定的，分别处于公历5月28日至6月24日、9月8日至10月6日。民俗传统节日的这种大幅度游移，加上节日的星期移变，使得每年节日需要频繁调休，而且难于事先明确调休规则，显然这是极不方便的。笔者建议在中华新历尚未共识之前，宜以"芒种"节气规定为端午节，它与立春和清明等节气都是每年稳定的。其实追根溯源，夏历节日原本源于古代的24节气。我国农民表面上按照夏历授时耕种和生活，实则是依节气阳历为准的。今按这种中国传统阳历来确定民俗节日，可以更多地法定民俗节假日，且每年节庆都有相同的时令，为何非要沿袭游移不定的节日呢？！

3. 中秋节与月相有关，必须是月圆的望日。表中表明，它与国庆节发生重叠或相连者多达 9 次，另有 12 次间隔 1 至 9 天，其中还有一次与国耻日重合，致使每年安排节日徒增了麻烦。笔者建议：不妨留待将来创制中华新历时解决，那时节假日都已用阳历规定，历表千年稳定不变，月初和月半恰为节气日期，这时有个与月相有关的中秋节游移，并不会带来历日的杂乱困扰，仍然是一片科学、创新、和谐、稳定的新气象！

未来新历的旬周历制允许选用科学合理的五日周制，可以安排成：工作 4 天周休 1 天，每月另有双休日，四个季度都有长假，年首和国庆节更有特长假，还可设立更多的民俗节日或其他重要纪念节日，详见另文《中华科学历方案（含节日安排建议）》（《历改信息》第 29 期，或《网络文集》分类编号 N–8）。

三是需要落实改历的配套措施。今次调整法定节假日，国家已下决心配套实行职工带薪休假，思路是法定节假日追求均匀分布，而大年团聚和远途旅游依靠带薪休假解决。笔者认为实施带薪休假应该重点先行，因为它是配套改革的基础工程。农民工希望大年春节回家团聚能有约十天长假，人们希望在春夏之际（五一黄金周）能有远途旅游长假，如果带薪休假制度不落实，那么法定节假日调整方案也就难于成功。

调整法定节假日涉及复杂的历法科学，应该留有充分时间研究讨论。我们通过多年调查研究，发现存在不少历法误识。例如早有 10 位专家学者指出"农历"称呼不科学，然而不少媒体今仍每天在误导称用它。又如把夏历元旦改称"春节"，始于 1914 年袁世凯时期，至今仍有名不副实的矛盾。再者，我国是历法文明的古国，今朝是否需要创制中华科学历？如果公众缺乏基本的天文历法知识，不了解中外历法改革的历史，也就难于分清是非而求得科学的共识。因此调整法定节假日，由于涉及历法改革问题，需要吸取民国初期改变节假的教训，应该坚持科学发展观，采取从长计议的方针，充分听取天文专家和各界人士的意见，以求调整方案经得起历史检验。十多年来，我们协联众多民间同仁共力研历，他们的才智和精神令人钦佩，我们希望有关当局重视他们的心血奉献，以求齐心协力推进历法文明创新，并且调整好我国的法定节假日。

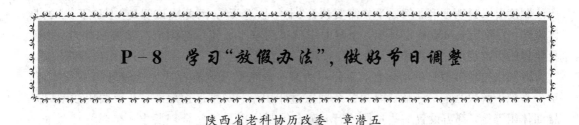

P–8　学习"放假办法"，做好节日调整

陕西省老科协历改委　章潜五

一、试行黄金周是历法改革的创新性探索

辛亥革命胜利后，1912 年孙中山创举"改用阳历"。1914 年袁世凯下令改节，设立四季节假日：春节，端午、中秋、冬至。在世界改历运动的高潮中，1930 年民国政府强令改节（兴元旦，废春节）。两次改节都无果而终。1949 年新中国成立，宣布"纪年采用公元"，两个多月就出台了"年节纪念日放假办法"，法规简明合理、考虑深细，经受了半个世纪的考验，

是制订历法法规的榜样。

21 世纪前后，我国经济发展获得成就，1995 年实行双休日制。为了发展旅游经济，1999 年试行三个黄金周。今为弘扬和传承传统文化，2007 年再次调整节日。笔者认为，对原有"放假办法"加以科学合理的调整，使之更趋完善是有必要的。但应具有长远观点，防止偏颇而"朝令夕改"，需要长远规划，全面分析，充分论证，科学决策。今有网络技术的先进手段，更应该比前辈做得更好。网上征求意见阶段今已结束，调整方案获得大多数人赞同，但从法规的科学性和完备性来看，有待认真研究以求完善。法定节假日基于现行两种历法，改历改节是个复杂任务，调整好公众要求、符合科学、新旧和谐、长治久安，还需要集思广益和深思熟虑。

对于"五一黄金周"的存废，意见存在严重分歧。笔者多年协联同仁研究"我国历法改革的现实任务"，认为从世界改历运动的观点来看，试行黄金周是关于改历的创新探索，它与法国大革命和我国太平天国的政治改历不同，是社会主义国家追求发展经济的积极探索。前苏联实行新经济政策时，曾试行机器不停而工人轮休的历制，取得了世人瞩目的显著经济效益。我国创设黄金周是求发展旅游经济，也取得了明显的成绩。黄金周这种新法制的创举，难免会伴生一些问题，例如交通拥挤、设备有忙有闲、景点受到损坏等，但已不断地在积极解决它。对于这种创新性的法制改革，笔者认为评价分析应该客观公正，不宜把弊端只加在五一长假上。倘若匆匆取消五一黄金周，势必会使十一黄金周爆棚，难道以后也取消十一黄金周？因此笔者建议暂仍保留五一黄金周，继续试行几年后再做存废决定。

二、节假日调整方案有待修改以求完善

政务院的通令"年节纪念日放假办法"，不仅明确了全民节日，而且还明确了部分人群的节日。法规的特点是考虑深细，注意到节日的星期游移，明确有调休规则办法，无需每年另做补充规定。而今朝公告的调整方案还不够完善，对于每年节日的星期游移，以及传统民俗节日的大幅游移困扰问题，只是说了"允许周末上移下错，与法定节假日形成连休。"似乎准备各年频繁公告节日调休。这是远古时代的施令用历办法，现代社会应该尽量避免，历法制度要求透明便利，例如学校需要预订"十年教学历"，因此应该明确"上移下错"的具体规则。百年历表早有确定日期，今案的中秋节约有半数年份与国庆节重叠或邻近，如何具体移错更需说明，笔者希望：最后公布调整方案时，应该列举一些年历表作出阐明。

课题组追求节假日的均匀性，主张尽力减少长假数量，笔者认为这种理想不符实情，至少是难于解决当前的矛盾。因为公众回家过年团聚、安排远途旅游、开展国庆活动以及暑期休闲等等，都需设置一些长假才行，黄金周制体现了这些合理要求。在今节日总量只有 11 天，双休日制度又不变的条件下，想要节假日均匀是不现实的。因此在带薪休假制度未能落实之前，似应首先保证某些重点长假节日，而不是追求理想的均匀性。今提出的调整方案，按我国"四立"分季观点来计是：春季 3.5 天（春节 1.5 天，清明、五一），夏季 1 天（端午），秋季 4 天（中秋、国庆 3 天），冬季 2.5 天（元旦、春节 1.5 天）。袁世凯强调民俗节日怀有心计，他忌讳元宵节有谐音"袁消"而改称，又把阴历元旦改称"春节"，致有名不副实的矛盾，更阻滞了历法的改革创新，但其"四时节假"的均匀性却具有参考价值。

三、中华科学历方案可供调整节日参考

今次调整法定节假日，主求弘扬和继承传统文化，需要增加民俗节日作为载体。但因阴历节日都有一个月的游移困扰，限制了较多设置民俗节日。节日种类数今从 4 个升为 7 个，其中有大幅度游移者增至 3 个（春节、端午、中秋）。封建王朝年代使用单一的皇历（夏历），是不会产生这种困扰的。在今中西两历并存而以公历为主时，就必须重视不同历制必生的困扰了。是否有办法消除这些游移困扰呢？不研究历法原理只能束手无策，而研历同仁却无此困惑，已经寻得解决办法。例如公历的星期游移困扰，上世纪兴起的世界改历运动就已获解。至于夏历日期的大幅度游移困扰，研历同仁已研制出中华科学历，它以我国传统的 24 节气为纲，性能远比公历（格里历）优越，这是具有中国特色的真正农历！它是十多年共力研究的心力奉献，了解这种新历方案的优越性能，可供调整法定节假日参考。

今仅简要列举其中一种新阳历的长期年历表如下：

1-5、7-12月

□	2	3	4	**5**		6	7	8	9	**10**	11	12	13	14	**15**
16	17	18	19	**20**		21	22	23	24	**25**	26	27	28	29	**30**

6月

□	2	3	4	**5**		6	7	8	9	**10**	11	12	13	14	**15**
16	17	18	19	**20**		21	22	23	24	**25**	26	27	28	29	**30**
31	32	33	34	**35**										

说明：（1）闰年有 6 月 36 日，特定为闰年休假日，置闰规则仍同公历（4 年 1 闰日，400 年 97 闰）。（2）有方框者（各月 1 日、16 日）为 24 节气的近似日期，用口诀可作精确估计，无需查阅历书历表。（3）有阴影者为休息日：逢 5 的倍数（5、10、15、20、25、30 日）为旬休，各月月半 16 日与 15 日为双休日。6 月末旬（平年 31－35 日、闰年 31－36 日）为年半休假日。

由表可知，这种新阳历具有日期与星期的固定关系，可以千年久用而无游移困扰。给定年月日之后，即可迅速确知星期、季度、节气，简明程度连儿童都能掌握，因此就能摆脱繁琐的历书历表，迎来人民变作历表主人的崭新时代。至于传统的民俗节日，例如清明、冬至等等，大多处于各月的 1 日或 16 日，不存在每年临时调休的困扰。至于端午节、重阳节等依据阴历规定的节日，建议改用阳历 5 月 5 日、9 月 9 日来规定，就能像元旦、国庆等阳历节日一样稳定不变。只有少数与月相有关的节日，例如中秋节、元宵节，因为必须是月圆望日，在每年短期年历表中是游移的，但仅此寥寥几个节日游移，并不会造成严重的困扰。传统夏历反映了我国古代阴阳两历融合的智慧，因此需要继续作为辅用历法保留，提供偏爱和习惯者使用。

据上分析可知，中华新阳历允许设置许多民俗节日和阳历节日，详见《中华科学历方案（含节日安排）》。有人认为民俗节日必须按照阴历，如果改成阳历就感觉变了味，殊不知夏历的节日原本源于古代的 24 节气。按照科学发展观来看，用此传统历法的精华来规定法定节假日，更能彰显中华民族古代历法科学的光辉！封建王朝年代长期使用"皇历"（夏历），但我国改用阳历已临近百年且已习惯。今处"日心说"的宇航时代，改用 24 节气来规定法定节假日，同样也是弘扬和继承我国传统文化。笔者认为，弘扬和继承我国传统文化，关键并不在于节假日的日期习俗不变，而是重在要切实努力丰富传统文化的内涵，使传统民俗与现代生活融合并创新，这样才能吸引国人不断地传承下去。

原载于《历改信息》第 34 期，2007 年 12 月 12 日

P-9 对调整我国法定节日的几点意见

2007 年 11 月 9 日，星期五

张功耀

法定节日是用来庆祝节日的，不是用来休假的，更不是用来组织旅游的。这一点应该首先明确。鉴于此，我提出如下法定节日调整意见。我的意见的特点是：

（1）把"法定节日"与"安排职工休假"两个不同概念区别开来。"法定节庆日"不等于"法定休假日"。

（2）废除利用法定节日成为"黄金周"的任何可能设置。

（3）全年职工参加法定节日庆典的时间，依其宗教和民族背景而有所不同，变化幅度为 6～9 天。

（4）另外每年为每位职工安排法定三周休假时间。

（5）法定节日的安排，突出国家整体利益，而不是迎合职工个人的休假利益，即在利国的同时，考虑利民。

我的具体调整意见如下：

1. 现在我国人民过的春节，是袁世凯在 1914 年设定的节日。这个节日的原来名称是"过年"，它以万象更新为基本节庆内容。应该把这个节日的名称和节庆习俗，恢复到 1914 年以前的"过年"，而不是现在的"过春节"。事实上，我国许多"春节"是在立春以前过的。鉴于此，应该首先废除"春节"这个节日名称。其次，应该恢复 1914 年以前的"过年"传统。从阴历除夕开始到正月初一结束，用两天时间庆祝万象更新即可。

2. 国庆节用一天庆祝足够。清华大学提出的方案建议"放三天假"，违背了法定节日设定的目的。必须重申，庆祝节日不是为了休假。把"过节"理解为"休假"是错误的。因此，这里不需要"放假三天"。

3. 同意清华大学关于清明节、端午节、中秋节各安排法定节日一天的建议。

4. 为照顾宗教界人士的主要宗教庆典，为基督教（含天主教和东正教）、佛教、伊斯兰教登记在册的教徒增加一些法定的宗教节日。初步设想如下：

基督教徒增庆祝"圣诞节"和"复活节"各一天。

佛教徒增庆祝"浴佛节"和"盂兰盆节"各一天。

伊斯兰教徒增庆祝"开斋节"和"圣纪节"各一天。

5. 为少数民族集中居住的地区，如新疆、内蒙古、西藏、云南、吉林、广西等地的少数民族居民设置民族节日，以尊重少数民族的节庆习俗。

我的初步设想如下：

新疆、宁夏的回族居民与伊斯兰教的两个法定宗教节日合并使用。

与汉族的"过年"对换，青海、西藏的藏民改庆祝"藏历年"两天。

云南、贵州、四川的纳西族、彝族、白族等增加庆祝"火把节"一天。

与汉族的"清明节"对换，朝鲜族居民改庆祝"秋夕节"一天。

蒙古族增加庆祝"那达慕会"一天。

壮族增加庆祝"三月三（歌仙节）"一天。

景颇族增加庆祝"泼水节"一天。

云南白族增加庆祝"三月街"一天。

6. 法定节日时间安排的基本指导思想：

（A）宗教节日按照本宗教的教历安排。

（B）一个国家不适合使用两种世俗历法。因此，我们必须继续推动废除阴历的工作。废除阴历以后，应该重新调整节日时间。对此，本人已经再《关于废除阴历的新设想》一文中做了系统的研究。我相信，我的方案是切实可行的。不过，在废除阴历以前，我同意暂时按照现有阴历执行节日安排。但是，必须指出，逢闰月只过头月节，不过闰月节。

7. 加快建立职工休假制度。初步设想，我国职工的年度休假当以三周时间为宜（含休假当月的大礼拜，不含当月的法定节日）。职工旅游、度假、走亲访友，应该在职工休假中安排，不应该在法定节日期间安排。

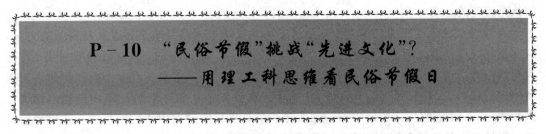

P–10　"民俗节假"挑战"先进文化"？
——用理工科思维看民俗节假日

雪竹　回复时间：2007 - 11 - 11 14:48 南方网

李景强　曹培亨/文

法定三个民俗节假日的方案一出来，引起各界各类人士的强烈关注，我们注意到，在网上，有近三分之一的人对此表示了反对意见。

第一、将民间民俗节日法定为"法定假日"，虽然多数人支持，但也有不少人表示了反对。我们认为，权威媒体对此进行宣传时，不该老是强调"农历"，大家应该知道，将目前的旧历命名"农历"是一种历史的误会，真正的农历应该是以季节和节气为原则的；而目前的农历是以迁就阴历、牺牲节气换来的。从理工科思维的角度讲，这种农历绝对是一种假农历，是不值得继续宣扬下去的。

第二、法定清明节为假日是对的，因为"清明"节正是在"清明"节气时进行的。但是，将"端午"和"中秋"节法定地表述为"农历"的五月初五和八月十五是不科学的，因为端午和中秋两个节日只与"阴历"有关而与"节气"无关。是不是可以换一种提法，将端午表述为"芒种"节气前的"上弦"的前三日或"小满"节气后的上弦的前三日；将中秋节定义为"白露"节气前、或"寒露"节气前的"望"日。只有这样，才能给中国留下一个创造真正的"农历"和"历改"的空间。

在我们看来，将民俗节日法定为节假日，民俗学家倒是高兴了，因为这顺了他们的心，可多年来一直主张历法改革的人士却高兴不起来。其中原因很复杂，一是由于历史的原因。现在我国的多数人一直把旧"皇历"当作"农历"，这是一个历史的误会，二是有些传统节日，是经不起历史考问的，譬如说"端午"节，说此节是为纪念爱国诗人屈原的，但是，从中华大一统的角度来看，屈原有他"反动"的一面，其"反动"的一面，就是他顽固地反对中华大统一。如果我们不加任何思考，将"端午节"定义为是纪念屈原的，那么这个概念一经弘扬起来，岂不是让"台独分子"们感到他们也很"悲壮"，也值得纪念？

因此，民俗中的有些所谓的"传统节日"，对历史的发展并不都是有价值的。换句话说，不是所有的"民俗"都是值得弘扬的。这得站在历史发展的高度上去看问题，而不是简单地为了民俗而民俗。为了传统而"传统"。

众所周知，我们国家现在还面临着一些分裂势力的困扰，不止是台独，还有其他一些类似的势力，这些都是值得我们警惕的，国家在法定节日时，也应该考虑到这些节日在法定后是否有负面作用。

我们现在讲"三个代表"，讲"科学发展观"，而所谓的"民俗"，是不是都符合这两个原则？这是值得研究和思考的。"传统文化"肯定不等于都是"先进文化"，因为"传统文化"中有落后和腐朽的成分。在"三个代表"的原则下，对于传统文化，我们应该有所区别有所选择地去弘扬，而不是不管三七二十一地都加以"发扬光大"，如果不是这样，那么传统中的神鬼文化要不要发扬？传统中的封建迷信文化要不要光大？在"三个代表"的原则下，回答应该是否定的。

我们国家现在的"嫦娥一号"已经发射成功并成功进入绕月轨道，这就是科学的力量，科学还将继续告诉人们，以月球为主太阳为辅的"历法"是错误的，只有以太阳为主、月亮为辅的阳历历法才是科学的。这就是历法改革的倡导者们多年来一直主张要创新的真正的新中国的新历法，也即是名副其实的大中华的"农历"。有人说，21世纪是中国走向伟大复兴的世纪。一个新兴向荣的新中国，应该有一个真正科学的大中华的新历法，这是历法改革的倡导者们长期以来孜孜不倦梦寐以求希望实现的一个科学理想。

原载于《历改信息》第 34 期，2007 年 12 月 12 日

Q类 西安报纸再次报道历改委

Q-1 《西安晚报》报道历改委的研究：阳历才是真正的农历？

www.xawb.com 2008-01-06 14:51:07 西安晚报

这些历改研究者绝大多数已年逾花甲。（采访对象提供）

（历改委加注：自左至右的8位教授和研究员是：

陈宏喜、董建中、肖子健、蔡堇、金有巽、章潜五、施亚寒、赵树芗）

13年前，以西安电子科技大学离退休教授为主的一群老人，开始潜心研究我国的历法改革并提出改历，建议"农历"科学更名，春节科学定日，共力研制新历，明确世纪始年。他们一举推出了"中华科学历"方案，在国内外引起广泛关注，甚至被一些网络媒体"爆炒"，陕西省人大代表团也曾四次向全国人大提交改历建议。春节将至，适逢国家将部分传统节日确定为法定假日，改历问题又一次凸现出来——

一、历史——先贤早有改历主张

许多人并不清楚历法改革的历史，其实这是我国的世传课题，早有不少先贤作过探索。

孙中山说："我国阴历自轩辕时代创行至今，沿用数千年之久，中经五十余次更改。其法原较阳历为善，惟闰月一层，不便国家预算。光复之初，议改阳历，乃应付环境一时权宜之办法，并非永久固定不能改变之事。以后我国仍应精研历法，另行改良，以求适宜于国计民情，使世界各国一律改用我国之历，达于大同之域，庶为我国之光荣。"

著名天文学家戴文赛说："同四季循环对农、林、牧业、航空航海和日常生活的普遍意义比较起来，月亮盈亏循环的实际意义微小得多。因此在历法选择中，舍阴阳历而取阳历是理所当然的。"

竺可桢的论述语出惊人："在二十世纪科学昌明的今日，全世界人们还用着这样不合时代潮流，浪费时间、纸张，为西洋中世纪神权时代所遗留下来的格里高里历，是不可思议的。"不妨再列举几位专家的观点。北京大学物理学教授薛琴访认为，阳历对农民耕种非常方便，真正的农民日历是阳历而不是阴历。为宣传历法科学知识，他编出"阳历推算歌"，排出《1950 年人民日历》，登载在年初的人民日报上，献给刚诞生的新中国。陕西省委原书记处书记陈元方也给我们留下专著《历法与历法改革丛谈》。据说这本书虽未在书店销售，但影响深远，许多人拜读后备受激励和启迪。陕西省老科协历法改革专业委员会理事长、西电科大原图书馆长金有巽教授，最先指出"农历"为不科学的称呼。他于 1948 年撰文说：一般人以为农夫离了阴历便不能耕种，才有人发明了"农历"这个怪名词来代替旧历，表面看似乎很通顺，其实大错特错，犯了颠倒因果的毛病。

陕西省老科协历法改革专业委员会秘书长章潜五告诉记者，这些年来，他们之所以能在极其艰难的情况下将此项工作坚持下来，可以说，追迹先贤遗志是重要的力量源泉。

二、观点——阳历才是真正的农历

"阳历才是真正的农历！"听到这个观点，大家很可能感到吃惊和怀疑，这其实就是省老科协历法改革专业委员会这些年来进行历法研究的结论之一。我国的旧历被俗称"阴历"，不少报头日历不是至今仍在称它为"农历"吗？那么究竟哪个名称才是对的呢？

其实，只要了解历法原理和历史事实，就能证明阳历才是真正的农历。历法是源远流长的实用科学，它反映天地运行之规律，明示寒暑变迁的法则，体现时代的文明水平。理想的历法应该是：给定年月日的数据后，无需翻查历表就能明确某天是星期几以及节气日期。然而公历（格里历）和夏历（"农历"）却不能满足要求。公历采用不合理的连续七日周制，并且历法的岁首不正，致使不查历表就难于回答某天是星期几和节气日期。夏历的置闰法则既陈旧又复杂，月大和月小没有规律性，24 节气日期游移一个月，因此即使编历专家也无法回答，只得编印厚厚的历书备查，实际上都在做繁琐历书的奴隶。

"农历"称呼是违反天文学原理的。新版《辞海》上册 1075 页载："农历指中国现行的夏历，属阴阳历，以其与农业生产有关而得名。"其实，与农业生产有关的只是夏历中的 24 节气，而早期的多版《辞海》引用著名天文学家陈遵妫和戴文赛的论述，明确指出："节气是根据太阳在黄道上的位置决定的，属于阴阳历中的阳历部分，所以把旧历叫做'农历'是不恰当的。"众所周知，农业生产需要遵从节气规律，寒来暑往的周期取决于太阳光照的变化，它与月相的盈亏毫无关系，因而 24 节气应该属于阳历性质，古代农民虽以阴历计日，实则是依节气阳历为时标耕作，可见阳历才是真正的农历！

三、成果——中华科学历何以"科学"

"你问近几年来我们有啥成果？我们认为当前谈不上'成果'，因为历法改革任务艰巨复杂，是文化领域的万里长征，但收获还是不小。"章潜五这样说。

2002年初，不少报纸响应章潜五等专家的呼吁，《解放军报》《福建日报》等纷纷去掉报头中的"农历"两字；《北京青年报》更专门指出："阳历才是真正的农历"；"网易新闻"和香港《文汇报》转载宣传，不少报纸和网站跟随改称和报道。章潜五等曾对北京图书馆阅览室的报纸做过统计，目前仍然标称"农历"者从44％降为28.3％，避称"农历"者从16％降为12.9％，只标称公历而全不标示旧历者从41％升为58.8％。

经过多年的研究，省老科协历法改革专业委员会汇集我国当代20多位研历同仁的新历方案，提出了两种科学简明、让人神往的"中华科学历"。一种是照顾了七日周习俗的"新四季历"，它对上世纪世界改历运动提出的四季历（我国10万人填答《征求改历意见单》，有81％赞成）作了重大改进。另一种是创新的五日周历，它吸取了北宋大科学家沈括的改历主张，继承了《天历》的改革精神，遵从竺可桢、罗尔纲、陈元方、钱临照等专家的指引，是反映我国24节气科学思想的理想新历。历法结构是年分12月、月分6周、每周5日；仅6月份例外为大月、多一周，闰年则有第36日，特定为周日休息。岁首定为近似立春日，以使各月的1日和16日为24节气的近似日期。这种新历远比现行公历（格里历）科学合理。

消除了公历最不合理的缺点———连续七日周制，改用科学合理的五日周制，能整分一年365日、一月30日、节气间距约15日，而七日周制则不能整分。五日周制早有先例：我国千年久用"五日一候""十日一旬"；古埃及历每月均为30日；法国大革命后废除格里历，颁行的共和历仿同古埃及历；俄国十月革命后曾试行工人分为五组轮休。

月日分配符合夏季长（约94日）、冬季短（约89日）的实际，大小月规律简单易记，消除了公历中的古代皇权烙印。月历表从28种降为3种，年历表从14种降为2种，测算星期易如反掌，连幼童也都能掌握。

日期与星期关系已获固定，年历表具有千年永久性，每年法定节日的星期不变，免除了频繁调休之苦，年历表简单明白，几乎无需编印历书历表，而且科学性和透明度极好，封建迷信难于侵入为害，有利于根除愚昧和迷信，弘扬科学思想方法。

历法岁首改为近似立春日（公历2月4日），消除了公历岁首无天文意义的缺点，可使全年时序科学合理，两个年节合一，春节名正言顺，不会再在严冬过"春节"，新历使历法季节符合实际天时，岁首与春夏秋冬分季不再矛盾，并可消除我国两历并行的诸多困扰。例如，春节来晚的年份，农休处于雨水节气之后，容易贻误春耕春灌良机；春节来早的年份，大批学生挤入人流高峰，给春运徒增困难。

四、争议——春节改在立春"自作聪明"

1997年春，《上海科技报》和《文汇报》报道我省老科协历法改革专业委员会提出的建议"春节科学定日"，紫金山天文台马伟宏采访南京大学天文系主任方成院士，写出报道"方成院士细说'春节改期'"，20多家报纸转载这些报道。马伟宏又协助江苏卫视播映"春节科学定日"专题采访，促进了国人思考改历调节问题，不少群众来信支持。

2005 年春，南京市多家报纸再次载出"春节调到立春，专家酝酿'历法改革'"，全国许多网站作了转载，引起了强烈的反响。郭松民写出评论《春节改在立春自作聪明》在《海峡都市报》载出，认为春节日期游移所致的多项社会困扰只是"现阶段经济社会发展程度不够或者管理协调不当造成的"，认为"春节是我们的图腾"，"是不能因为麻烦多而妄加修改的"。为此，研历同仁曹培亨撰文：春节定日，闭眼乱骂不太好。曾一平教授撰文：图腾不能救中国，春节也不是图腾。章潜五也撰文《老兵章潜五给老兵郭松民的五封信》，说明春节科学定日与共力研制中华科学历的关系，详细论述了这两项改历建议的根据。为了消除误识偏见，章潜五又撰写三封信"与刘魁立先生商榷历法改革与维护传统"，当时《南方周末》记者陈一鸣撰文《春节改期之争》，客观地介绍了双方的观点，做出了是非的判断。

在我国两历并存的条件下，现行春节是否存在游移的多种社会困扰，这是客观的社会现实，若不通过认真的调查研究，是不可能获得正确的结论。春节科学定日问题与共力研制新历紧密关联，如果不知道我国历法改革的历史，不知道上世纪兴起的世界改历运动的历史，仅从民俗观点来理解春节改期的建议，就难免会有偏颇的看法。为何许多主流报纸没有随波逐流转载反方观点，其中一个原因是他们早就收到过陕西省老科协历法改革专业委员会寄赠的许多书刊资料，是坚持科学发展观来看争议问题。鉴于不少人缺乏了解历法科学知识，陕西省老科协历法改革专业委员会节录百余篇书刊文章，汇编成《"我国历法改革的现实任务"网络文集》，在人民网、新华网等多个论坛贴文宣传。

反对此项改历建议的一个重要根据是"春节已有几千年历史"，但却不知古代多以立春称为春节，而"定阴历元旦为春节，端午为夏节，中秋为秋节，冬至为冬节"，根据我们查阅中国第二历史档案馆的史料，是 1914 年袁世凯时期由这位梦想当皇帝的大总统下令规定的，因此准确的说法是：我国过阴历元旦的大年岁节已有千年历史，而过阴历元旦的"春节"则至今只有九十多年！

五、未来——与格里历竞比优劣

"以后怎么发展？一句话，与格里历竞比优劣！"省老科协历法改革专业委员会的 11 位骨干这样向记者表示。这个特殊的群体共有 11 名成员，8 位都是西安电子科技大学的离退休学者，另外 3 位是四川和山西的专家。13 年来，历改委员会主要靠骨干们的退休金开展工作，至今资助的人次已经逾百，其中西电科大的许多教授多次资助。侨居美国的研历先辈杨元忠老先生已 6 次汇款。正是有了这些资助，他们才能编印 8 种历改研究的文集和资料、34 期《历改信息》，并将两万份书刊赠给人大代表等参阅。前几年经费十分紧缺时，省科协原副主席徐任写信给省领导，原副省长陈宗兴批示支持研究，陕西省科技厅拨款救了急，使研究勉强维持至今。两年前，章潜五写信给西安市有关领导，受到重视，不久市科技局两位处长先后来到其家了解情况，随后就解决了部分经费。但总体来说，研究历法改革，需要花费大量精力募集资金，许多计划由于无钱不能实现。当前历改委员会提出中华科学历的初步方案，需要继续吸取国人的智慧加以完善；而与格里历竞比优劣，还有许多工作要做。

陕西省老科协历法改革专业委员会的研究，不断得到有关人士的肯定。1994 年，南京大学天文系原主任方成院士和肖耐园教授审阅《春节定日的科学确定问题》等文稿后鼓励说："这个问题值得通过适当途径向立法机构提出，例如作为全国人大的提案，提出把春节确定在立春之日起的三天，好处是明显的。"同年底，陕西省新闻出版局原副局长马大谋对"关于加强历政建设的建议"表示赞赏。1995 年春，陕西省人大代表团向全国人大提交了改历建议："农历"应科学更名，春节宜定在立春。全国人大将此提案批转中科院。中科院办公厅专文答复说，若将"过年"与"春节"分开，"过年"不放假，"春节"另订一个公历日期以便于安排工作和各项计划，这种做法是完全可以的，但要能被广大群众所接受才行。随后，陕西省人大代表团又三次向全国人大会议建议改历。全国政协原常委张勃兴与另两位领导姜信真、李雅芳也联名向全国政协提案。

历改委员会的设想计划有三项：2007 年撰写"历法改革研究"课题报告，编印一本《历法知识和历法改革》百题问答科普书，争取在西安成功召开"中华科学历方案论证会议"，现正在期盼获得社会各界的支持和资助。为了明年撰写课题报告，2007 年 10 月，章潜五专门赴京征求有关专家和领导的意见，并拜见了中央文明办秘书组副组长刘斌。刘副组长对他们所搞的历法改革研究十分赞赏，回赠了调研组的著书。

近日，历改委员会的四名主要成员又在临潼拜见了中科院国家授时中心的领导和专家，得到他们的热情支持。历法改革是社会改革的公益性研究课题，24 节气历与黄帝陵和秦兵马俑一样，都是我国文化的独特瑰宝，不同之处是它需要随时代进步而改革创新。在当今我国国际地位空前提高之际，历法改革这个千秋事业亟待关注。这些年过花甲的老人们坚信，通过更多有志之士的艰苦奋斗和不懈努力，历法改革一定能够实现。他们编写的《座谈会文集》序言中有首诗，可以说是他们内心世界的真实写照，就权当此文的结尾吧：不悔求索竟数年，忽如春风拂绉颜；莫道古城独一朵，他日笑看花满园！

原载于陕西省老科协历改委《历改信息》第 35 期（2008 年 2 月 20 日）

六、不同专业人士的不同观点

1995 年 6 月 13 日，中国科学院办公厅在《对八届全国人大三次会议第 1717 号建议的答复》中称，若将"过年"与"春节"分开，"过年"不放假，"春节"另订一个公历日期，这种做法是完全可以的，但要能被广大群众所接受才行。同时也要考虑海外侨胞的传统习惯，他们也把中国传统节日作为自己的节日。

的确，对改立春节日期，社会上许多人不同意。2005 年，当国内掀起声势浩大的民俗文化保护热时，对于改立春节日期的反对声也达到高潮。网上有人骂他们"吃饱撑的"。

北京师大文学院副教授、民俗专家萧放认为这个提法看上去很科学，是为了避免麻烦、统一时间，但并不现实。春节是传统的中心节日，它关系到情感、伦理、传统。科学不能完全解决文化问题，不完全等同于生活。

近日参加"陕西非物质文化遗产保护的理论思考与对策研究"学术研讨会的中国民俗学会理事长、中国科学院研究员刘魁立认为，如果以月相作为依据看公历的 1 月 1 日，它也是"游移不定"的。如今，世界几乎所有民族的语言都还延用地球视角所得的立论来表述日落日出，谁也不会让人好笑地说"地球自转使我们又重新看见了太阳"。所谓"春节科学定日"的建议，在我看来更多的是考虑节日作为时间的物理性能。但文化内涵是节日的灵魂，节日的时间确定是传统使然，并不是可以随着个人意志摆布的。民国时期的由于废止旧历而查禁过旧历年的做法，在我看来是"欧洲文化唯一论"在历法问题上的表现；"文革"期间的不许放假说是为了扫除"四旧"，岂不知所谓公元的纪年也还是"洋四旧"。如使这一"科学定日"成为现实，必将"科学地"丧失掉除夕，丧失掉过年的诸多活动，以至于影响到端午、中秋和重阳，将会严重地影响甚至破坏我们整个的民族节日体系，它的后果将真的是一场"文化"大革命。

昨日记者采访了陕西师大教授、省非物质文化遗产保护中心民俗专家组负责人傅功振。他认为，目前的春节已经形成一套完整的体系，是我国人民亲情、友情、爱国之情、民族之情等集中体现之节，只能守护，不能做影响这一传统继承的事。

记者注意到，争论双方的专家学者中，支持金老观点的多为从事自然科学研究者，而反对者基本为从事社会科学研究者。

七、"历法应简单"——与金老对话

就一些焦点问题，记者与金老进行了一番对话。

记者：把春节改到立春，是否会影响传统文化的继承？

金老：我们提出的是改动春节日期，而非废除春节，因此不存在断送春节传统文化的问题。而且自汉代以来，我国传统历法以立春日为春节，是时皇帝和民众进行迎春催耕活动，是官方活动，相对来说，"过年"是民间活动。到 1914 年时，袁世凯政权"定阴历元旦为春节"，才将过年与春节合二为一，迄今只有 94 年历史。由于时间的阴差阳错，往往在冰冻三尺之际，我们却庆贺"万象更新、春色满园"。因此将春节改到立春日，是恢复传统，也才名副其实。

记者：我们都知道开春就要开始农业生产，把春节改到立春，是否会影响农业生产？

金老：现行春节往往在大寒与雨水之间前后摆动，早则约 1 月 21 日，晚则约 2 月 20 日，按概率分析，约有 66% 不是候春就是误春，而且 49% 在立春日之后，有可能耽误农时。因此春节改到立春，有利于农业生产。

记者：春节定于立春，还有哪些好处？

金老：由于现行春节在阳历上的日期游移不定，前后偏离达 29 天，给社会生产、生活带来诸多不便：不利于月度统计对比；交通部门的春运计划难以稳定；元旦与春节间的双节供应计划年年变动，或短或长，无法统一；影响教学计划，这是教师们感受最深的。由于教材是不变的，国家规定每学期的教学任务也是固定的，可由于春节的游移，上下学期时间长短年年变动，给教学带来困难。因此，将春节改为立春，固定在阳历年 2 月 4 日，将避免上述问题，同时节约资源。

记者：作为夏历岁首的"年"，汉武帝颁布《太初历》就已确定，已有 2000 多年历史，系中华民族影响最大的一个传统民俗节日，含有丰富的民俗文化，如果把春节改到立春，而且围绕立春放假，难免使"年"的传统文化受到影响，你们怎么看待此问题？

金老：我个人观点是生活要简单，历法也应简单，历表内只需要符合自然规律的分段。至于民俗，那是民间的事。年的有关民俗，可以挪到立春进行。

原载于陕西省老科协历改委《历改信息》第 35 期（2008 年 2 月 20 日）

Q - 2 关于未来世界改历问题的探讨

岳儒先

【推荐按语：岳儒先先生是我的高中老同学，1963 年毕业于西安医科大学，曾任咸阳纺织配件二厂卫生所所长，后因视网膜色素变性病，双目几近失明已二十年。然而他却依靠听广播，由孩子念文章，热衷于历法改革的研究。他提出的万年同步历方案，曾寄往国务院、紫金山天文台、北京天文台、中国残疾人联合会等单位有关领导，反应冷淡。笔者深为儒先兄身残志坚、刻苦奉献之精神所感动，因而协助他打印了文字，并向《历改信息》推荐，亦得到章潜五教授的热情支持。改历的路程是艰难的，有此一批不畏艰难的勇士，何愁中国在历法改革领域对世界做出新的贡献！——西安建筑科技大学教授路迪民附记】

20 世纪已经过去，许多学者和公众期盼从 21 世纪开始改历的愿望并未实现，这是因为对于历改方案的共识还需要时间。然而，历法改革，势在必行，则是历史发展的必然规律。本人历经多年不懈努力，潜心探究，也产生了一个"万年同步历"的方案，现不揣冒昧，陈述如下，以供参考。

众所周知，现行公历（下称"现行历"）是由公元前 46 年的"儒略历"修订而来，被世界多数国家采用，极大地促进了各国人民的文化交流、科技进步、国际贸易和友好往来，有过历史性和划时代的贡献。但是，人类在使用现行历的同时，也经年累月地为其四季的日数不等、月份大小不一和月份日期与星期的日期参差不齐所困扰。

所以，从 19 世纪以来，意大利和法国等某些有识之士便萌生了改历的想法。1910 年在伦敦召开的一次国际改历会议上成立了"国际改历委员会"，主要收集、审核改历方案，并多次向联合国提交过改历方案，但终未成功。

20 世纪末，中国不少媒体传播了新世纪的历改信息，从有些媒体的报道可见，似乎新世纪实行的改历方案已成定局。实际上，在百余改历方案中，学术界仍然主要对两种改历方案——12 月世界历和 13 月世界历，进行各种细节性的研讨和修订。作者认为，媒体中提到的两种改历方案，均有不尽如人意之处，不是未来世界公历的最佳选择。它们都没有解决月份日期和星期日期参差不齐的问题，有的方案也没有解决月份大小不一的问题。拟改历中设想的在某一国际节日"在这一天全世界都休息"，更是无法做到的。在 12 月世界历方案中，每季度的第二个星期五（金曜日）和月份的日序十三相重叠，这样就存在着被某些国家公众忌讳的所谓"黑色星期五"的弊端。在 13 月世界历方案中，存在着没有划分季度和出现月序为 13 这个被某些国家最忌讳的数字的弊端。

本人提出的"万年同步历"是由现行历脱胎而来，它具有沿袭公元纪年，仍有平年与闰年之分，把一年分为四个季度以及把日期与星期相组合的基本特征。同步历的基本要点如下：

一年分十三个月，每个月二十八天，正好为四周，且周日（日曜日）的日期均为 7 或 7 的倍数。月序由 0 到 12 月，每月的第一天和本月第一周周一（月曜日）均同步从一开始，每月都是从该月第四周周日结束。

每年仍分四个季度，每季度为十三个星期。因为地球各地不是同时凉热，故而季度不宜按春夏秋冬划分，应按一二三四为序。第一季度从零月第一周周一到三月第一周周日；第二季度从三月第二周周一到六月的第二周周日；第三季度由六月第三周周一到九月第三周周日；第四季度由九月第四周周一到十二月第四周周日。这种划分虽与月份不齐，然与周数对应，亦属优点。和月、周、日之间的对应关系相比，季度与月份的对应关系毕竟是次要的。

上半年从零月一日到六月十四日。下半年从六月十五日到十二月二十八日。上半年、下半年均为 182 天，全年 364 天。至于平年多余的那一天，放在年首作为新年纪念日，且用罗马数字 Ⅰ 表示。闰年增加的另一天，放在年初第二天，作为闰年纪念日，且用罗马数字 Ⅱ 表示。这两天既不作月份、日期计算，也不算星期日期。

同步历既解决了星期和月份日序同步，又解决了月序、日、小时和分均由零开始，且四者同步。从零开始，循环往复，以至无穷，使人们每年均以新的起点开始。

同步历第一次解决了周序问题。设 N 为月份，M 为年周序，L 为月周序，则某月某周的年周序可按下式计算：

$$M = 4N + L$$

同步历月序由 0 到 12，避免了某些国家末月为十三的忌讳。同步历保留了世界各国诸如三八国际妇女节、五一国际劳动节、六一国际儿童节、十一国际老年节等传统节日，还保留多数国家在新年前夕把 12 月 25 日作为圣诞节的传统习惯，或者按旧历法年末倒数第 7 天计算，为万年同步历的 12 月 22 日。同步历由于周序和日序固定不变，所以永远不会出现黑色星期五的忌讳。

综上所述，同步历既弥补了现行历的不足，又避免了几种其他拟改历的弊端，具有简便易行、科学创新、实用性和可操作性强的特点，容易被公众所掌握，也能够为各国宗教界和非宗教界人士接受。另外，同步历还便于被电脑吸纳，便于新旧历的接轨。而前述两种拟改历，如果当时在新世纪启用，无论 21 世纪从 2000 年或 2001 年算起，新旧历无法接轨，要么冲掉一个星期六，要么会使星期日重复出现。

同步历若能实施，关于闰年的推算方法，闰秒的增加方法和国际日期变更线等仍然遵照国际惯例或国际法规办理。

由于同步历的实施而被冲掉的日子，诸如某国际纪念日，某些国家、民族、宗教、社团和民间的传统节日、纪念日，已故世界名人的生卒年月日，可参照旧年历顺数或从年末倒数日数推算称同步历的日子进行纪念，或在新公历中套引某国家历、民族历等办法加以解决。

期盼同步历早日能为促进世界各国人民的文化交流、科技进步、国际贸易、友好往来和可持续发展做出新贡献，更好为全人类服务。

（编者注：岳儒先先生给出了通信地址和电话）

原载于陕西省老科协历改委《历改信息》第 35 期（2008 年 2 月 20 日）

Q - 3　世界历协会的新动向——"世界历 2012 年启用运动"

太原科技大学　曾一平

在 20 世纪 30 年代曾出现第一次历法改革高潮。当时由万国工商会发起，后转由一战后的国际联盟主持此事。从百多方案中筛选出两个代表性方案向各国征求意见。"世界历"方案是其中之一，另一方案为"十三月历方案"。当时的我国政府指令教育部为首，组成历法改革研究会研究讨论。世界历方案又称"四季历方案"。这个四季历的季字与自然四季的季无关，它仅仅指一年的四分之一，是英文 quarter 一字的汉译。中国历法改革研究会讨论的结果是赞成"四季历"。由于二战的影响，国际联盟主持的历法改革被冲断，不了了之。二战结束后的 50 年代，联合国内以印度为代表在联合国再次提出历法改革建议，由经社理事会主持讨论。印度提出的基本上仍是原来的"四季历方案"。当时中国在联合国的席位仍由国民党政府占据着。以美国为首的一些国家，以方案中包含"空日"，违反宗教信仰为理由，作出无限期搁置历法改革讨论的决定。至今已近半个世纪，除了各国民间的学术界仍在研究历法改革方案外，再无国际间讨论历法改革的信息。

世界历方案虽然被联合国无限期搁置了，但世界历的发起人组织的一个国际组织"世界历协会"，仍进行一些研究和促进活动。不过活动的成效不大。直到新世纪之初的 2006 年，从互联网上才看到"世界历协会"发起的一个历法改革的新的世界性运动，取名"世界历 2012 年启用运动"（Present Campaign：The World Calendar in 2012 ）。参见网址：http://www.theworldcalendar.org/。

该运动的网页文件开头有这样一段话："上世纪前半世纪，人们认识到格里历需要一个友好的实用继承者。这个认识唤起世界的广泛研究。研究得出这样一个结论：世界历是最好的选择。"（这一段话，有没有道理，符不符合实际，笔者当另文进行据理争辩。本文只介绍情况，不作辩解。）

接着，网页文件说："历史文件可查证，随后进行了对格历改革的尝试，遗憾的是改革尝试没有完成。世界历 2012 年启用运动是 2006 年开始展开的一个多层次的运动，它证明现行的几乎普遍使用的格里历，有可能悄悄地窒息。这一点人们虽然知道，但却都视而不见。"

世界历协会开展 2012 年启用运动的这个网页的这段话的意思不易理解，似乎是想说明只要运动在各层次逐渐开展，赞成世界历 2012 年启用的人多起来，格里历就会自动被抛弃，不必经过联合国讨论和批准，世界历就会被自动启用。事情会不会真如发起者的愿望那样实现，笔者无法作预测。笔者本文只对此消息做力所能及的转报。

世界历 2012 年运动采用的办法是号召赞同世界历的人自愿加入"世界历 2012 年启用运动"为会员。加入的方式很简单，只要向运动提供的网址发一封电邮（e - mail），在标题栏填写"membership"，在内容上告诉自己的大概地址（大概说明国家及地区和城市名即可）即可成为会员。会员的义务是向自己的朋友介绍"世界历内容及 2012 年运动"。也可以以团体的名义加入为团体会员。会员是免费的。如自愿捐赠，可另行电邮联系。

"世界历 2012 年启用运动"的取名是因为 2012 年元旦是星期日，符合世界历元旦是星期日的要求。前面元旦是星期日的年是 2006 年，所以在 2006 年发起这一运动。希图自 2006 到 2012 六年内达到多数人知道世界历内容并赞同从 2012 年开始实行它。现行公历 2006 年的日历的 1 月、2 月，9 到 12 月都不需要改变，只把 3 月到 8 月改变为世界历的月历表，加到 2 月 28 日后面，就成一个 2006 年的世界历历表，也是任何平年的世界历历表。闰年只需在 6 月末加上 31 为闰日即可。这也是在 2006 年发起这个运动的原因。世界历与现行历衔接得很好，接口几乎看不出来。如果在 2012 年开始启用，只要把当年公历的 2 月 29 日继续延长到 30 日，下面跟着 3 月 1 日按世界历的安排走下去就行了。人们几乎感觉不到什么改变。这是运动设计者的一番苦心。

运动的网页还有如下说明："自从联合国无限期搁置历法改革课题的讨论，五十多年来很多研究都没有提出比世界历更好的方案。（今日的互联网技术很容易证实这一点。一些文章对其它历法改革的想法提供了比较。）（笔者按：这一点是不符合实际的，笔者将另文加以辩解）。TWCA（即世界历协会）请求有兴趣作进一步研究的任何人马上作这项比较研究工作，以免由于缺少这样的资料可用而延误世界历 2012 年启用运动。如果资料是有促进作用的，TWCA 将考虑新资料，否则世界历 2012 年启用运动将照原计划进行。"

为了让我国的网友了解世界历的主张，现对世界历的内容再次介绍如下：

1. 元旦日同现行公历不变。但固定作为星期日。

2. 一年分四历季，每历季含三个月，第一月 31 天，其余二月 30 天，共 91 天，包含 13 周。四历季相同。

3. 平年的第 365 日放在 12 月后，作为 12 月 31 日，称为"世界日"，记为"W"日，为世界假日。连同 12 月 30 日是星期六一样，仍作星期六。

4. 闰年的闰日放在 6 月 30 日后，作为 6 月 31 日，也称"世界日"，记为"W"日，为世界假日。同 6 月 30 日为星期六一样，仍作星期六。

5. 闰法同公历不变。

世界历还有如下一些特点，应注意到：

1. 每季从星期 1 开始，星期 6 结束。

2. 每月工作日 26 天，4 或 5 个星期日休息。（如按双周末算，每月工作日 22 天，周末 8～9 天。）

3. 世界历的历季与自然四季无关，因此世界历的历季不反映自然季和节气。世界历不具备作为阳历简明反映季节的首要功能。

4. 世界历只做到每个历季中的日期的星期日次固定。每月日期的星期日次仍然没有固定。所以星期仍然不能算作月下的一个层次。星期仍然不能纳入历法框架。

5. 世界历的星期表面上仍是七日星期制，但实际已经不是原来的七日连续星期了。连续运行了几千年的七日连续星期将被中止。宗教界是否认同是关键问题。联合国无限期搁置历法改革课题讨论的借口依然存在。

阳历历法框架需具有表示季节的功能，即历季应与天文四季基本吻合。西方人士没有这样的意识。宗教虽然受国家保护，但多数人看重的只是七日星期的作息习惯，对教义关心的人似乎并不多，七日星期连续不连续不是一般人关心的问题。因此，表面上能保持七日星期的作息习惯，符合西方人多数追求历法简便的愿望。就这一点来说，"世界历"对他们有较大的吸引力。但对有强烈意识阳历需简明表示季节的东方人士，世界历就远远不能满足要求。20 世纪 30 年代中国历法改革研究会代表中国给国际联盟的回应，赞同两个方案中的"四季历方案"，只不过是瘸子里挑将军，是无奈罢了，并不代表中国人的真正历法主张。当时中国的国际地位和多数知识分子的心态，也不可能有与西方人在历法理论上争胜的志气与勇气。

现在，世界历协会在开展"世界历 2012 年启用运动"时，再次征求世界各国各界人士的意见，关心历法改革，特别是研究历法改革的中国人，不应保持缄默，应当理直气壮的表述中国人的代表性观点和主张。真理在中国人民一边。（笔者个人的意见将另文发表）

原载于陕西省老科协历改委《历改信息》第 35 期（2008 年 2 月 20 日）

Q-4 "世界历 2012 年启用运动"可行吗？

太原科技大学　曾一平

笔者对世界历协会发起的"世界历 2012 年启用运动"已作了客观的介绍。对世界历协会的不屈不挠的壮志和苦心笔者十分敬佩和赞赏。但是对"世界历方案"在今后相当长时间内作为世界的标准通用历法，笔者持不同意见。既然运动发起人声明欢迎其他历法改革研究者的意见，愿意比较其它方案的优劣，笔者就愿把个人的意见讲出来，供比较参考。

首先需要把"世界需要什么样的世界历"这个问题辩解清楚？这要从历法的起源说起。随着人类社会的文明发展，人们有计数日子的要求。日子是人们一种最容易感受的自然现象，他是天然的时间周期现象，因此自然成为人们取作对时间的基本计量单位。有了这个容易掌握的时间计量单位，人们自然就会用它来计量其他事件经历的时间。最容易观察到的自然是夜晚天上的月亮。人们看见它从一弯新月，逐渐增肥，成了满月，又从满月，逐渐消瘦而消失，再出现一弯新月。这样周而复始，成为一个较长的自然周期。尽管周期经历的不是完全相等的整数天，人们还是把它作为计量日子的较大的工具。这就是阴历月。人们的脑子很灵活，一点也不顽固不化，人们知道把阴历月取 29 天或 30 天两种。适当的交替取定，总之不让失之过大，阴历就这样形成了。

但是，一个月一个月的过去，天气从寒变到热，再从热变到寒。假如一个新月在寒天，过了 12 个月，新月差不多又到寒天。人们又开始感觉出另一个自然周期，就是寒暑周期。人们把这个更大的新周期称为年。可是过了几个 12 个月之后，新月时的天气离寒天越来越远了。人们自然会想到 12 个月作一个寒暑周期小了点，试着隔几个 12 月的年，增加一个 13 个月的年，这样使一年后新月离寒天的距离不致太大。这就是用寒暑控制阴历年，或说用太阳控制阴历年。这就成了阴阳合历。也有一些人独立的考虑寒暑周期，不与阴历月挂钩。他们发现这个周期大致是 365 天多，他们把这个周分 4 个等份，以便计数。这逐渐形成分季阳历。以后再把季细分为两段或六段，就形成中国的 24 节气历。这是一个纯粹的阳历。中国的传统夏历就是把这个 24 节气阳历与阴历糅合在一起而成。

必须说明，把一年分为四份或更细的分为 24 份，是理想的天文学的分划。分四份并不是完全按气象上的春夏秋冬四季概念来分划。气象上的春夏秋冬四季概念只不过是一个参考标尺。原因在于气象四季概念因地而异，而历法却应当有普适性。因此气象四季概念必须升华为天文四季。天文四季是按天文特征来分划一年周期的分划。中国古代传统的四立分季和 24 节气，就是天文四季和天文节气。只不过它与处于北温带的中国中原地区的气象四季相接近，按中国中原的气候或物候取名而已。

西方的历法并没有作这样的糅合。在使用阴历几千年之后，当人们发现了寒暑周期之后，形成了寒暑四季概念，也发现了寒暑周期的大致长度 365 天多，也称为年。并把气象四季概念升华为天文四季概念。但并没有把年与天文四季结合在一起形成四季阳历。西方的阳历只采取了 365 天多作为年，不再结合天文四季分划年，分划月也不考虑四季分界。就这样西方的阳历失去了指示四季的功能。

另外，西方的阳历从宗教请来了一个尊贵的客人"七日星期"。按照圣经，上帝创造世界，六日大功告成，第七日休息。所以他按自己形象所造的管理世界的人，也要求在工作六天之后的第七天休工敬拜世界的创造者上帝。这成为上帝的子民应遵守的规约。星期日称礼拜天，就是这样来的。宗教统治了世界，世俗的生活也就必须服从宗教，所以世俗的一切活动就跟着实行不成文的七日星期制，星期日成为休息日。这样七日星期历就并入了西方的不与四季吻合的西方阳历。随着经济的发展，每星期一个休息日嫌少了，逐渐扩展为两天休息，这就是今天的两天周末的七日星期制。七日星期实际上成了儒略历和后来的格里历的组成部分。更正确的说法是：儒略历和格里历是一种太阳历和七日连续星期历的混合历。混合历的日期由年、月、日三层次的框架组成，短作息制度由七日连续星期历规定。由于短周期与日常生活的关系更密切，所以，当今人们的生活更多依附于七日连续星期历。从表面上看，西方世界里宗教似乎仍居统治地位。国家的许多方面服从或照顾宗教生活。但实际上星期日去教堂做礼拜的人却不一定是多数。不过七日星期，两个周末休息的习惯，各行各业都实行，确实得到多数人的赞同。

说到这里，可以回到我们的本题了："世界需要什么样的世界历？"。要正确回答这个问题需要辨明几个有关的问题。

第一，东西方对阳历观念上的异同。相同的是"东西方都要求阳历框架简明。"不同的是，东方人观念上要求阳历按天文四季安排，能简明的指示四季。西方人则无此迫切要求。因此需要辨明今后新的世界历应不应该要求具有简明指示天文四季的功能，这是个根本关键问题。

第二，东方传统阳历框架只有根据太阳位置而区分的时段，没有平行并列的另一个人为的框架（这里指的是七日星期）。西方传统的阳历（即现行格里历或称公历）包含一个并行的七日连续星期历，它支配着人们短周期的生活作息。实际上，公历已经是多数国家采用的世界通用历。经验证明人为的短周期的作息确为生活所需要。但数字"7"与年长"365"的无法消除的矛盾和"7"的选择的人为性质表明"7"并非唯一可能的正确选择。因此需要辨明，有没有必要世界作统一的星期制选择。如果辨明的结论是"没有统一选择的必要"，那世界历的选择就比较简单了。

要辨明第一个问题，要从必要性和可能性两个方面来考虑。从阳历历法产生的历史过程来看，要求阳历表示天文四季是必要的。因为天文四季的记录就是阳历产生的过程。而且，人们随时了解天文四季进程，只要有可能，不麻烦，有好处和方便，并无坏处和不方便。问题是了解四季进程不能太复杂和太专业。让人人都有这个常识，从历法的日期数字了解四季进程要易如反掌。如果能做到这样，何乐而不为呢？阳历框架指示天文四季进程的可能性需要从天文四季概念的辨明来说起。

天文四季概念也有东方和西方之分。东方人的概念从 24 节气历法可以得到明晰的科学定义。四立是天文四季的分界点。为什么四立是分界点，因为在立冬和立春之间，太阳的赤纬在全年的最低区（或说最南区）。在立夏和立秋之间，太阳的赤纬在全年的最高区（或说最北区）。在立春和立夏之间或立秋和立冬之间，太阳的赤纬介于最低区的最高点和最高区的最低点之间（或最南区的最北点和最北区的最南点之间）。由此可见，太阳的南北位置是区分分区的天文特征。所以这种分区概念是合乎科学的。中立的名称应该是南季、升季、北季、降季。偏向北半球的名称是春季、夏季、秋季、冬季。但希望不要误会为气象概念中的春夏秋冬。

再来看看西方的所谓天文四季概念，以二分二至为四季的分界点。冬至是太阳赤纬的最低点（或最南点），夏至是太阳赤纬的最高点（或最北点），春分秋分是太阳赤纬的 0 度点。由此易见，这样划分的四季，太阳赤纬不再是四季的天文特征参数。因为，显然春季和夏季的太阳赤纬范围相同，秋季和冬季的太阳赤纬范围相同。能不能找到其他的天文参数作为区分这样四区域的天文特征呢？到现在没有人找到并提出来，看来没有可能找到这样的天文特征。西方天文学到今天仍只能这样糊里糊涂的做这样的四区划分，并把这样的划分硬性命名为天文四季划分，从百科全书到天文学教科书及科普读物，都是如此说。但却没有一个讲明这样规定的理由，拿不出科学的论据来。

以上的论据辨明了哪一种天文四季划分是科学的。结论是：以四立为分界的四季划分是正确的天文四季划分。四立分别是天文四季的起点。这样就可知道天文四季的时间长度的近似值如下：

春季	夏季	秋季	冬季
91 天	94 天	91 天	89 天

有没有可能在天文四季这样长度分配的基础上设计历法的历季和分月方案，使能简明的与自然天文四季大致吻合？这是对我们提到的"可能性"的合理回答。如果能找到让人满意的方案，那回答就是"可能"，否则回答就是"不可能"。

如果有方案证明历法框架的历季能简明与天文四季较好地吻合，那么这个方案应该是比不能与天文四季吻合的方案优越。世界历应选取这样的方案。

91、94、91、89 这四个数字要想调整成便于设计历法的近似数字，按不同目的可以有不同的调整方法。一种只需作加减"1"的调整，就能化为：90、95、90、90。而且，90＝90＋5。这简单的数字和算术式子，表示与天文四季基本吻合的历季方案是容易设计出的。所以关于"可能性"的回答是肯定的。即，"可能设计出简明表示天文四季的世界历法。"而且是容易设计的。另一种较差些的调整法是调为 91、91、91、91，余下 1，91＝7×13。这也能设计出与天文四季近似吻合的历法方案。但吻合的程度不同，简明的程度也不同，都是前者优于后者。笔者设计的"自然历"是按前一种调整法设计出的历法方案。"世界历"方案是按后一种办法设计的历法方案。当然还有其它不同的历法方案。

第二个问题星期周期常数"7"来自宗教传说，是人为的，不是来自自然的。如果它是自然周期 365 的约数，那当然是天作之合，是上帝的恩赐。但现在不是，7 不能整除 365。因此日期的星期日次不能年年固定，这个矛盾是永远不能得到解决的。除非放弃连续七日星期制。但由于它来自宗教，要宗教放弃来自圣经的教义，这恐怕又需要一次重大的宗教改革。有没有这个可能，笔者无权作预测。据说开明的梵蒂冈教廷曾有意同意设置双星期六的倡议。笔者没有资料来考查其可信度。不过，即使宗教能认同这样的改革，废除了连续七日星期这个障碍，星期变成了年内固定的，也不意味数字"7"是最好的作息周的最佳选择。既然连续周的障碍能够打破，为什么不走得再远些，选择一个更方便的数字？"5"不是上帝给予人类的最好数字吗？人手有五个手指。二五得十，十是人计数的进位基准。选择了"5"作为作息周，除了365是其73倍以外，365减去5，剩下360，是多么理想的数字！看下面的算式：

$$360＝2×180＝4×90＝4×3×30＝12×30$$

这算式给简明的历法框架提供了多么诱人的前景。

再看当前的双周末，每年的周末总数是104天。经济发达的国家，已经开始向3周末迈进了。3×52＝156。相信向此目标前进的国家会有不少，人们向往更多的休息日，向往更美好的生活。如果能实行3工2休的5日周，那么，2×73＝146，比156还少10天，要实现就更容易些。这个前景难道不诱人吗？此外5作为一月30天的建筑砖块，给经济计划和计算带来的方便和利益，就很难作估计了。以"7"为基础的历季和星期方案能与它竞比优劣吗？

不必硬性规定统一的星期制，让各国自由选择，既满足了宗教信仰自由，又给人选择竞优的自由。这不是更好吗？优胜劣汰永远是社会进步的自动调节杠杆。没有星期制内容的世界历法方案，优劣的比较选择要容易多了。

辨明了以上两个先决问题，回答"世界需要什么样的世界历？"的问题就简单多了。答案是：世界需要一个有简明指示天文四季功能的世界历。它只需有"年月日框架"，不需要统一的星期体系，星期体系让各国自由选择，优劣自由竞争。世界历的年月日框架要尽可能简明。

按照以上的讨论来评价一下世界历协会提出的世界历方案：

1. 该方案是一个历季与天文四季不吻合的方案。因为它的元旦仍然是公历原来的元旦，在立春前的34日。它的四历季只是年365日的四分之一整数日（91日）。季首日与天文四季首日都相差约30日以上。所以很难从世界历的日期数字反映季节进程。

2. 世界历方案的历季、历月已改进得比现行公历规律整齐些，对经济计算比较方便多了。但是，与30日等月长方案相比，还是相差很多。具体比较参见附录。

3. 世界历方案将连续七日星期制改进为软七日星期制，是一大进步。但未必能为宗教界接受。且强行统一星期制，对星期制的自由竞争不利。与5日层次周相比，简明性就差多了。

笔者向世界历协会提出个人研究设计的"自然历"方案如下：

1. 年首　公历2月4日，近似立春日。

2. 历季　三月一季，90日。

3. 历月　30日一月。30＝6×5

4. 年中　平年5日，闰年6日，置6月末。

5. 闰法　暂同公历。随时可改进补入。

性能：四历季季首（1、4、7、10月月首）在本世纪内都在天文四立日期分布范围内。与真四立日日期的误差在二日以内。

世界历方案因不考虑变更元旦，所以新旧历的衔接光滑顺畅，这是世界历较有利的一方面。但这并不能算作它的一个优点，因它导致严重的季不清，失大于得。历季与天文四季吻合的方案必须改变年首元旦，这是消除格历"年不正、季不清"的必要手段。由此必然产生新旧历衔接的过渡期问题。不能将衔接过渡期问题作为方案的缺点看待，因它创造"年正、季清"的重大成果，功大于失。

另外一个比"自然历"方案退后一步的方案是将原世界历方案与年首改到近似立春若结合起来，这只要选择一个立春日是星期一的年就可开始启用了，比如2007年2月4日就是星期一立春。这样世界历的所有优点都保留，历季与天文四季吻合的要求也得到可满意的满足。如宗教界同意，就是一个能令多数人满意的可行方案。章潜五教授曾提出的"新四季历"与此十分相似。唯一遗憾的是30日等月长没有实现。不过作为彻底历法改革的过渡，还是可以考虑的。等到多数人有层次五日周的要求时，再走第二步也就不难了。缺陷是有改历两步走的麻烦。历法改革这样难，这样分两步走，完全成功要待何时？

世界历法改革是世界人民的大事，要世界人民多方考虑，慎重商量。世界历协会带头重提改历之议，可喜可贺。个人初步意见供协会参考。

附：世界历久用历季的历表（年首公历1月1日）

日	一	二	四	五	六
1	2	3	5	6	7
8	9	10	12	13	14
15	16	17	19	20	21
22	23	24	26	27	28
29	30	31	2	3	4
5	6	7	9	10	11
12	13	14	16	17	18
19	20	21	23	24	25
26	27	28	30	1	2
3	4	5	7	8	9
10	11	12	14	15	16
17	18	19	21	22	23
24	25	26	28	29	30（W）

自然历久用月历表（年首公历2月4日）

一	二	三	四	五
1	2	3	4	5
6	7	8	9	10
11	12	13	14	15
16	17	18	19	20
21	22	23	24	25
26	27	28	29	30

6月后：
年中　（1）　（2）　（3）　（4）　（5）
闰年

附：公历、世界历、自然历的比较

	公历	世界历	自然历
年首公历日期	1月1日（无天文意义）	1月1日（无天文意义）	2月4日（近似立春日）
历季	每季3月（与天文季无关）	每季3月（与天文季无关）	每月3月（与天文季近似吻合）
		91日	90日

历月	12个月，月长无规律	每季3月，31＋30＋30日 12月31日为世界日 6月31日为闰年闰日	每季3月，每月30日 年中：平年5日，加在6月末， 闰年闰日加在年中末。
星期	七日连续周， 对日期不固定.	软性七日周， 季首星期日	星期制不必统一，各国任选。 层次5日周既客观又便利

利弊特点：

简明性	不简明	简明性较好	简明性极优
统计计算	季、月、星期计算性能差	计算性能较好	年计算性能极优
指示季节	年不正、季不清、节不明	年不正、季不清、节不明	（近似）年正、季清、节明
稳定性	不稳定，年历需年年变	较稳定，年历季历不变	极稳定，年历月历不变。
工休周期	5＋2工休制	5＋2工休制	若采用层次5日周，则可用 3＋2工休制。
宗教生活	工休制照顾宗教生活	若宗教认可，有利宗教 生活	若采用5日周，不利宗教生活 若采用原七日周，便利宗教 生活

原载于陕西省老科协历改委《历改信息》第35期（2008年2月20日）

Q-5　回复意见的统计和摘录

陕西省老科协历法改革专业委员会

一、统计

回复总数40人：有关专家6，研历同仁13，院校教师12，党政媒体7，热心群众2。

项目	同意	不同意	其他评议
1、我国历改研究的重点任务	30	2	3
2、格里历的主要优点缺点	31	3	
3、中华新阳历的岁首选定	31	3	
4、中华新阳历的月份划分	33	1	
5、中华新阳历的旬周选定	五日周　20		
	七日周　9		
	六日周　3		
6、中华新阳历的置闰法则	3200年减闰 19		
	128年31闰　7		
	其他闰法　4		
7、中华新阳历是真正农历	31	1	1

8、我国历法需否由阴转阳	33	1	
9、中华新阳历附有朔望月	29	1	1
10、中华科学历的民俗节日	28	4	1
11、中华新阳历的方案选定	6月独大历 13 新四季历 9 1月独大历 4 夏秋连大历 3		
12、我国历法改革的实现道路	前者观点 24 （我国率先试行）	后者观点 10 （世界同时改历）	1

二、综合指教意见的典型摘录

（一）中国科学院国家天文台李竞研究员：（最先回音）

同意立春岁首，同意中华新阳历的月份划分，同意增加"3200 年减闰"，同意"前者观点"。同意第 1、2、7、8、9、10 项观点。对第 5、11 项观点暂不表态。

（二）中国农业科学院农业环境与可持续发展研究所陶毓汾研究员对历法改革的几点看法：

1. 关于"农历"正名

1）把传统的阴阳合历称为"农历"是不当的。

（1）传统历的核心是阴历，它与气候、农事无关连，不能称为农历。

（2）24 节气是对阴历的改革，而成为阴阳合历的。24 节气不是根据阴历制定的，而是根据日地关系制定的，是纯太阳历，它能反映气候和农事，可以称为农历。

（3）"农历"之称，并非传统叫法，而是"文革"期间"破四旧"的产物，且不科学，有必要更正。

2）解决的途径

（1）作为纯政治问题，就如同当时改名为"反帝路"、"反修路"的路名一样，还其"文革"前的面目。当时称夏历，就统一改称夏历。是否准确可以讨论。只有单独使用 24 节气时可以称为农历 24 节气。凡是专称阴历月份时，一定要注明夏历，并用一、二、三、……月写法。

（2）在传统阴阳合历一时难于定名时，可以回避。用干支纪年，这样既反映了符合传统，又便于使用。

（3）给予正确的定名。这就需要深入地考证传统阴阳历最后形成现在历制的时代，参考当时的名称及其后历代的称谓变化，准确地给予定名。这就要广泛征求各界的意见，由权威部门发布。

3）正名手段

（1）先形成舆论："农历"之称怎么来的，科不科学？该不该改？要充分利用最广泛的大众传媒引起广泛的关注。例如，在中央 10 频道"百家讲坛"节目谈谈"农历"名称的由来，顺便提出正名问题。并争取中央电视台在广播电视中正名(比人民日报更有效)。

（2）在征得广泛支持的前提下，请主管部门做出规范定名的决定。

2. 关于春节定日

春节之名的历史并不长，但其实质"过年"却是以汉族为主的中华民族传统的节日，受到城乡广大群众的重视。传统的过年长时期是夏历的正月初一，为一年之始，也就是夏历岁首。故春节定日首先涉及今后用不用夏历问题。如果夏历照登，则春节改在立春或其他时间就失去其原意，成为纯为过节"方便"的安排，很难为大众接受。回历、藏历等在少数民族中仍流行，政府尚尊重，何况是多数华人的传统节日。

如春节改在立春，除充分阐述现时理由外，要多做历史的探讨，历朝历代都以什么时候为岁首，是不是节日？什么称谓？什么礼仪？哪些朝代定在正月初一，其历史背景如何？在此基础上，加以引导。以"岁首、过年、春节、立春"为题广泛宣传。

3. 关于研制新历

无论是夏历还是现行的公历，从科学的角度来看都有其不足之处，有改革的必要。以24节气为核心的改历方向是正确的。以立春为岁首有天文意义；从立春到下一个立春为完整的回归年。以立春为岁首，则元旦、春节、过年就自然统一了。如何划分四季和十二个月，大家研究很多了，优中取优吧！至于星期（周）是否改，得慎重。本身有宗教色彩，但对历改无碍，可与干支纪年同等处理。各国各随其便。我国如何对待，城乡可能也不会一样，行业之间也会不同。

历改不只关乎我国，也关乎国际。特别是国际化的今天，历改关系到方方面面。不仅是国家行为，而且是国际行为，有相互接轨的问题。不像是在不发达年代，每国封闭为"王"，自己说了算。所以要有一个长期研讨与适应的过程。因此要有长远打算。最好是国家成立专门的研究单位，有较固定的研究人员，有经费和自然科学基金的支持，才能得以持之以恒。在广泛的国内外交流的基础上推进。为争取国家的支持，总结好过去的成果，交好班使之后继有人，而不是自生自灭，这是关键的关键。

要写出专著，在国家级的出版社正式发行。

（三）陕西省教育厅厅长杨希文的来信

陕西省老科协历法改革专业委员会：

来函已悉。为了文字的完整，请允许我将全部想法另纸写出。

研究"新历"是一件好事情，研制"中华新历"更是一件很有意义的事情，陕西省老科协历法改革专业委员会研究中华新历成就卓著（《征求意见书》中已有充分叙述，不再赘言），令人钦佩。我认为此项研究十分重要，绝对不是可有可无的事情，而且研究的越深入越好，因为其价值只有在不断深入研究的过程中才能愈益显现出来。但如结合实际考虑，按照我个人现在的理解，我觉得使用上还要慎重，理由如下：

（1）如颁新历法，对历史科学影响甚巨，我们现有5000年文明史，各种典籍文化史料已"浩如烟海"，再过五千年，一万年，十万二十万年呢？各种历法纪年的换算会给子孙后代的文化、学习、科学教育带来多少麻烦和困扰呢？此话题如展开去讨论，很可能会对此事有太多太多的不同意见。

（2）如颁新历，对人们的现实生活无不相涉，况且现已进入信息时代，任何一个领域都体现出节奏快的特点，其影响必然变得相当复杂，以至于会有我们预想不到的事发生。可以预料，如颁行，其准备过程不仅长而复杂，而且必然靡费巨大（人力与物力）。

（3）那么就永远不变了？不是的，可以有两条原则：（1）非变不可的时候再变；间隔时间尽量拉长，能长尽长。（2）尽量少变，能少尽少。

写到这里，我才发现我写的是对所有新历研究的意见，而不仅仅是针对你们的研究而言。但话已至此，我也就不改了，诚恳希望世界大同时会有一个全球新历，而你们的研究将为此打下最重要、最关键的基础。冗事缠身，迟复为歉。谢谢你们！

顺祝健康长寿！

杨希文（签名）

二○○七年十二月二十六日

（四）中国科学院物理研究所何祚庥院士的意见

完全同意这一观点！（指《征求意见书》中的第 12 问末段）而且现在中国人面前待解决的问题多得不得了！中国政府和中国人民完全没有必要在当前拿出很多精力和时间来解决这一无关大局的极次要的问题。留下一些意见，留给我们灰孙子辈去解决就行了！！！

以下的指教意见今略：

（五）新疆研历同仁李景强老师

（六）陕西省安康学院胡必录教授

（七）天水市科技局李万泰局长

（八）西安电子科技大学宣传部张晓蓉同志

（九）湖南省安仁县电力局原书记李胜贞同志

（十）四川省汉源县研历同仁曹培亨老师

（十一）福州市郑中平高工的来信

（十二）太原科技大学原院长曾一平教授（摘要）

（十三）中华农历网历法知识版主春光（徐岩先生）（摘要）

原载于陕西省老科协历改委《历改信息》第 35 期（2008 年 2 月 20 日）

Q-6 世界历的改历原则及其评议举例

陕西省老科协历法改革委员会　章潜五

本会研究"我国历法改革的现实任务"，追迹诸多先贤提出了四项改历建议："农历"科学更名，春节科学定日，共力研制新历，明确世纪始年。历改研究是艰巨复杂的任务，需要有正确的工作路线，专家与群众的紧密合作，通过长期奋斗才能有成。中国改历与世界改历紧密关联，研究历法改革必须明确重点，分清难易程度依序求解。笔者认为重点应该是中国改历，需从世界改历着眼，而从中国改历着手。这是因为：1. 世界改历涉及各国用历习惯的差异，天文分季观点存在分歧，民众的宗教信仰情况不同，因此远比一国改历的难度要大得多，由于中国的改历迫切性高于世界改历，因此不宜把本国改历绑在世界改历上。

2. 改革历法关系人民的利益，需要全民的关注和支持，上世纪曾兴起世界改历运动，但因美国国务院发表文告，联合国经社理事会决议"无限期搁置"，致使改历运动中断而未成。今需循序渐进发动群众，走"星火燎原"的长征新路，才能实现中华新阳历，进而争取实现世界新历。

四项改历建议紧密关联，重点工作是共力研制新历，前两项建议是求奠定基础，这是循序渐进的工作路线。这里所谓新历并非单指世界新历，而是首先要研制中华新阳历，为研制世界新历打下基础，反之则难于逐步积聚人力和经验。通过十多年的共力研究，20多位同仁提出了新历方案，本会多次征求各界的改历意见，今已取得初步的共识，较多赞同的中华新阳历方案是：独大月历（6月独大或1月独大）、连大月历（夏季连大或夏秋连大）和新四季历。中华新阳历并不全同于世界新历，然而它反映了中国人的世界历观点，弘扬了我国24节气的科学历法思想，为研制世界新历提供了新思路。

综观十多年来的共力研历，不少同仁不仅提出了新历方案，还展开了历法科普知识的宣传，对于历改研究作出了贡献。当前历改研究已进入到新阶段，需要深入研讨世界新历方案，因此首先要明确改历道路和改历原则。本会早已提出研制新历的指导思想和评比历法性能的指标体系，今参考天文专家、民间同仁和党政人员的改历意见，针对格里历的主要优缺点，提出下列创制世界新历的改历原则：

1. 科学性。历法反映天地运行和寒暑变迁的客观规律，因此年、季、月、周、日应该符合天文、地理的基本原理，应该坚持科学发展观，继承现行历法的科学合理因素，争取消除其历史遗存的非科学合理因素。

2. 简明性。历法用来授时计划生产和生活，应该具有简明便用的优良特性，指定年月日之后，即可迅速获知季节、星期、闰年等。因此历法季节应该分明，大小月安排应有规律性，日期与星期要有固定关系，星期能够简便测算，置闰规则应该简明易记。

3. 久用性。历表集中反映出历法性能的优劣，年历表有无千年不变特性是重要指标。因此年历表和月历表（均含旬周）的种类数要少，以求节省纸张和方便使用，置闰规则能够保证足够的历法精度。

4. 实效性。历法改革是个艰巨复杂的长期任务，需要根据客观现实分清主次和缓急，既要坚持改革创新精神，又需求真务实地考虑可行性。新历方案的性能是否优劣，应该坚持客观的全面评比，力求能有定量的性能对比和改革的绩效分析。

下面根据上述改历原则，以华夏历法研究会周书先先生提出的"永久历"方案为例谈点看法，旨求共同探讨改历原则，减少分歧和增加共识。

一、周先生侧重探讨世界新历方案，最初提出不改革公历年首的"128年周期历"，后来提出"永久历"，主张以冬至等节气为年首，今又再次主张不改革公历年首。在研讨过程中不断改变观点无可指责，只要符合改历原则而有所根据。主张冬至年首是有科学根据的，因为冬至具有北半球白昼最短、黑夜最长的明显自然特征。然而不改革公历年首却显然有违科学性原则。年不正则季不清，公历元旦定为冬至后约十天，缺乏天文意义，这是众人的共识，周先生也是对此明确的，因此才不仅曾经主张冬至年首，还曾提出小寒年首和立春年首。今从国内研历的意见统计来看，大家赞同创制新历应以24节气为纲，主张立春年首者占绝大多数，其中有多位天文地理专家，大家认为"四立分季"是科学的天文分季观点。为什么周先生却会退回到"不改公历年首"呢，周先生说"按照我国传统的划分四季，十有八九年会出现'凉夏'、'秋老虎'、'暖冬'及'倒春寒';如果按照西方的划季方法,根本不会有这些天气。有评论家说:'我国古人重于理,西方学者重于实'。由于西方国家为数众多,其观点又切合实际,故日益得到气象、体育、经济、政治、军事等等领域的认可,西方学者的调查实践和经验通过总结能上升为具有条理化的理论,既务实也兼顾合理,后来居上嘛!在全球一体化进程加快的今天,我们应跟国际多数接轨。"这表明了周先生十分赞赏西方的"二分二至"分季观点。笔者认为,究竟"四立分季"和"分至分季"哪个才是正确的天文分季,有待争鸣辩论后才能分辨清楚。"四立分季"主要代表东方人的观点,"分至分季"主要代表西方人的观点,他们各自有其相对独立的发展过程,在没有认真争鸣辩论之前何来"后来居上"?因此这"后来居上"只是周先生的主观结论。曾一平教授提出用赤纬特征作出分季的定义,笔者赞赏这种知难而进的改革创新精神,而且认为这种分季定义是合理的,是对我国24节气充实理论。如果有人要想否定它,应该分清天文四季与气象四季的差别,拿出充分的理论根据来辩论,不能只拿出"胳膊拧不过大腿"作为理由。周先生拿出冥王星不再列入九大行星为例,然而被否定的并非东方观点,却正说明了西方观点并非总是正确的。周先生经常是帮"西方多数国家"说话和着想,仅明显的事例有:曾经明文建议要把自己的"128年周期历"改称"公历"或"保罗历";今又反对五日周制方案,主张不改革公历的连续七日周制;在历法框架的分季问题上,今又要中国与"国际多数"接轨。试问:如此的与"国际多数"接轨,能够创制出科学简明的世界新历吗?

　　二、周先生提出的方案称为"永久历",这既有夸张成分,更有失实存在。笔者查验表明,在不改变公历的连续七日周条件下,周案的月历表(含星期)有14种而非只有2种(30日、31日),年历表则同公历有14种,笔者已在《与周书先先生讨论"永久历"的性能》一文中指出。周先生近日提出的永久历定义是"月、日期、星期每年固定无变化",而周案实际并不满足此定义。周案与公历的月历比较,只是每月的日数从4种降为2种,因此月历种类数已从28种降为14种,然而每年每月的历表都在变化的状况并未改变,怎么竟会变为"永久历"呢?世界改历运动提出了两种世界历新方案:13月历和四季历,虽然它们都是七日周,然而已不再是连续七日周,都已具有了日期与星期的固定关系,使历法的简明性和久用性有了明显的改进,这一改革正是世界改历运动的主流方向。七日周与连续七日周有截然不同的差别,众多中外研历同仁对此是概念清楚的,而周案却正是混淆了这种原则性的差别。今通过对于周案的性能分析,可使我们认清一个真理:连续七日周是历法不简明和不具有久用性的根源所在,因此可得结论:凡是沿用这种不科学的短周期历制,是绝无可能成为优良历法的。

　　三、周先生很早就提出"128年周期历",本会多次刊载宣传,并与曾教授提出的"自然世界历"和笔者提出的"新四季历",一起推荐参加乌克兰国际改历会议。置闰法则关系历法的精确度,成为研历同仁关切的重要问题。"128年31闰"法则早有中外人士提出,然而一直未被世界改历组织采纳,经查上世纪的世界改历运动资料:本会掌握的文件《历法研究会组织缘起及改历说明》和《我国改历意见之统计》等史料,未见它被列入新历方案中,也未列入改历意见的统计表中,只在史料中见到高梦旦曾有此议但无详文。上世纪90年代我国开始兴起历改研究的新浪,陈文涛在《科学》41卷提出主张改用"128年31闰",编入本会的文集《历法改革研究资料汇编》后,有万震宇、周书先和笔者等民间研历者赞同,然而天文学家林亨国和地理学家苏佩颜则主张仍同公历,《科学》41卷更有天文学家许邦信和张培瑜撰文《现有的改历方案及其可行性讨论》，其中对于置闰法则的改革，明确主张在公历置闰法则上附加修正"3200年减闰"，认为这样可以符合"修改最少"的原则。笔者拜见过许多天文学家，他们也都赞同这种简便办法，因而笔者改变为赞同天文专家的意见，却被周先生撰文指责为"出尔反尔"。如果这算是"出尔反尔"，那么周先生方案中的年首从不改公历年首、冬至小寒等年首、又不改公历年首，岂不更是"出尔反尔"吗？上述事实表明，这是民间与专家之间的观点分歧，为消除分歧需要写出专文交流，笔者已撰文"N-13讨论中华新历的置闰法则问题"，欢迎周先生专文评议指正，指明"强词夺理"是在此文中的何处。周先生是广东天文学会的会员，更好的办法是亲自听听天文专家的意见，能有专家表态支持就更有号召力。"128年31闰"是闰法改革的一种方案，但它并非是唯一的最佳方案，应该允许大家争鸣讨论。为何这一改革方案未被天文界公允，主要原因是公历大约3200年才会误差一天，现在只过去400多年，因此闰法改革并非急迫问题。笔者同意曾教授的意见，可以作为专题另议，待历法方案有共识之后，随时都是可以加上的，何必非要混杂来冲击主题改革研究呢。闰法涉及回归年长度的参数测定和数值分析，不是一般民间研历者能够掌握的，需要主要听取天文专家的意见，仅凭简单计算认为历法精度可以显著提高，那只是理想化条件下的计算。如果周先生能有权威性的数据和论证，指明当今不改闰法将会造成严重危害，那么把改闰作为改历的"两个突破口"之一，将会真正收到震惊中外的效果。(08-03-25)

原载于《历改信息》第36期(2008年5月5日)

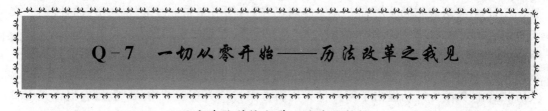

Q-7 一切从零开始——历法改革之我见

西安建筑科技大学 路迪民教授

我的老同学岳儒先，双目失明近20年，却依靠听广播，由孩子念文章，热衷于历法改革的研究。在我深受感动并协助他整理文字的过程中，上网查阅有关资料，对历改也产生了兴趣。儒先兄的同步历，设置零月，使我萌生了一切从零开始的想法，即设置零年零月零日，权且称为"新方案"吧！现作如下陈述，诚望专家指正。

首先说说这种新方案的基本思路或者制定原则。

1. 在天与人的关系上，要体现"以人为本"的原则

具体来说，就是在遵循"回归年"和"太阳日"这两个自然法则的基础上，首先考虑便利人的生产和生活，便于使用。对于农业生产来说，只要摈弃阴历和闰月，实行阳历和闰日，则农时和日期基本固定，正如大家公认的"阳历是真正的农历"。而对于工业生产和社会生活来说，月份的整齐和"固定星期-日期关系"就更为重要。现代历改运动的先行者马斯特罗菲尼，在1834年提出的历改方案，就以"固定星期-日期关系"为重要方针。后来出现的十三月历也是以"固定星期-日期关系"为宗旨，因为这直接关系到人们工作和生活的安排。

有人认为，两千年来的人类精神，是由神学逐渐向哲学和科学演变的历史，新世纪将要进入由哲学向人学的转化。故而"以人为本"也应该是历改方案的根本宗旨。

2. 在历法的设置上，要体现科学发展观。

具体来说，就是一切从零开始，设零年零月零日，使年月日的设置与时间坐标相吻合。这是新方案最根本的出发点。

现代科学的数量坐标，无论度量衡和时间，都是以零为原点，再向正负两边无限延伸。然而人类对于数的认识，是从自然数也就是正整数开始的。对于度量衡，先祖们很自然地按照其"存在的正整数值"来计量，各级整数后的分数值，也是下一级单位的整数值，比如1.2 尺，古人说成一尺二寸。这里暗含了零的概念，没有就是零，计量值和坐标值相一致。但对没有零概念的古人来说，"计时"就不像"量物"那么简单了。对于已经发生的时间范围，人们用计量值，如一年、一天、一个时辰。而对于所在的时间坐标，则因为没有零的概念，就只能用正整数来排列顺序了，使"时间序列"与"时间坐标"相脱离。比如 2008 年 2 月 15 日，是公元第 2008 年第 2 月的第 15 日，若从公元元年元旦开始算，这一天的"时间坐标"——也就是已经度过的时间，应是 2007 年零 1 个月又 14 天。

对这种按照排序计时的方法，至今似乎无人提出异议。当年国际联合会提出的四季历法中，将 1 月 1 日前一天作为"空日"，"名之曰零日"（其后每季三个月，各 91 天），这个"零日"纯粹是为了补空，并未摆脱排序计时的框架。

但是，这种方法是不科学也不方便的。这里不必讲更多道理，只要想想钟表的出现就清楚了。中国过去计时讲"时辰"，一天 12 个时辰，用地支表示，每时辰相当两小时，这就是排序计时法，只有范围没有数字，更谈不上坐标值。自从钟表出现以后，时辰计时就被完全代替了。钟表的起点是零，反映了一天真正的时间坐标。究竟哪一种科学？大概不会有争议的。然而不少人还固守旧习，仍把零点说成夜里十二点。年、月、日、时、分、秒是连续的时间单位，把年月日按顺序排列，时分秒用坐标值表示，是很不协调的。也许人们对零月零日开始还不习惯，如果运用久了，恐怕又对第几月第几日的排序计时反倒觉得十分别扭。

实际上，现行历法的排序起点也是混乱的。没有零世纪和零年，但世纪中的前十年却包含了"零年代"的含义。七日星期制自巴比伦首创到公元 321 年纳入儒略历，都是以日、月、火、水、木、金、土为序，亦称曜日，第一天（日曜日）是星期日，第二天（月曜日）是星期一，第七天（土曜日）是星期六。这里的第一天就暗含星期零之意，当然其本义并非如此。对于这种混乱现象，都应该在从零开始的原则下统一起来。

根据以上指导思想，新方案的基本要点如下：

① 一年分 13 个月，月序由 0 到 12 月。每月 28 天，日序由 0 到 27 日。

② 每月分为四周，每周 7 天，每月的零日为星期日（日曜日），也可视为星期零，1 日为星期一（月曜日），余类推。每月的星期与日期均固定一致，日期数除以 7 的余数即为星期数。

③ 每年最后一天称为"年日"或"迎新日"，不计入月份和星期。闰年的闰日可放在年日前一天，也不计入月份和星期。

④ 每年分四个季度，每季度 13 个星期，各 91 天，年日和闰日也不归属季度。四季虽然不含整月，但是与周数对应。0、3、6、9 月分别以第 1、2、3、4 周作为各季之始，也不难记。

⑤ 关于置闰法则，格里历 400 年 97 闰，3300 年差一天。目前的改革意见：一是按照格里历再 3300 年减一闰，一是改为 128 年减一闰（31 闰）。后者经过 8 万多年才比回归年多一日。相比之下，格里历的闰法层次多，不好记；128 年减一闰既简明又精确，一般人只要知

道 4 年一闰就行了，多数人一辈子碰不到减闰。所以本人主张改用后者。

⑥ 关于历年和世纪、年代的设置，若都从零开始，则 2008 年就要改为 2007 年，21 世纪要改为 20 世纪，这个问题比较麻烦，留待后面讨论。

以上设想，有以下主要优点：

① 最主要的，是历法与时间坐标的吻合，好像钟表一样，日历的月日就是该年经历的时间。比如要计算新方案的 4 月 25 日（相当于现行历平年的 5 月 18 日）在该年经历了多少天？只需下面一个简单算式：

$$28 \times 4 + 25 = 137（天）$$

如果按现行历 5 月 18 日计算，实际只有 4 个月零 17 天。1、3 两月 31 天，2 月 28 天，4 月 30 天，5 月只过了 17 天，其算式为：

$$31 \times 2 + 28 \times 1 + 30 \times 1 + 18 - 1 = 137（天）$$

如果要算该年经历了多少周？新方案每月 4 周，则为 $4 \times 4 + (25 \div 7) = 19$ 周余四天。若按现行历计算，就必须先按上面的算式计算出天数，再除以 7，显然十分麻烦。

在经济生活中，常常需要计算月产量、日产量，显然用新方案比较方便。为什么一定要把年日和闰日放在年末，就是为了保持历法与时间坐标在前 364 天的一致，不干扰日数、周数以至时数的计算。

② 每月均包含同一日数和周数，无论按月按周计算产量、工资、收入、支出，都以相等的时间范围进行对比，非常合理。

③ 每月的星期与日期均有良好固定关系，月末都是周末，便于人们生产生活的安排，便于记忆。这是以人为本的关键所在。

④ 对于妇女，28 日乃为自然调整单位。其生理经期为 28 天，妊娠期为 280 天，正好是新方案 1 个月和 10 个月，甚为便利。

⑤ 月序由 0 到 12，避免了某些国家末月为十三的忌讳。由于星期与日期关系固定，永远不会出现黑色星期五的忌讳。

⑥ 从环保和节约的角度讲，印刷日历的经费可以大大节省。不要日历也可以。

因为回归年、朔望月、太阳日以及星期的周期都没有整除关系，要制定一个完全合乎"天时"又十分便利"人生"的历法是不可能的。任何历改方案都有其相对的利弊，必然顾此失彼，但其取舍倾向，仁者见仁，智者见智，恐怕存在优劣之别。本人对于新方案的弊端和取舍倾向看法如下：

① 每年 13 个月与 12 个月相比，显然是 12 个月在划分季度、显示节气方面优越一些。13 是素数，没有约数。但是，无论哪一种 12 月历方案，都不能较好解决月齐的问题，不便计算也不便记忆。每月的周数不等，也不是整数，无法实现星期与日期的严格固定关系。对此，13 月历则显示了突出的优越性。而星期与日期的关系是最贴近生产生活的历法因素，故而本人舍弃 12 月历的优点而采取 13 月历的方案。

历改时先贤按照地球公转角度划分季节和节气，强调历法的天文学意义，无疑是正确的。然而地球各地不是同时凉热，气象学还以 5 日平均气温在 10～22℃ 之间为春、秋季，＞22℃ 为夏季，＜10℃ 为冬季。因而，季节和节气的天文学意义，与各地气候变化并不一致，与生产生活的关系并不像回归年那样重要。新方案在显示季节和节气方面的弱点，与其优点相比，似可置于次要地位。

② 新方案采用 7 日周制，并非迁就宗教观念。一是觉得 5 日稍短，10 日稍长，7 日为宜。更重要的是 7 为 28 的约数，13 月历每月 28 天，7 日周制是唯一选择。章潜五教授等专家提出的中华科学历，采用 5 日周制，6 月平年 35 天，闰年 36 天，其余每月 30 天，实现了星期与日期的良好固定关系，无疑是最优秀的方案之一，唯其 6 月独大，亦不利于坐标设置和生产的核算。

③ 如前所述，同步历一切从零开始，则 2008 年就要改为 2007 年，21 世纪要改为 20 世纪。再就是传统的节日如三八妇女节、五一国际劳动节、六一国际儿童节等，都有一个是否变更的问题。本人以为，传统节日只是一种纪念活动，不必再去换算变更。至于历年和世纪的数字（年代已有零的概念），如果要变，麻烦较大；如果不变，取消 0 世纪和公元 0 年，约定俗成，也可以，但对公元前的纪年不好处理，所以都不可取。我个人的意见是彻底变，连公元的起点也变。世界历的公元起点，应该是人类文明的起点，比如选择世界上最早具有连续文字记载的初年为公元 0 年，上接人类的史前时代，使"公元前"的概念主要用于考古学领域。

这不是太大胆太狂妄了吗？下面我想就此谈谈历法改革的方向和途径问题。

中央电视台经常播送一个广告："高度决定视野"。历法改革应该站在怎样的高度？我觉得要从人类文明的发展进程上去考虑。人类的发展，从低级到高级，至少经历了二三百万年的历程，其中旧石器时代占去 99.8%，由晚期智人变为现代人至今也只有 15000 年，这期间的大部分时间还属于史前时代（有连续文字记载之前的时代）。人类的"文明"，几千年来突飞猛进，这在人类历史发展的长河中还是非常短暂的。日心说被社会认可才 400 多年，至今相信上帝创世的人还占有相当比例，通用历法仍然存在着皇帝和宗教的深刻烙印，所以不能把现代文明过分高估。历改的任务，就是要在历法领域把人类文明推向一个更高的层次。

为此，新一轮的历改运动，要彻底摆脱皇权神权的羁绊，剔除其不科学的成分，给人类历史穿上一套全新而合身的时间外衣。如果我们一味迁就传统习惯和宗教势力，把历改方案置于"修订格里历"的框架上，就无法实现人类文明的真正飞跃。如果继续把年月日按自然数排列，时分秒采用坐标值，也许在百年数百年之后，就成为后人对我们这些"古人"的一种笑料。所以，历改的视野应该是整个人类的文明史，历改的着眼点是今后几千几万年，不是给格里历做补丁。

关于历改的途径问题，笔者以为，历改方案越彻底，付诸实现的难度就越大，但在实现之后的生命力也越强，所以也要站得高，看得远，不可急于求成。哥白尼去世 57 年后（1600 年），布鲁诺因为支持哥白尼的日心说竟被烧死，然而日心说最终还是得到承认。历改同仁要相信历改的必然性，而历改的实现往往出于偶然。儒略历和格里历的颁布不仅由于当时已有了良好方案，还因为有凯撒和格里高利这两个权威人物的出现。现代历改运动自 1834 年马斯特罗菲尼开创以来，至今未成事实，目前的阻力毫不为奇。我们要研究，要联络，要呼吁，要提议案，总会有推动的作用，渐变和突变的可能性都存在。不要过分乐观，更不可悲观。只要能把各种成果留给社会，心血都不会白费，这恐怕也是许多历改同仁宁受"吃饱撑了"之嫌而乐此不疲的共同心态。

原载于陕西省老科协历改委的《历改信息》第 36 期（2008 年 5 月 5 日）

Q-8 美国民间研究历法活动

历改委　蔡　董

一、全球历法改革申请书

位于俄勒冈州尤金市的 Artifice 公司，在互联网发出致联合国的全球历法改革申请书，号召人们签名，内容如下：

致联合国：

世界民用时间标准应是公正、精确、和谐的计量标准。用十三月历取代格里历，将会调整和恢复人类和地球之间的平衡，还有助于协调整个可持续发展的社会的各个方面。

统一时间！一个地球！一个人类！

签名人＿＿＿＿＿＿＿

这个申请书是由 Artifice 公司的 Planet Art Network 倡议，而由 Mark Heley(markheley@lycos.com)撰写的。作为公共服务的 www. petition online. com 主持这件事。Artifice 公司声称，该公司或倡议者对此申请书并没有表示或暗示是否赞同，也没有必要反映该公司或倡议者的观点和意见。并说，petition online. com 公共论坛，是私人创办的，有权拒绝寄来的一些意见。

申请书后有简明的申请帮助(Petition Help)格式。欢迎签名者填写个人信息、评论和建议。

二、"世界历在 2012"运动

国际世界历协会主席林进于 2001 年将该协会移交给艾切利斯的近亲莫丽·E·卡尔克施泰因，改由她任主席。我们历法改革研究会曾试图与卡尔克施泰因联系未成。林进去年来信说，他也很长时间未与她通信。卡尔克施泰因是研究计时的，很可能这几年在历法改革方面没有怎么活动。

2006 年，国际世界历协会发起"世界历在 2012"运动(Present Campaign：The World Calendar in 2012)，其目的是希望全球从 2012 年开始采用世界历，并对原有的世界历方案作了一些修正。该协会现任主席是韦恩·爱德华·理查森(Wayne Edward Richardson)。近两年林进来信未提及更换主席之事，所以详情尚不了解。理查森的地址是：

P. O. BOX. 456

Ellinwood，KS(Kanses) 67526 USA

国际世界历协会的网址是：

http：//www. theworldcalendar. org/

"世界历在 2012"运动征求会员，并望得到支持。俄罗斯的维克多·切尔克索夫为了参与这一运动，特地将其历法改革方案再作修改，并征求我们历法改革专委会的意见，同时还寄给林进和洛加列夫。

三、CALNDR－L 论坛

CALNDR－L 是讨论历法和计时的社会、历史、哲学领域的 E－mail 论坛。该论坛创办于 1996 年 9 月。地点在位于美国北卡罗来纳州格林维尔的东卡罗来纳大学，距首都华盛顿约 250 英里。管理人（maintainer）是里克·麦卡蒂（Rick Mccarty）。他是东卡罗来纳大学的一位哲学教师，和国际世界历协会前主席林进有通信联系。林进曾将我们历法改革研究会的《历法改革研究文集》（1998）的英文目录寄给他。

论坛希望人们参与签名，提供有价值的想法、评论和问题。

网址有 3 个：

1. listserv@listserv.ecu.edu　　供改变签名用
2. calndr－1@listserv.ecu.edu　　供签名者发信用
3. mccartyr@ecu.edu.　　　　供咨询用

论坛发布关于历法改革的文献目录，计数十篇。其中有十二月历的，十三月历的，还有其他想法的；有早期的，也有近期的，有兴趣者可以利用"Google"输入"CALNDR－L"，再依次点击主页和"Logo"即可查到文献目录。然后点击某一文献题目，便可阅读全文。

原载于陕西省老科协历改委的《历改信息》第 36 期（2008 年 5 月 5 日）

Q－9　著名专家答疑：天文夏季始于立夏还是夏至？

金祖孟（地理学著名教授、上海市天文学会副理事长）

载于《地理教育》1986 年第 5 期

我国的传统历法，历来把立春、立夏、立秋和立冬看成春夏秋冬四季的起点，而把春分、夏至、秋分和冬至看成它们的中点。但是，近年出版的一些天文气象书籍，往往把春秋二分和冬夏二至看成四季的起点。今年 5 月 5 日，上海《新民晚报》发表《夏季不从立夏始》一文，认为，天文上的夏季是从夏至日开始的。那么，夏季究竟是从立夏日开始的，还是从夏至日开始的？简答如下：

（1）春夏秋冬的划分，历来有两种标准：即天文标准和气象标准。这样，历来有两种季节，即天文季节和气象季节。天文季节强调白昼长度和太阳高度的季节变化，因而把夏季定义为一年内白昼最长、太阳最高的三个月。这是天文季节。反之，气候季节强调气温高低的季节变化，把夏季定义为连续五日（即一候）平均气温超过 22℃ 的期间，这是气候夏季。天文季节是等长的，各三个月。反之，气候四季往往长短不等，高纬一般没有夏季，低纬一般没有冬季。因此，天文四季和气候四季，天文夏季和气候夏季，都是不容混淆的。

（2）在北半球，一年内白昼最长、太阳最高的三个月，开始于立夏日（一般为 5 月 5 日），经过夏至日（6 月 21 日），终至于立秋日（8 月 8 日）。在这期间，上海的昼长都超过 13 时 30 分，最长的白昼是 14 时 11 分，二者都不同于其它季节。这样看来，夏季始于立夏日的观点，在天文学上，是合情合理的。其实，"立夏"这个名称本来就是"夏季开始"的意思。这样看来，"夏季不从立夏始"一语，实际上是一个自相矛盾的命题——"夏季不是从夏季开始之日开始的"，因此，"［天文］夏季不从立夏始"的提法，是不科学的。

（3）按照《夏季不从立夏始》一文的观点，天文夏季就是从夏至到秋分的三个月，而天文春季就是从春分到夏至的三个月。在那种情况之下，天文夏季和天文春季，在天文上可以说是一样的，因为它们所得的太阳能几乎是一样的。在二者之间，唯一的差别是：春季的白昼逐日变长（例如，上海的白昼从 12 时 0 分变成 14 时 11 分），而夏季的白昼逐日变短（例如，上海的白昼从 14 时 11 分变成 12 时 0 分）。应该说，在天文上，这样的春季和这样的夏季，都是言不成理的。

（4）但是，在气候上，夏季始于夏至的观点，倒是言之成理的。这是因为，从夏至日开始的三个月大体上是一年内气温最高的的三个月，同上述的天文夏季相比，这样的夏季所强调的，是气温高低，而不是白昼长短。同上述的气候夏季相比，它所用的划分方法，是天文学的，而不是气候学的。因此，以夏至为第一日的长达三个月的夏季，既不是真正的天文夏季，也不是严格的气候夏季。比较起来，它与其说是天文夏季，不如说是气候夏季。更加确切地说，那是西方的传统的气候夏季，在气候学规定 22℃ 的气温界线以前很久，这样的夏季定义就已经在西方世界广泛使用，即使在这种界线产生以后，这种长期习用的带有天文色彩的季节定义，仍然在社会上流行不衰，并且被当作同现代的气候季节相提并论的天文季节。根据他们的文化传统，这种做法，在西方世界，当然是比较合理的。

（5）但是，我们中国有自己的文化传统，我们中国人两千多年来一直习惯于用二十四气表示春夏秋冬四季，把冬夏二至看成天文上的冬夏二季的代表，而把大寒（或三九）和大暑（或三伏）看成气候上的冬夏二季的象征。应该说，引进西方的传统季节定义，有利于打开我们的思路，使我们能够同时看到季节的天文方面和气候方面，显然是一件好事，但是，在天文季节的范围以内，我们自己的季节性定义实际上比西方的更加合理。因此，用西方的天文夏季来否定我们自己的天文夏季的做法，是不足取的，总而言之，天文夏季应从立夏始。

编者按： 华东师范大学"金祖孟先生编著的《地球概论》教材，是我国文革后恢复教学秩序以来第一批高等师范院校地理教材，曾被许多学校使用多年。""陈自悟老师遵循金老生前遗愿，肩负起修订重任。""华东师大地理系陈自悟老师因患突发性心肌梗死于 1997 年 6 月 26 日病逝，享年 65 岁。"陕西师范大学应振华教授赠给编者一册金祖孟、陈自悟编著的地球研究文集(17)——《地球概论教学科研成果汇编》，其中有一篇金祖孟先生的重要文章《农历宜改称旧历，春节应定在立春——历法改革两议》。正是这篇文章和南京大学天文系主任方成院士回信鼓励我们向全国人大会议建议改历，1995 年春，金有巽、应振华、卫韬和编者向全国人大会议提案，《建议："农历"应科学更名，春节宜定在立春》，把金祖孟的此文列为五个附件资料之一。我们十分敬佩金祖孟教授的治学精神，编者曾赴沪两次拜见陈自悟老师和金祖孟的女儿金林同志，他们介绍了金老的科学求真精神，并且赠给金老的晚年论著《中国古宇宙论》等。1996 年，本会发出呼吁书《呼吁全国人大会议立案审议：春节宜定在立春》后，苏佩颜、马星垣、夏彦民、安阳等地理学教授积极给予指教，云南师范大学苏佩颜教授还提出了新历方案《四季历》、并且 2 次资助印寄《历改信息》，华南师范大学刘南威教授也有资助，本会衷心感谢地理学界专家的积极支持。近期编者才在网上发现夏彦民和安阳教授的早期文章，反映了对于"春节科学定日"存在不同观点，今摘录提供大家研讨。安阳教授写了《历改杂议》长文，会刊第 32 期已作摘载，因此今仅简摘其早期撰文。为求分清我国"四立分季"与西方"分至分季"何者科学？今全文转载金祖孟的文章《天文夏季始于立夏还是夏至？》于第 17 页。

陕西省老科协历改委的《历改信息》第 36 期(2008 年 5 月 5 日)转载

R类 四立分季与分至分季的争鸣

R-1 关于历法改革复CALNDR-L历友的一封信

太原科技大学 曾一平

2012-01-09

【历改委的说明】

中外同仁共力研制世界新阳历，首需对于四季划分、岁首选定等原则求得共识，其中尤有东方"四立分季"和西方"分至分季"的观点矛盾，国内同仁已经争鸣了多年，去年还成立"历法改革电信讨论组"深入辩论。今年是我国"改用阳历"100周年，近日收到曾一平教授寄来美国"历法电邮讨论组"的信息，《参考消息》又传来"美科学家创造简便新历法（废除闰年加闰周）"。为了提请我国天文专家和研历同仁共力研讨，今特转载有关的国际信息。在人民网的"教育频道"载有曾一平与赵树芳的多篇辩论文章。

今年1月8日，美国东卡罗连纳大学的历法电邮讨论组CALNDR-L收到组员Aristeo Fernando的一封信。翻译如下：

亲爱的历法同好，我想历法讨论组里诸历法专家的讨论，终究要经过联合国经社理事会的磋商，才能决定哪一种方案被采纳为世界历法。所以重要的是历法改革在这里要彻底的加以讨论。首要的问题是现行格里历需不需要改革？如果需要改革，格里历里面有多少内容值得保留，转移到新永久历里去？实行新历的过渡时期应该有多长？您可以补充提供一些需要讨论的问题。应该对所有不同的改革方案进行比较。并且应当推荐新的方案。

致最好的祝愿！

我收到这封信，非常高兴，因为这是我早就有与此相同的愿望。所以我立刻写了如下回信，翻译如下：

亲爱的历友们：历友Aristeo Fernando1月8日的信写道："（原信不重复）。"我非常同意他的建议。首先，我认为公历需要改革，因为它有很多缺点。第二，它值得保留转移到新历中的内容需要仔细讨论。实行新历需要多长过渡期要根据哪种方案被采纳而定。我补充建议讨论以下问题：

1. 年始问题。

2. 天文四季问题。

3. 历季和天文四季的依存关系问题。

4. 需要不需要七日星期问题。

5. 什么工休周期较好问题。

6. 闰日或闰周哪一种好？

7. 闰日闰法问题。

8. 闰周闰法问题。

9. 年的较好分月问题。

这里，我推荐我创制的自然世界历方案如下：

1）年首　　公历 2 月 4 日（太阳过黄经 315°）

2）四季和月 春 1～3 月

　　　　　　　夏 4～6 月 ,年中 5(6) 日

　　　　　　　秋 7～9 月

　　　　　　　冬 10～12 月

　　　　　　　月各 30 日

3）闰法　暂同公历

4）推荐周 5 日周（只推荐，不必定）

……自然历久用年历表（2000～3700 年适用公历对照）

01 月 立春 01..02..03..04..05..06..07..08..09..10..11..12..13..14..15

01 月 雨水 16..17..18..19..20..21..22..23..24..25. 三 26. 三 27. 28..29..30

02 月 惊蛰 01..02..03..04..05..06..07..08..09..10..11..12..13..14..15

02 月 春分 16..17..18..19..20..21..22..23..24..25..26. 四 27. 四 28..29..30

03 月 清明 01..02..03..04..05..06..07..08..09..10..11..12..13..14..15

03 月 谷雨 16..17..18..19..20..21..22..23..24..25..26. 五 27. 五 28..29..30

04 月 立夏 01..02..03..04..05..06..07..08..09..10..11..12..13..14..15

04 月 .. 16..17 小满 18..19..20..21..，22..23..，24..，25..26..27. 六 28. 六 29. 30

05 月 .. 01..02. 芒种..04..05..06..07..08..09..10..11..12..13..14..15

05 月 .. 16..17..18 夏至 19..20..21..22..23..24..25..26..27. 七 28. 七 29. 30

06 月 .. 01..02..03..04 小暑 05..06..07..08..09..10..11..12..13..14..15

06 月 .. 16..17..18..19..20 大暑 21..22..23..24..25..26..27..28. 八 29. 八 30

年中 .. 　 01..02..03..04. 05（06）

07 月 立秋 01..02..03..04..05..06..07..08..09..10..11..12..13..14..15

07 月 处暑 16..17..18..19..20..21..22..23..24. 九 25..26..27..28..29..30

08 月 白露 01..02..03..04..05..06..07..08..09..10..11..12..13..14..15

08 月 秋分 16..17..18..19..20..21..22..23..24. 十 25..26..27..28..29..30

09 月 寒露 01..02..03..04..05..06..07..08..09..10..11..12..13..14..15

09 月 霜降 16..17..18..19..20..21..22..23..24..25 十一 26..27..28..29..30

10 月 立冬 01..02..03..04..05..06..07..08..09..10..11..12..13..14..15

10 月 小雪 16..17..18..19..20..21..22..23..24..25 十二 26..27..28..29..30

11 月 大雪 01..02..03..04..05..06..07..08..09..10..11..12..13..14..15

11 月 冬至 16..17..18..19..20..21..22..23..24..25..26. 一 27..28..29..30

12 月 小寒 01..02..03..04..05..06..07..08..09..10..11..12..13..14..15

12 月 大寒 16..17..18..19..20..21..22..23..24..25..26..27. 二 28..29..30

附注：

24 节气为便记的规范日期），与真节气日可能有一、二日误差。汉字数字为公历各月一日。

表中附记 24 节气为规范节气，只为显示历法框架的合天功能，本身不是框架的组成部分。

每 1700 年年中连同前面 6 个规范节气调后一个月（3700 年开始第一次后调）。

R-2 四立分季终被国外学者承认——CALNDR-L 上的天文四季大辩论

太原科技大学 曾一平

美国东东卡罗连纳大学的历法电邮讨论组 CALNDR-L 是世界独一无二的天文历法电邮讨论组。有世界各国历法学者会员二百多人为会员。笔者参加为会员已十余年。加拿大多伦多大学天文历法教授 Irv Bromberg 博士是该组织的几名赞助学者之一，也是最知名的活跃会员之一。他创制有"454 和 010"姊妹闰周历方案。

在其网页 http://www.sym454.org/seasons 中有以下陈述：

译文：按照世界天文学会（IAU）的定义，天文太阳四季为：

季名	天文标志	太阳黄经	太阳赤纬	太阳升向	太阳落向
春季	春分点（在 3 月）	0°	0°北向	正东	正西
夏季	夏至点（在 6 月）	90°	＋黄赤交角	北东	西北
秋季	秋分点（在 9 月）	180°	0°北向	正东	正西
冬季	冬至点（在 12 月）	270°	－黄赤交角	东南	西南

我看到这个网页后向 Irv Bromberg 教授通过 CALNDR-L 写信提出质疑。信的译文如下：

尊敬的 Irv Bromberg 教授：

在您的网页"地球上的四季长"文章中您写了依据国际天文学会（IAU）的关于天文四季的如下定义（省略）。

您能告诉我您的国际天文学会（IAU）的原始文件和它的出版日期吗？您如何比较这个定义与中国传统天文四季定义？多谢您！

曾一平 2011-11-23

此信在 CALNDR-L 发表后，引发 CALNDR-L 上历友包括 Irv Bromberg 教授本人，Karl Palmen 教授及 Michael Deeckers，Karl Palmen，Sonny Pondrem 等知名学者的热烈讨论。

往复信件几十封将在以后集中发表。最后 Irv Bromberg 教授的回信，认定自己原网页上的陈述不当，将再版给予更改。

最近看到他的网页的修订版"http://www.sym454.org/seasons/，对天文四季的表述已作了修改。修订版增加了中国主节气。译文为：

中国主节气

中国传统阴阳合历（和由此派生的东方历法如朝鲜历，越南历，日本历）其四季的按太阳光照计算，认为二分和二至是相应四季的中点。对赤道外的地理纬度地方，太阳光照决定四季的变化。光照是接受太阳能量的量。一年中接受太阳光照最多的 1/4 是光照夏季，夏至点是夏季的中点。一年中接受太阳光照最少的 1/4 是光照冬季，冬至点是冬季的中点。其余在冬夏二季之间的二季是春季和秋季，春分和秋分分别是其中点。但是，气象季典型的滞后于天文季 30 天或 1/3 季。这是因为地球表面气温决定于太阳光照和被动的从地球向空间的能量辐射的平衡。总之，我们可以说，每个气象季约开始于相应的分至点之前约 1/2 季-1/3 季＝1/6 季或 1/2 月。

中国 24 节气分太阳年每黄经 15°一个节气。总结如下表（表中的赤纬数值不是传统历中定义的）：

主节气	黄经	赤纬
立春	315°	过-(16°1/3)
春分	0°	过 0°
立夏	45°	过＋(16°1/3)
夏至	90°	过＋(黄赤交角)
立秋	135°	过＋(16°1/3)
秋分	180°	过 0°
立冬	225°	过-(16°1/3)
冬至	270°	过-(黄赤交角)

本网页的其余部分仍用西方天文四季定义，以分至为四季起点。但实际上中国的光照四季正确地表现了实际的天文学。

Irv Bromberg 教授这种坦诚的尊重真理的学者精神，令人敬佩。至此，国内历法学界关于东西方天文四季的争论，是不是有了判定是非的依据了呢？希望关心历法改革的朋友共议。希望看 CALNDR - L 上往复讨论信的朋友，请与我作 e - mail 联系。（yipingzeng@hotmail.com）

R - 3　关于四立分季与分至分季的讨论

西安电子科技大学　赵树芟

2012 - 01 - 13

曾教授、章教授：谢谢曾一平教授您 12 日的来信，读得来信，甚为欣喜。先生奋斗十余年，终于以科学道理和逻辑力量说服国外天文专家，让他们认识并赞同了东方的四立四季，可以说是实现了一项丰功伟绩，是十分值得祝贺的。但是我对此还存在几点疑问，现提出来与曾教授探讨。曾先生说："Bromberg 承认错误，正面肯定四立分季正确再现实际天文学。"他肯定四立分季是他的进步，是应该欢迎的，这是没有疑问的，但是说他"承认错误"，不知何所指，他承认了什么错误，是如何承认的？根据我对您发来的 Bromberg 先生的话的理解，有这样的感觉：他不过是承认四立四季是天文四季，并认识到它与日照的天文现象的关联，但仍然继续使用 IAU 定义的分至四季天文四季，看来并不认为该定义是错误的，也没有认为四立四季比分至四季优越的意思。又，先生说："四立分季最终赢肯定"，这句话的含义不太清楚。如果是说四立分季终于得到了西方专家的认可，是没有问题的，但如果是说四立分季赢了分至分季，则是缺乏充分根据的。

至于说："国内历法学界关于东西方天文四季的争论，是不是有了判定是非的依据"，我认为我们在国内的争论是：什么是天文四季（是不是只有四立四季才是天文四季），四立分季与分至分季究竟哪一个好（四立四季是不是最佳），而不是是否认可四立四季的问题，Bromberg 对此没有明确答案（从您的来信中的材料看是如此），一位外国专家的态度也不足以确定上述争论的是非。所以还不能说提供了判定的有力依据。

很希望看到先生和 Bromberg 先生的来往信件，（请不要用"附件"形式发，我这里下载附件时常发生困难）。

附带说说 Hanke－Henry 永久历问题。我完全同意您致章教授信中所表达的立场，必须反对这个历改方案。此方案虽然很好地解决了七日周的连续性问题，但他的精确度却比格里历明显变差了，而且，七日周的连续性本身就不应该成为历改的主要问题。主张保持七日周连续性的只是一部分宗教人士（不是全部）。其实，七日周的教条早已被触犯了。圣经里说，每周工作六天，休息一天，但目前是每周休息两天！时代改变习惯。即便作为宗教徒（基督教徒、伊斯兰教徒、犹太教徒）只要保持七日周就不错了，连续性有那么重要吗？

为了使先生更好地从广泛的背景理解我的思路，让我在下面把我对四季问题的认识做一个简单但较全面的概括，其中绝大多数内容都是别人或书刊上说过的，但有个别地方是我自己的表述。这个概括中如有不当之处，也请指出。

四季的概念的起源是与气候学的春夏秋冬相联系的，但是在现代社会中，其意义已经不仅仅限于气候学了。社会统计领域也广泛用到四季。因此，我认为四季的最广泛的定义应该是："一个回归年划分成功的四个时间段，通常是等距离划分的。"

按气候学划分的四季称为"气象四季"。地球上的春夏秋冬四季随地区和年份而有所不同，而且四个季度的时段不一定是相等的，归根结底是由于太阳对地球的照射能量（即日照）形成的。按统计学划分的四季应该称为第一季度、第二季度、第三季度和第四季度（而不宜称为春夏秋冬了），而且一般是从岁首开始的（但不一定从岁首开始，例如现行的格里历）。以上是依四季在人类日常生活里的应用情况分类的。从四季划分的根据来说，则有气象四季和天文四季两大类。

一、气象四季

气象四季的定义在气象学上有明确的定义：平均温度在 $10℃$ 以下为冬季；在 $22℃$ 以上为夏季，在 $10℃-22℃$ 之间为春季或秋季。由于地区和年份的差别，气象四季不能统一按时间（月份）划分，四季也不是等长度的。

二、天文四季

完全根据地球公转周期内，在太阳黄道上划分四个相等时间段，不考虑气候等地面条件。原则上这种划分可以有无数种，但与日常生活关系密切的天文四季有两大类，即：

1. 四立四季（日照四季，天上的气候四季）。这是历史上东方社会所使用的天文四季，其定义是：

春季：立春至立夏；

夏季：立夏至立秋；

秋季：立秋至立冬；

冬季：立冬至立春。

四立四季的划分具有明显的日照天文特征：夏季北半球日照能量最大，冬季日照能量最小，春季和秋季日照能量介乎夏冬之间。因此可以称为"日照四季"，Bromberg 承认日照（solar insolation）是中国四立分季的根据，是科学的。

与四立四季相联系的是用阴历月份定义春夏秋冬四季如下

春季：正月至三月；

夏季：四月至六月；

秋季：七月至九月；

冬季：十月至腊月。

2. 分至四季。这是历史上西方社会所使用的天文四季，它又有两种划分方法：

（1）冬至岁首四季（社会统计四季）。它以冬至作为岁首，同时作为第一季度的季首，其定义是：

第一季：冬至至春分；

第二季：春分至夏至；

第三季：夏至至秋分；

第四季：秋分至冬至。

冬至岁首四季的划分具有明显的回归年天文特征：冬至日，太阳南行达到极点并开始北行，北半球白昼达到最短并开始变长，南半球则相反。格里历原则上属于这一类历法。以冬至为岁首，也就顺理成章地引申出了冬至岁首四季。冬至岁首四季不宜称为春夏秋冬，但作为社会生活，特别是工业生产的年度统计是合适的。

（2）春分岁首四季（气候四季，地上的气候四季）。它以春分作为岁首，同时作为春季的季首，其定义是：

春季：春分至夏至；

夏季：夏至至秋分；

秋季：秋分至冬至；

冬季：冬至至春分。

春分岁首四季的划分十分符合地球上的气象四季，春夏秋冬名副其实（对北半球中纬度地区），因此可以称为"气候四季"（为了与气象学定义的四季相区别，不叫做气象四季）。此外，历史上还存在过秋分岁首的划分方法，影响很小，故不列出。

有一点是需要特别说明的，天文四季中的四立四季虽然与地球上的气温变化有着极密切的联系，但是由于地表温度与日照能量之间存在时间滞后现象，因此由四立四季所定义的春夏秋冬与气象四季有相当大的出入，事实上，东方人并不直接，也不仅仅用四立指示气候，而是在二十四节气中专门规定了一些反映气候变化的节气，用来指导日常生活，尤其是农业活动，如大(小)暑、惊蛰、谷雨、霜降等等。以立春作为春季开始，比气象四季提前了大约半个季度(三个节气，或45天)，立春时天气其实还是相当寒冷的。四立四季只能说是"天上的气候四季"，并不符合地面气候的实际情况。与此相反，分至四季中的春分岁首四季，虽说属于天文四季，但与地面的气象四季十分符合(北半球中纬度地区)，其符合度远比四立四季为佳。因此春分岁首四季可以称为"地上的气象四季"。我们在此看到一个看似矛盾而实际上合理的有趣现象，作为春夏秋冬四季，"四立四季只应天上有，春分岁首更合人间闻"(化杜甫《赠花卿》诗句)。

R-4 "世界历法改革"网站第一天首页文

曾一平

(2011-09-15 11:38:02) 新浪博客

为了与国内外从事历法改革研究的朋友交流，我近日在国外建立了一个网站，网址为www.worldcalendarreform.com。美国、澳洲、加拿大的朋友都看到了。可是国内的朋友没有在网上找到。什么原因，不得而知。可能是互联网的技术原因吧！也可能是"敏感词"的原因。为了让国内关心世界历法改革的朋友看到我的历法改革的网站内容，我把第一天首页的内容复制下来，放在我的博客里。请大家提意见。

网站第一天首页

世界历法改革(The World Calendar Reform)

建站浮想

世界历法改革议题自从上世纪50年代被联合国经社理事会无限期搁置至今，许多国家的民间研历组织，仍在积极进行历法改革的研究活动。美国东卡罗连纳大学有各国学者参加的电信历法讨论组CALNDR-L。我自2000年就参加了这个讨论组。

我国也有几个民间研历组织。影响较大的有西安电子科技大学为基地的"历改委"。该组织编辑出版有不定期的内部刊物"历改信息"。可惜近因经费等困难暂时停刊。

我是积极支持历法改革的研历者。在"人民网"和"历改信息"上发表多篇个人的观点文章。研制有"自然历"方案。

为了与其他研历朋友继续进行交流，我倡议国内研历者组织自己的电信历法讨论组。此倡议得到一些历友支持，在周书先会长和章潜五秘书长和天文馆李建基副馆长的努力下，开始讨论活动已近半年。讨论意见分歧活跃。近有生态学研究者陆玲老师加入讨论组，更加有生气。讨论组是一个自由松散的纯学术性群众组织。

为了交流方便，我早就希望建立一个自己的网站。经过一番努力，在女儿的帮助下，近日终于初步成功。虽然十分粗糙，但总算能够发表见解并与网友交流信息，宣传历法改革了。希望熟悉网络的专家朋友，给予帮助，加以改进。

如热心历法改革的朋友想参加历法讨论组，请与我邮箱联系（yipingzeng@hotmail.com）。

如蒙赞同我的"自然历"方案，或有改进意见，也请联系。希向朋友介绍传播，扩大影响。愿我们共同努力为实现世界历法改革作贡献！

世界历法改革讨论组织

IWCA　　　　　　美国国际世界历协会

CALNDR－L　　　美国东卡罗连纳大学　世界历法电信讨论组

IACC"SUN"　　　俄罗斯国际"太阳"永久历协

中国陕西历法改革研究会　　西安电子科技大学

电信历法改革讨论组　　　　自由组合

历法改革方案辑要

世界历

13 月历

闰周历（454 闰周历）

乌俄两国研历组织提出的世界历

自然历

十二气历

科学中华历

世界历 2012 年启用运动

名人改历言论

CALNDR－L 信息选介

Sonny Pondrom（7－6）：

Dear Victor，Peter，Karl，Brij and Calendar People，

It may be boring to have your birthday in the same season，but there are good reasons to plan your life for the four seasons.　The 13th week of each Quarter could contain a solar event (as shown below) if the year began of December 19th.　In fact，this year that date happens to fall on a Monday.　I have to thank Karl for tipping me off to the need for an extra day at the end of September.　For lack of a better name，I labeled it "Earth" day.

Note：Leap year day is the last day for compatibility with a　perpetual ISO Week Date calendar.

sonny@pondrom.org

电信历法改革讨论组通信摘介

周书先　萧守中 9－12 信

曾教授 陆老师 章教授　众历友：中秋节快乐！我们说的"在全球新阳历里加注'朔、望、上弦、下弦'是画蛇添足"，意思是不现实，并且增加分歧和历法改革阻力，因为已经有纯阴历的伊斯兰历（回历，时间以中东为准）和阴阳历的夏历（时间以东经 120 度的朔为准）、藏历、彝历、苗历（时间以望为准），记得有年春节朔的时间在凌晨 0 点多少分，日本

为了去中国化，提前1天庆祝；由此可见，全球用的阳历，一下子不可能用世界时统一历法时间，不应面面俱到，也不现实，全球用的阳历不可能顾及阴历及局部的地方历，更不应误解成"讥"谁，请历友们发表见解，谢谢！

周书先 萧守中 2011 中秋节

杜云汉 9-11 信

步云馆长、章潜五教授、周书先先生、陆玲老师、曾一平教授、李建基副馆长、各位历友：您们好！

章教授曾多次提出，现在研历者的老龄问题，并且，详细介绍了十六年来，历改委团结历友奋斗了16年，他这些老人所作的历法工作，确实令人敬佩。现在章教授邮件中提及电信讨论组与广州基地建设，提出七条建设性意见，其中第三和五条即是建立研历组织问题，对此我想谈点想法，供参考。

历法研究需要人去作，这些人需要有一个组织成为一个集体，集体的力量才会大，就需要有一个"全国性民间历法研究组织"，给这些人一个平台，可以发表文章，可以进行交流和讨论，等等。

我想现在成立"全国性民间历法研究组织"，应该说是具有一些条件的，我们有作了十多年历法工作的老人，并作出了成绩，又有年青一代的加盟，人是第一要素。目前看来这个组织缺的是资金，我想资金总会有的，需要人去想办法活动。现在成立"全国性民间历法研究组织"，应以广州基地、陕西省老科协历法改委、四川仁寿县和珠海市老科协的华夏历法研究会、电信讨论组等为基础进行组建。您们六位是如上组织的主要领导，应该是新组织的筹备成员。齐馆长和章教授的会见，应该是成立该组织的一次重要会见。

该组织需要有个章程，宗旨、任务、组织机构、权利、义务、是否有会费等等。该组织的研究应包括历法的各种方面，目前主要任务，针对"2012启用世界历运动"，研究"世界历"改革为主要方向。该组织的人不一定是学该专业的人，不论年龄大小，但应具有一定历法方面的水平，都可加入，这样该组织就会后继有人了，可以长期存在。加入和退出自由，但需要有一定手续。以上单位是否为团体会员，团体会员和个人会员如何办等等问题。该组织不应再挂靠在省、市老科协了，现在应挂靠在广州五羊天象馆，经过努力创造条件，以后是否争取挂靠在天文学会。

章教授长期在此岗位上，考虑的比较完善和全面。以上仅是我的一点粗浅想法，很不全面，仅供参考。希望对此发表意见，谢谢！

转各位老师。历友……

章潜五 9-10 信

章(9-10)：不是历改委疏忽了，而是陆玲老师疏忽了。

陆玲老师说："我提议在世界历法中给阴历保留一定的位置，最起码是每日要标注'月相'。认为它是'附历'也可以。这个观点，曾一平老师也提过的。但历改委过去提交的两个科学历方案中并没有体现哦，不知道为什么疏忽了？"

究竟是谁疏忽了？我认为有必要搞清楚才对，因为陆玲老师是在主持历改研究的协联，工作实在太忙了，未能细心查看寄赠的厚厚三书。为求节省宝贵时间，今特摘录书刊提供参考。陆老师计划编书和实验新历，不应该疏忽这些纪实性的文章。

历改委追迹诸多先贤研究历改，提出的观点都是有根据的：（具体的引证今略）

陆玲 9－11 信

章老师：哈哈，可能我真的大意了？谢谢您的提示。

在公历日期旁加注"朔""望"。这是前辈多处提到的观点，作为学者的意见和建议，但在有关中华科学历的正式举例说明和年历表里，还没有看到与月球、月相有关的加注和提示（或说明有待加注）。

而且强调中华科学历是"置闰太阳历"而没有说明是阳历附加了阴历的成分。比如，在《历法创新研究文集》彩色封面的那一本第 112 页，三种历法的性能比较等。我不知道在提交给国际有关组织或者学术会议的资料里是否体现了这个观点。

看了来信，让我知道对未来的历法，倡导阳历附加阴历方面我们的观点比较接近，这样除了"年首"仍存分歧外，我们在许多方面所见略同，令人欣慰，其实很欣赏你们的工作。比如，五日周制度，六月独大，比较理想；也与中国传统符合。

但我们可能还是要考虑 91 天/季的基本格局。因为即使我们国家可实行五日周制，也要为其他国家习惯了 7 天做礼拜地区留下更好地维持 7 日周制的布局——可使每季度 13 周。任何一个观点都是大家反复思考比较的结果，很不容易定夺的《生态历》不是空中楼阁，它也是在前人工作的基础上前进的，我会多多学习。

祝您，也祝各位老师教师节、中秋节快乐！

陆玲